3차원 측정 실무

최인수 / 이영신 공저

복두출판사

머리말

자동차, 항공, 전자, 반도체 등 산업 전반의 제조업체에서 생산되는 제품의 품질 수준은 회사의 생존과 직결된다고 감히 말할 수 있다. 설계자의 의도대로 정확하게 제조되었는지 측정데이터를 통해 판단할 수 있는데, 이 과정에서 정확한 데이터의 확보가 보장되어야 그 결과를 신뢰할 수 있다. 복합형상을 지닌 대량 생산 제품을 단시간에 정확하게 측정하는 것은 기술적, 경제적 그리고 시간적인 제약이 따른다. 좌표측정기(CMM; Coordinate Measuring Machine)는 이러한 복잡한 대량의 생산 제품을 단시간에 정확하게 측정할 수 있는 대표적인 측정기로, 기계 산업에서 가장 널리 사용되는 정밀측정기 중 하나이다. 과거에는 3차원 측정이 주로 자동차 분야에 집중되었다면, 최근에는 반도체 시장이 활성화되면서 반도체 장비를 측정하기 위한 접촉식 3차원 측정뿐만 아니라 소형 정밀부품을 위한 비접촉식 3차원 측정기를 활용하는 경우도 급증하고 있다. 또한 이러한 3차원 측정기를 능숙하게 운용하고 해석할 수 있는 실무자의 수요도 함께 증가하는 추세이다.

이에 따라 저자가 정밀측정 분야의 기업체와 대학에서 약 20여 년간 근무하고 강의를 하면서 얻은 실무 경험과 해당 기업체에서 제공한 기술자료를 근거로 하여 이 교재를 집필하게 되었다. 이 교재는 크게 네 개의 장으로 구성된다. 제1장에서는 3차원 측정기를 사용하기에 앞서 기본적인 장비의 정의, 특징, 구성요소, 프로브 시스템, 기하학적 형상 그리고 좌표계에 관한 기본적인 이론 지식을 습득할 수 있도록 하였다. 제2장부터 제4장에서는 접촉식 및 비접촉식 3차원 측정실무 과정으로서 학교 또는 현업에서 직접 장비를 운용하며 제품을 측정할 수 있도록 다양한 실습과제로 구성하였다.

이 교재를 집필함에 있어 학습자들이 기본적인 3차원 측정을 수행할 수 있도록 학습자의 입장을 고려하여 상세히 기술하고자 하였다. 따라서 3차원 측정기를 처음 접하거나 이미 현업에서 담당하고 있는 중급 수준의 실무자에게는 부족하나마 유용한 학습도구가 될 것으로 기대한다. 또한 본문에 실습 과정을 단계별로 매우 상세히 기술하였으므로 기본적인 좌표축 개념을 지닌 학습자라면 해당 장비를 이용하여 스스로 3차원 측정 업무를 수행하는 데 무리가 없을 정도로 기본적인 측정 실무능력을 갖출 수 있을 것으로 기대한다. 활용된 장비는 접촉식 3차원 측정기로는 ㈜덕인, 칼자이스㈜, ㈜아이메저 업체의 장비를 활용하였으며, 비접촉식 3차원 측정기로는 ㈜덕인의 측정기를 이용하였다.

끝으로 이 책을 기꺼이 출판할 수 있도록 진심 어린 응원과 격려 속에서 편안한 마음으로 집필할 수 있도록 도움 주신 복두출판사 관계자분들께 깊은 감사의 마음을 전한다.

2021년 8월
저자 일동 씀

차 례

Chapter 1 3차원 측정기의 개요

Chapter 2 3차원 측정 실습 1

Chapter 3 3차원 측정 실습 2

Chapter 4 3차원 측정 실습 3

CHAPTER 01

3차원 측정기의 개요

3차원 측정기의 정의
측정 방식과 특징
3차원 측정기의 구성 요소
프로브 시스템
프로브 교정
측정 형상
좌표계

1 3차원 측정기의 정의

1.1 정밀측정

정밀측정(precision measurement)이란 가공된 부품이나 기계요소의 치수, 각도, 형상, 표면 거칠기 등의 양을 단위로서 사용되는 다른 양과 비교하는 것으로, 측정 중에 포함된 단위의 수치와 단위의 곱으로 표현된다. 다양한 부품들 간의 호환성을 위하여 가공된 부품의 치수, 형상, 표면 등의 상태를 가공 중이나 가공 후에 측정 또는 검사하는 것을 의미한다.

1.1.1 측정

측정(measurement)은 측정하고자 하는 대상을 기준량과 비교하여 기준량과 몇 배인가를 수치로 표현하는 조작이다. 즉, 어떤 척도에 의해 물리량으로 정량화하는 것으로서 자로 물체의 길이를 재거나 저울을 이용하여 물체의 질량을 재는 일련의 작업을 예로 들 수 있다.

1.1.2 검사

검사(inspection)는 측정량을 미리 정해진 기준량과 비교하여 기계적, 화학적, 물리적 요소들의 특성에 대한 일치의 여부를 조사하여 합격과 불합격을 결정하는 것이다.

1.2 3차원 측정기의 정의

프로빙 시스템을 이동 수단으로 하는 측정 시스템이며 공작물 표면 위에 공간 좌표를 결정하는 성능이 있다(KS B ISO10360-1 : 2004).

측정점의 위치, 즉 물체의 표면 위치를 검출할 수 있는 프로브가 삼차원 공간을 X축, Y축, Z축으로 이동하면서 각 측정점의 공간 좌표를 검출하고 그 데이터를 컴퓨터가 처리함으로써 3차원적인 위치, 크기, 방향 등을 측정할 수 있는 복합형상의 측정이 가능한 측정기이다.

2 측정 방식과 특징

2.1 측정과 차원(Dimension)

2.1.1 1차원 측정 방식 : 직선(X, Y, Z)

한 방향의 길이를 측정하는 측정기를 1차원 측정기라 하며 측정한 방향의 측정값을 구할 수 있다.

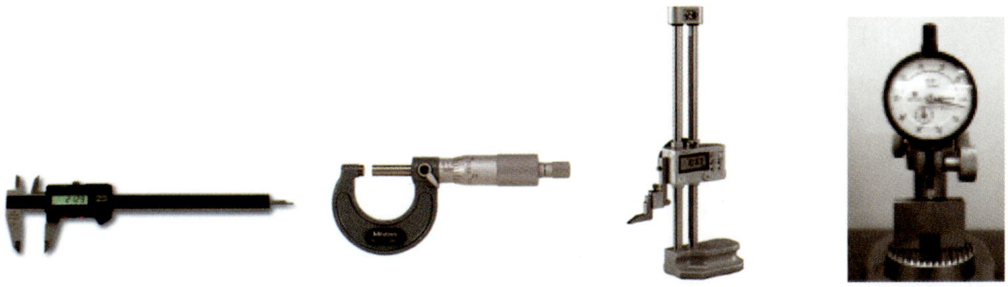

(a) 버니어 캘리퍼스 (b) 외측마이크로미터 (c) 높이게이지 (d) 다이얼게이지

[그림 1-1] 1차원 측정기 예

2.1.2 2차원 측정 방식 : 평면(XY, YZ, ZX)

두 축이 서로 직각이 되도록 구성된 측정기를 2차원 측정기라고 한다. 두 축은 각각 X축, Y축으로 표현되며 두 축의 좌표값을 구할 수 있다.

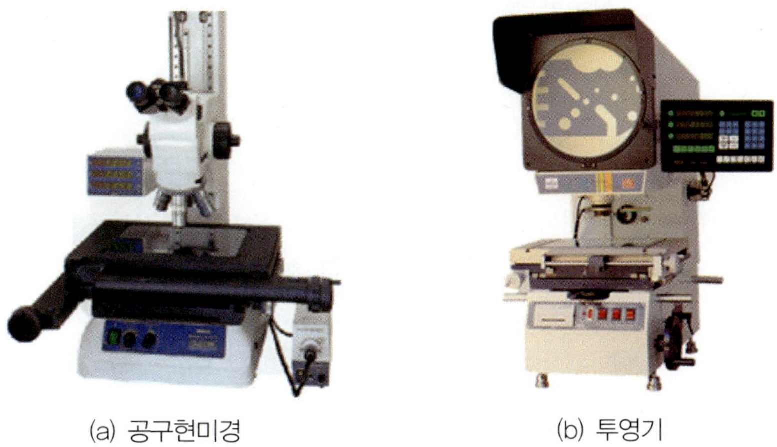

(a) 공구현미경 (b) 투영기

[그림 1-2] 2차원 측정기 예

2.1.3 3차원 측정 방식 : 공간(XYZ)

서로 직각인 3개의 축을 지닌 측정기를 3차원 측정기라 하며, X, Y, Z 3개의 좌표를 이용해서 측정값을 계산하고 세 축의 좌표값을 구할 수 있다.

- 3차원 측정기
- 레이아웃 머신 등

2.2 정반 측정 방식

3차원 측정기가 아닌 일반측정기(버니어 캘리퍼스, 하이트 게이지 등)를 이용한 범용측정 방식을 정반 측정 방식이라 한다.

2.2.1 장점

- 측정과 동시에 측정값을 직접 읽을 수 있다.
- 게이지와의 비교측정을 통해 정밀한 측정값을 얻을 수 있다.
- 단순한 형상은 신속하게 측정할 수 있다.
- 사용하기 쉽고 경제적이다.

2.2.2 단점

- 측정자의 숙련도에 따라 개인오차가 크게 나타날 수 있다.
- 기계적인 데이텀이 필요하다.
- 계산, 보관 등 데이터 처리가 불편하다.

2.3 좌표 측정 방식

3차원 측정기나 투영기, 레이아웃 머신 등과 같이 X, Y 또는 X, Y, Z의 좌표를 이용하여 그 양을 표현하는 측정 방식을 좌표 측정 방식이라 한다.

2.3.1 장점

- 복잡한 제품의 측정이 가능하며, 소프트웨어를 이용하므로 응용범위가 넓다.
- 수학적인 정렬이 가능하므로 데이텀을 설정하는 데 시간을 절약할 수 있다.
- 다른 시스템과의 데이터 통신이 편리하게 이루어진다.

- 대량 생산 시 실시간 품질관리가 가능하다.

2.3.2 단점

- 시스템이 복잡하고 활용에 일정 기간의 학습 및 훈련이 필요하다.
- 관련 분야의 전문 지식이 필요하다.
- 온도, 진동 등 환경변화에 민감하고 정도 저하의 원인이 될 수 있으므로 측정기의 유지관리가 요구된다.

3 3차원 측정기의 구성 요소

3.1 3차원 측정기의 구성

3차원 측정기는 본체와 더불어 프로브 시스템, 측정 소프트웨어가 포함된 컴퓨터 시스템, 전자 제어 장치, 조이스틱으로 구성된다.

3.2 본체

3.2.1 본체의 특징

본체는 서로 수직 방향으로 운동하는 세 축을 가진 기계 부분이다. 각 축은 공기베어링 등에 자유롭게 이동할 수 있으며, 각 축에는 리니어 스케일과 같은 길이 측정 장치가 부착되어 있어 축의 이동량을 읽어낼 수 있다.

3.2.2 본체에 사용되는 재질

본체에 사용되는 소재는 사용 목적과 설치 환경에 적합한 소재를 선택해야 한다. 소재의 열적, 기계적 특성은 3차원 측정기의 전반적인 특성에 영향을 미치기 때문이다.

(1) 주물강

- 가공성이 용이하다.
- 대부분의 금속 공작물과 같은 열적 특성을 지닌다.
- 대형 CMM의 주요 소재로 사용된다.

(2) 알루미늄 합금

- 중량이 가볍기 때문에 중, 소형 측정기나 고속 측정기에 사용된다.

(3) 세라믹

- 열전도도가 우수하다.
- 비금속 무기물질로서 산화나 부식이 되지 않는다.
- 가격이 비싸고 충격에 약하다.

(4) 화강암

- 경년 변화가 적고 열적 특성이 우수하다.
- 중량이 크므로 진동을 감쇠시킨다.
- 가공성이 좋지 않고 파손(마모)이 되기 쉽다.
- 부분적 습기 흡수에 의한 변형을 발생시킨다.
- 무게 때문에 측정 속도에 제약을 줄 수 있다.

3.2.3 본체의 구성품

(1) 광학스케일

① 원리

스케일이 주사 시스템에 대해 상대적으로 움직일 때 스케일 눈금과 주사판 눈금에 의해 주사 광선이 일정한 위상차의 주기로 나타나는 현상을 이용하여 길이를 측정한다. 이때 나타나는 주기를 광검출기에서 전기 신호로 변환시키고 분할 회로를 이용하여 분해능을 향상시킨다.

② 광학스케일의 종류와 특징

- 투과식 : 빛을 스케일에 투과시켜 판독기로 검출하는 방식이다. 정확도가 높으며 주로 유리 재질을 사용하고, 측정 길이가 반사식에 비해 제한적이다.

- 반사식 : 빛이 스케일에 반사되어 판독기로 검출하는 방식이다. 철제 스케일을 사용하며 취급이 편리하고 필요한 길이만큼 절단해서 사용할 수 있기 때문에 매우 실용적이다. 반면 정확도는 다소 떨어지지만 내환경성이 좋아 대형 CMM(갠트리형, 수평 암형 등)에 주로 사용한다.

(a) 투과식 스케일

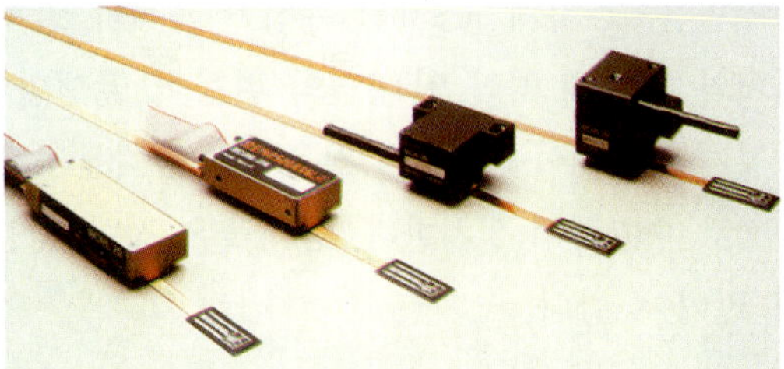

(b) 반사식 스케일

[그림 1-3] 광학스케일의 종류

(2) 공기베어링

① 원리

압축 공기를 베어링 내부에 공급하여 축과 베어링 또는 안내부와 패드 사이의 좁은 간극에 공기 피막을 형성시켜 미세한 양으로 띄워 주며 하중을 지지하는 일종의 미끄럼 베어링이다.

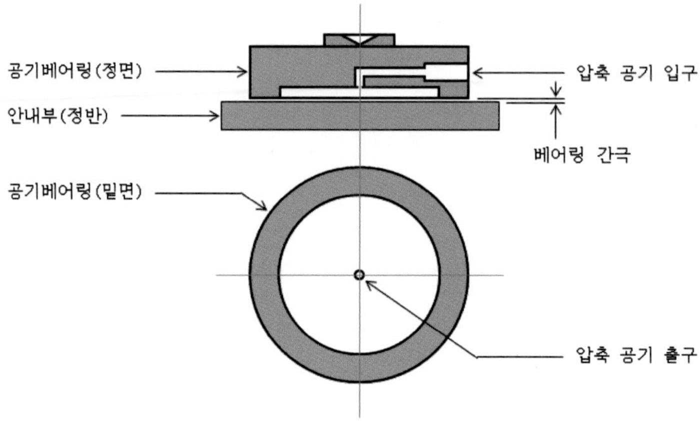

[그림 1-4] 공기베어링

② 특징

공기베어링은 비접촉이므로 접촉식 베어링에 비하여 구동력이 작고 고속 운전이 가능하다. 또 비접촉 상태로 사용되므로 마모에 의한 정밀도 손상이 거의 없어 반영구적으로 사용이 가능하다. 반면 자체적으로 진동 등 불안정한 현상을 발생시키기 쉽다는 단점을 지닌다.

(3) 정반

정반은 그 자체가 3차원 측정기 몸체와 일체형인 경우가 많으며 공작물이 정반 상에 놓이는 위치와 무게에 따라 안내면의 변형이 발생할 수 있다. 몸체와 분리된 갠트리형과 같은 대형 측정기나 레이아웃머신의 경우에는 공작물과 몸체의 상대 위치 변화에 따라 측정 오차가 발생하므로 주의하여 설치한다. 공작물은 정반 중앙에 설치하는 것이 좋으며 허용된 중량을 초과하지 말아야 한다.

(4) 제진대

생산 현장 등에 설치된 CMM의 경우 온도, 습도, 먼지, 진동 등의 환경적인 영향을 고려해야 한다. 특히 진동이 측정 정확도에 심각한 영향을 줄 수 있으므로 바닥으로부터 전달되는 진동을 차단하기 위한 제진 장치가 필수적이다. 일반적으로 고무매트를 주로 사용하며 특수한 경우에는 압축 공기를 이용한 제진대 등이 사용된다.

3.3 전자 제어 장치

전자 제어 장치는 3차원 측정기 본체 및 부속 장치 등에 전력을 공급하고 좌표값을 지시하는 등 컴퓨터와 몸체의 매개 역할을 담당한다. 3차원 측정기의 정확한 위치제어를 위한 구동부의 위치, 속도 및 가속도를 제어하고 측정기의 안정성과 정확도 유지를 위한 측정 장치 감시 기능이 있다. 조이스틱이나 프로브에서 입력되는 각종 명령을 접수하고, 이에 반응하며 컴퓨터와의 신속한 통신이 이루어진다.

3.4 스타일러스 시스템

공작물의 좌표를 검출하는 센서이다. 공작물 표면의 측정점을 감지하여 그 지점의 X, Y, Z 3축의 위치를 컴퓨터에 지시하는 기능을 지닌다.

3.5 컴퓨터와 측정 소프트웨어

컴퓨터를 통해 전용 측정 소프트웨어를 운영할 수 있으며 전자 제어 장치와의 통신 및 제어가 가능하다. 측정 소프트웨어는 직접 프로빙하여 얻은 측정 데이터를 이용하여 좌표계 변환 시 필요한 복잡한 계산을 수행하며, 각종 측정요소에 대한 계산, 측정 요소들 간의 관계에 대한 계산, 기하공차의 편차 등 측정에 필요한 결과값을 출력한다.

3.6 조이스틱

3차원 측정 장비 구동 방향을 입력받고, 이를 전자 제어 장치로 전송시키며 CNC 프로그램 작성을 위한 도구로 사용된다. 일반적으로 X, Y축을 이동시킬 수 있는 한 개의 조이스틱과 Z축을 이동시킬 수 있는 한 개의 조이스틱으로 구성되어 있다.

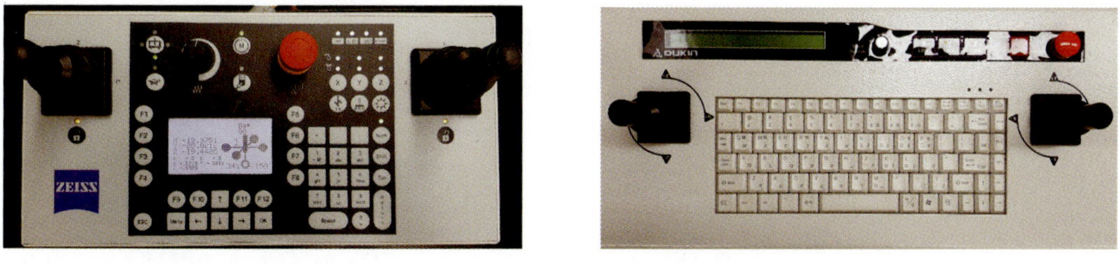

[그림 1-5] 조이스틱 및 기능키

3.7 기타 장치

① 회전테이블

CMM에 제4의 축을 제공하며 회전 테이블을 사용하는 경우 프로브 조합을 간편화할 수 있고 정밀도를 향상시킬 수 있다. 기어 등을 측정할 때 주로 많이 사용되며 공작물의 옆면에 일정한 간격으로 가공된 구멍 등을 측정하는 데 효율적이다. 다만 회전 테이블을 위한 별도의 좌표계를 설정해야 한다.

② 프로브 자동 교환 장치

복잡한 형상의 공작물을 측정하기 위해서는 한 개의 스타일러스만으로는 모든 측정 수행이 불가능하므로 다양한 형태의 프로브가 필요하다. 측정 중 적절한 프로브를 선택하기 위해 프로브 자동 교환 장치를 사용하면 교환 시마다 전에 교정했던 데이터를 불러서 사용하므로 측정 중에 교정할 필요가 없으며 완전한 자동 측정이 가능하다. 각 프로브에 고유번호를 지정하고 프로브 자동 교환 장치의 좌표를 컴퓨터에 입력시킴으로써 CNC 프로그램 상에서 프로브 자동 교환이 가능하다.

4 프로브 시스템

4.1 프로브

프로브(Probe)는 측정점을 검출하는 센서이다. 공작물 표면의 측정점을 감지하는 순간 프로브는 전기 신호를 발생하는데, 그 지점의 X, Y, Z 3축의 위치를 스케일에서 읽어 컴퓨터에 전달하고 소프트웨어는 이 좌표를 이용하여 결과값을 계산한다. 프로브 시스템은 접촉식, 비접촉식, 통합식 프로브 등으로 구분할 수 있다.

경우에 따라 프로브 헤드, 트리거 프로브 또는 촉침을 각각 프로브로 표현하는 경우가 있다. 예를 들면 '프로브 지름은 몇 ϕ인가?'라고 하면 이때의 프로브는 촉침의 지름을 의미한다.

4.1.1 프로빙

프로브를 측정점에 접촉시켜 좌표값을 읽어내는 작업을 프로빙(Probing)이라 한다. 즉, 프로브를 이용하여 제품의 표면을 터치하여 위치를 인식하고 해당 좌표값을 알아내는 것을 의미한다.

4.2 프로브 시스템의 구성

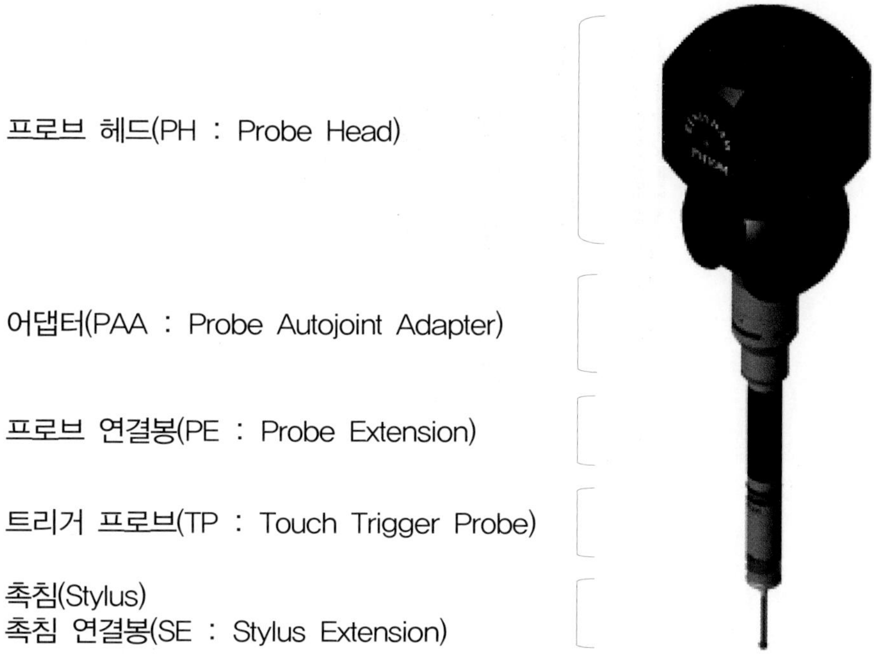

[그림 1-6] 프로브 시스템 구성

4.2.1 프로브 헤드

프로브 헤드(Probe Head)는 제품의 다양한 형상을 측정하기 위한 프로브의 자세를 결정하는 데 사용되며 수직, 수평방향으로 위치 결정이 가능하다.

예) Renishaw사의 프로브 시스템에서 수직방향은 0도 ~ 105도, 수평 방향은 ±180도에 대해 7.5도 간격으로 모두 720개의 위치 결정이 가능하다.

4.2.2 어댑터와 프로브 연결봉

(1) 어댑터(PAA)

어댑터는 프로브 헤드와 트리거 프로브를 연결해주는 장치이며 자동 조임 장치를 사용하여 항상 일정한 위치에 연결되므로 연결할 때마다 프로브를 재교정할 필요가 없다. 프로브 자동교환 장치(ACR)를 사용하는 경우 필수적이다.

(2) 프로브 연결봉(PE)

프로브 연결봉은 깊은 구멍을 측정하기 위해 프로브를 연장시켜 사용할 경우에 필요하다. 프로브와 헤드(PH) 또는 어댑터(PAA) 사이에 연결되므로 프로브 측정압에 영향을 주지 않는다는 특징이 있다.

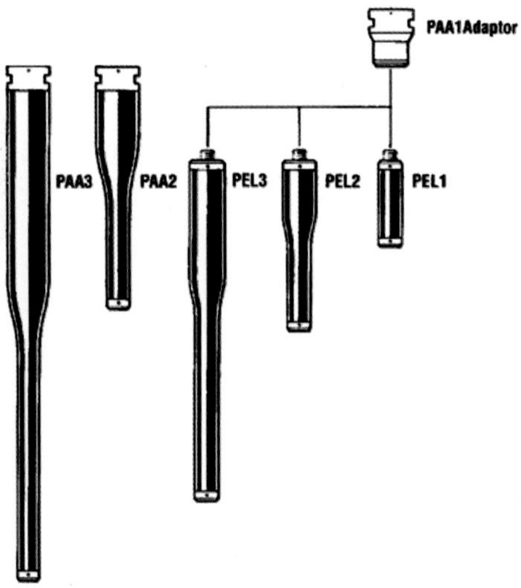

[그림 1-7] 프로브 연결봉

4.2.3 센서

스타일러스의 프로브가 공작물에 접촉되는 순간 신호를 발생시켜 좌표값을 지시하게 하는 기능을 지닌다.

① 트리거 프로브

트리거 프로브(Trigger Probe)는 제품과 접촉하여 상대적 변위가 발생했을 때 ON, OFF의 전기적 신호(전기 접점 회로가 개방되는 순간 측정자가 공작물에 접촉했다는 것을 인식)를 보내 측정점의 위치를 알 수 있도록 하는 전기 신호식 프로브이다. 트리거 프로브는 프로빙 시간이 짧고 고속 이동이 가능하며 구조가 간단하므로 보수, 유지가 편리하다는 장점이 있으나 연결되는 촉침의 무게에 의해 측정값이 영향을 받을 수 있으므로 가벼운 상태에서 무게 균형을 유지해야 하는 점을 고려해야 한다.

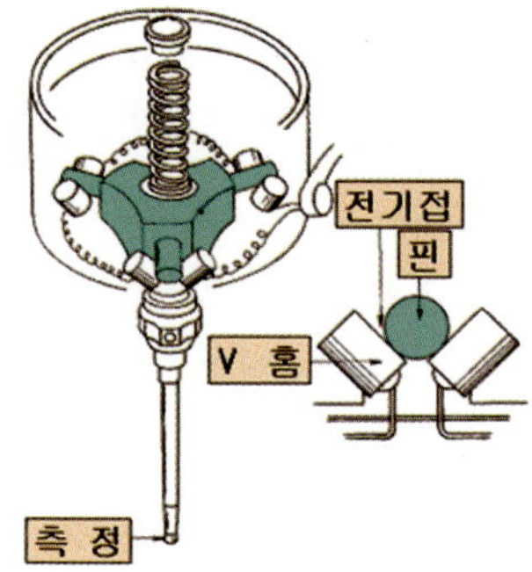

(a) 트리거 프로브의 구조

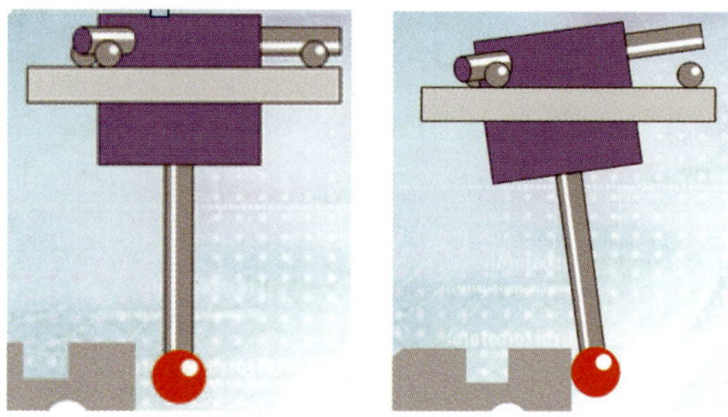

(b) 전기적 신호 발생 과정

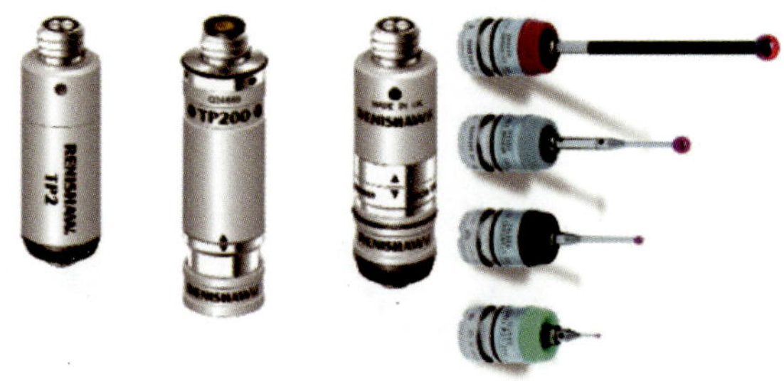

(c) 트리거 프로브의 종류

[그림 1-8] 트리거 프로브

② 스캐닝 프로브

스캐닝 프로브(Scanning Probe)는 촉침이 공작물에 접촉될 경우 판 스프링에 의해 지지된 보빈이 철심에 대해 수평으로 이동하면서 이동거리를 검출할 수 있도록 구성된 프로브이다. 프로브 자체 기능으로 3축에 대한 측정이 가능하며 측정압 조절, 측정 방향 선택, 자동 구심 등의 기능을 갖추고 있다. 스캐닝 프로브는 짧은 시간에 많은 데이터를 얻을 수 있으며 3D 곡면 측정 등 많은 데이터가 필요한 경우에 주로 사용된다.

프로빙 방식에는 정적(Static) 방식과, 동적(Dynamic) 방식이 있는데, 정적인 방식을 포인트 프로빙, 동적인 방식을 스캐닝이라고 표현한다. 정적 프로빙은 한 점씩 프로빙할 때 사용하는 방법으로서 프로빙 시간이 길어 구동 속도에 영향을 주지만, 안정된 상태에서 스케일 값을 읽기 때문에 정밀도가 높다. 동적 프로빙은 측정자가 접촉하는 순간 CMM은 움직이지 않고 프로브의 변위가 연속적으로 발생하고 그 값을 프로브 스케일에 지시하게 된다. 이 방법을 사용하게 되면 단시간에 많은 점을 연속적으로 프로빙할 수 있다.

4.2.4 촉침

촉침(Stylus)은 공작물 표면에 직접 접촉하여 압력을 발생시키고 발생된 압력을 프로브에 전달하는 역할을 한다. 촉침의 형상오차는 측정값에 직접 영향을 미치므로 매우 중요하다. 촉침의 재질은 경도가 높고 내마모성이 좋은 공업용 루비를 주로 사용하며, 측정물의 특성에 따라 촉침의 종류를 달리하여 사용한다. 종류로는 구형 촉침(Ball Stylus), 원통형 촉침(Cylinder Stylus), 접시형 촉침(Disk Stylus), 반구형 촉침(Hemisphere Stylus) 등이 있으며, 촉침이 접촉한 면에 법선 방향을 반지름값을 보상하는 것이 측정에 용이하므로 일반적으로 구형의 스타일러스를 사용한다. 촉침은 길이가 길수록 휨이나 변형이 커지고 측정압에 영향을 주므로 가능한 짧게 사용하는 것이 좋다. 또한 측정자의 지름이 클수록 공작물의 표면거칠기에 의한 영향이 줄어든다.

촉침 연결봉(SE)은 깊은 구멍 측정 시 촉침을 연장하여 측정할 때 사용하며, 가능한 짧게 사용하는 것이 좋다.

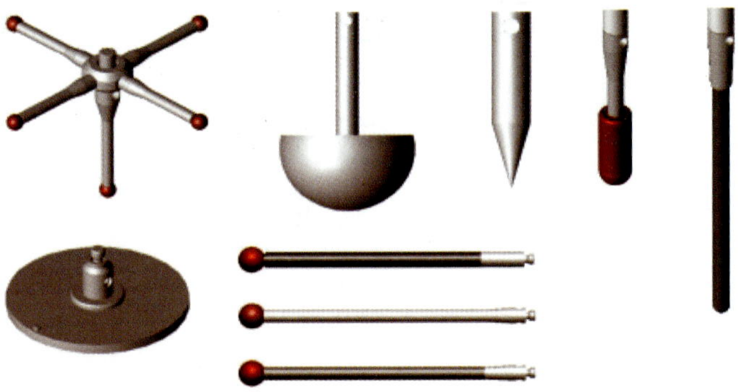

[그림 1-9] 프로브 촉침의 종류

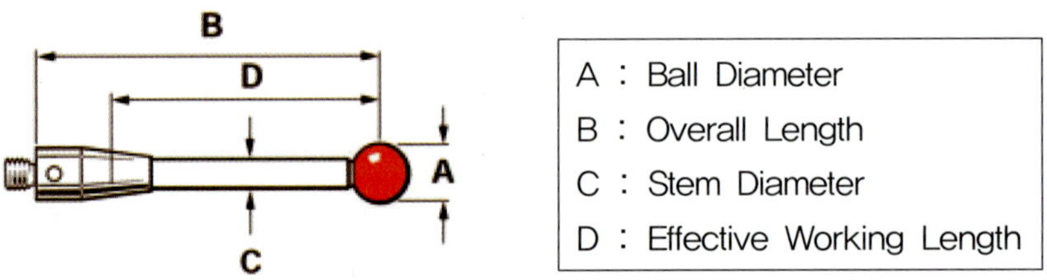

[그림 1-10] 프로브 촉침의 구조

5 프로브 교정

5.1 교정의 목적

측정에 사용될 프로브의 지름이나 길이가 얼마인지 알 수 없으므로 교정을 통한 계산이 필요하다. 따라서 프로브 간의 상대위치를 정확히 산출하여 측정값 계산에 활용하기 위해 교정을 실시한다.

(a) 스틸 재질 기준구

(b) 세라믹 재질 기준구

[그림 1-11] 기준구 종류

프로브 교정은 기준구(Master Ball)를 이용하여 실시하는데, 반드시 공인기관으로부터 교정 받은 것을 사용하는 것을 권장한다. 기준 프로브(A = 0, B = 0) 각도에서 프로브 볼의 중심을 0, 0, 0이라고 하면, 다음 그림과 같이 각도 회전이 되었을 때 변하는 DX, DY값을 상대위치라 한다.

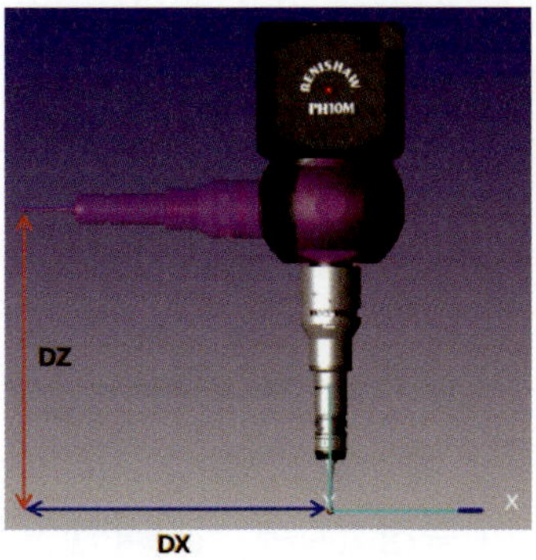

[그림 1-12] 상대위치

5.2 교정 원리 및 교정 방법

5.2.1 교정 원리

기준구를 프로빙하여 계산한 값과 기준구 지름 값의 차를 구하여 프로브 지름을 계산한다. 여러 개의 프로브를 교정하는 경우에는 각각의 프로브로 기준구를 프로빙하여 각 프로브 간의 상대 위치와 프로브 지름을 동시에 구한다.

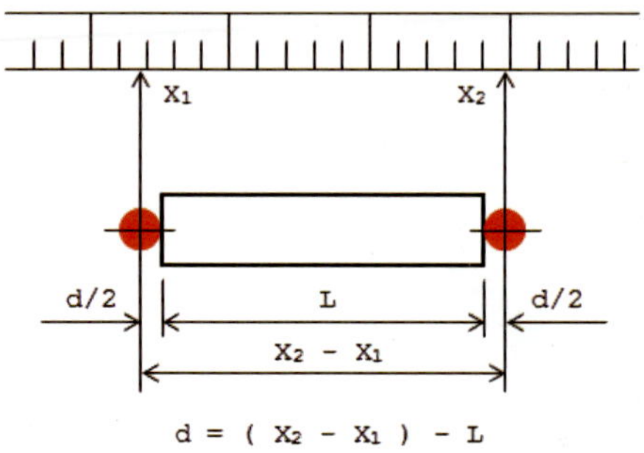

(a) 교정

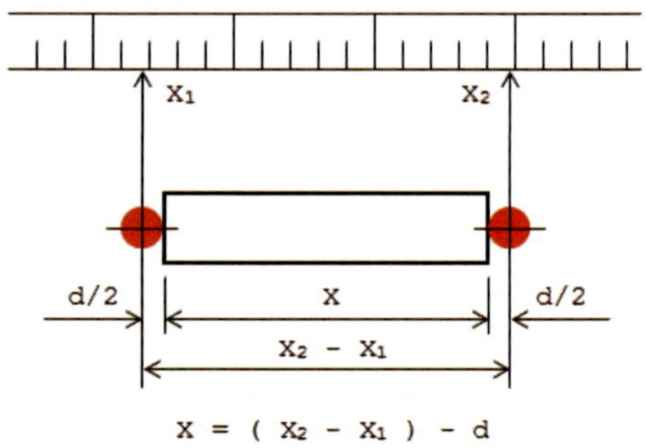

(b) 측정

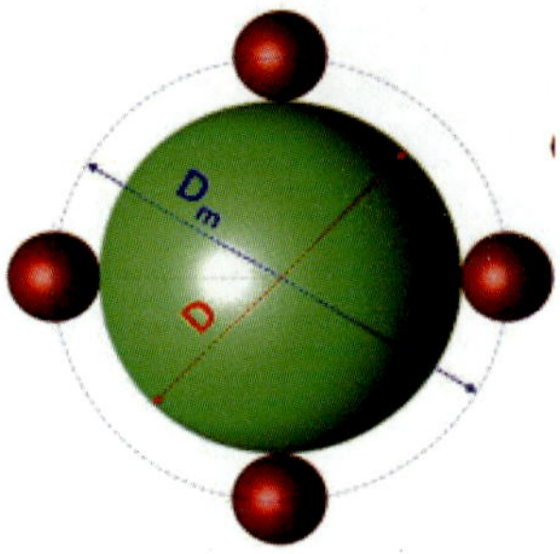

D : 기준구 지름
D_m : 프로빙을 하여 계산된 값
프로브 지름(d) = $D_m - D$

(c) 프로브 지름(d)

[그림 1-13] 교정 원리

5.2.2 교정 방법 및 순서

측정물에 적합한 프로브 개수, 지름, 길이, 각도 등을 결정하여 조합한 후 기준구에 골고루 5점 이상 프로빙한다. 교정 시에는 프로브 휨량 보정, 프로빙 오차의 영향 감소 등을 위해 프로브 축 방향으로 2점, 축과 수직인 원주 방향으로 4점 등 6점 프로빙을 추천한다. 그리고 숙련도가 낮은 측정자의 경우 개인오차를 줄이기 위해 자동 교정을 실시하는 것을 권장하고 있다.

5.2.3 교정주기

측정기 사용을 위해 측정기를 켰을 경우에 실행하는 것을 권장하며, 측정 중 프로브에 물리적인 충격이 가해졌거나 온도와 같이 측정결과에 직접적인 영향을 줄 수 있는 요인의 변화가 생겼을 경우 시행한다. 일반적으로 1일 1회 교정하는 것을 추천한다.

5.3 보정 볼 지름

기준구를 이용하여 사용 조건과 동일한 상태에서 구해진 프로브 지름을 보정 볼 지름이라 한다. 프로빙을 할 때 발생하는 휨이나 프로빙 오차 등으로 인하여 실제 프로브의 지름과 교정된 프로브 지름은 차이가 있으므로 프로브 지름은 실제 측정과 동일한 조건으로 구해야 측정값을 정확하게 계산할 수 있다. 보정 볼 지름은 실제 지름보다 작게 계산되지만, 스캐닝 프로브의 경우 정확한 프로브 지름 계산이 가능하다. 측정압이 높을수록 프로브 길이가 길고, 생크(Shank 또는 Stem)가 가늘수록 실제 지름과 보정 볼 지름과의 차가 심하게 된다.

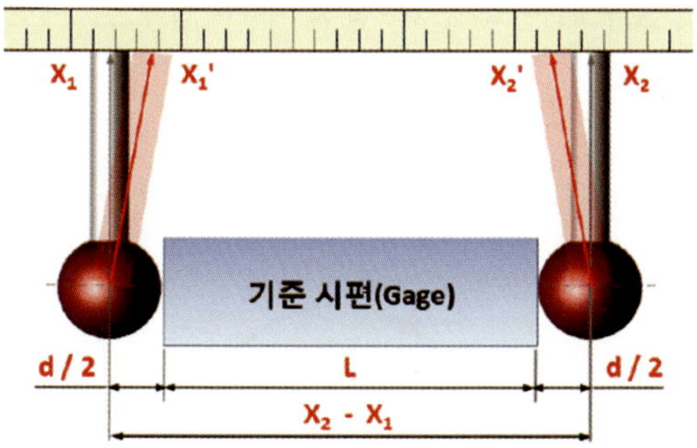

절대 볼 지름$(d) = (X_2 - X_1) - L$

보정 볼 지름$(d') = (X'^{2} - X'^{1}) - L$

$(X_2 - X_1) > (X_2' - X_1') = d > d'$

[그림 1-14] 보정 볼 지름

6 측정형상

6.1 요소 측정 방법

6.1.1 최소 프로빙 수

3차원 측정 시에는 항상 최소 측정점 수 이상의 프로빙이 필요하다. 아래 그림과 같이 2점으로는 여러 형태의 원이 존재하므로 두 점을 이용해서는 원을 정의할 수 없다. 원을 계산하기 위해서는 최소 측정점 수인 세 점이 필요하고, 요구되는 최소 측정점 수 이상으로 프로빙을 하면 진원도 값을 구할 수 있다.

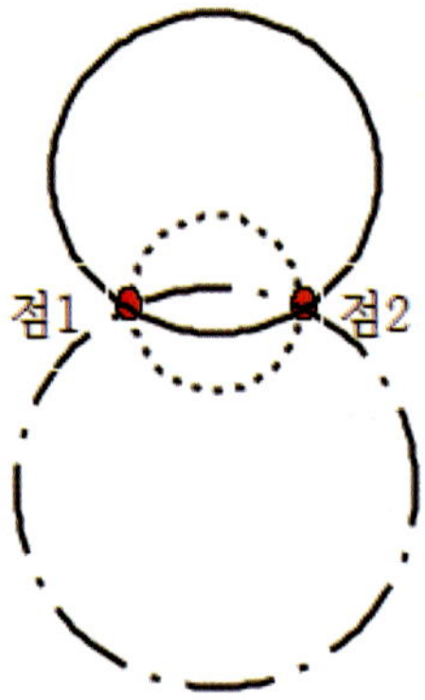

(a) 2개의 측정점으로는 원 표현 불가

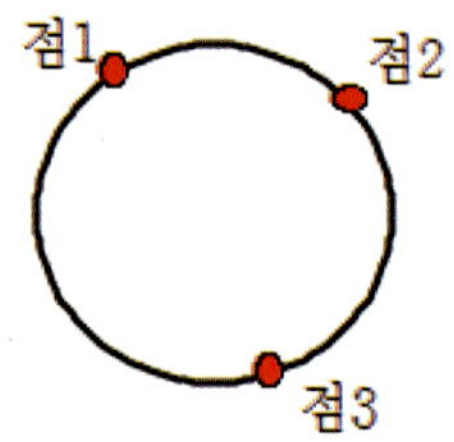

(b) 3개의 측정점으로 원 표현 가능

[그림 1-15] 최소 프로빙 수

6.1.2 권장 프로빙 수

요소를 측정할 때 각 요소별 최소 측정점 수로만 측정할 경우 측정결과는 계산할 수 있지만 실제 공작물이 가지고 있는 편차 때문에 프로빙 위치를 다르게 하여 측정할 경우 측정값이 달라질 수 있다. 측정점 수가 많을수록 실제 형상과 근접한 측정값을 얻을 수 있다.

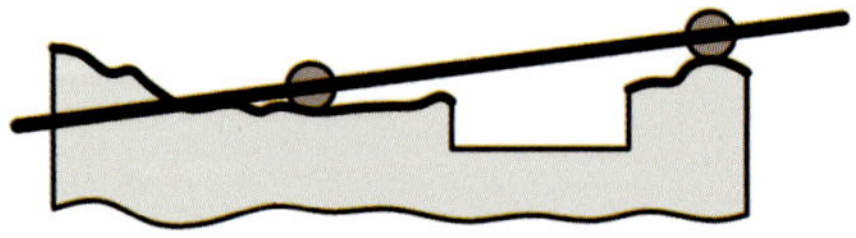

(a) 최소 측정점

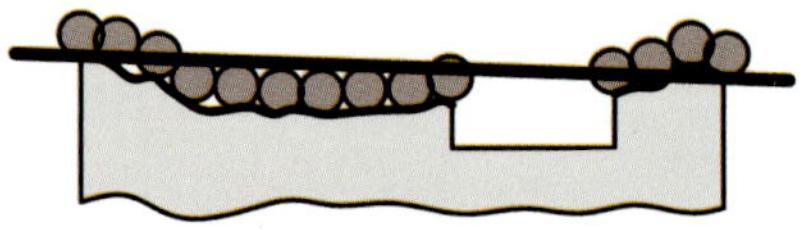

(b) 다수 측정점

[그림 1-16] 권장 프로빙 수

6.1.3 측정위치에 따른 결과해석

3차원 측정에서 측정점이 균일하게 분포되지 않을 경우에는 실제 형상과 다르게 계산될 수 있다. 따라서 아래 그림과 같이 직선을 좁은 간격으로 프로빙하는 경우 실제 형상과 다른 직선이 계산되기 때문에 가능한 전체 구간에 골고루 분포되어 프로빙을 해야 실제 형상과 유사한 직선이 계산된다. 원통의 경우도 측정할 단면을 균일하고 넓게 분포시켜 프로빙하면 안정된 측정값을 얻을 수 있을 것이다.

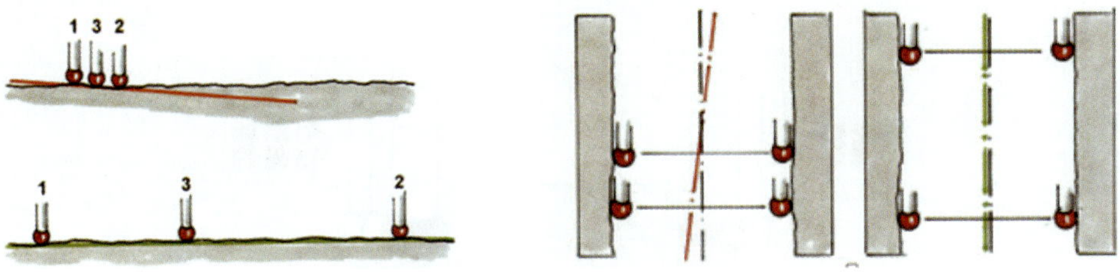

[그림 1-17] 측정위치와 결과

아래 그림은 서로 다른 위치를 최소 프로빙 점수인 3점으로 원을 측정한 결과이다. 아래 그림과 같이 실제 공작물이 가지는 편차가 클 경우 프로빙 위치에 따라 원 중심의 위치가 차이를 보이는 반면, 균일한 분포로 4점을 측정한 결과 상대적으로 중심값 편차가 줄어드는 것을 알 수 있다. 모양 편차가 클수록 여러 점을 프로빙하는 것이 신뢰성 있는 측정값을 얻는 방법이지만 시간적 손실을 감수해야 한다.

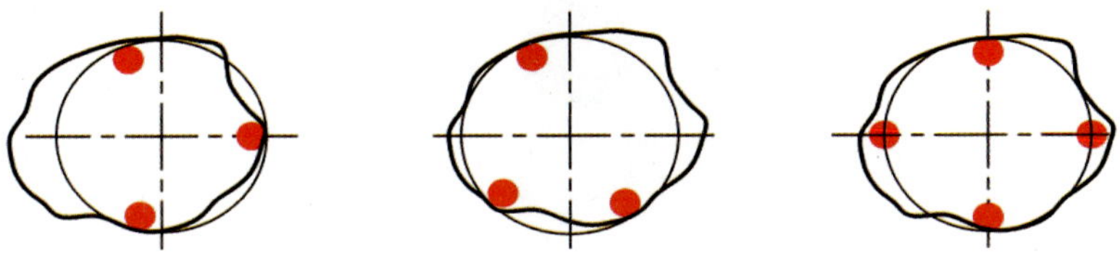

[그림 1-18] 측정점의 수와 모양 편차의 관계

6.2 요소 측정

6.2.1 점(Point)

측정방향으로 프로브 보정된 접촉점의 값을 출력한다.

① 기능 및 용도

거리 계산 등을 위한 각각의 개별적인 좌표를 측정할 때 사용한다. 조이스틱을 이용하여 접촉하는 경우 프로브 반지름은 ±X, ±Y, ±Z 중 한 방향으로 보정된다.

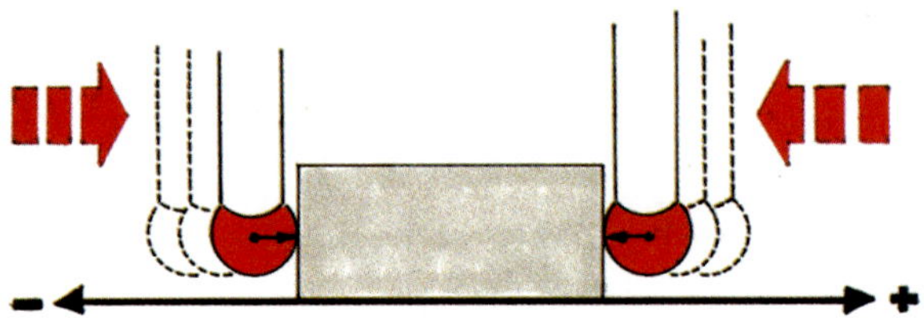

[그림 1-19] 점 측정 방법

② 출력항목으로는 X, Y, Z 값이 출력된다.

경사진 면의 점 측정 시 여현오차(Cosine Error)를 주의하여 측정한다.

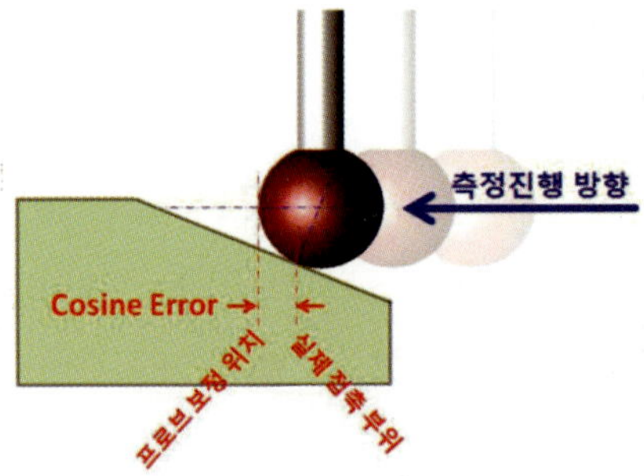

[그림 1-20] 여현오차

③ 측정 방법

최소 프로빙 수 → 1점, 권장 프로빙 수 → 3점

좌표계와 평행 또는 수직한 평면에서 프로빙을 한다.

6.2.2 직선

직선(Line)의 요소기준점 좌표와 축각 1개를 기본 출력한다.

① 기능 및 용도

작업 평면상에 놓인 2차원적인 직선을 측정한다. 공간적인 점 2개를 호출하여 측정요소 조합에 의한 측정도 가능하다.

② 출력항목

X, Y, Z, A1, A2

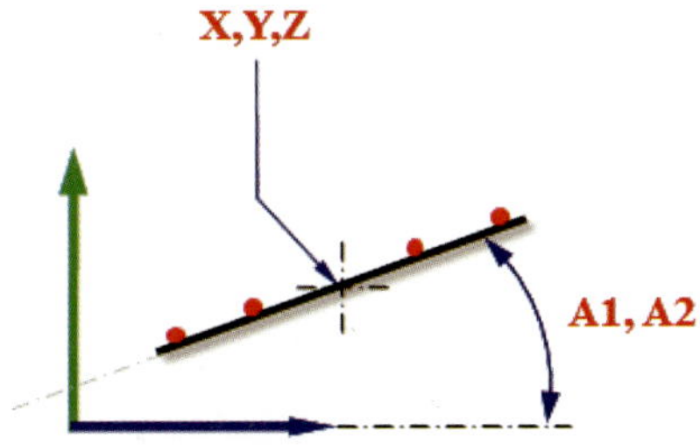

[그림 1-21] 출력항목

③ 측정 방법

최소 프로빙 수 → 2점, 권장 프로빙 수 → 3점

전체 측정면에 수직으로 고르게 프로빙하며 모든 점들은 하나의 선 위에 있어야 한다. 그렇지 않으면 요소 자동인식 장치에서 면으로 인식할 수도 있다.

④ 진직도 측정데이터의 처리

가. 양단기준법

나. 최소제곱법(최소자승법)

다. 최소영역법

6.2.3 평면

평면(Plane)의 요소기준점 좌표와 축각 2개를 기본 출력한다.

① 기능 및 용도

임의의 방향으로 측정해도 측정결과에는 변화가 없다.

② 출력항목

X, Y, Z, A1, A2(평면의 요소기준점 좌표)

③ 측정 방법

최소 프로빙 수 → 3점, 권장 프로빙 수 → 4점

형상공차를 정의할 경우에는 스캐닝을 이용한 다량의 측정점이 필요하다. 전체 측정면에 수직한 방향으로 고르게 프로빙을 한다.

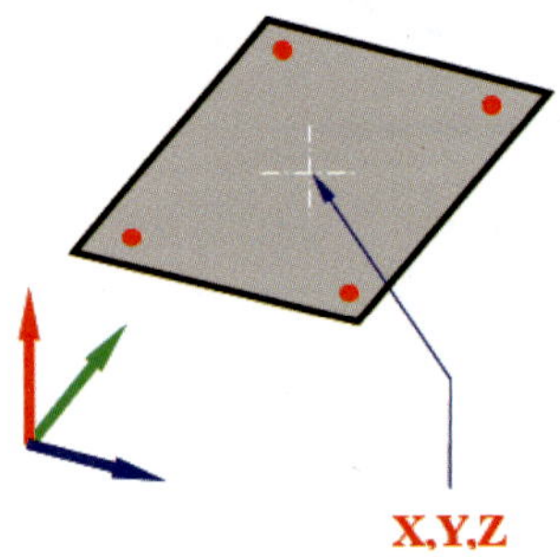

[그림 1-22] 평면 측정 방법

6.2.4 원

원(Circle)의 중심 좌표와 지름을 기본으로 출력한다.

① 기능 및 용도

원형 단면을 갖는 축이나 구멍을 측정한다. 컴퓨터는 자동적으로 내측 또는 외측의 여부를 판단하여 지름을 계산한다. 별도의 작업 평면은 지정하지 않는다.

② 출력항목

X, Y, Z, D

③ 측정 방법

최소 프로빙 수 → 3점, 권장 프로빙 수 → 4점

경사진 평면상에 놓인 원을 측정할 때는 관계 평면 지정을 선택한다. 전체 측정 구간을 고르게, 측정면에 수직이 되도록 측정한다.

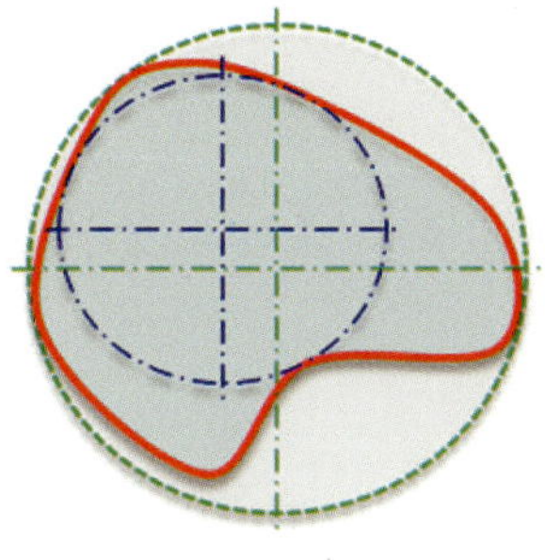

[그림 1-23] 원 측정 방법

④ 특징

(a) 최대내접원법 : 내접하는 가장 큰 원을 계산하는 방법으로, 일반적으로 내측원에서 주로 사용한다.

(b) 최소자승법 : 측정점들의 편차 제곱의 합이 가장 작아지는 원을 계산하는 방법이다.

(c) 최소외접원법 : 외접하는 가장 작은 원을 계산하는 방법으로, 일반적으로 외측원에서 주로 사용한다.

(d) 최소영역법 : 원이 가질 수 있는 가장 작은 영역으로 원을 계산하는 방법이다.

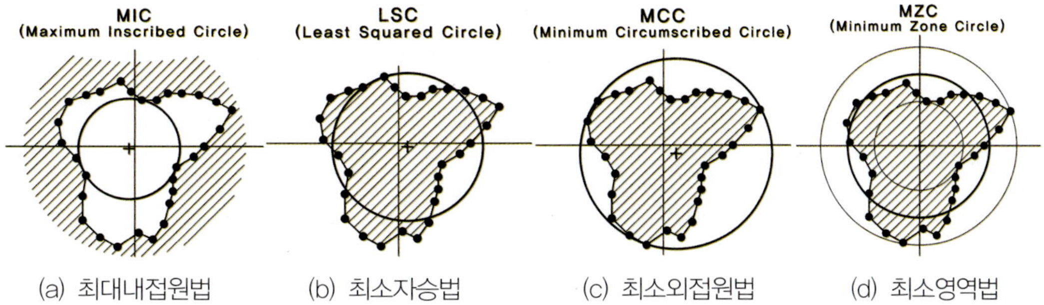

(a) 최대내접원법 (b) 최소자승법 (c) 최소외접원법 (d) 최소영역법

[그림 1-24] 특징

6.2.5 원통

원통(Cylinder) 축의 요소 기준점의 좌표와 축각 2개, 원통의 지름을 기본 출력한다.

① 기능 및 용도

원통의 지름, 원통 축의 방향과 위치를 측정하며 내측과 외측의 원통을 자동으로 판단한다.

② 출력항목

X, Y, Z, D, A1, A2(원통 축의 요소 기준점의 중심 좌표).

③ 측정 방법

최소 프로빙 수 → 6점, 권장 프로빙 수 → 4점씩 3단면 12점이다. 처음 3개의 점은 되도록 같은 단면상에서 고르게 분산시키고, 단면 간의 거리를 멀리하여 측정면에 수직으로 프로빙을 한다.

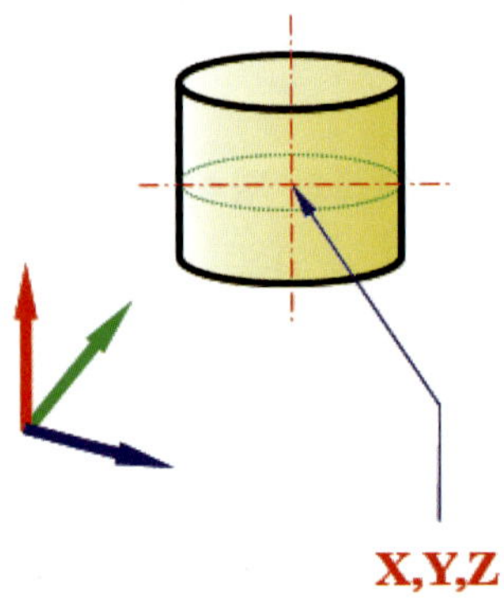

[그림 1-25] 원통 측정 방법

6.2.6 구

구(Sphere)의 중심좌표와 지름을 기본으로 출력한다.

① 기능 및 용도

구 또는 구형 형상의 중심좌표와 지름을 출력한다.

② 출력항목

X, Y, Z, D.

최소자승법, 최소영역법, 최소외접원법, 최대내접원법으로 계산하고, 5점 이상 측정 시 진구도를 구할 수 있다.

③ 측정 방법

최소 프로빙 수 → 4점, 권장 프로빙 수 → 6점이다. 프로브의 축 방향으로 2점, 수직인 원주 방향에서 4점 프로빙을 한다. 가능한 한 측정면에 수직으로 프로빙을 한다.

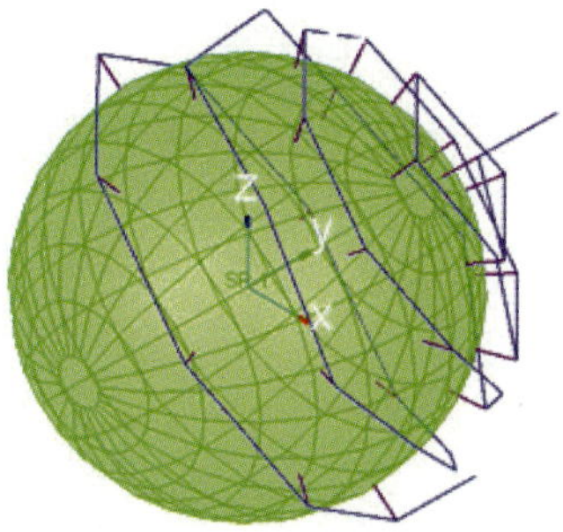

[그림 1-26] 구 측정 방법

6.2.7 원뿔

원뿔(Cone)의 요소의 기준점 좌표와 축각 2개, 요소 기준점의 지름, 원추 각을 출력한다.

① 기능 및 용도

원뿔 또는 원뿔의 절단체를 측정한다. 내측과 외측의 원뿔을 자동으로 판단한다.

② 출력항목

X, Y, Z, D, A1, A2, A(최소 지름을 갖는 원 중심 좌표)

③ 측정 방법

최소 프로빙 수 → 6점, 권장 프로빙 수 → 4점씩 3단면 12점이다. 처음 3점은 가능한 같은 단면상에서 고르게 분산시키고, 단면 간의 거리를 멀리하여 측정면에 수직으로 프로빙을 한다.

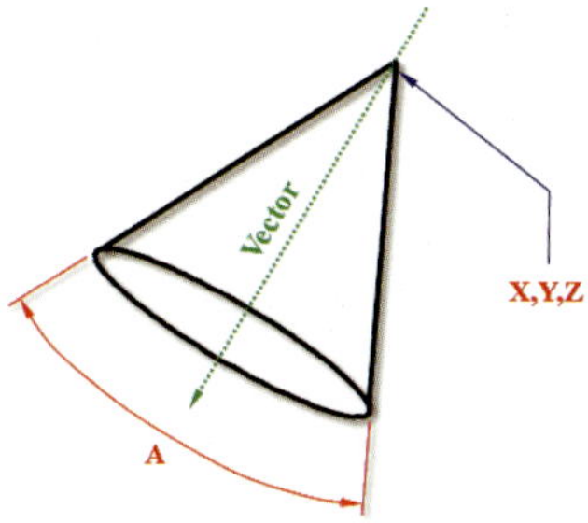

[그림 1-27] 원뿔 측정 방법

6.2.7 타원

타원(Ellipse)의 중심좌표, 초점, 단축, 장축을 기본 출력한다.

① 기능 및 용도

측정 좌표계 축에 평행하지 않은 원형 단면의 형상을 측정한다. 내측과 외측을 자동으로 판단한다. 경사진 평면상에 놓인 타원을 측정할 때는 관계 평면 지정을 선택하여 프로빙을 한다.

② 출력항목

X, Y, Z, DL, DS, A1

③ 측정 방법

최소 프로빙 수 → 5점, 권장 프로빙 수 → 8점이다. 기준 축을 고정한 상태에서(같은 높이) 프로빙하며, 가능한 한 측정면에 수직으로 프로빙을 한다.

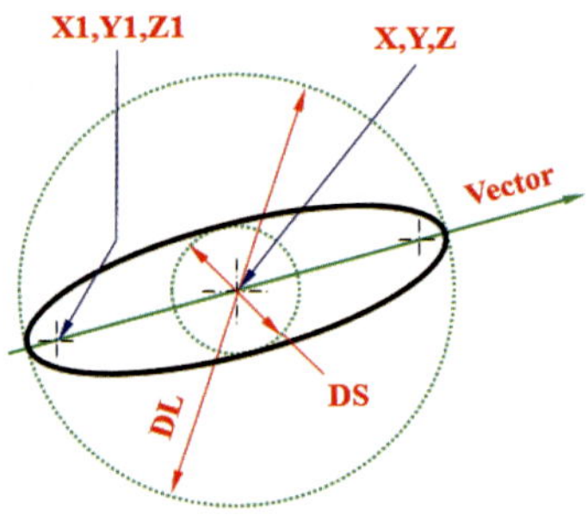

[그림 1-28] 타원 측정 방법

[표 1-1] 요소의 최소 프로빙 조건

요소명	최소 측정점 수	권장 측정점 수(BS 7172)
점	1	1
직선	2	5
원	3	7
평면	3	9 (3점×3라인)
구	4	9
원통	8	12 (4점×3단면)
원뿔	8	12 (4점×3단면)
타원	5	11

7 좌표계

7.1 직교 좌표계

7.1.1 직교 좌표계의 표현

X축 좌표 / Y축 좌표 / Z축 좌표

7.1.2 직교 좌표계의 특징

한 점에서 서로 수직으로 만나는 세 개의 직선이 있다. 이 세 개의 직선을 각각 X축, Y축, Z축이라고 하고 세 직선이 만나는 점은 원점이라 한다. 각각의 좌표축은 서로 직각으로 구성되며, 두 축으로 측정 평면을 형성하며 나머지 축이 공간(기준) 축이 된다.

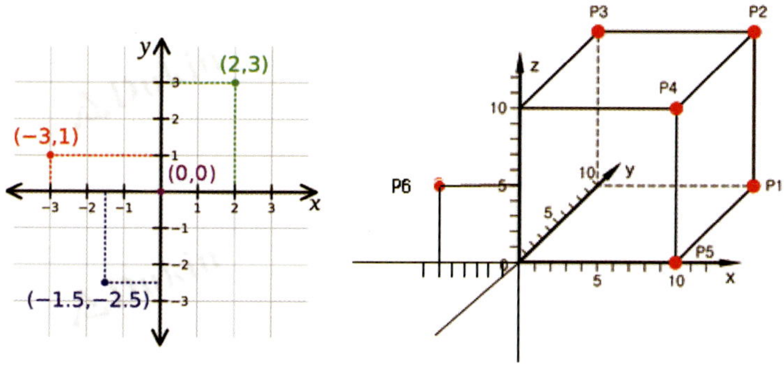

[그림 1-29] 직교 좌표계

7.2 원통 좌표계

7.2.1 원통 좌표계의 표현

- 공간 축으로부터의 수직 거리 R
- 각도 기준 축으로부터의 회전각 θ
- 기준 평면으로부터의 높이 H

7.2.2 원통 좌표계의 특징

각각의 좌표 축은 서로 직각으로 구성되어 있으며 수직 거리 R은 항상 0보다 커야 한다. 회전각 θ는 0° 이상, 360° 미만이어야 하며, 공간 축의 + 방향에서 기준 평면을 볼 때 시계반대 방향(CCW; Counter Clock Wise)이 양(+)의 방향이다. 높이 H는 좌표계에 평행한 공간 축 방향의 높이이며 H가 0인 형태의 좌표계를 극 좌표계라고 한다.

작업 평면	각도 기준 축	주축(보는 방향)
YZ	+Y	+X
ZX	+Z	+Y
XY	+X	+Z

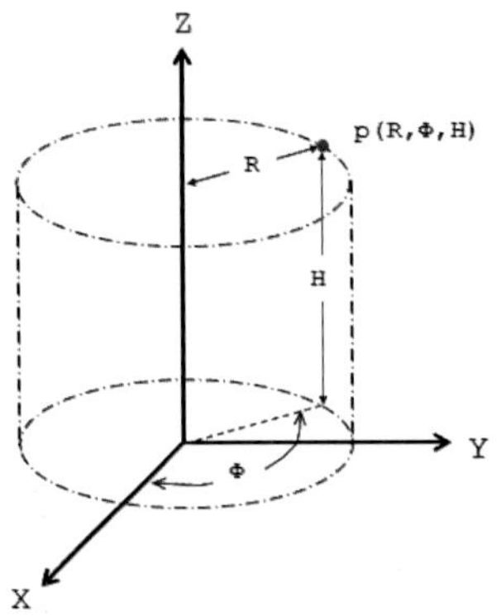

$$R = \sqrt{x^2} + \sqrt{y^2}$$
$$\phi = \tan^{-1}(\frac{y}{x})$$
$$H = z$$
$$x = R \cdot \cos\phi$$
$$y = R \cdot \sin\phi$$
$$z = z$$

[그림 1-30] 원통 좌표계

7.3 구 좌표계

7.3.1 구 좌표계의 표현

- 좌표 원점으로부터의 거리 R
- 각도 기준 축으로부터의 회전각 θ
- 공간 축(+)으로부터의 경사각 ø

7.3.2 구 좌표계의 특징

각각의 좌표축은 서로 직각으로 구성되어 있으며 공간상 수직 거리 R은 항상 0보다 크며 + 부호를 가진다. 회전각 θ는 공간 축의 + 방향에서 기준 평면을 볼 때 CCW가 + 방향이고 경사각 ø 의 기준은 공간 축의 +방향이며 0보다 크다.

작업 평면	각도 기준 축	주축(보는 방향)
YZ	+Y	+X
ZX	+Z	+Y
XY	+X	+Z

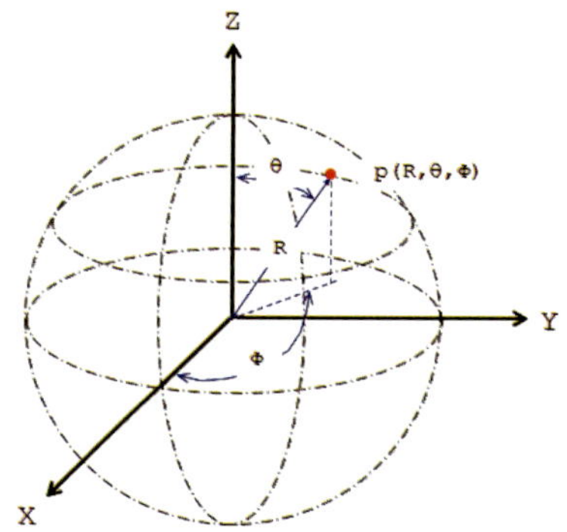

$$R = \sqrt{x^2} + \sqrt{y^2} + \sqrt{x^2}$$
$$\theta = \cos^{-1}\left(\frac{z}{R}\right)$$
$$\phi = \tan^{-1}\left(\frac{y}{x}\right)$$
$$x = R \cdot \sin\theta \cdot \cos\phi$$
$$y = R \cdot \sin\theta \cdot \sin\phi$$
$$z = R \cdot \cos\theta$$

[그림 1-31] 구 좌표계

7.4 3차원 측정기의 좌표계

7.4.1 좌표계 구분

좌표계는 서로 직교하는 세 축으로 구성되어 있다.

① 기계 좌표계(MCS; Machine Coordinate System)

CMM 자체가 가지고 있는 좌표계를 기계 좌표계라고 하며 측정기 제작 시 본체 각 축의 직각도와 스케일에 의해 결정된다. 또한 모든 측정의 기준이 되므로 항상 일정하게 유지한다.

② 측정 좌표계(PCS; Part Coordinate System)

공작물에 맞춰 설정한 좌표계로, 기계 좌표계의 축 회전과 원점 이동에 의해 이루어지며 수시로 변경이 가능하다.

7.4.2 축 방향 및 부호(CMM 전면에서 볼 때)

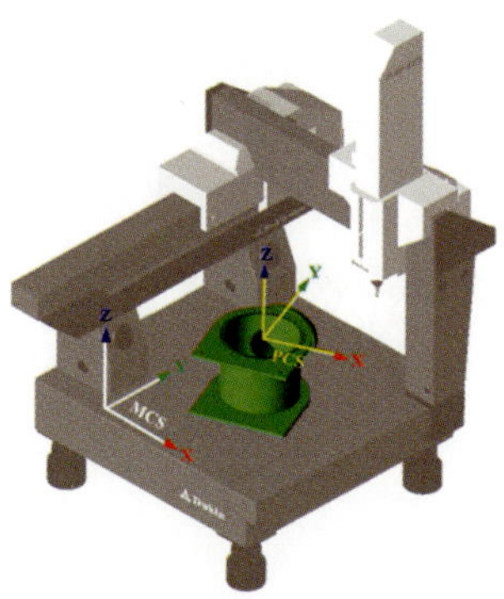

좌 ↔ 우 방향을 X축으로 표현함(우측 방향이 +).
전 ↔ 후 방향을 Y축으로 표현함(뒤쪽 방향이 +).
상 ↔ 하 방향을 Z축으로 표현함(위쪽 방향이 +).

[그림 1-32] 3차원 측정기의 좌표계(MCS, PCS)

7.4.3 작업 평면

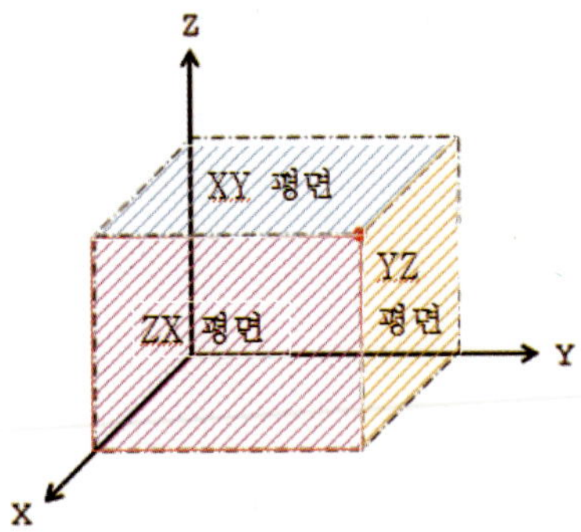

XY 평면 : X축과 Y축이 이루는 평면(기준 축은 Z).
YZ 평면 : Y축과 Z축이 이루는 평면(기준 축은 X).
ZX 평면 : Z축과 X축이 이루는 평면(기준 축은 Y).

[그림 1-33] 3차원 측정의 작업 평면

7.5 측정 좌표계 정렬

7.5.1 6자유도

3차원 공간에서 공작물의 운동은 X, Y, Z축 방향 직선 운동 3개와 X, Y, Z 각 축을 회전축으로 하는 회전 운동 3개의 결합이다. 이것을 합해서 6자유도라고 한다. 6자유도는 3개의 축 선에 대한 평행 운동과 회전 운동을 가지므로 공작물의 위치 결정을 위해서는 공간상의 운동을 정확하게 구속 후 측정을 시행한다.

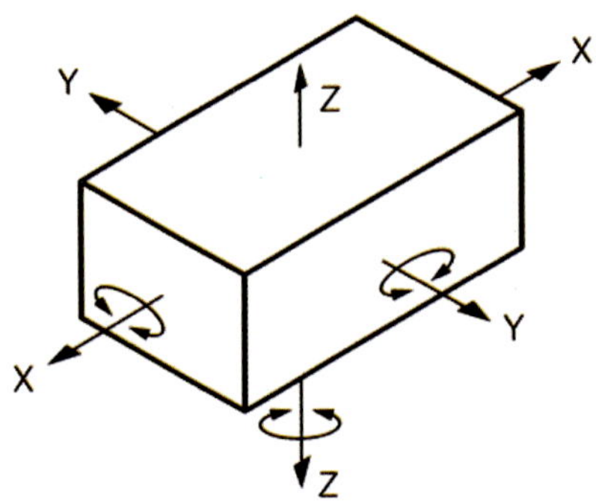

[그림 1-34] 6자유도

7.5.2 기계적 정렬

기계축과 공작물 축이 일치하도록 공작물을 움직여 정렬시키는 방법을 기계적 정렬(Mechanical Alignment)이라 한다. 평행 블록, 다이얼 게이지 등을 이용하여 기계적 정렬을 실시하며, 머시닝 센터 등에서 주로 사용하는 방법이다.

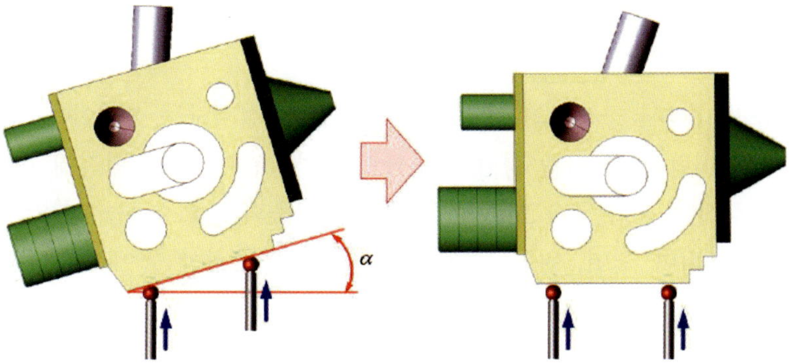

[그림 1-35] 기계적 정렬

7.5.3 수학적 정렬

수학적 정렬(Mathematical Alignment)은 공작물 축과 CMM 축을 일치시키는 작업을 수학적으로 실시하는 방법이다. 데이텀 형체를 측정하여 CMM 축에 대한 상대적인 축 각 및 좌표를 컴퓨터에 입력시켜 소프트웨어적으로 처리하는 방법으로, 기계적 정렬에 비해 편리하게 데이텀을 설정할 수 있다.

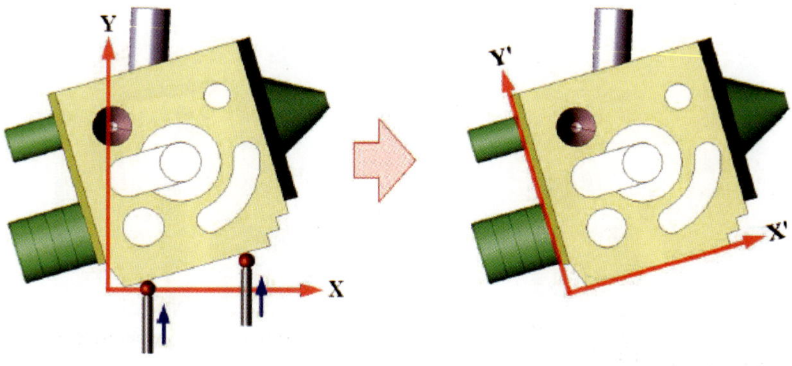

[그림 1-36] 수학적 정렬

7.5.4 측정 좌표계 설정 방법

기계 좌표계에서 측정 좌표계로 변환하는 과정으로 공간 정렬 → 공작물상에 제1차 데이텀을 설정하는 작업, 평면회전 → 공작물에 제2차 데이텀을 설정하는 작업, 원점지정 → 공작물상에 제3차 데이텀을 순서대로 설정하는 작업이다. 좌표계 변환은 반드시 공간 정렬 후 평면회전이나 원점이동을 해야 한다.

(1) 공간 정렬

3차원 측정 공간 내에서 공작물의 기준 축(기준평면)을 설정하는 작업이다. 기준 축이 설정되면 제2차, 3차 데이텀은 이 기준 평면에 수직으로 설정된다. 공간 회전에 의해 2개의 회전 운동과 1개(2개) 직선 운동이 구속된다. 공간 회전에 사용되는 요소로는 2개의 축각을 가지는 데이텀 형체가 사용되며 평면, 원통, 원뿔, 단차원통, 공간직선 등이 있다.

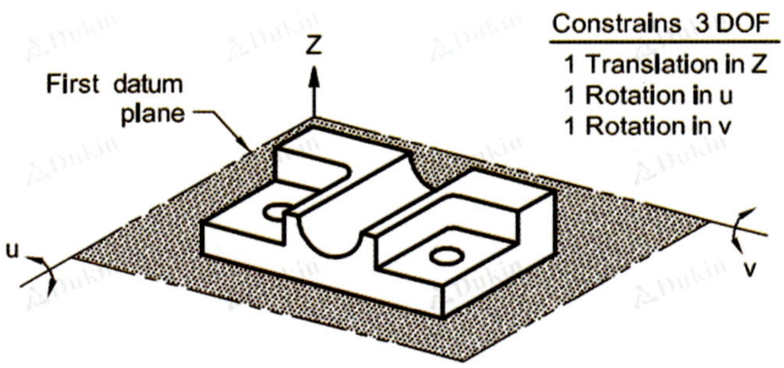

[그림 1-37] 공간 정렬

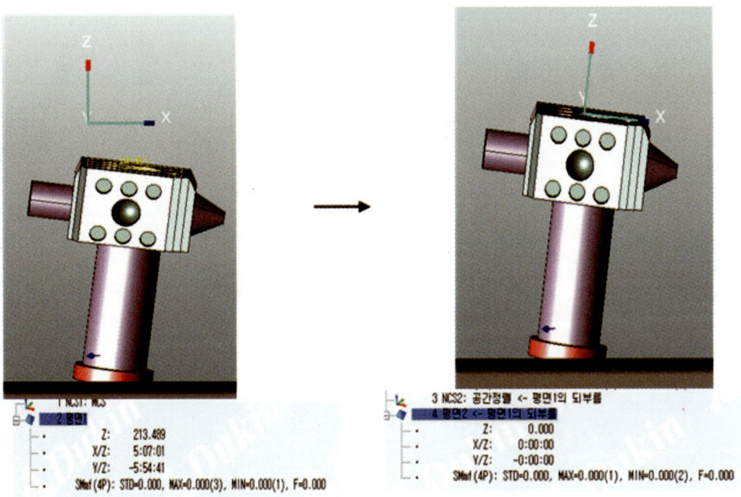

(a) 공간 정렬 전 (b) 공간 정렬 후

[그림 1-38] 공간 정렬

(2) 평면회전

공간정렬에 의해 설정되지 않은 나머지 축을 설정하는 작업으로, 평면회전에 의해 직선 운동 1개와 회전 운동 1개가 구속된다. 정확한 좌표계 설정을 위해서 공간정렬 후 평면회전을 하는 것을 권장한다. 평면회전에 사용되는 요소에는 축각을 1개 이상 가지고 있는 직선, 평면, 원통, 원뿔, 단차원통, 공간직선 등이 있다.

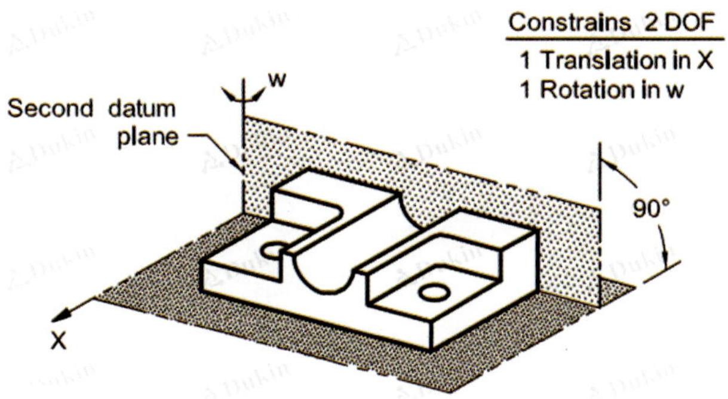

[그림 1-39] 평면회전

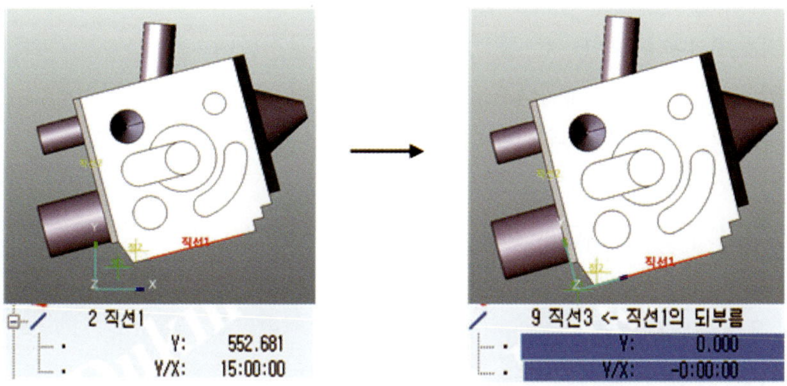

(a) 평면회전 전 (b) 평면회전 후

[그림 1-40]

(3) 원점 지정

좌표계의 위치를 결정하는 작업이다. 기계 좌표계에 대한 공작물 축의 위치를 계산하여 공작물 축으로 좌표계를 변환시키며 그 결과 직선 운동이 구속된다. 원점 이동에 사용되는 요소로는 모든 형상이 사용 가능하다.

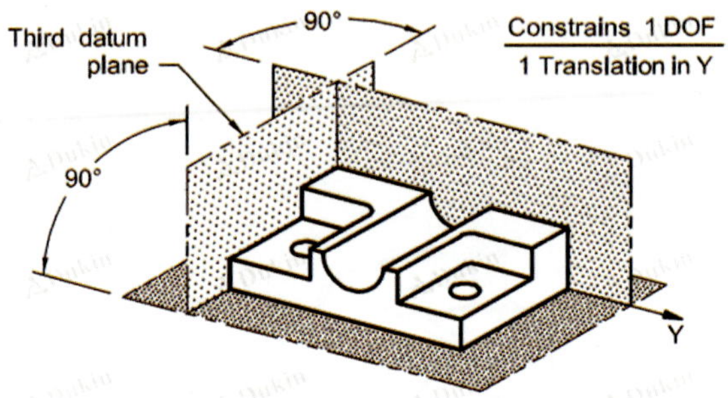

[그림 1-41] 원점 지정

7.5.3 데이텀 우선순위 결정 방법

(1) 도면에 표시된 정보에 의한 결정

① 데이텀 기호에 따라 A, B, C 등 알파벳순으로 결정한다.

② 치수 기입 시작 위치를 데이텀으로 결정한다.

③ 정밀 공차가 부여된 축을 우선순위로 한다.

(2) 도면에 정보가 표시되어 있지 않은 경우

① 가공이 잘 된 면을 우선순위로 한다.

② 긴 축을 우선순위로 한다.

③ 대체 데이텀 선정이 용이한 곳을 우선순위로 한다.

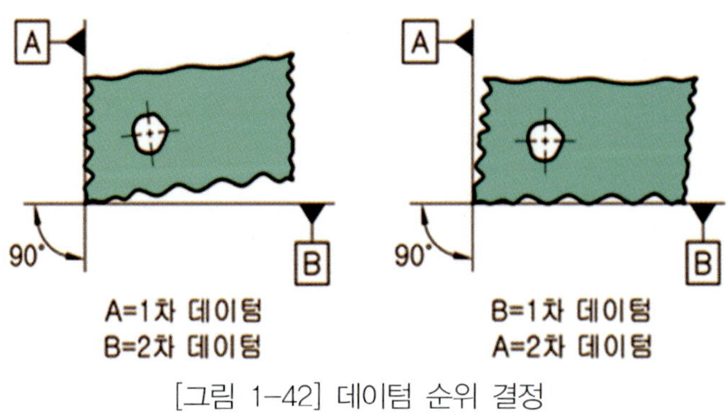

[그림 1-42] 데이텀 순위 결정

CHAPTER 02

3차원 측정 실습 1

덕인 접촉식 3차원 측정 실무과정 (Neuro Measure 5.0)

장비 실행하기
프로브 교정하기
좌표계
요소 측정
원통 좌표계 측정
기하공차 측정
자동 측정 프로그램 작성

1 장비 실행하기

1.1 3차원 측정 준비

① 컴프레서와 연결된 에어 밸브를 수평 방향으로 오픈하고, 에어드라이어를 오픈한다. (적정 공기압은 0.5 ~ 0.8 MPa 이내)

[그림 2-1] 압축 공기 제공

② 전자 제어 장치의 비상 버튼을 풀고 전원을 'ON' 한다.
(전자 제어 장치의 비상정지 버튼을 돌려 해제하고 초록색 버튼을 눌러 전원을 켠다.)

[그림 2-2] 컨트롤러

③ 컴퓨터 및 주변 기기(프린터 등)의 전원을 'ON' 한다.

④ 측정프로그램을 실행한다(모니터 바탕화면에 뉴로메저5 아이콘 클릭).

[그림 2-3] 소프트웨어

⑤ 3차원 측정기 원점찾기를 실행한다(원점찾기 실행 → 예).

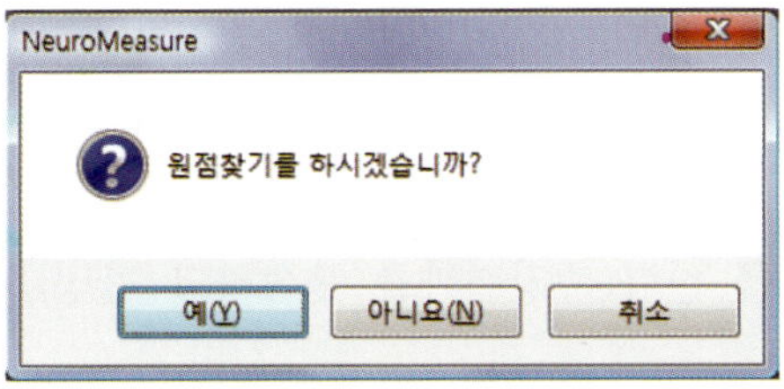

[그림 2-4] 원점찾기

⑥ 프로브를 교정한다(기준구 설치 → 기준구 위치지정 → 프로브 교정).

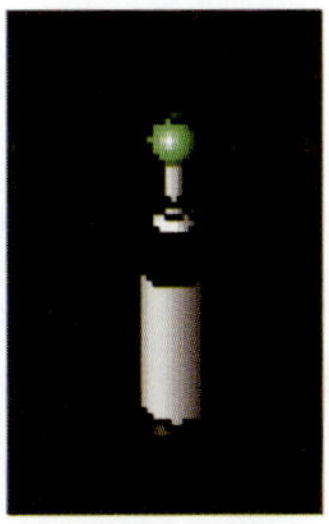

[그림 2-5] 프로브 교정

1.2 측정 시행

① 측정물을 3차원 측정기에 고정한다.

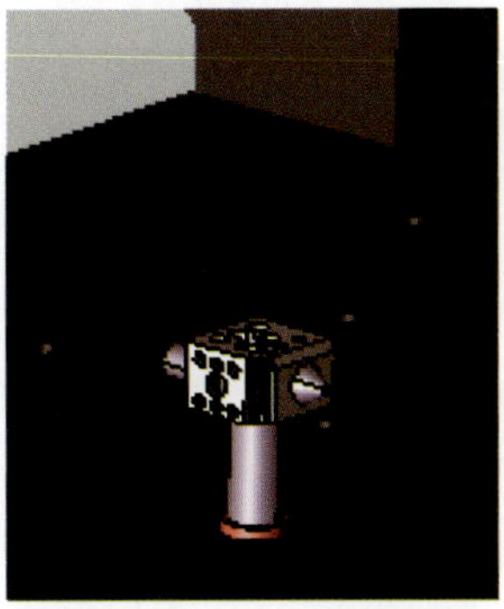

[그림 2-6] 측정하기

② 측정 좌표계를 데이텀을 이용하여 설정한다.
(공간정렬 → 평면회전 → 원점지정)

③ 도면에서 제시된 요소측정, 조합, 각도, 거리, 기하공차를 측정한다.
(프로브 회전 시에는 반드시 간섭이 없는 위치로 이동한 후 시행한다)

④ 측정 종료 시에는 프로브 각도를 A = 0°, B = 0°로 전환한다.

⑤ 표제란 작성 후 프린트를 한다(측정결과를 분석하고 판정).

1.3 정리 정돈

① 모든 측정 완료 후 장비 X, Y, Z축은 기계 좌표계 원점위치에서 100 mm 떨어진 위치로 이송한다.
② 컴퓨터 장비의 전원을 'OFF' 한다.
③ 전자 제어 장치의 전원을 'OFF' 한다(빨간색 버튼을 누름).
④ 에어드라이 밸브를 수직 방향으로 잠근다.
⑤ 컴프레서와 연결된 에어 밸브를 수직 방향으로 잠근다.
⑥ 측정물 및 주변 정리정돈을 한다.

1.4 뉴로메저 화면 구성

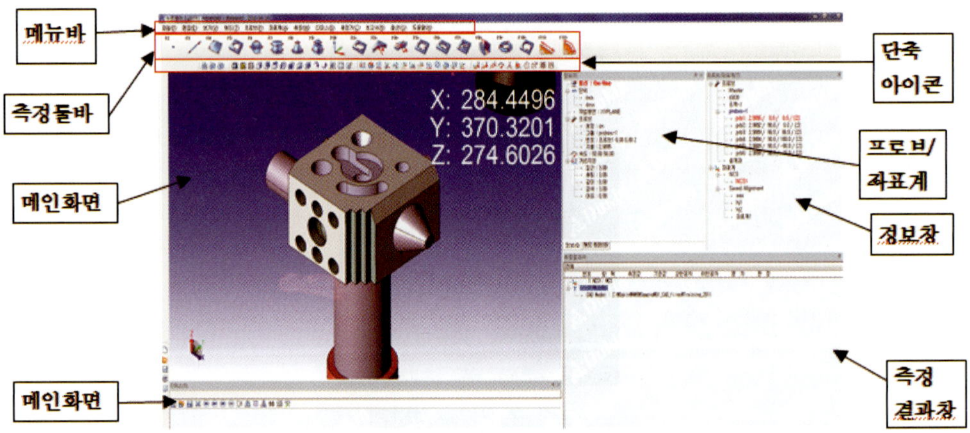

[그림 2-7] 측정 화면 구성

1.5 조이스틱 구성

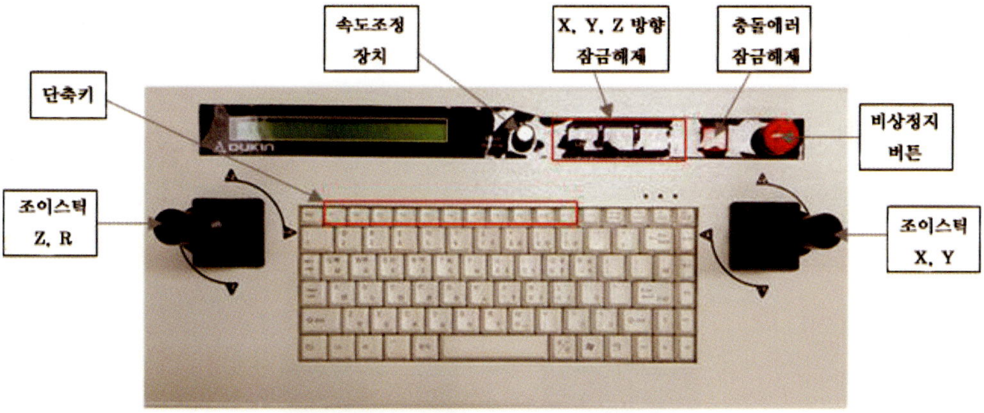

[그림 2-8] 조이스틱 구성

2 프로브 교정하기

2.1 프로브 교정 순서

2.1.1 사용할 프로브 센서 및 스타일러스 장착

측정물에 알맞은 프로브 센서 및 스타일러스를 선택한 후 프로브 시스템에 연결한다.

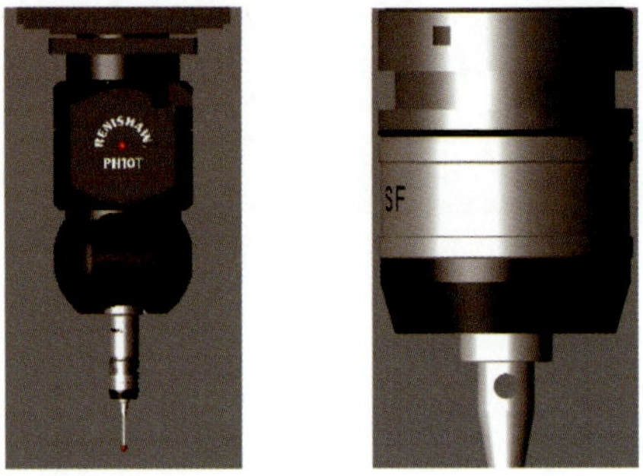

[그림 2-9] 사용할 프로브 선택 및 구성

2.1.2 장비 / 프로브 설치

측정기를 On / Off-Line 상에서 사용하기 위해 현재 사용할 장비 및 프로브 시스템을 화면상에 설치한다.

① 메뉴바에서 측정기 → 장비 / 프로브 설치

② 장비 목록, 헤드 목록 및 사용하고자 하는 프로브 시스템을 선택하고 설치를 선택하면 화면에 선택된 프로브 시스템이 나타난다.

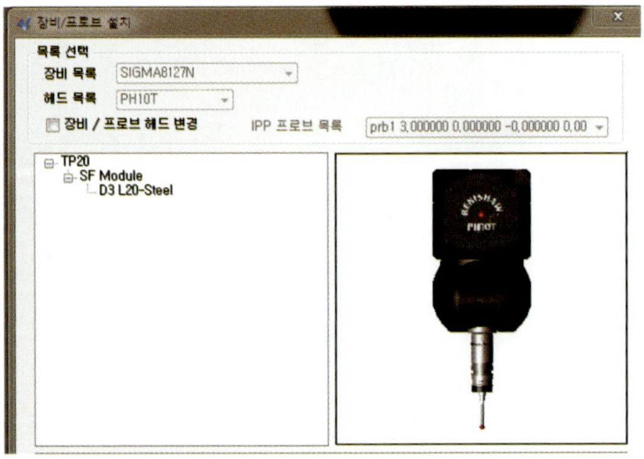

[그림 2-10] 장비 / 프로브 설치

2.1.3 기준구 설치

기준구를 깨끗이 닦은 후 정반 가운데에 고정한다.

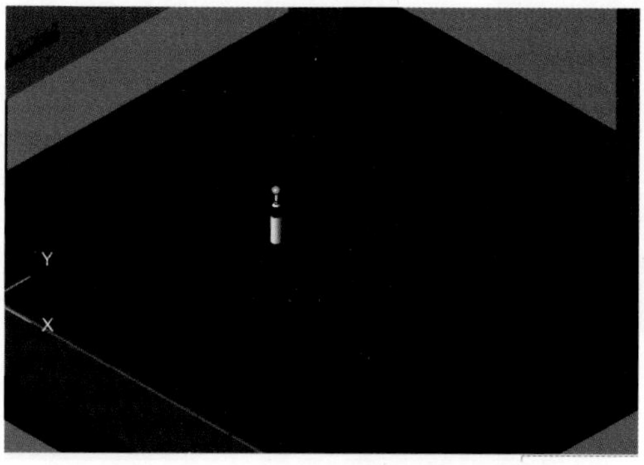

[그림 2-11] 기준구 설치

2.1.4 기준구 위치지정

기준구 위치가 변경된 경우 또는 기준구 위치를 변경하면서 프로브를 교정할 경우 사용한다.

① 메뉴바에서 프로브 → 기준구 위치지정을 선택한다.

기준구 위치지정 옵션이 선택된 경우 프로브 그룹생성, 재교정, 추가 등의 작업 시 기준구 위치지정에 대한 메시지가 자동 설정되며 (예)를 선택하여 기준구 위치지정을 실행할 수 있다.

② 구의 전체를 고르게 6점 수동 측정하거나, 구의 만곡점(최상부) 부위를 1점 측정 후 자동을 선택하면 자동으로 측정된다. 측정오차를 줄이기 위해 자동 측정을 권장한다.

③ 자동측정을 선택하는 경우, 첫 점 프로빙 시 현재 촉침 방향에 수직하게 프로빙해야 한다.

④ 표준편차, 진구도 등의 상태를 점검한 후 이상이 없는 경우 확인을 선택하고, 교정결과가 만족스럽지 못한 경우는 취소를 선택한 후 재교정을 해야 한다. 장비 설치 환경, 주변 여건, 프로브의 조합 등에 따라 기준이 달라질 수 있지만 일반적으로 표준편차는 3 um 이내, 진구도는 5 um 이내로 측정되면 기준구 위치 지정을 완료한다.

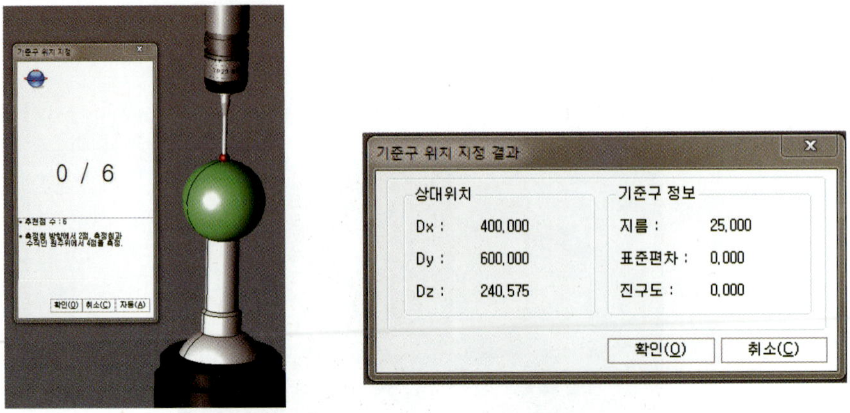

[그림 2-12] 기준구 위치 지정

2.1.5 프로브 그룹 생성

새로운 프로브 그룹을 생성, 교체하거나 그룹 이름을 변경하여 교정하고자 할 때 사용된다.

① 프로브 → 프로브 그룹 생성을 선택한다.

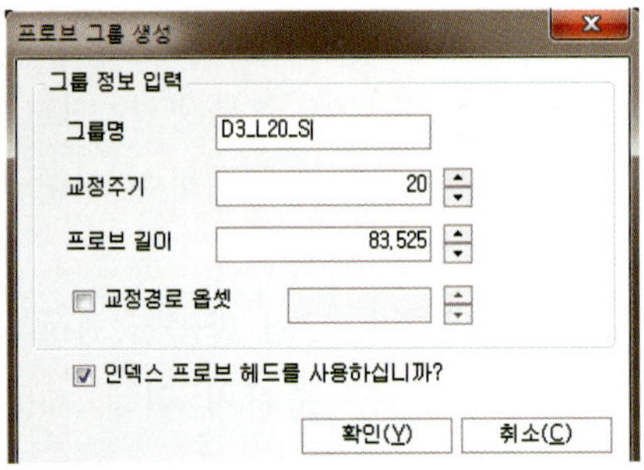

[그림 2-13] 프로브 그룹 생성

② 세부내용

그룹명	사용할 그룹명을 입력
교정주기	교정 결과를 유지할 주기를 일수로 입력함
프로브 길이	프로브 헤드 중심에서 촉침 중심까지의 거리로, 장비 / 프로브 설치가 정상적으로 되어 있다면 자동으로 길이가 입력됨
교정경로 옵셋	프로브 교정 시 stem부위에서 발생되는 간섭을 피하기 위해 교정경로를 옵셋하여 적용할 때 사용됨
인덱스 프로브 헤드	각도분할이 가능한 프로브 헤드를 인덱스 프로브 헤드로 설정하고, 각도분할이 불가능한 프로브 헤드는 인덱스 프로브로 설정하지 않음

③ 단일교정

- 프로브 그룹 생성 선택 수 그룹명, 교정주기, 인덱스 프로브 헤드 여부 등을 지정 후 교정하고자 하는 프로브 자세 각도를 MPH 회전창에서 개별 추가하여 프로브 교정을 시행할 수 있다.
- 기준구 최상부 지점을 1점 프로빙 한 후 자동측정을 선택한다. 첫 점 프로빙은 현재 촉침 방향에서 수직하게 프로빙을 한다.

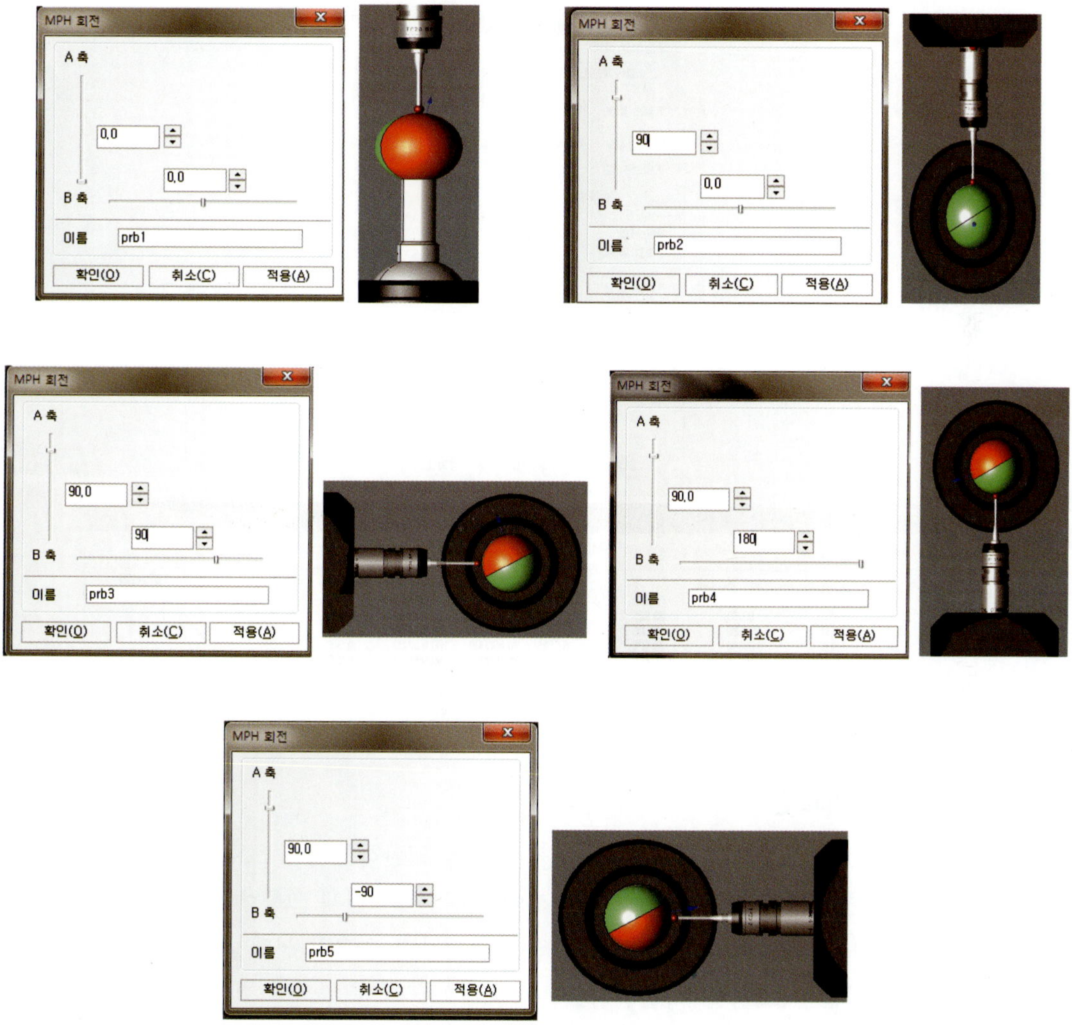

[그림 2-14] 프로브 교정(회전 각도 및 자세)

④ 다중교정

다중 프로브 자동교정 옵션이 선택된 경우 프로브 그룹 생성 후 그룹명, 교정주기, 인덱스 프로브 헤드 여부 등을 지정하면 다중 프로브 자동 교정 창이 나타난다. 사용할 프로브 각도를 입력한 후 추가를 선택하면 해당 리스트의 교정은 별도의 프로빙 없이 자동으로 이루어진다. 프로브 → 다중 프로브 자동교정 옵션을 선택하여 사용할 수 있다.

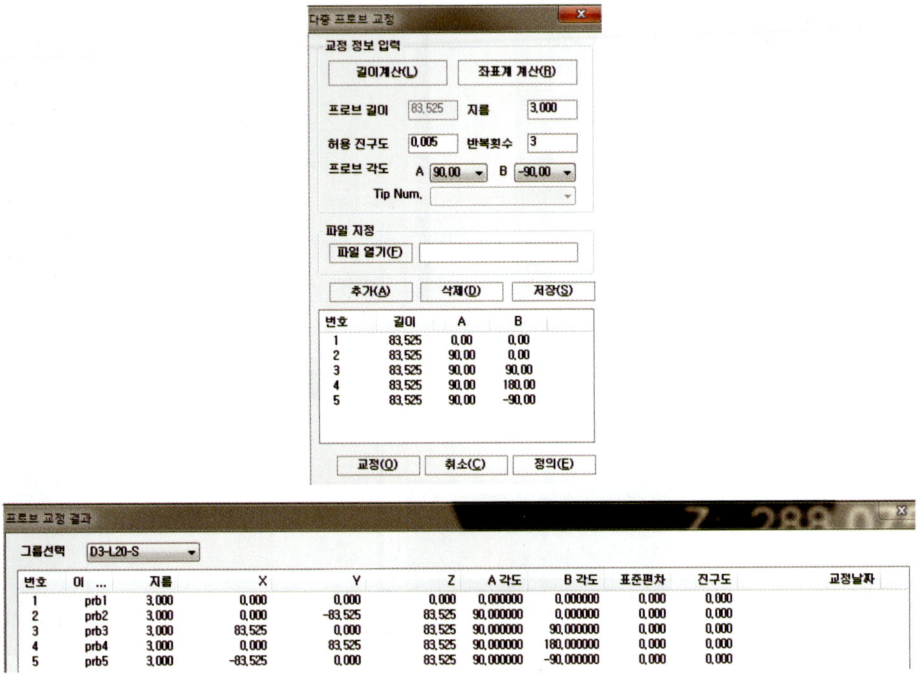

[그림 2-15] 다중교정 결과 예

2.1.6 프로브 재교정

일반적으로 1일 1회 교정하는 것을 추천한다. 촉침을 교환하였거나 프로브에 물리적인 충격이 가해진 경우에는 반드시 프로브 재교정을 시행해야 한다. 전체 그룹에 대한 일괄 재교정과 개별 교정이 가능하다. 프로브 → 프로브 재교정을 선택하면 재교정 선택창이 나타나며, 필요에 따라 개별 또는 일괄 재교정을 시행한다.

① 일괄 재교정

일괄재교정 선택창에서 (예)를 선택한다. 프로브 재교정 창에서 그룹선택 → 추가 → 확인을 선택하면 일괄 재교정이 이루어진다. 이때 교정을 위해 측정기가 자동 이동되므로 주의가 필요하다. 교정이 완료되면 결과창에서 표준편차와 진구도값을 확인하고 완료한다.

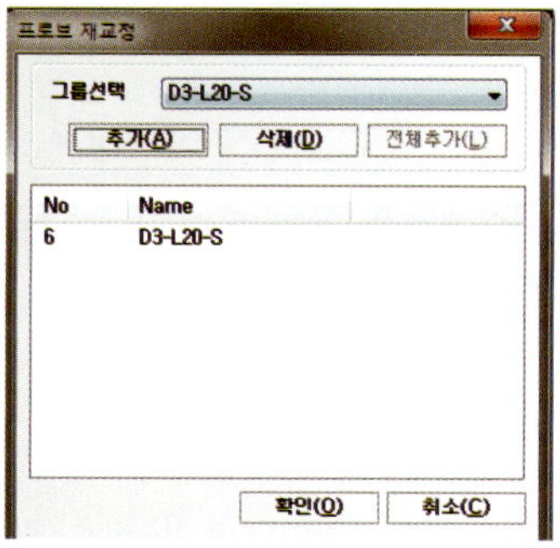

[그림 2-16] 프로브 재교정

② 개별 재교정

일괄 재교정 선택창에서 (아니오)를 선택한다. 프로브 선택 창에서 재교정할 프로브 번호를 지정한 후 확인을 선택하면, 프로브가 회전을 하고 교정 창이 나타난다. 수동으로 프로브 재교정을 하거나 촉침의 수직방향으로 1점을 측정한 후 자동 측정을 시행한다.

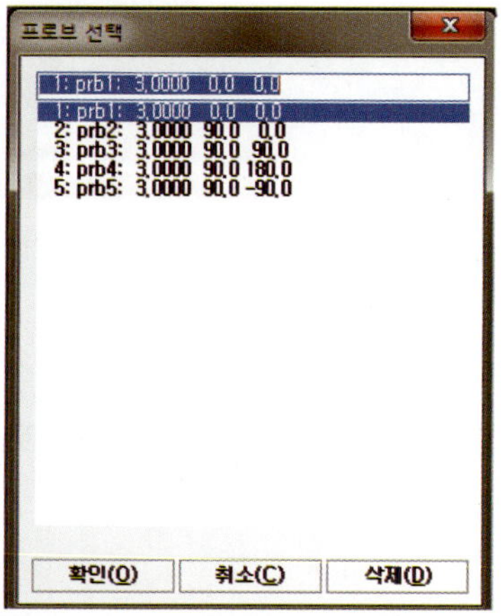

[그림 2-17] 프로브 개별 재교정

2.1.7 프로브 각도 추가

현재 프로브 그룹에 새로운 프로브 각도를 추가할 경우 사용한다. 프로브 기준구 위치가 변경된 경우 기준구 위치지정을 실행한 후 프로브 각도를 추가할 수 있다. 프로브 → 프로브 각도 추가를 선택하여 프로브 각도를 추가한다.

① 개별 추가

다중 프로브 자동교정 옵션을 해제한다. MPH회전 창이 나타나면 추가하고자 하는 각도를 지정 후 확인을 선택하여 프로브 각도를 추가할 수 있다.

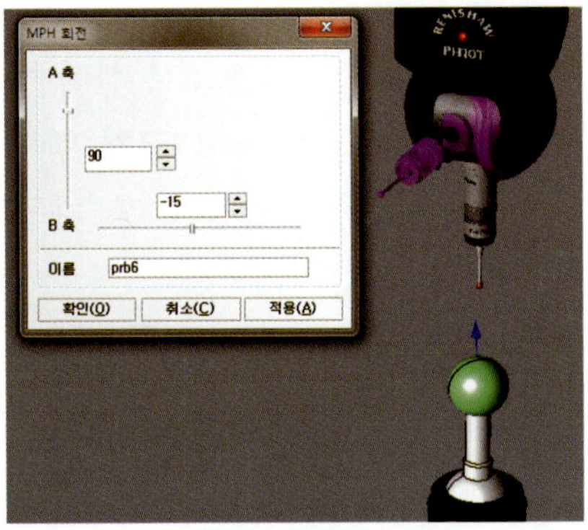

[그림 2-18] 프로브 개별 추가

② 일괄 추가

다중 프로브 자동교정 옵션 선택 → 프로브 추가(다중 프로브 교정창 생성) → 추가하고자 하는 각도를 지정한 후 교정을 실행한다.

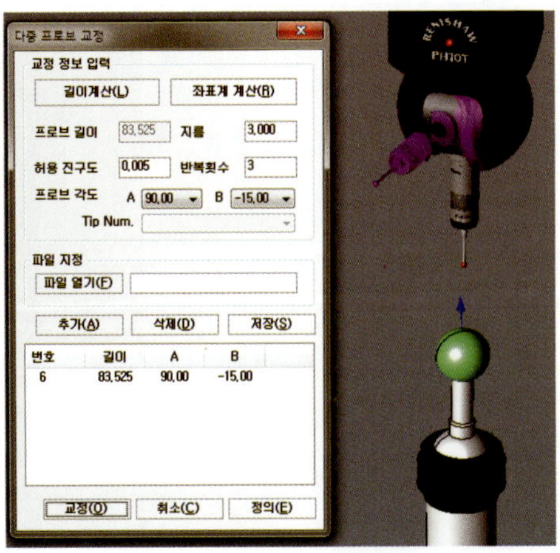

[그림 2-19] 프로브 일괄 추가

3 좌표계

3.1 좌표계 (1) - 평면, 직선, 점

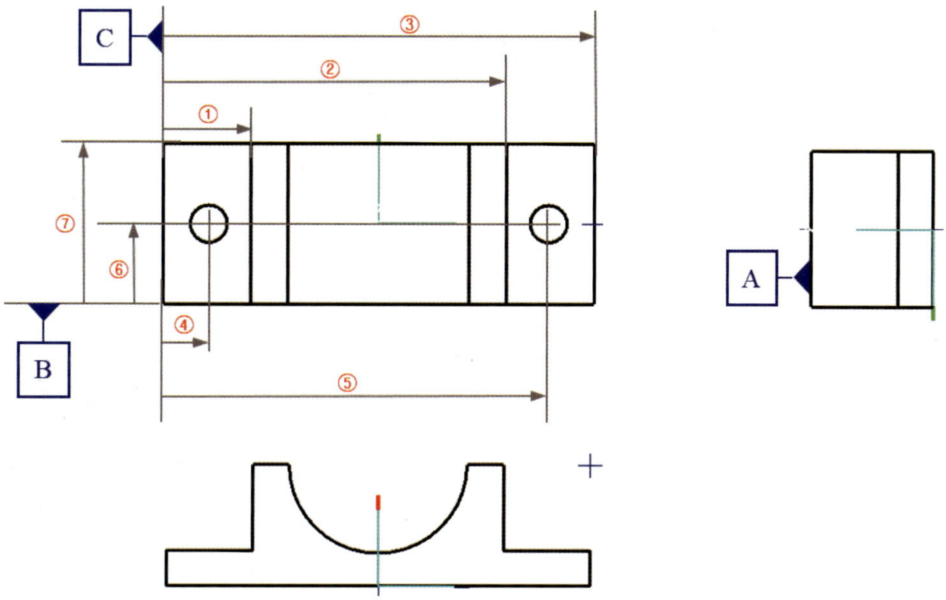

[요구사항]

(1) 우선순위에 따라 데이텀을 설정할 수 있다.

(2) 원점에서의 거리값을 구할 수 있다.

<table>
<tr><th>순서</th><th>선택 메뉴</th><th>설 명</th><th>측정결과</th></tr>
<tr><td>1</td><td></td><td>요소 바에서 평면을 선택한 후 데이텀 'A' 평면 1을 측정한다.</td><td>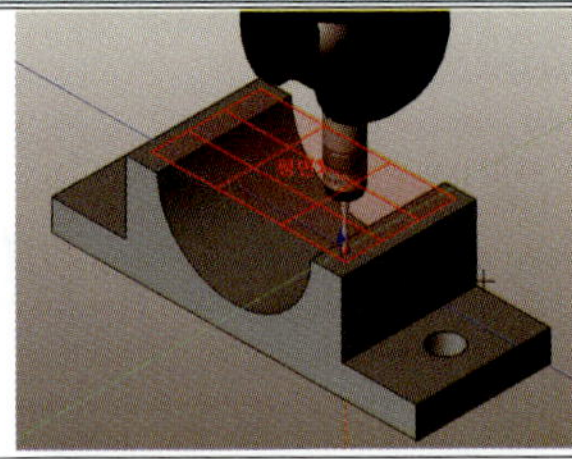</td></tr>
<tr><td>2</td><td>(좌표계) →
(공간정렬) →
(형상지정)</td><td>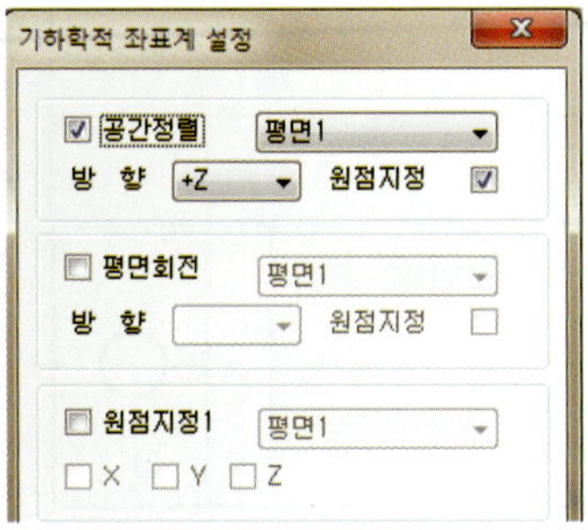</td><td><table>
<tr><th></th><th>직선운동</th><th>회전운동</th></tr>
<tr><td>X축</td><td>±X</td><td>Ayz</td></tr>
<tr><td>Y축</td><td>±Y</td><td>Azx</td></tr>
<tr><td>Z축</td><td>±Z</td><td>Axy</td></tr>
</table>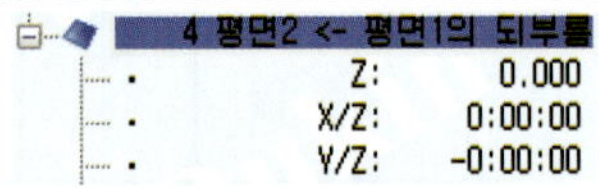</td></tr>
<tr><td>3</td><td>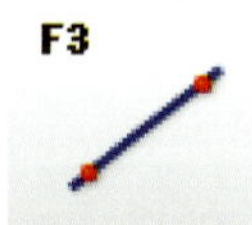</td><td>요소 바에서 직선을 선택한 후 데이텀 'B' 직선 1을 측정한다.</td><td>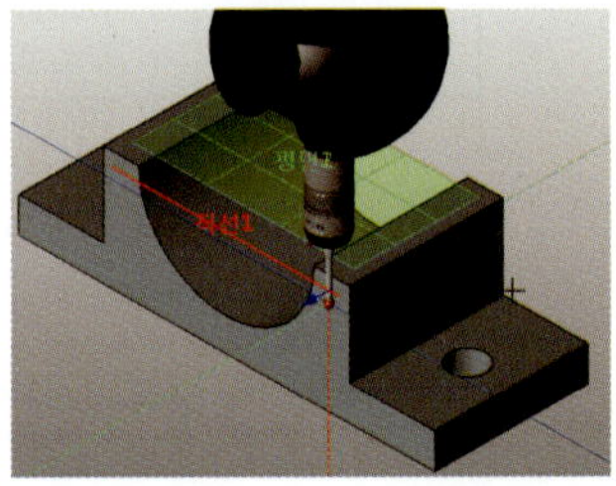</td></tr>
<tr><td>4</td><td>(좌표계) →
(평면회전) →
(형상지정)</td><td>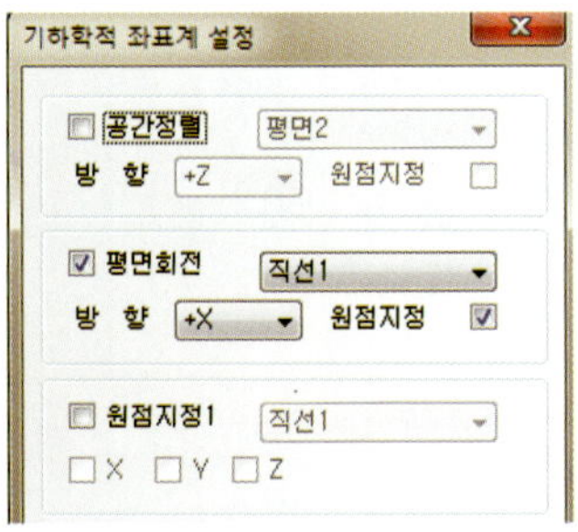</td><td><table>
<tr><th></th><th>직선운동</th><th>회전운동</th></tr>
<tr><td>X축</td><td>±X</td><td>Ayz</td></tr>
<tr><td>Y축</td><td>±Y</td><td>Azx</td></tr>
<tr><td>Z축</td><td>±Z</td><td>Axy</td></tr>
</table>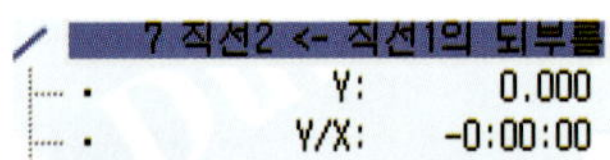</td></tr>
<tr><td>5</td><td>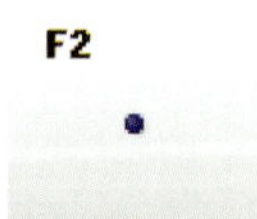</td><td>요소 바에서 점을 선택한 후 데이텀 'C' 점 1을 측정한다.</td><td>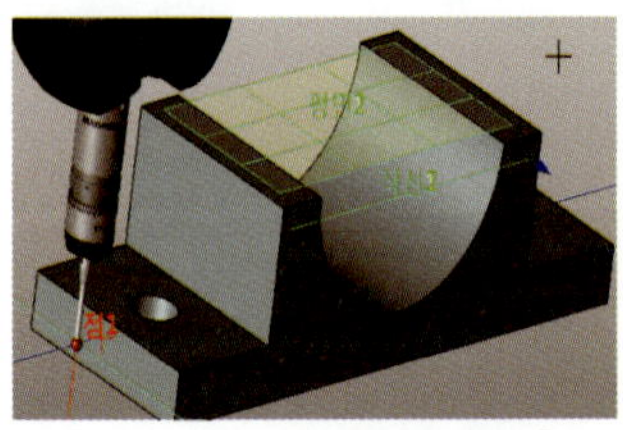</td></tr>
</table>

<table>
<tr><th>순서</th><th>선택 메뉴</th><th>설 명</th><th>측정결과</th></tr>
<tr><td>6</td><td>(좌표계) →
(원점지정) →
(형상지정)</td><td>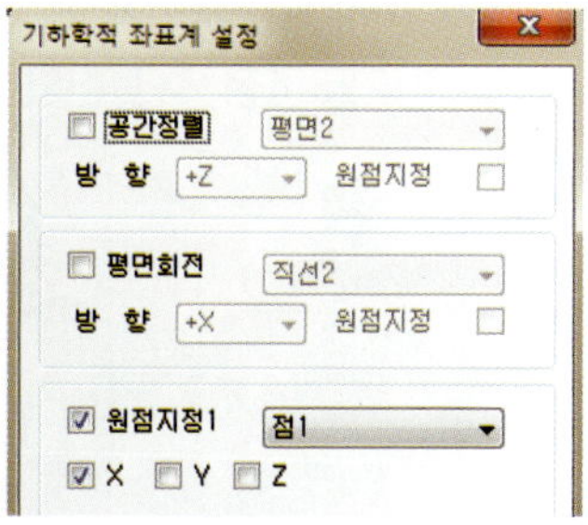
</td><td><table><tr><th></th><th>직선운동</th><th>회전운동</th></tr><tr><td>X축</td><td>±X</td><td>Ayz</td></tr><tr><td>Y축</td><td>±Y</td><td>Azx</td></tr><tr><td>Z축</td><td>±Z</td><td>Axy</td></tr></table>
10 점2 <- 점1의 되부름
X: 0.000</td></tr>
<tr><td>7</td><td>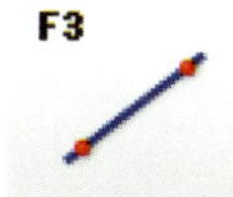</td><td>요소 바에서 직선을 선택한 후 직선 2를 4점 측정한다.
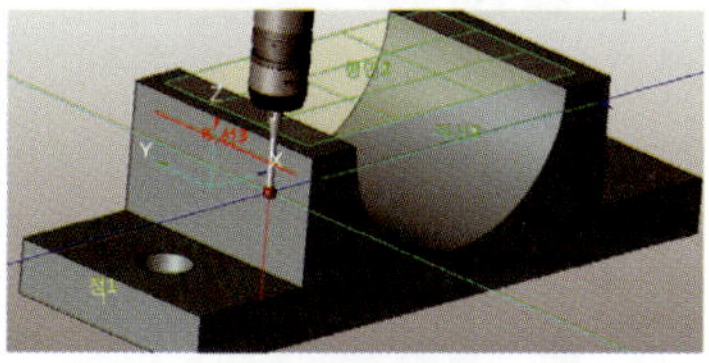</td><td>X=①</td></tr>
<tr><td>8</td><td></td><td>요소 바에서 평면을 선택한 후 평면 2를 4점 측정한다.
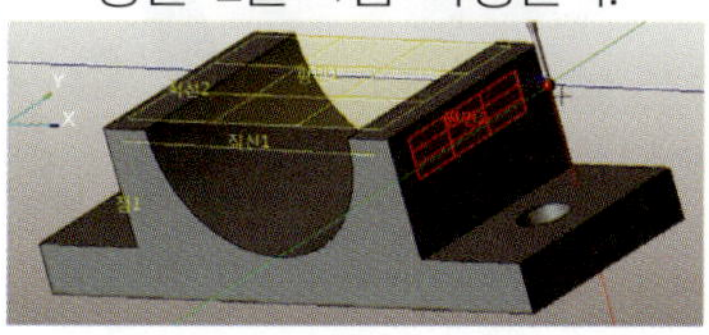</td><td>X=②</td></tr>
<tr><td>9</td><td>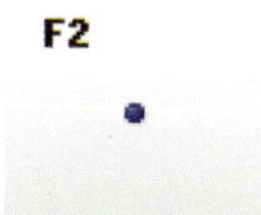</td><td>요소 바에서 점을 선택한 후 점 2를 3점 측정한다.
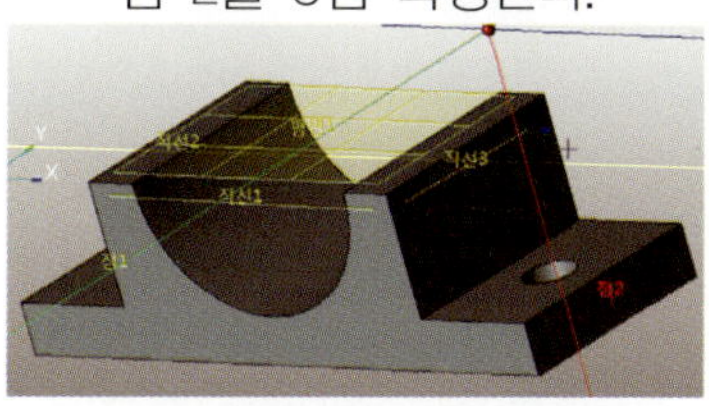</td><td>X=③</td></tr>
<tr><td>10</td><td></td><td>요소 바에서 원을 선택한 후 원 1을 4점 측정한다.
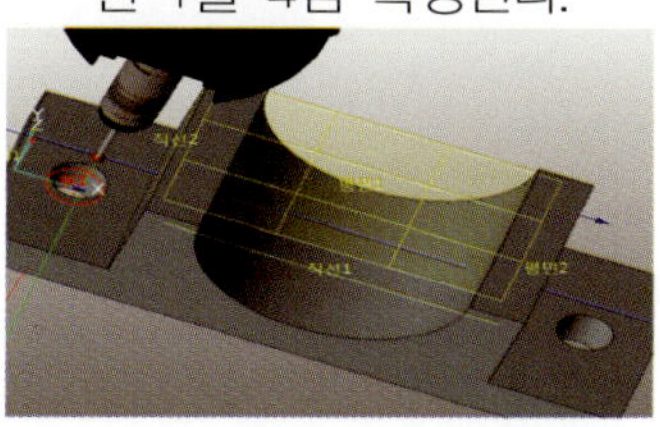</td><td>X=④,
Y=⑥−1</td></tr>
</table>

순서	선택 메뉴	설 명	측정결과
11	F5 	요소 바에서 원을 선택한 후 원 2를 4점 측정한다. 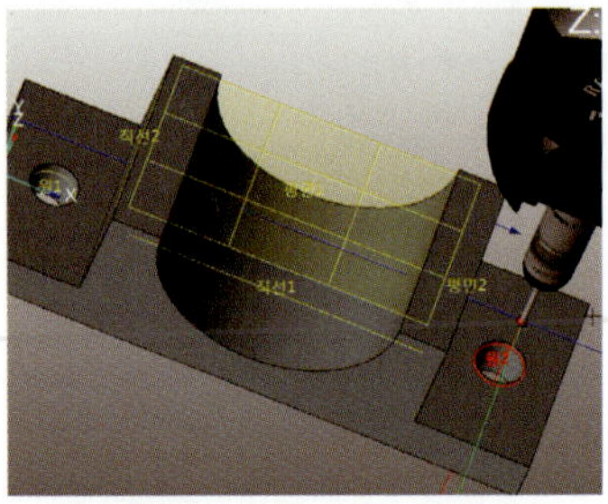	X=⑤ Y=⑥−2
12	F4 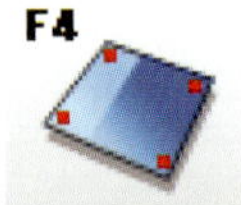	요소 바에서 평면을 선택한 후 평면 3를 4점 측정한다. 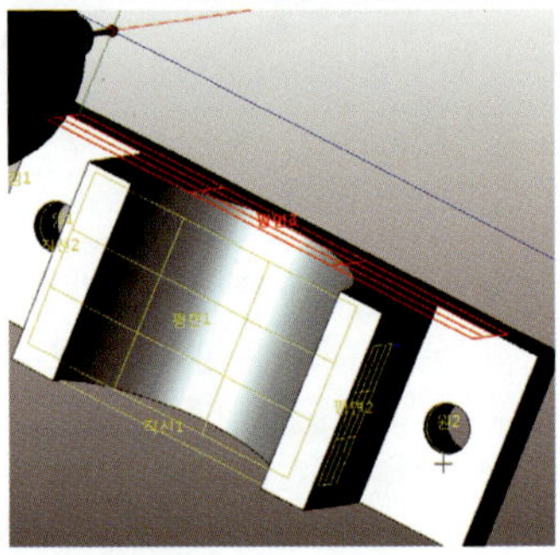	Y= ⑦

3.2 좌표계 (2) - 평면, 원과 원의 중심을 지나는 직선, 원

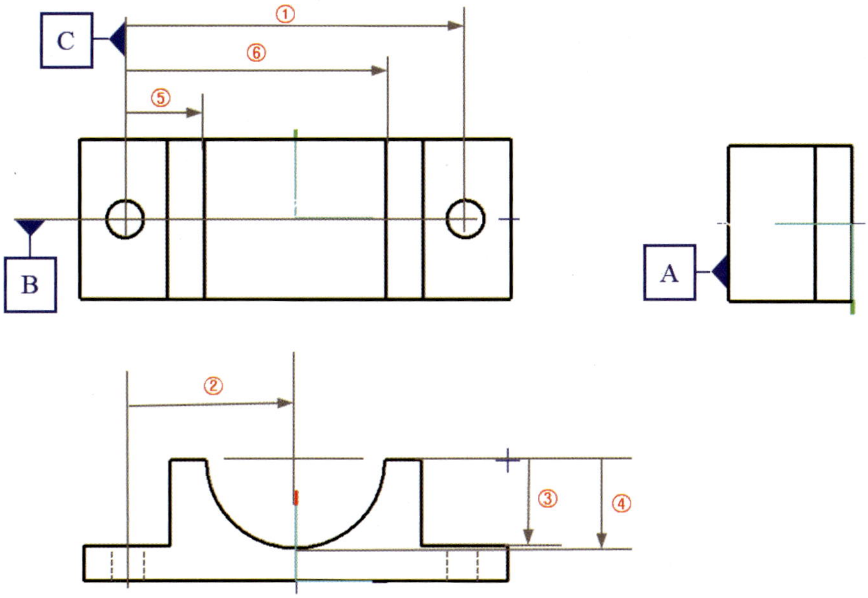

[요구사항]

(1) 우선순위에 따라 데이텀을 설정할 수 있다.

(2) 원과 원의 중심을 지나는 직선을 생성할 수 있다.

(3) 원의 최대거리를 측정할 수 있다.

<table>
<tr><th>순서</th><th>선택 메뉴</th><th>설 명</th><th>측정결과</th></tr>
<tr><td>1</td><td>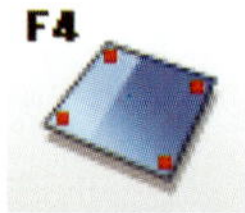
</td><td>요소 바에서 평면을 선택한 후 데이텀 'A' 평면 1을 측정한다.</td><td>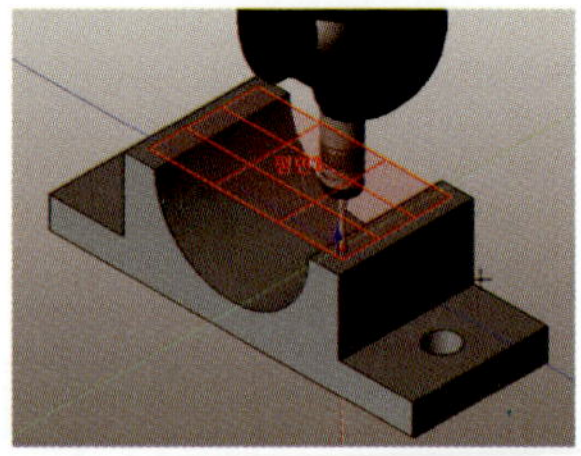</td></tr>
<tr><td>2</td><td>(좌표계) →
(공간정렬) →
(형상지정)</td><td>
</td><td><table>
<tr><th></th><th>직선운동</th><th>회전운동</th></tr>
<tr><td>X축</td><td>±X</td><td>Ayz</td></tr>
<tr><td>Y축</td><td>±Y</td><td>Azx</td></tr>
<tr><td>Z축</td><td>±Z</td><td>Axy</td></tr>
</table>
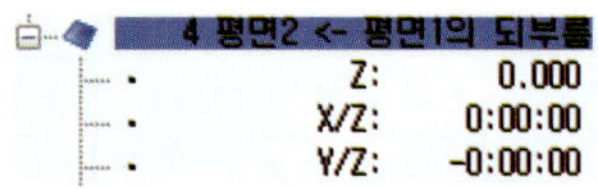
</td></tr>
<tr><td>3</td><td>
</td><td>요소 바에서 원을 선택한 후 데이텀 'B' 원 1을 측정한다.</td><td>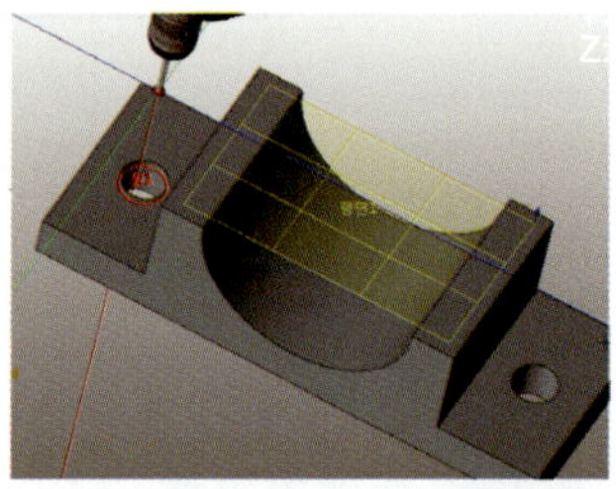</td></tr>
<tr><td>4</td><td>
</td><td>요소 바에서 원을 선택한 후 데이텀 'B' 원 2를 측정한다.</td><td>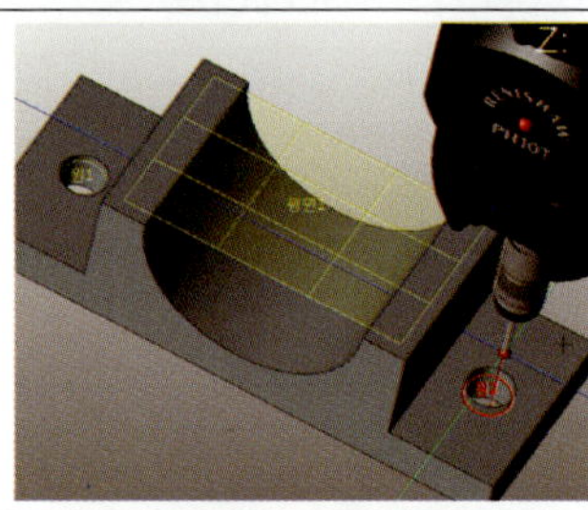</td></tr>
<tr><td>5</td><td>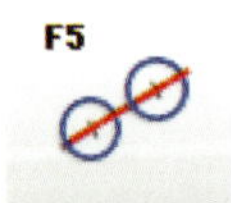
</td><td>Ctrl 키를 누른 상태에서 결과창의 원 1과 원 2를 마우스로 선택하면 요소관계창이 나타난다. F5를 선택한다.</td><td>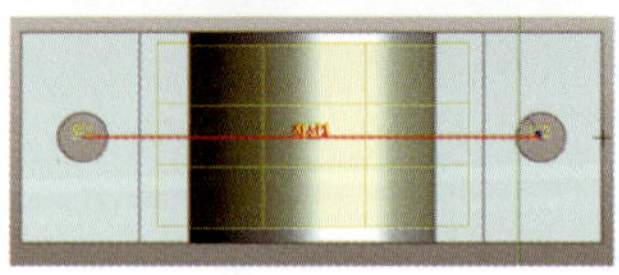
직선 1이 생성된다.</td></tr>
</table>

<table>
<tr><th>순서</th><th>선택 메뉴</th><th>설 명</th><th>측정결과</th></tr>
<tr><td>6</td><td>직선 1을 선택한 후
(좌표계) →
(평면회전) →
(형상지정)</td><td>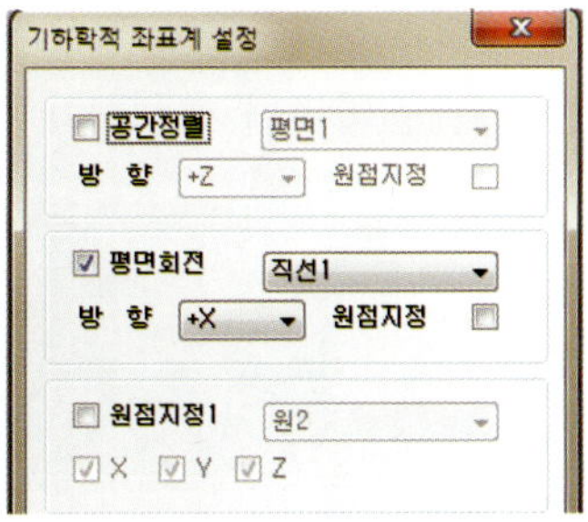
</td><td><table>
<tr><th></th><th>직선운동</th><th>회전운동</th></tr>
<tr><td>X축</td><td>±X</td><td>Ayz</td></tr>
<tr><td>Y축</td><td>±Y</td><td>Azx</td></tr>
<tr><td>Z축</td><td>±Z</td><td>Axy</td></tr>
</table></td></tr>
<tr><td>7</td><td>원 1을 선택한 후
(좌표계) →
(원점지정) →
(형상지정)</td><td>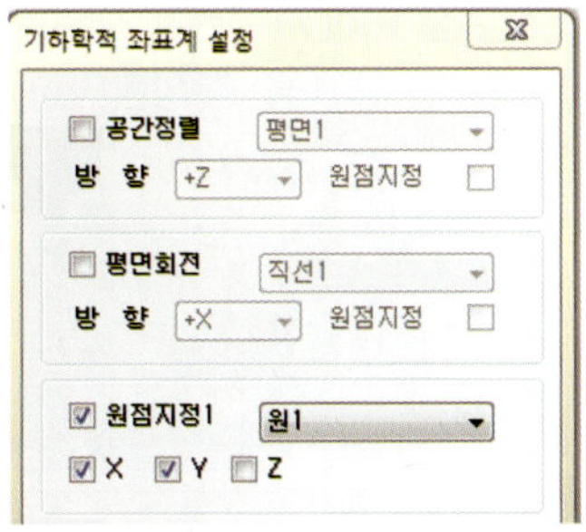
</td><td><table>
<tr><th></th><th>직선운동</th><th>회전운동</th></tr>
<tr><td>X축</td><td>±X</td><td>Ayz</td></tr>
<tr><td>Y축</td><td>±Y</td><td>Azx</td></tr>
<tr><td>Z축</td><td>±Z</td><td>Axy</td></tr>
</table></td></tr>
<tr><td>8</td><td>원 2를 선택한 후
마우스 우 클릭 →
되부름을 선택</td><td></td><td>X=①</td></tr>
<tr><td>9</td><td>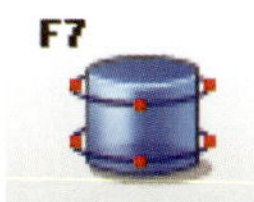
</td><td>요소 바에서 원통을 선택한 후
원통 1을 측정한다.
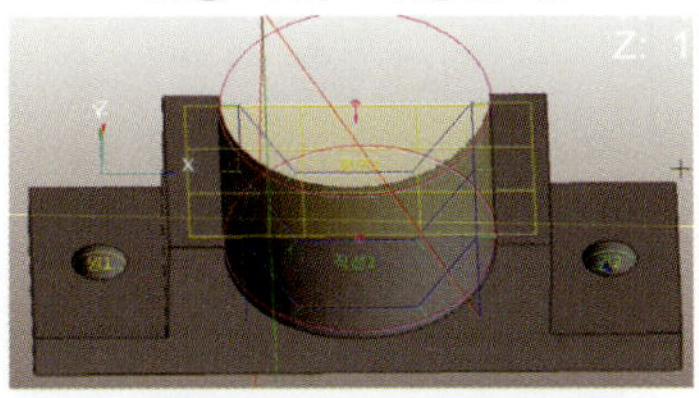</td><td>X=②</td></tr>
<tr><td>10</td><td>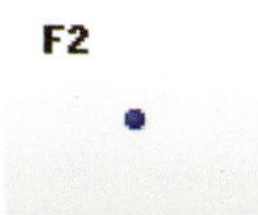
</td><td>요소 바에서 점을 선택한 후
점 1을 측정한다.
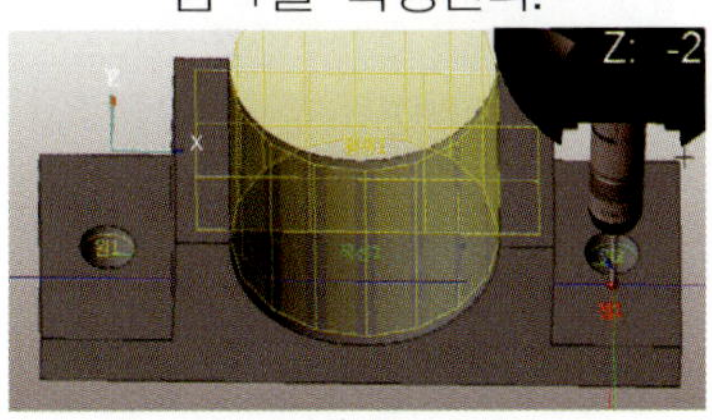</td><td>Z=③</td></tr>
</table>

순서	선택 메뉴	설　　　명	측정결과
11	F7 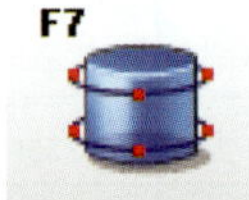	요소 바에서 원통을 선택한 후 원통 1을 측정한다. 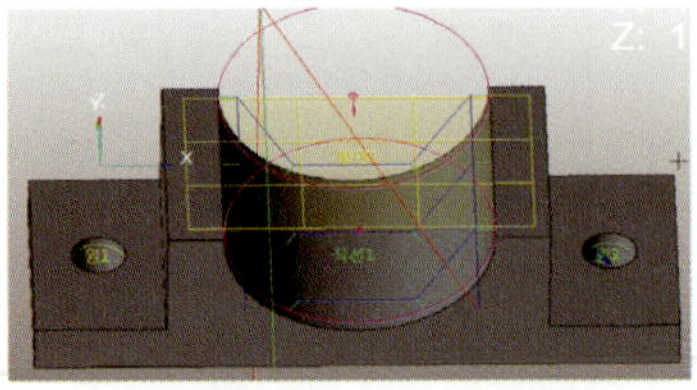	X=②
12	F2 	요소 바에서 점을 선택한 후 점 1을 측정한다. 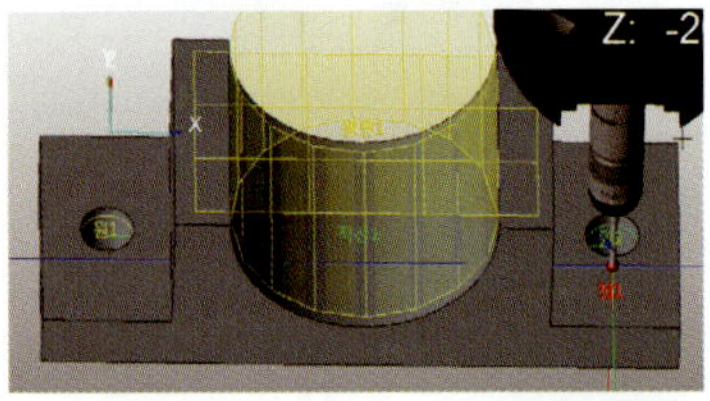	Z=③
13	원통 1을 선택한 후 마우스 우 클릭하여 형상변환 → 원으로 변환 선택	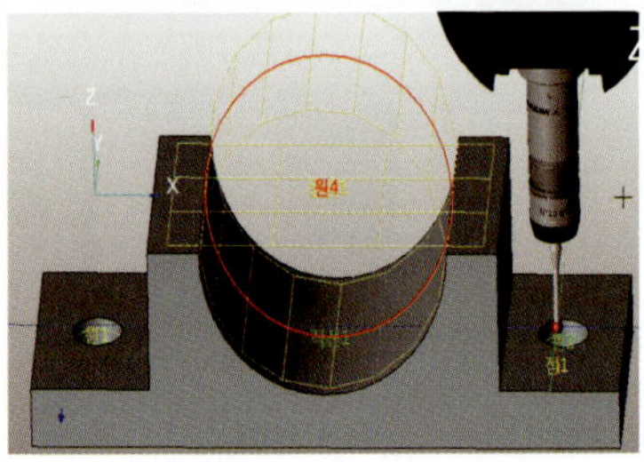	원통 1이 원 4로 변환된다. (최대거리는 원통의 형상으로 계산할 수 없으므로 원으로 변환해 준다)
14	F3 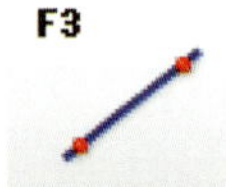	요소 바에서 직선을 선택한 후 직선 2를 측정한다. 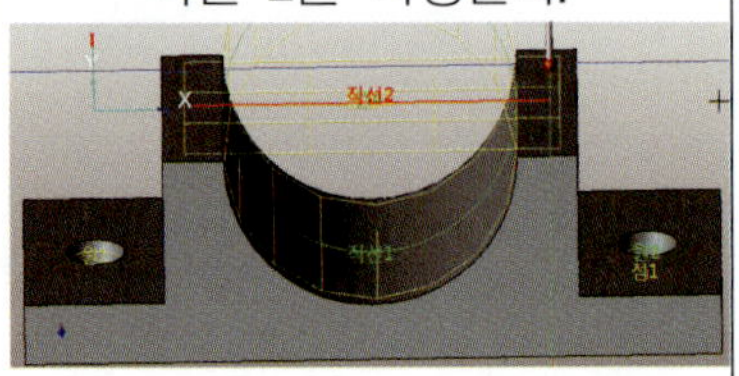	
15	F2 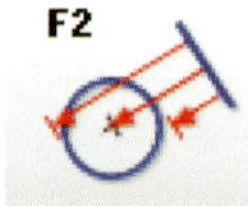	Ctrl 키를 누른 상태에서 결과창의 원 4와 직선 2를 마우스로 선택하면 요소관계창이 나타난다. F2를 선택한다.	

순서	선택 메뉴	설 명	측정결과
16	출력좌표는 체크하지 않는다. 계산 옵션 → ZX 선택 후 최대 선택	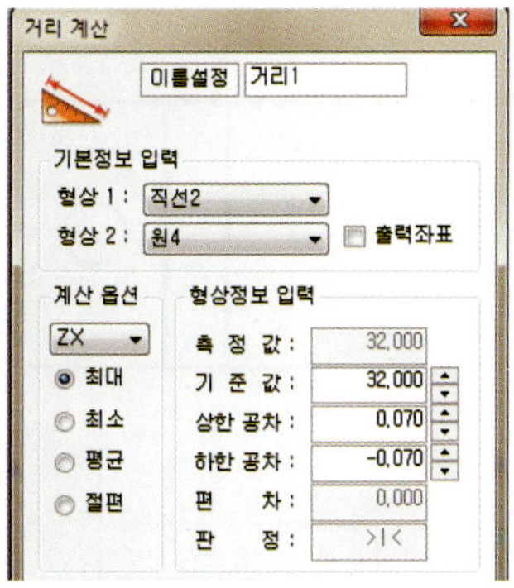	거리 = ④
17	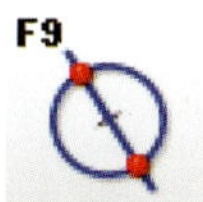	Ctrl 키를 누른 상태에서 결과창의 원 4와 직선 2를 마우스로 선택하면 요소관계창이 나타난다. F9를 선택한다. 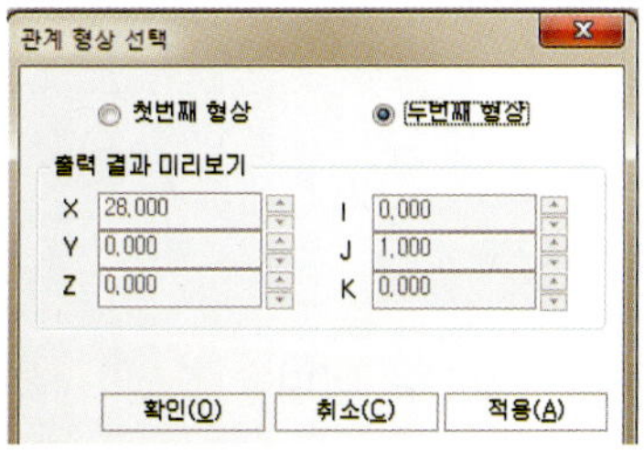	두 번째 형상에 체크 → 확인 X = ⑤
18	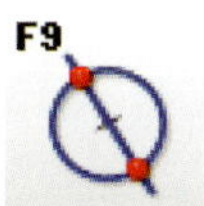	Ctrl 키를 누른 상태에서 결과창의 원 4와 직선 2를 마우스로 선택하면 요소관계창이 나타난다. F9를 선택한다. 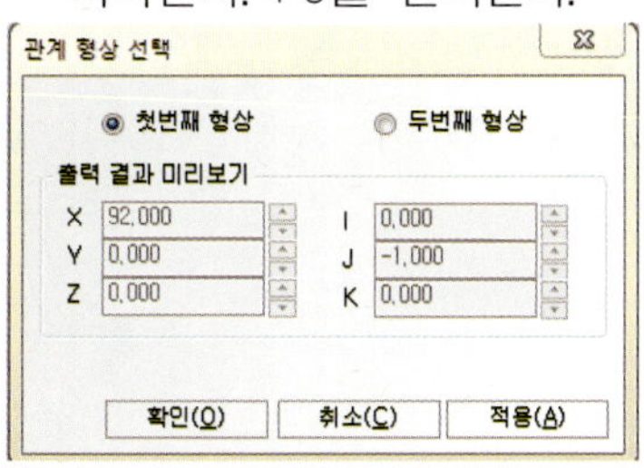	첫 번째 형상에 체크 → 확인 X = ⑥

3.3 좌표계 (3) - 원통, 직선, 점(직선, 평면)

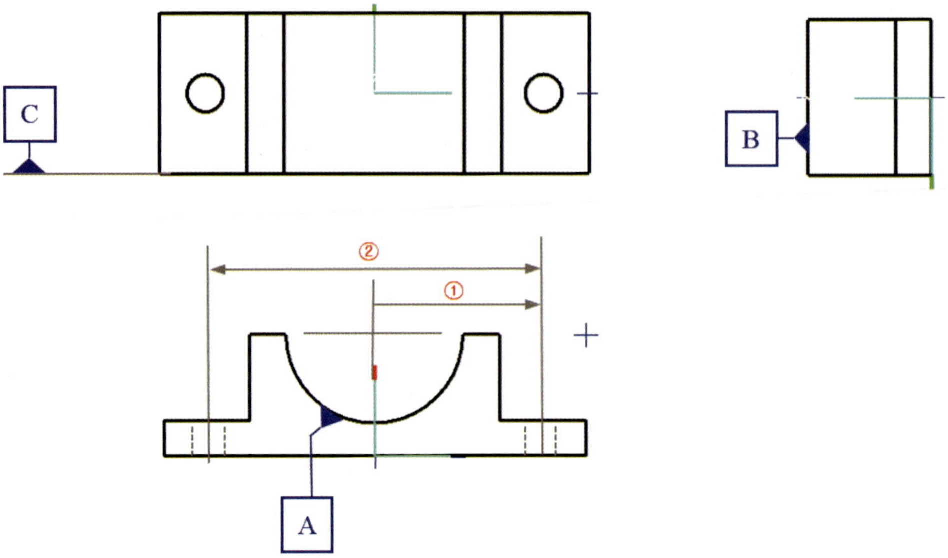

[요구사항]

(1) 원통을 이용하여 공간 정렬을 할 수 있다.

<table>
<tr><th>순서</th><th>선택 메뉴</th><th>설 명</th><th>측정결과</th></tr>
<tr><td>1</td><td></td><td>요소 바에서 원통을 선택한 후 데이텀 'A' 원통 1을 측정한다.</td><td>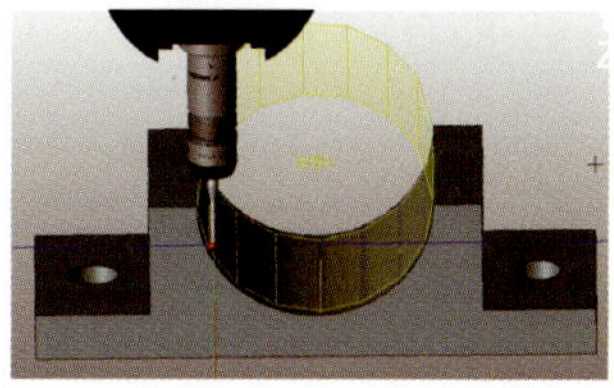</td></tr>
<tr><td>2</td><td>(좌표계) →
(공간정렬) →
(형상지정)</td><td>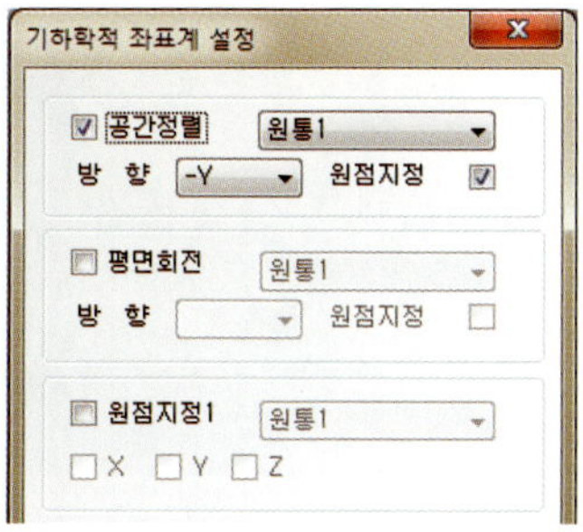</td><td><table>
<tr><th></th><th>직선운동</th><th>회전운동</th></tr>
<tr><td>X축</td><td>±X</td><td>Ayz</td></tr>
<tr><td>Y축</td><td>±Y</td><td>Azx</td></tr>
<tr><td>Z축</td><td>±Z</td><td>Axy</td></tr>
</table></td></tr>
<tr><td>3</td><td>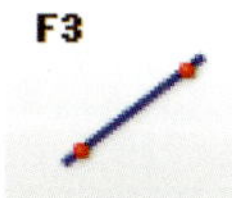</td><td>요소 바에서 직선을 선택한 후 데이텀 'B' 직선 1을 측정한다.</td><td>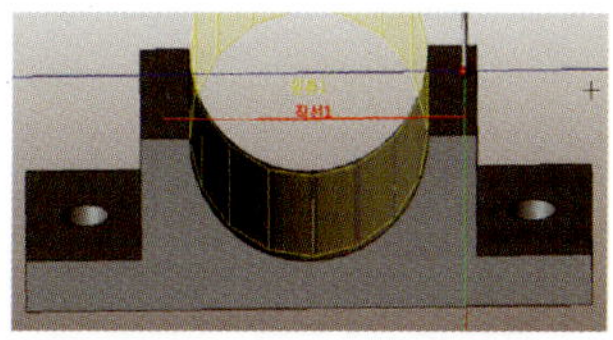</td></tr>
<tr><td>4</td><td>(좌표계) →
(평면회전) →
(형상지정)</td><td>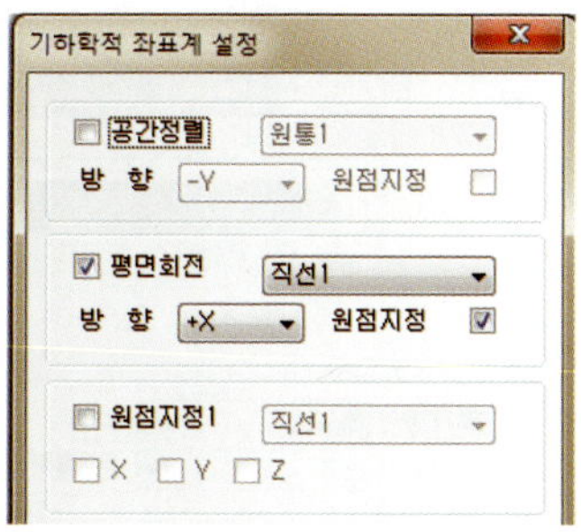</td><td><table>
<tr><th></th><th>직선운동</th><th>회전운동</th></tr>
<tr><td>X축</td><td>±X</td><td>Ayz</td></tr>
<tr><td>Y축</td><td>±Y</td><td>Azx</td></tr>
<tr><td>Z축</td><td>±Z</td><td>Axy</td></tr>
</table></td></tr>
<tr><td>5</td><td>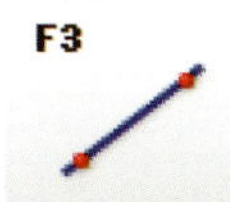</td><td>요소 바에서 직선을 선택한 후 데이텀 'C' 직선 2를 측정한다.</td><td>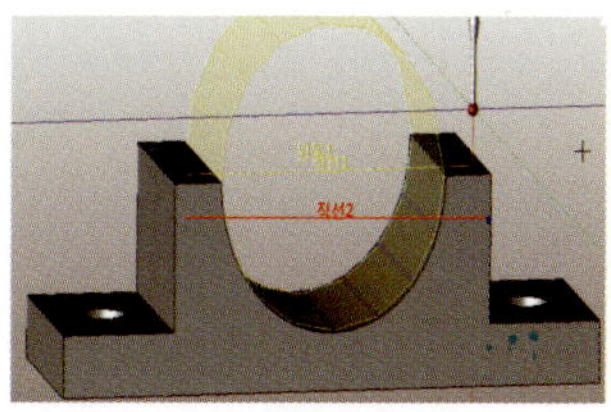</td></tr>
</table>

<table>
<tr><th>순서</th><th>선택 메뉴</th><th>설 명</th><th>측정결과</th></tr>
<tr><td>6</td><td>(좌표계) →
(원점지정) →
(형상지정)</td><td>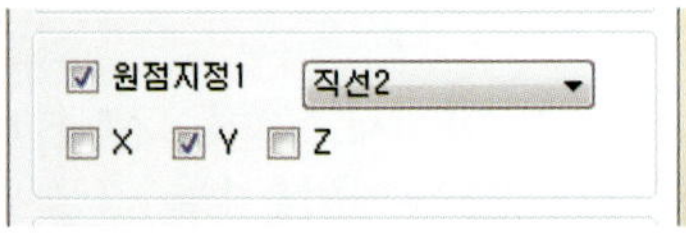</td><td><table><tr><th></th><th>직선운동</th><th>회전운동</th></tr><tr><td>X축</td><td>±X</td><td>Ayz</td></tr><tr><td>Y축</td><td>±Y</td><td>Azx</td></tr><tr><td>Z축</td><td>±Z</td><td>Axy</td></tr></table></td></tr>
<tr><td>7</td><td></td><td>요소 바에서 원을 선택한 후
원 1을 측정한다.
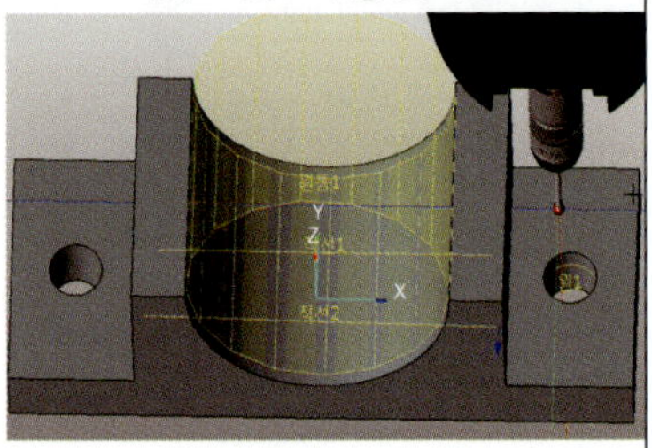</td><td>X = ①</td></tr>
<tr><td>8</td><td></td><td>요소 바에서 원을 선택한 후
원 1을 측정한다.
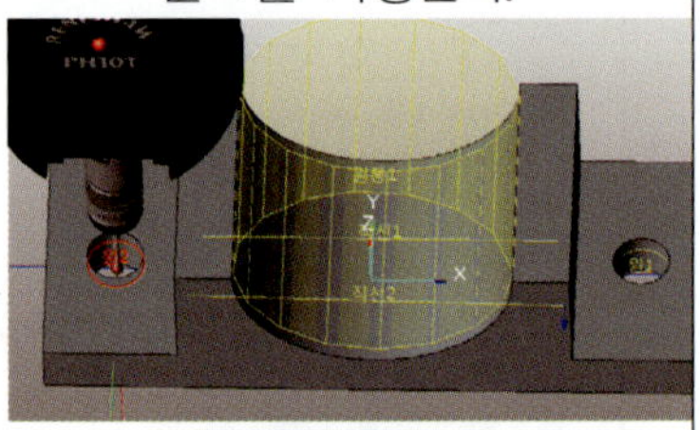</td><td></td></tr>
<tr><td>9</td><td>
계산옵션 → XY 선택
평균 선택 → 확인</td><td>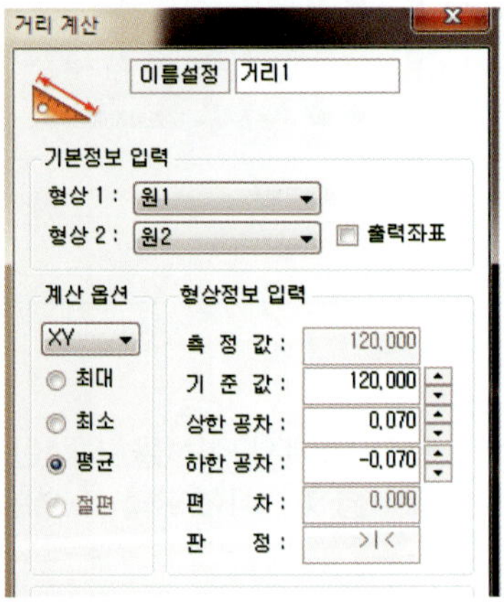</td><td>DS = ②</td></tr>
</table>

3.4 좌표계 (4) - 원점지정(좌표계 이동)

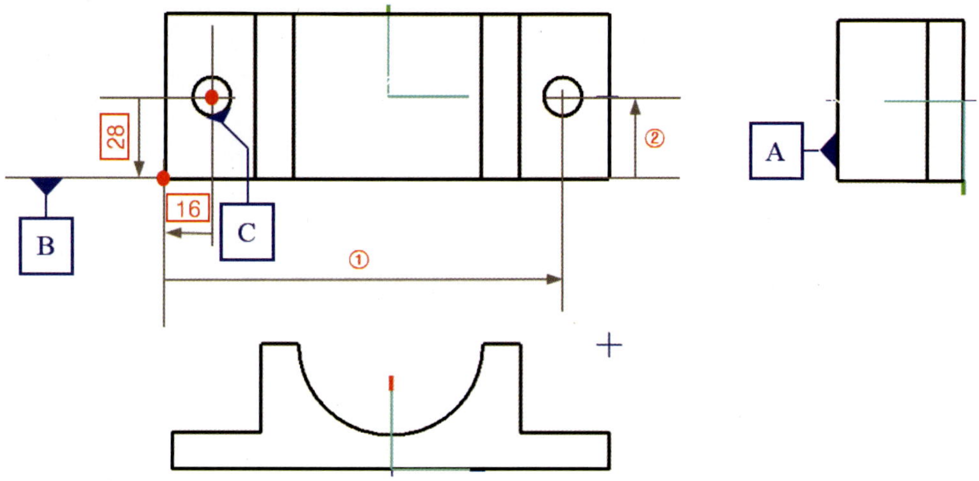

[요구사항]

(1) 좌표 입력을 통해 원점 이동할 수 있다.

<table>
<tr><th>순서</th><th>선택 메뉴</th><th>설 명</th><th>측정결과</th></tr>
<tr><td>1</td><td>
</td><td>요소 바에서 평면을 선택한 후 데이텀 'A' 평면 1을 측정한다.</td><td>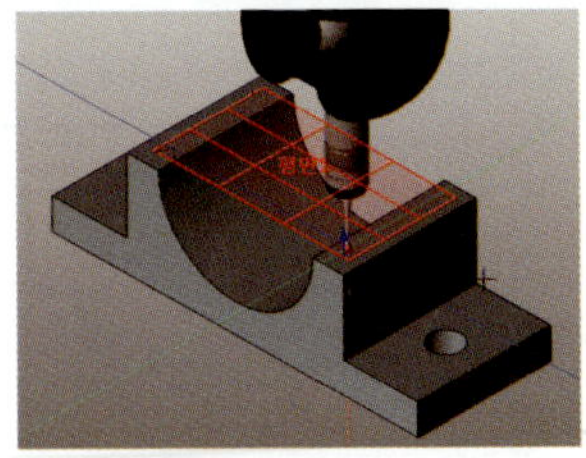</td></tr>
<tr><td>2</td><td>(좌표계) →
(공간정렬) →
(형상지정)</td><td>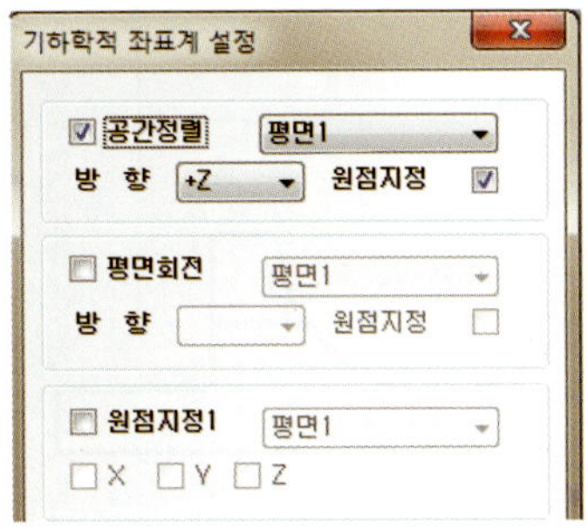
</td><td><table>
<tr><th></th><th>직선운동</th><th>회전운동</th></tr>
<tr><td>X축</td><td>±X</td><td>Ayz</td></tr>
<tr><td>Y축</td><td>±Y</td><td>Azx</td></tr>
<tr><td>Z축</td><td>±Z</td><td>Axy</td></tr>
</table></td></tr>
<tr><td>3</td><td>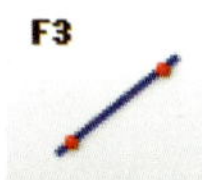
</td><td>요소 바에서 직선을 선택한 후 데이텀 'B' 직선 1을 측정한다.</td><td>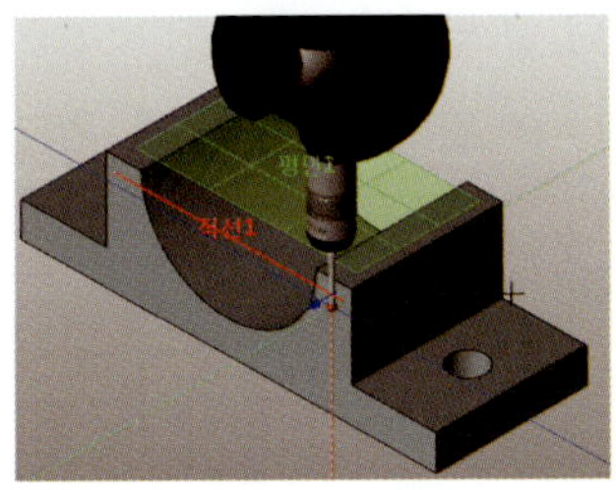</td></tr>
<tr><td>4</td><td>(좌표계) →
(평면회전) →
(형상지정)</td><td>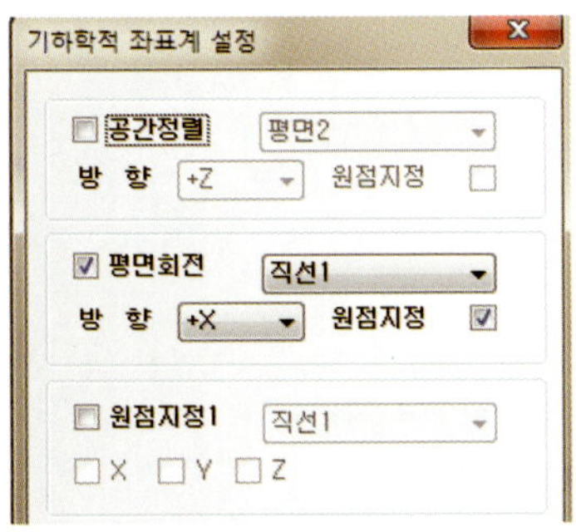
</td><td><table>
<tr><th></th><th>직선운동</th><th>회전운동</th></tr>
<tr><td>X축</td><td>±X</td><td>Ayz</td></tr>
<tr><td>Y축</td><td>±Y</td><td>Azx</td></tr>
<tr><td>Z축</td><td>±Z</td><td>Axy</td></tr>
</table></td></tr>
<tr><td>5</td><td>
</td><td>요소 바에서 원을 선택한 후 데이텀 'C' 원 1을 측정한다.</td><td>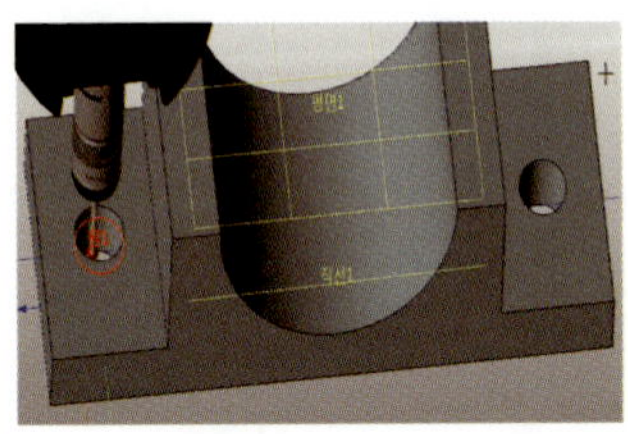</td></tr>
</table>

<table>
<tr><th>순서</th><th>선택 메뉴</th><th>설　　　명</th><th>측정결과</th></tr>
<tr><td>6</td><td>(좌표계) →
(원점지정) →
(형상지정)</td><td>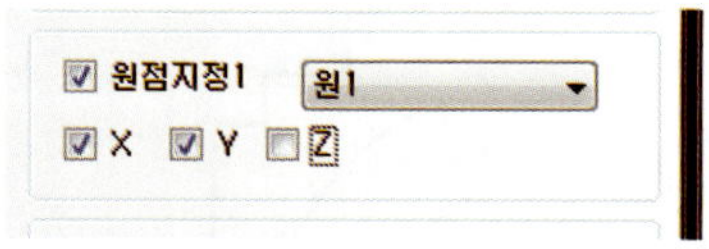

원점지정 → X, Y 선택</td><td><table><tr><th></th><th>직선운동</th><th>회전운동</th></tr><tr><td>X축</td><td>±X</td><td>Ayz</td></tr><tr><td>Y축</td><td>±Y</td><td>Azx</td></tr><tr><td>Z축</td><td>±Z</td><td>Axy</td></tr></table>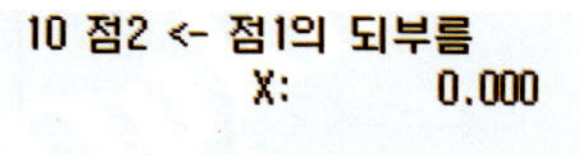
</td></tr>
<tr><td>7</td><td>(좌표계) →
(원점지정) →
(좌표계이동)</td><td>좌표계 이동창에서
X=−16, Y=−28을 입력하고
확인을 선택(형상좌표지정을
체크하지 않는다.)
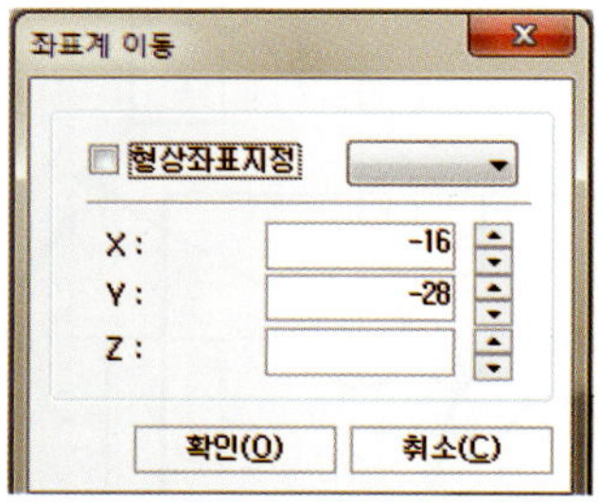
</td><td>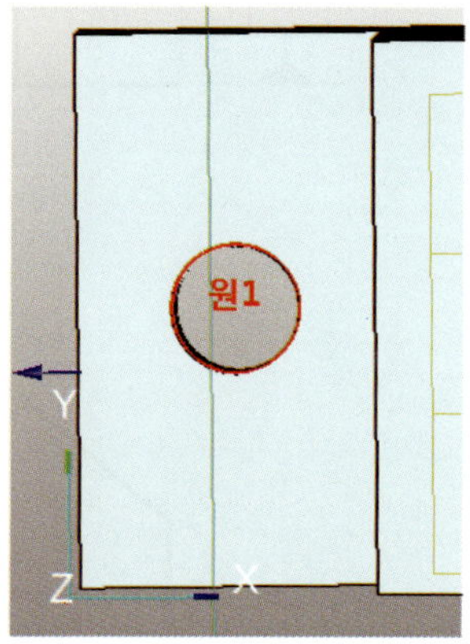
</td></tr>
<tr><td>8</td><td>
</td><td>요소 바에서 원을 선택한 후
원 2를 4점 측정한다.
</td><td>X=①,
Y=②</td></tr>
</table>

3.5 좌표계 (5) - 평면회전(각도회전)

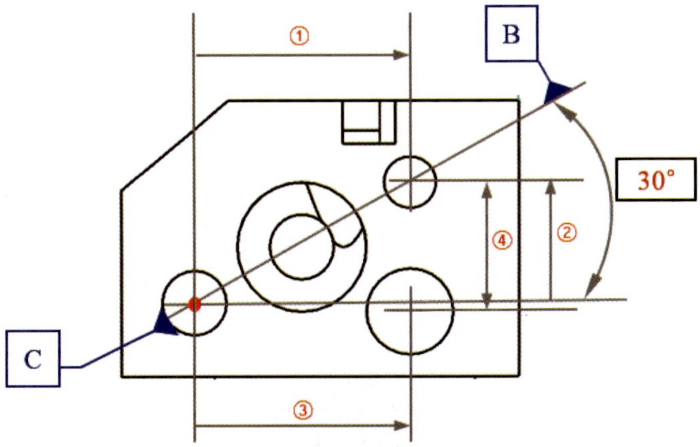

[요구사항]

(1) 각도회전을 이용하여 평면회전할 수 있다.

<table>
<tr><th>순서</th><th>선택 메뉴</th><th>설 명</th><th>측정결과</th></tr>
<tr><td>1</td><td>프로브 →
A:90, B:180(4번)
으로 회전 선택</td><td>'A' 데이텀 평면을 측정하기 위해 프로브를 회전한다.</td><td>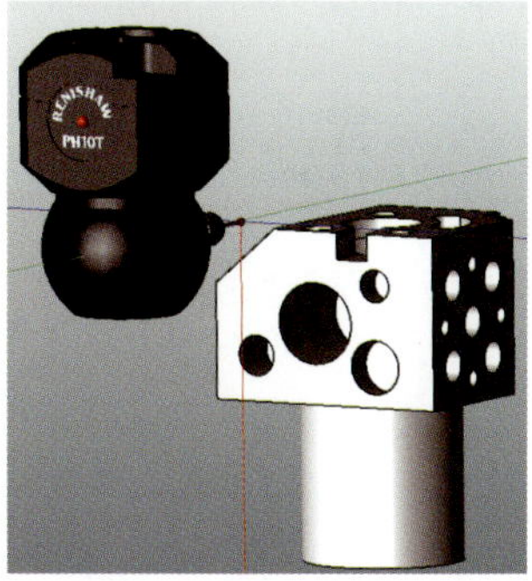</td></tr>
<tr><td>2</td><td></td><td>요소 바에서 평면을 선택한 후 데이텀 'A' 평면 1을 측정한다.</td><td></td></tr>
<tr><td>3</td><td>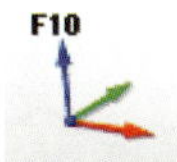
→ </td><td>F10 → F2를 선택하여 클릭하면 공간정렬이 완료된다.</td><td><table><tr><th></th><th>직선운동</th><th>회전운동</th></tr><tr><td>X축</td><td>±X</td><td>Ayz</td></tr><tr><td>Y축</td><td>±Y</td><td>Azx</td></tr><tr><td>Z축</td><td>±Z</td><td>Axy</td></tr></table></td></tr>
<tr><td>4</td><td></td><td>요소 바에서 원을 선택한 후 원 1(∅15)를 측정한다.</td><td>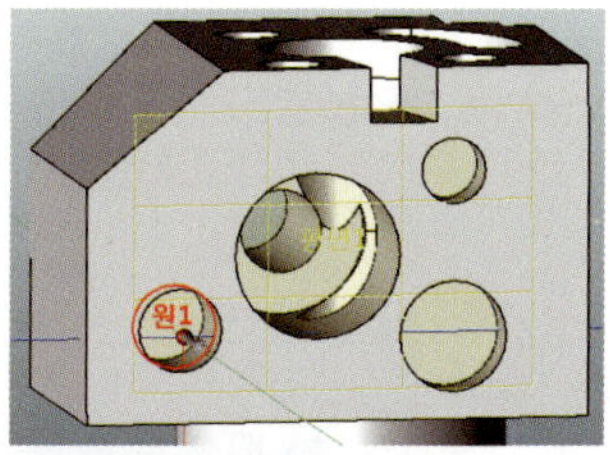</td></tr>
<tr><td>5</td><td></td><td>요소 바에서 원을 선택한 후 원 2(∅12)를 측정한다.</td><td>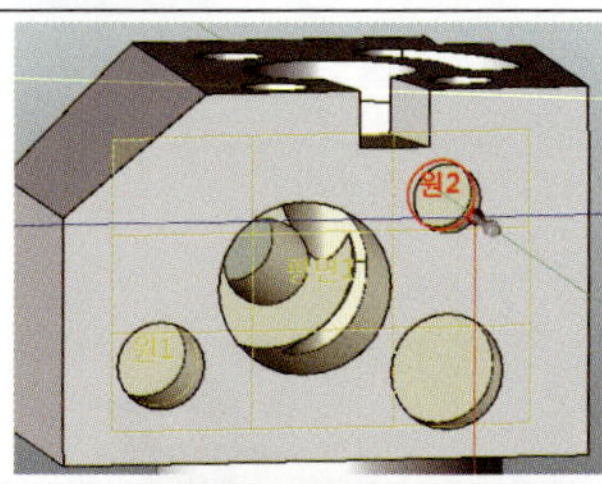</td></tr>
<tr><td>6</td><td></td><td>Ctrl 키를 누른 상태에서 결과창의 원 1과 원 2를 마우스로 선택하면 요소관계창이 나타난다. 최단선 F5를 선택한다.</td><td>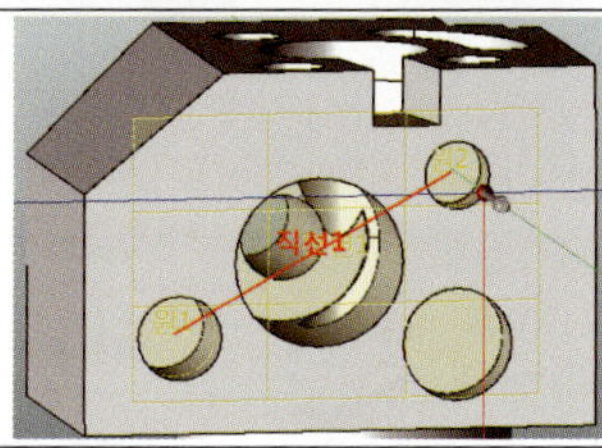</td></tr>
</table>

순서	선택 메뉴	설　　　명	측정결과
7	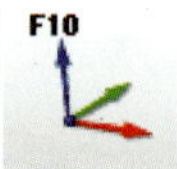 → 	직선 1을 선택한 후 F10 → F3 선택하여 클릭하면 평면회전이 된다. (원점지정 하시겠습니까? 선택창이 나타나면 아니오를 선택한다.)	| 직선운동 | 회전운동 X축 | ±X | Ayz Y축 | ±Y | Azx Z축 | ±Z | Axy
8	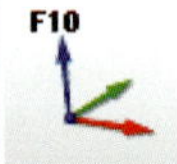 → 	원 1을 선택한 후 F10 → F4 선택하여 클릭하면 원점 지정된다. 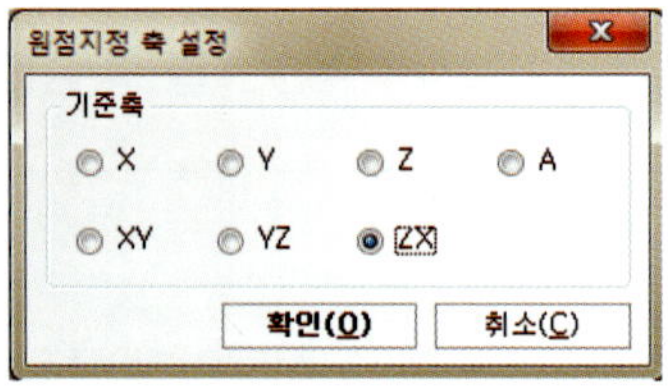	| 직선운동 | 회전운동 X축 | ±X | Ayz Y축 | ±Y | Azx Z축 | ±Z | Axy 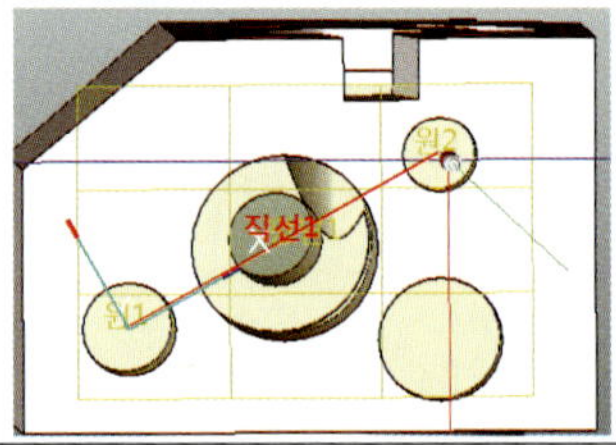
9	(좌표계) → (평면회전) → (각도회전)	작업평면을 ZX로 선택한 후 회전 각도를 입력한다. (작업평면 ZX에서는 시계방향으로 회전할 경우 +30 입력한다.)	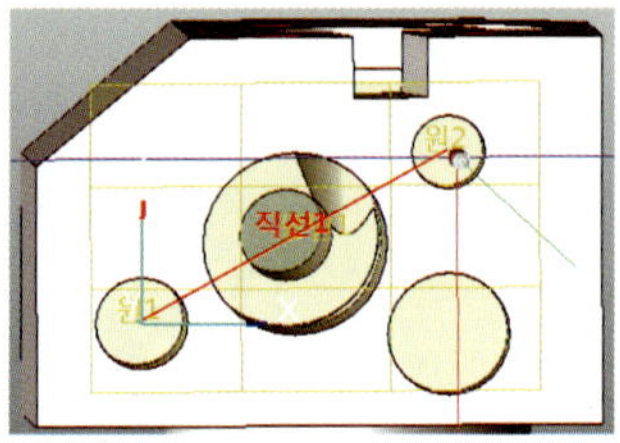
10		결과 창에서 원 2를 선택한 후 마우스 우 클릭 → 되부름을 선택한다.	X = ①, Z = ②
11		요소 바에서 원을 선택한 후 원 4(∅20)를 측정한다.	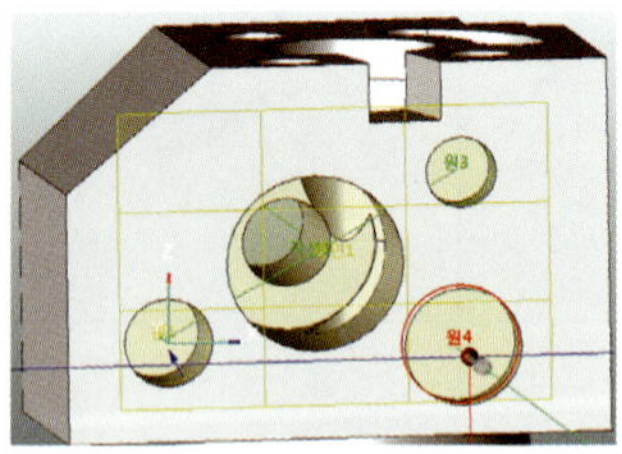 X = ③
12	 → 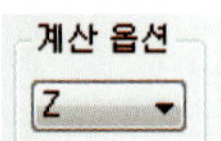	원 3과 원 4를 마우스로 선택한 후 F11을 선택한다. 계산옵션 란에 'Z'를 선택하고 평균값을 선택한다.	DS = ④

3.6 좌표계 (6) - 평면회전(거리지정)

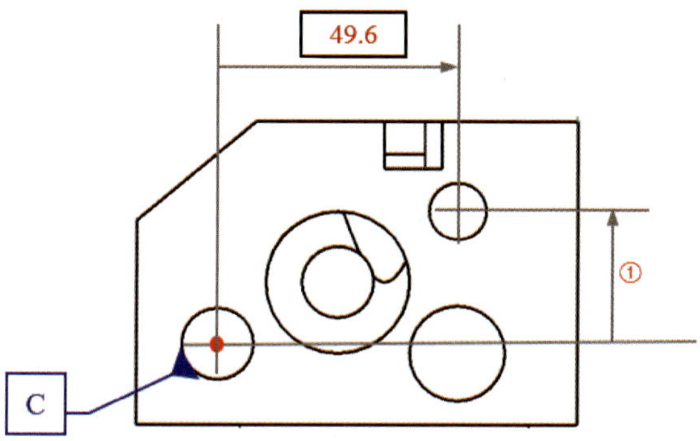

[요구사항]

(1) 거리지정을 이용하여 평면회전할 수 있다.

<table>
<tr><th>순서</th><th>선택 메뉴</th><th>설 명</th><th>측정결과</th></tr>
<tr><td>1</td><td>프로브 →
A:90, B:180(4번)
으로 회전 선택</td><td>'A' 데이텀 평면을 측정하기 위해 프로브를 회전한다.</td><td>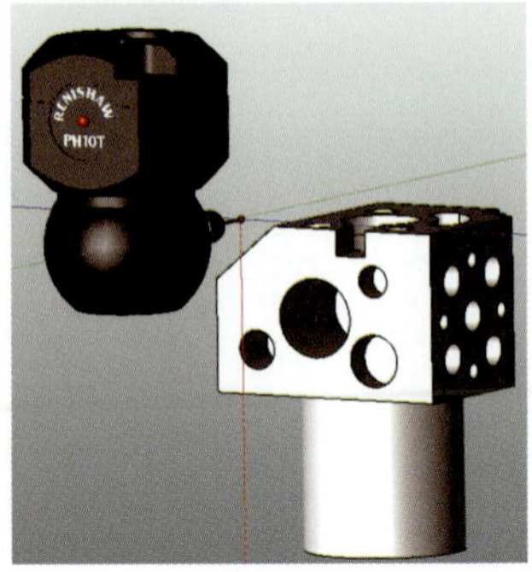
</td></tr>
<tr><td>2</td><td>
</td><td>요소 바에서 평면을 선택한 후 데이텀 'A' 평면 1을 측정한다.</td><td></td></tr>
<tr><td>3</td><td>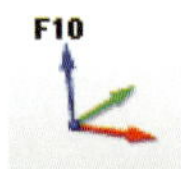

</td><td>F10 → F2를 선택하여 클릭하면 공간정렬이 완료된다.</td><td><table>
<tr><th></th><th>직선운동</th><th>회전운동</th></tr>
<tr><td>X축</td><td>±X</td><td>Ayz</td></tr>
<tr><td>Y축</td><td>±Y</td><td>Azx</td></tr>
<tr><td>Z축</td><td>±Z</td><td>Axy</td></tr>
</table></td></tr>
<tr><td>4</td><td>
</td><td>요소 바에서 원을 선택한 후 원 1(∅15)을 측정한다.</td><td>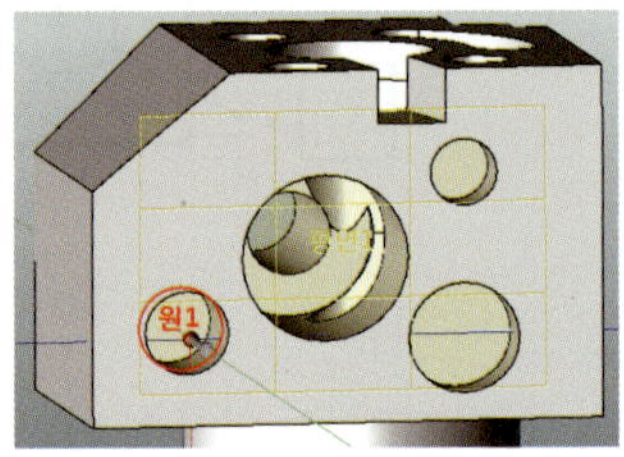
</td></tr>
<tr><td>5</td><td>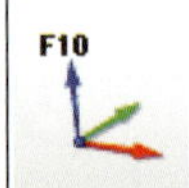

→
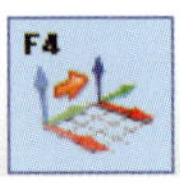
</td><td>원 1을 선택한 후 F10 → F4 선택하여 클릭하면 원점 지정된다.
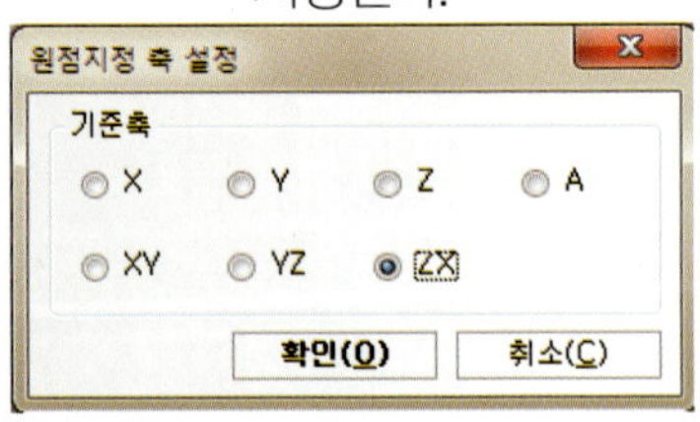
</td><td><table>
<tr><th></th><th>직선운동</th><th>회전운동</th></tr>
<tr><td>X축</td><td>±X</td><td>Ayz</td></tr>
<tr><td>Y축</td><td>±Y</td><td>Azx</td></tr>
<tr><td>Z축</td><td>±Z</td><td>Axy</td></tr>
</table>
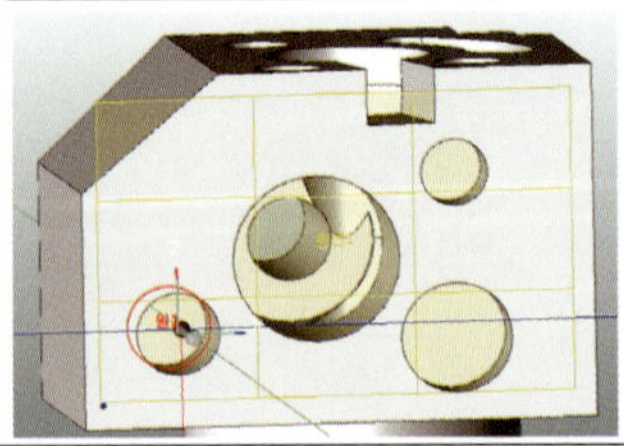</td></tr>
</table>

<table>
<tr><th>순서</th><th>선택 메뉴</th><th>설　　　명</th><th>측정결과</th></tr>
<tr><td>6</td><td></td><td>요소 바에서 원을 선택한 후
원 2 (∅12)를 측정한다.</td><td>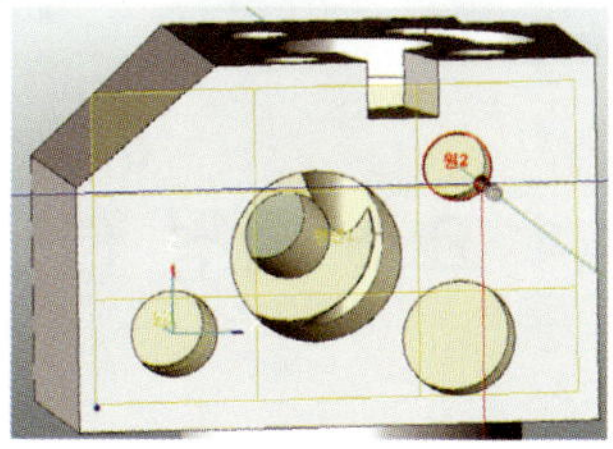</td></tr>
<tr><td>7</td><td>(좌표계) →
(평면회전) →
(거리지정)</td><td>작업평면을 ZX로 지정한 후
기준형상 1에 원 2를 선택한다.
X = 50 입력하고
Y = 빈 칸으로 한다.
(한 축 거리 지정)
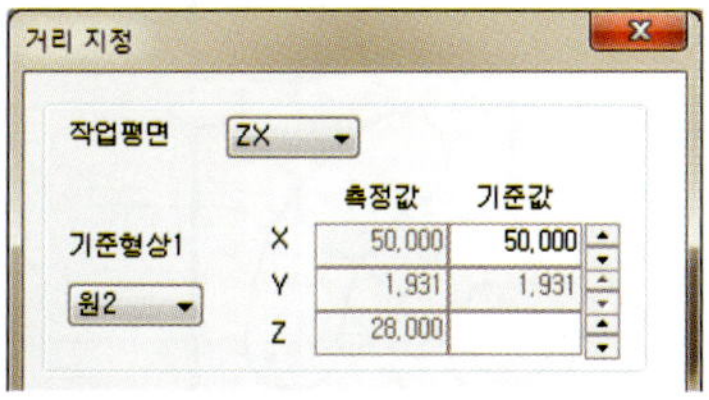
</td><td><table><tr><th></th><th>직선운동</th><th>회전운동</th></tr><tr><td>X축</td><td>±X</td><td>Ayz</td></tr><tr><td>Y축</td><td>±Y</td><td>Azx</td></tr><tr><td>Z축</td><td>±Z</td><td>Axy</td></tr></table></td></tr>
<tr><td>8</td><td>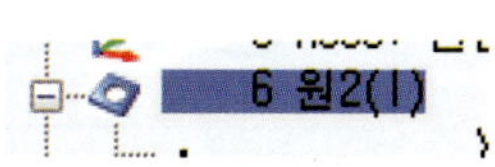
</td><td>결과 창에서 원 2를 선택한 후
마우스 우 클릭 →
되부름을 선택한다.</td><td>Z = ①</td></tr>
</table>

4 요소 측정

4.1 요소 측정 (1)

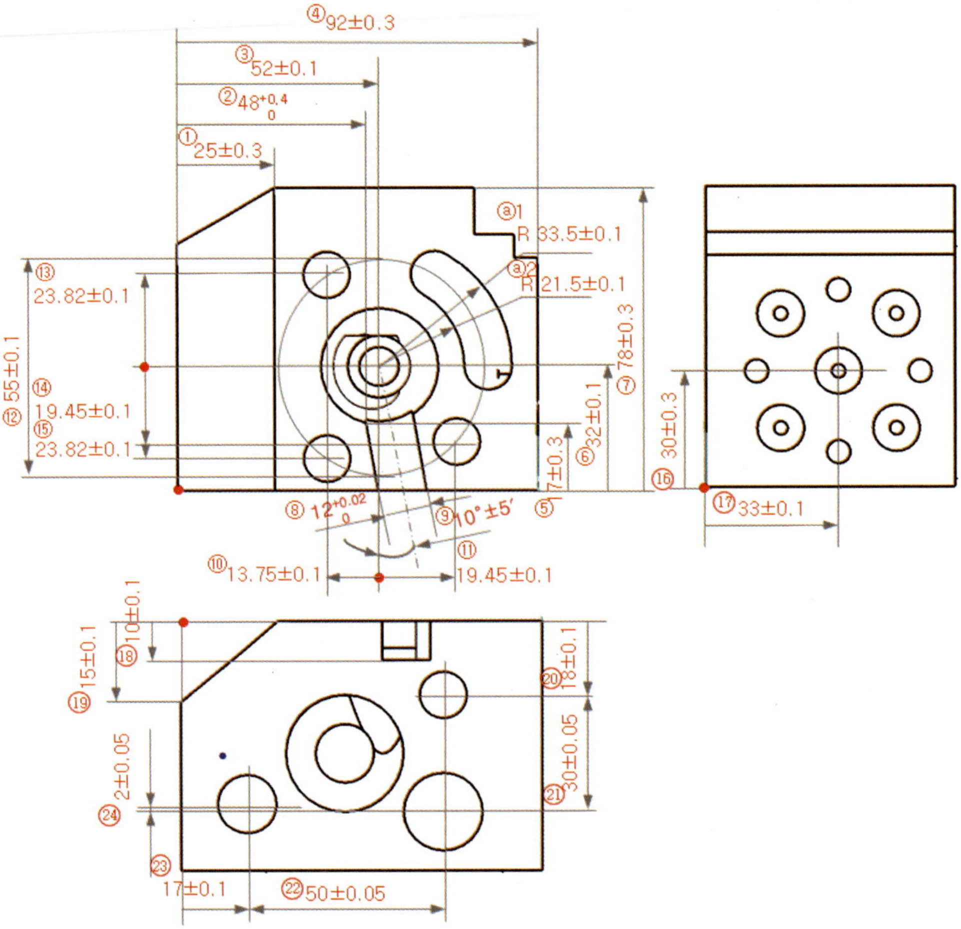

[요구사항]

(1) 치수 기입 시작 위치를 데이텀으로 결정하여 측정할 수 있다.

(2) 기본요소, 확장요소(원호)를 측정할 수 있다.

(3) 좌표계를 저장하고 되부름할 수 있다.

(4) 요소 간 거리 / 각도 / 교차 측정을 할 수 있다.

<table>
<tr><th>순서</th><th>선택 메뉴</th><th>설 명</th><th>측정결과</th></tr>
<tr><td>1</td><td></td><td>평면 측정 아이콘을 선택한 후
Z축 기준 평면을 측정한다.
[기준 평면은 9점(3점×3라인)
이상 측정 권장]</td><td>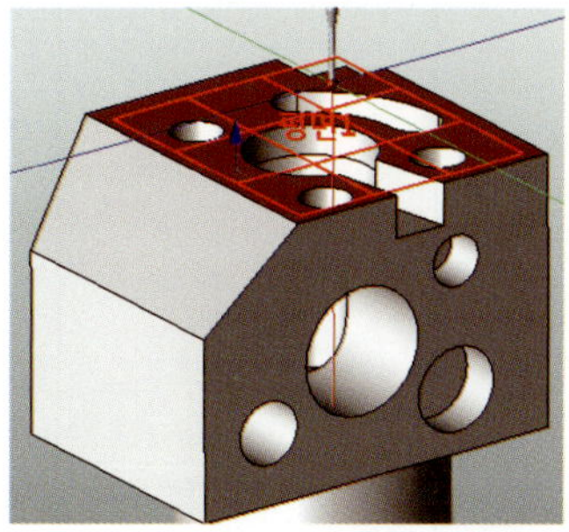</td></tr>
<tr><td>2</td><td>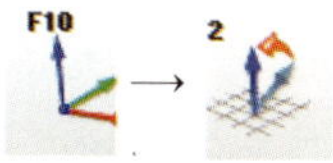</td><td>F10 → F2를 선택하여 클릭하면
공간정렬이 완료된다.
Z축 원점 = '0'</td><td><table><tr><th></th><th>직선운동</th><th>회전운동</th></tr><tr><td>X축</td><td>±X</td><td>Ayz</td></tr><tr><td>Y축</td><td>±Y</td><td>Azx</td></tr><tr><td>Z축</td><td>±Z</td><td>Axy</td></tr></table></td></tr>
<tr><td>3</td><td>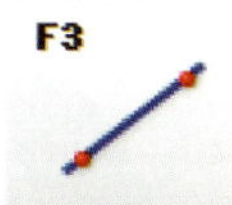</td><td>직선 측정 아이콘을 선택한 후 Y축
기준 평면을 직선으로 측정한다.
[기준 직선은 5점 이상 측정 권장]</td><td>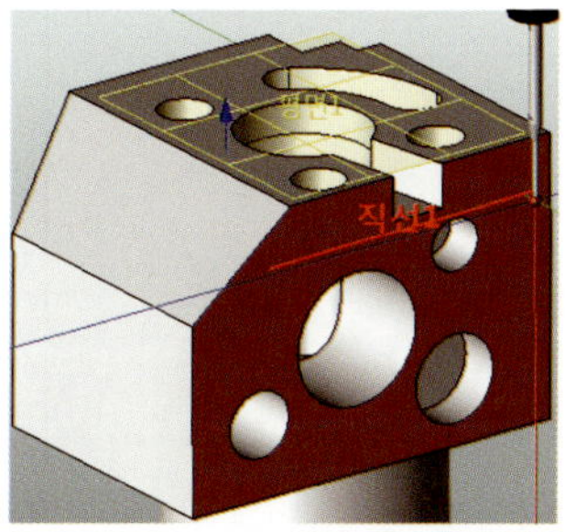</td></tr>
<tr><td>4</td><td>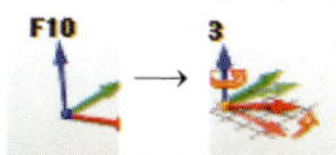</td><td>F10 → F3을 선택하여 클릭하면
평면회전이 완료된다.
원점지정하시겠습니까?
선택창이 나타나면 '예' 선택
Y축 원점 = '0'</td><td><table><tr><th></th><th>직선운동</th><th>회전운동</th></tr><tr><td>X축</td><td>±X</td><td>Ayz</td></tr><tr><td>Y축</td><td>±Y</td><td>Azx</td></tr><tr><td>Z축</td><td>±Z</td><td>Axy</td></tr></table></td></tr>
<tr><td>5</td><td>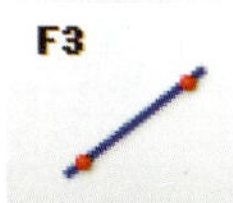</td><td>직선 측정 아이콘을 선택한 후 X축
기준 평면을 직선으로 측정한다.
[기준 직선은 5점 이상 측정 권장]</td><td>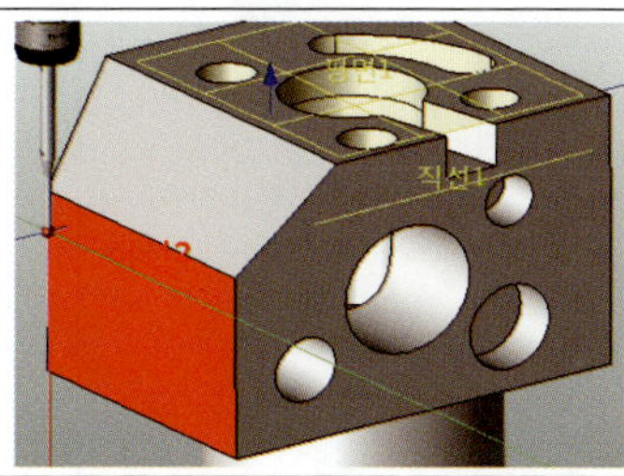</td></tr>
<tr><td>6</td><td>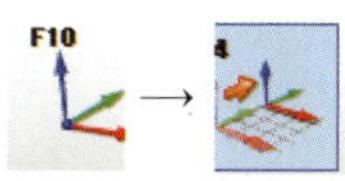</td><td>F10 → F4를 선택하여 클릭하면
원점지정 완료된다.

X축 원점 = '0'</td><td><table><tr><th></th><th>직선운동</th><th>회전운동</th></tr><tr><td>X축</td><td>±X</td><td>Ayz</td></tr><tr><td>Y축</td><td>±Y</td><td>Azx</td></tr><tr><td>Z축</td><td>±Z</td><td>Axy</td></tr></table></td></tr>
</table>

순서	선택 메뉴	설 명	측정결과
7		완료된 측정 좌표계를 확인한다.	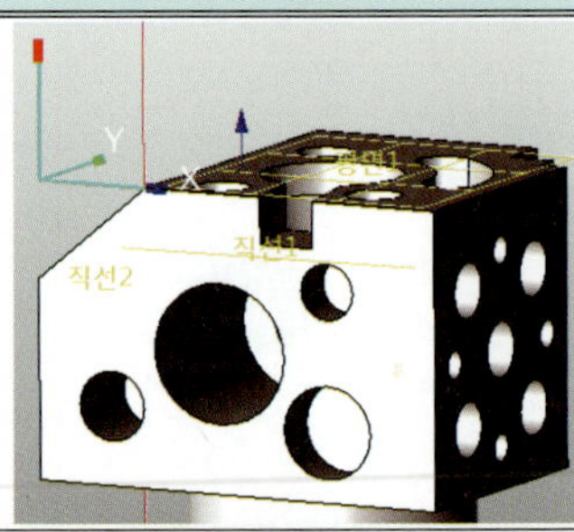
8		평면 측정 아이콘을 선택한 후 좌측 기울어진 평면을 측정한다.	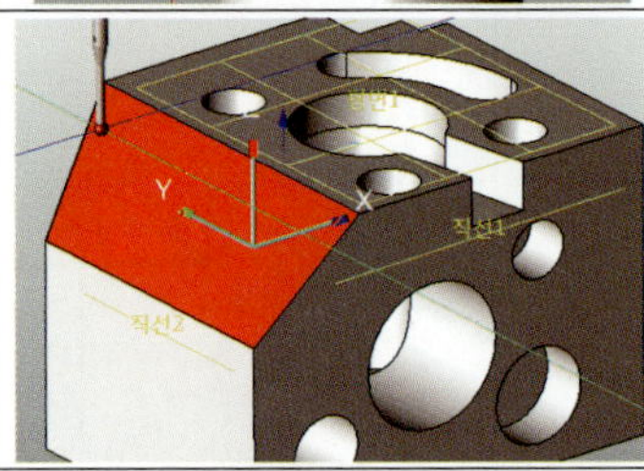
9	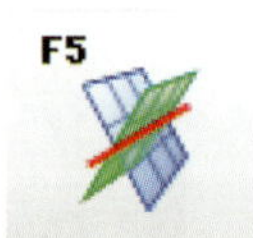	Ctrl 키를 누른 상태에서 결과창의 평면 1과 평면 2를 마우스로 선택하면 요소 관계창이 나타난다. 평면과 평면 사이의 교선을 선택한다.	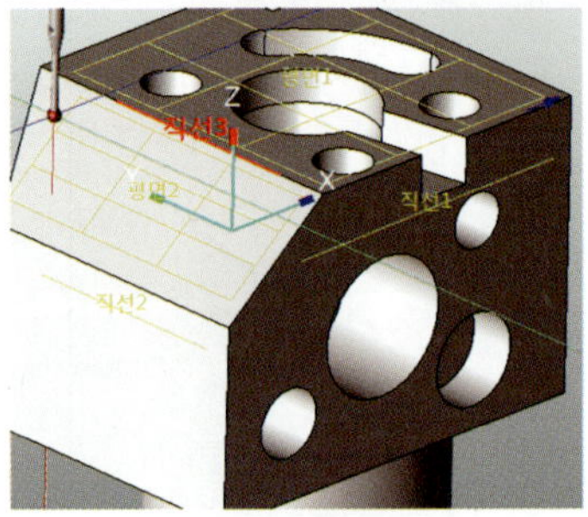 X=①
10		원 측정 아이콘을 선택한 후 위쪽 평면에 원 1(∅30)을 측정한다.	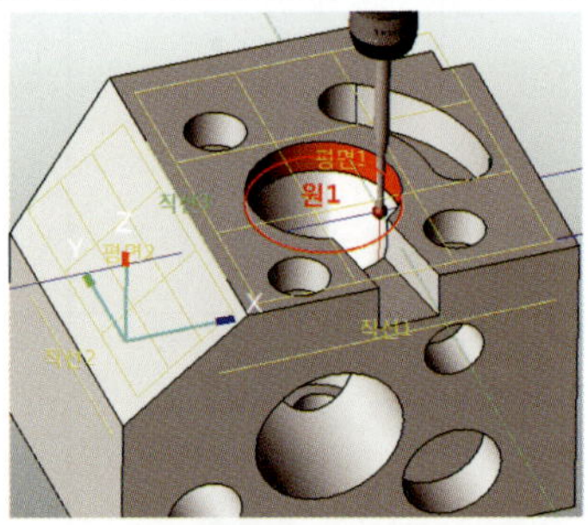
11	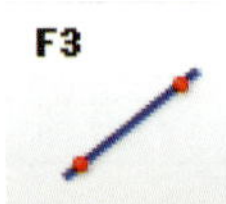	직선 측정 아이콘을 선택한 후 위쪽 평면에 기울어진 직선 4를 측정한다.	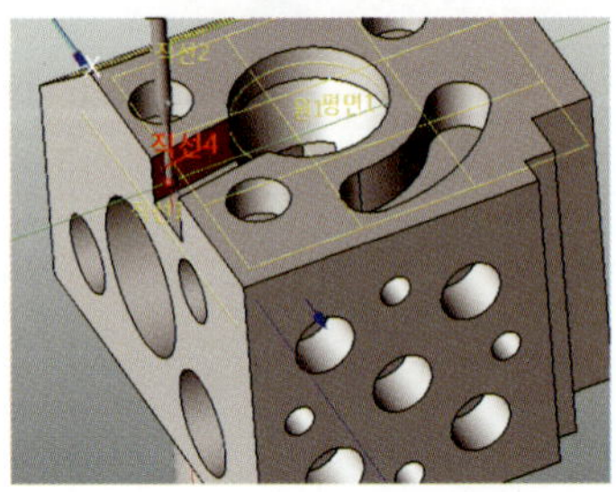

순서	선택 메뉴	설　　　　명	측정결과
12	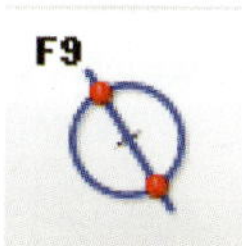	Ctrl 키를 누른 상태에서 결과창의 직선 4와 원 1을 마우스로 선택하면 요소 관계창이 나타난다. 직선과 원의 교차점을 선택한다.	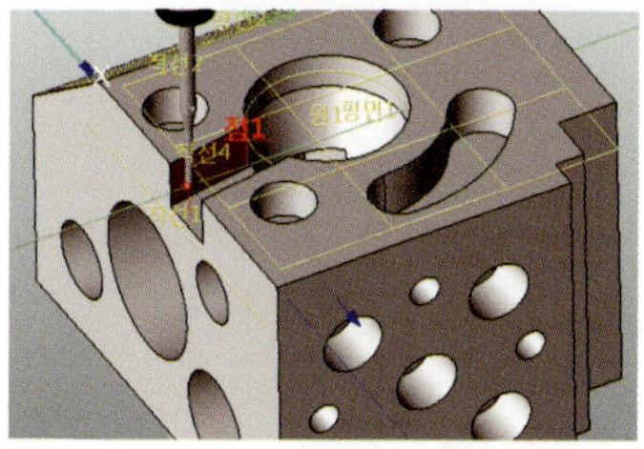 X=②, Y=⑤
13	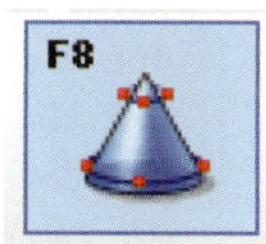	원뿔 측정 아이콘을 선택한 후 위쪽 평면에 원뿔 1을 측정한다. [기준 원뿔은 12점(4점×3라인) 이상 측정 권장]	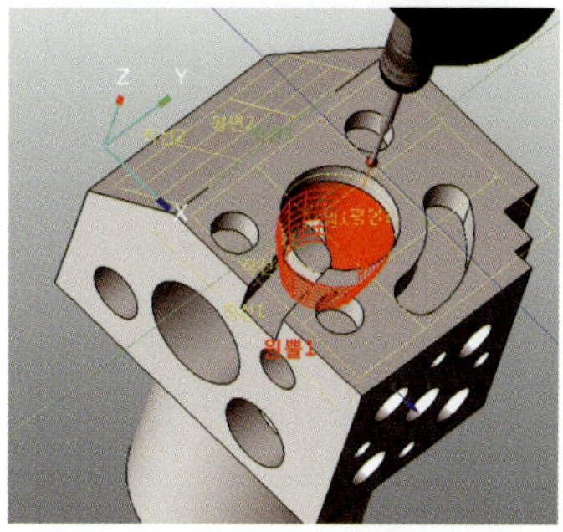 X=③, Y=⑥
14	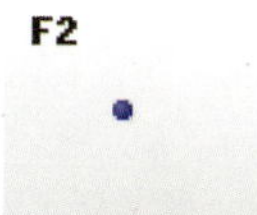	점 측정 아이콘을 선택한 후 우측 평면을 점으로 측정한다.	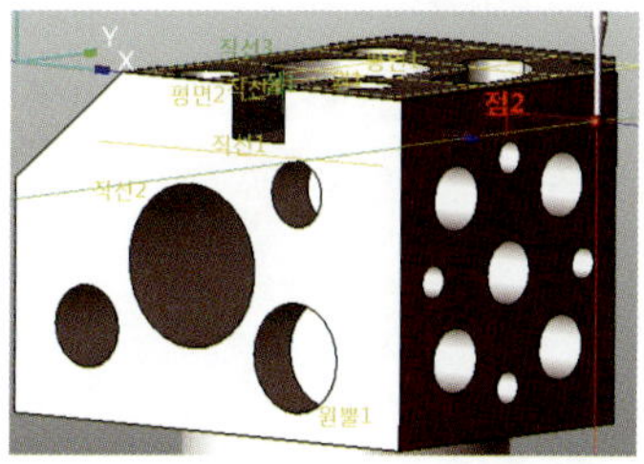 X=④
15	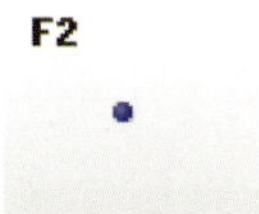	점 측정 아이콘을 선택한 후 뒤쪽 평면을 점으로 측정한다.	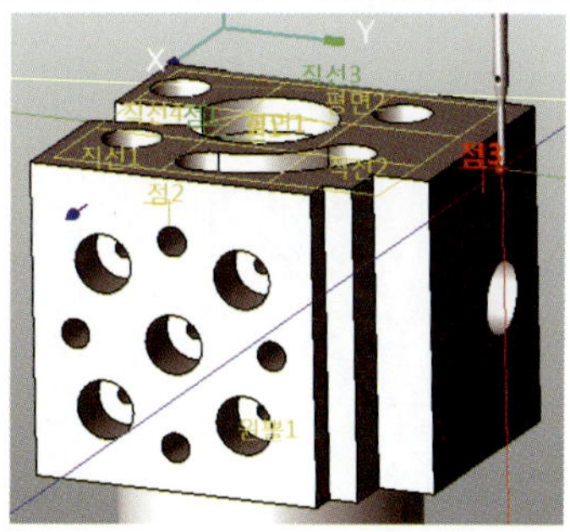 Y=⑦

순서	선택 메뉴	설　　　　명	측정결과
16	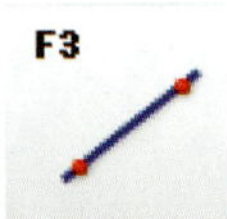	직선 측정 아이콘을 선택한 후 위쪽 평면에 기울어진 직선 5를 측정한다.	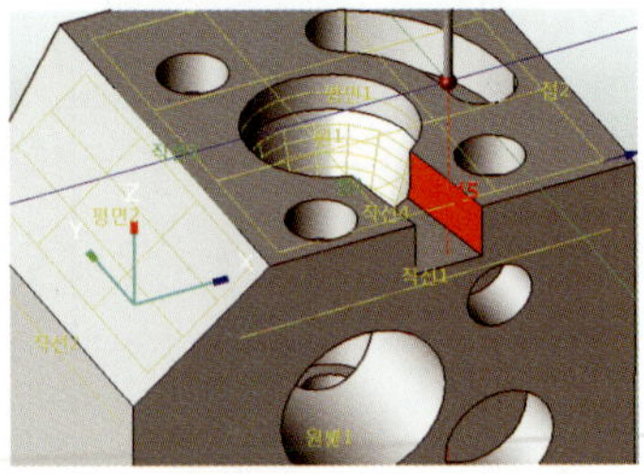
17	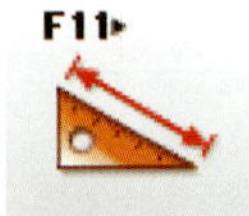 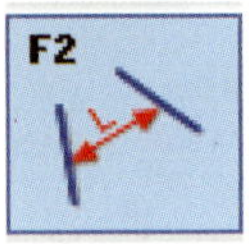	거리계산 아이콘을 선택한 후 직선 4와 직선 5의 최단거리를 구한다. 또는 Ctrl 키를 누른 상태에서 직선 4와 직선 5를 마우스로 선택하면 요소 관계창이 나타난다. 직선과 직선 사이의 거리를 선택한다.	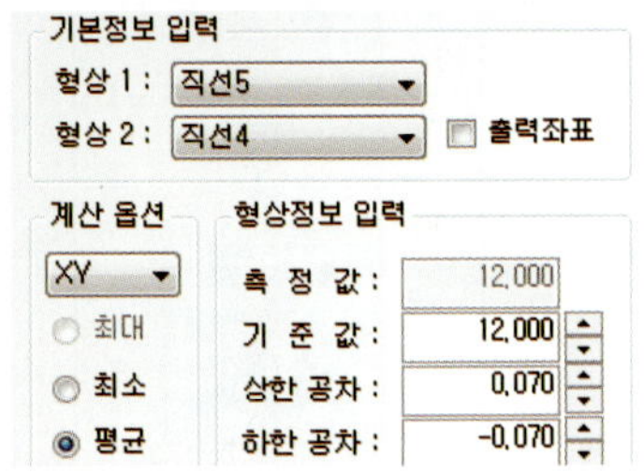 DS = ⑧
18		Ctrl 키를 누른 상태에서 직선 4와 직선 5를 마우스로 선택하면 요소 관계창이 나타난다. 직선과 직선 사이의 중선 생성을 선택한다.	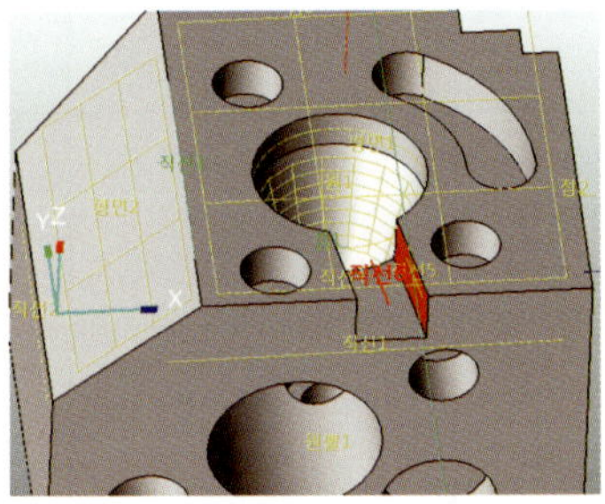 X / Y축 각도 = ⑨
19	(좌표계) → (좌표계 저장) 	좌표계에서 기준 좌표계를 저장한다(첫 글자는 문자로 입력). 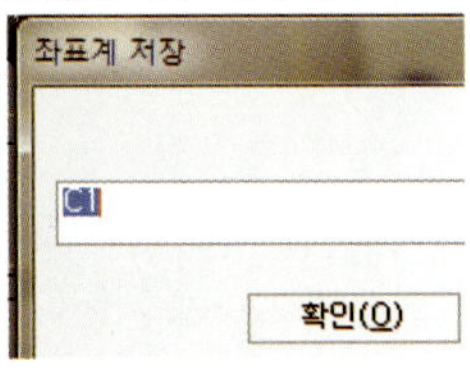	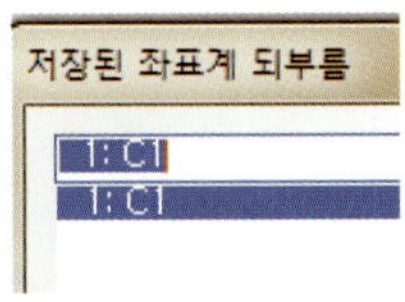
20	 → 	결과창에서 원뿔 1을 선택한 후 F10 → F4를 누른다. 원점지정 기준 축 설장창이 나타나면 XY를 선택한다. X, Y축 원점이동 = '0'	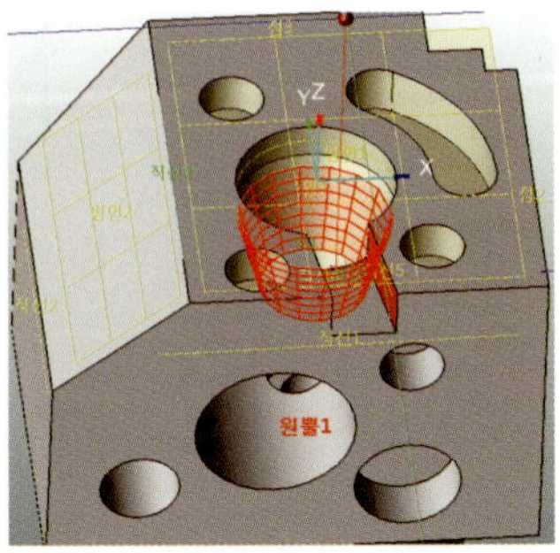

순서	선택 메뉴	설 명	측정결과
21		원 측정 아이콘을 선택한 후 위쪽 평면에 원 2(∅12)를 측정한다.	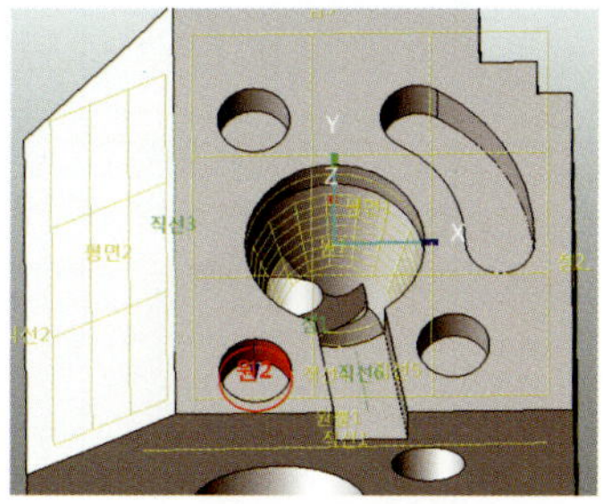 X=⑩, Y=⑮
22		원 측정 아이콘을 선택한 후 위쪽 평면에 원 3(∅12)을 측정한다.	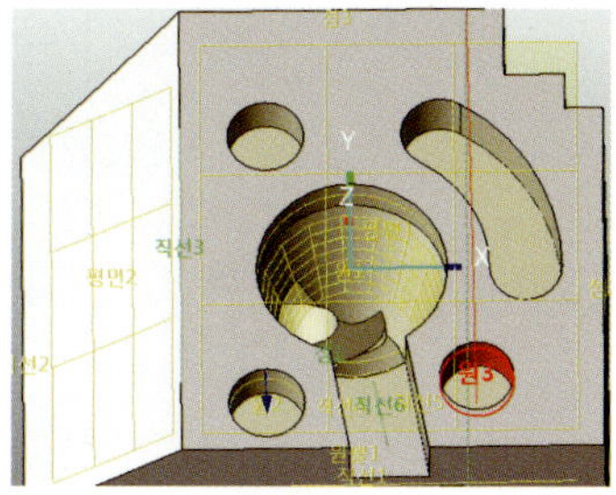 X=⑪, Y=⑭
23		원 측정 아이콘을 선택한 후 위쪽 평면에 원 4(∅12)를 측정한다.	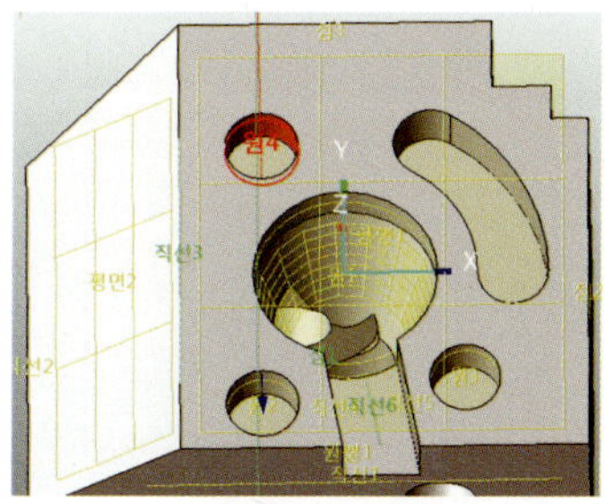 X=⑩, Y=⑬
24		Ctrl 키를 누른 상태에서 원 2, 원 3, 원 4를 선택한다. 원 측정 아이콘을 선택하고 투영원을 생성한다.	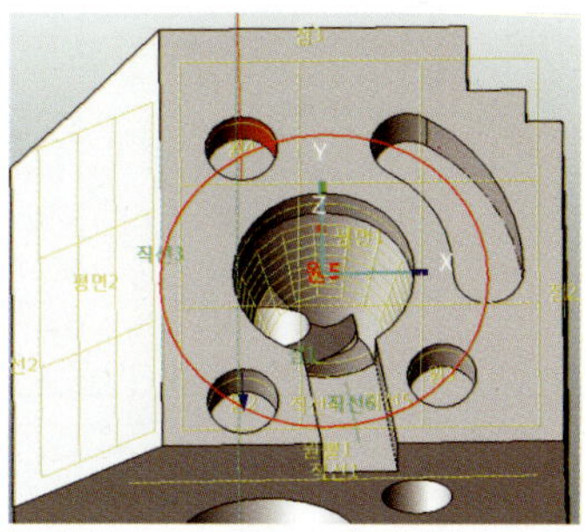 D=⑫

순서	선택 메뉴	설 명	측정결과
25	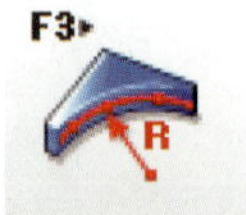	단일원호 측정 아이콘을 선택한 후 위쪽 평면에 외측 단일원호 1을 측정한다. 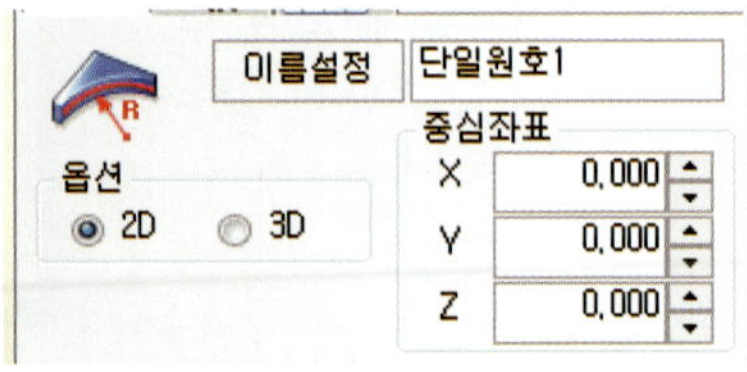	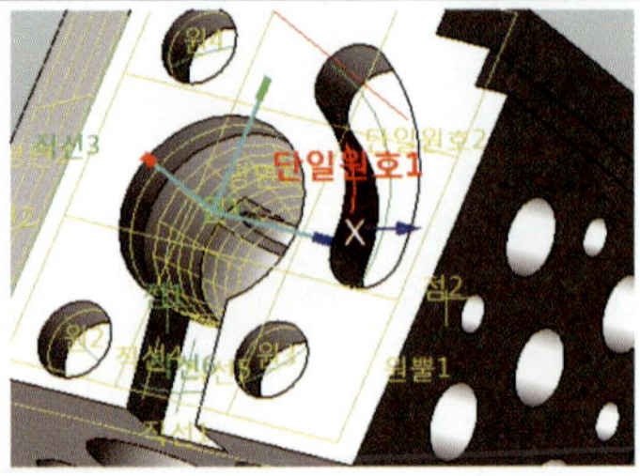 R = a ①
26		단일원호 측정 아이콘을 선택한 후 위쪽 평면에 내측 단일원호 2를 측정한다. 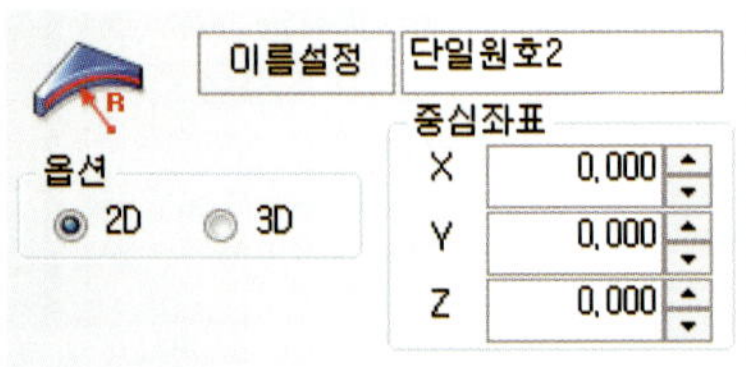	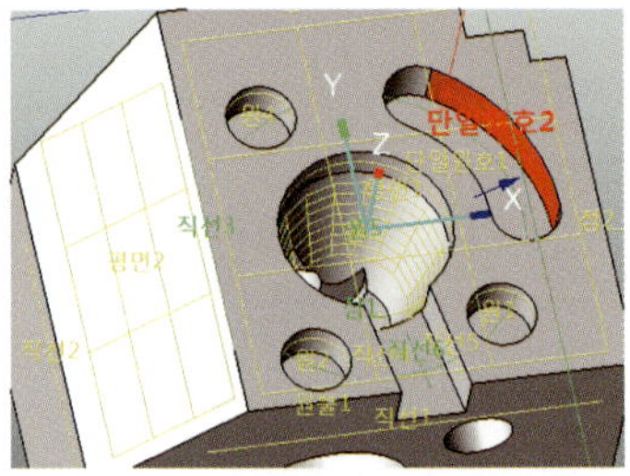 R = a ②
27	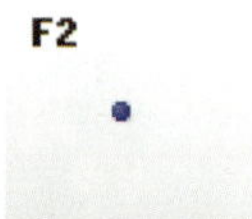	점 측정 아이콘을 선택한 후 위쪽 평면 아래 위치한 평면을 점으로 측정한다.	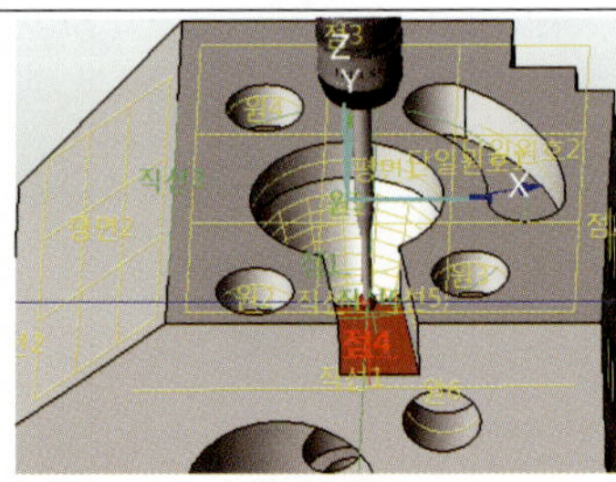 Z = ⑱
28		평면 측정 아이콘을 선택한 후 좌측 평면 3을 측정한다.	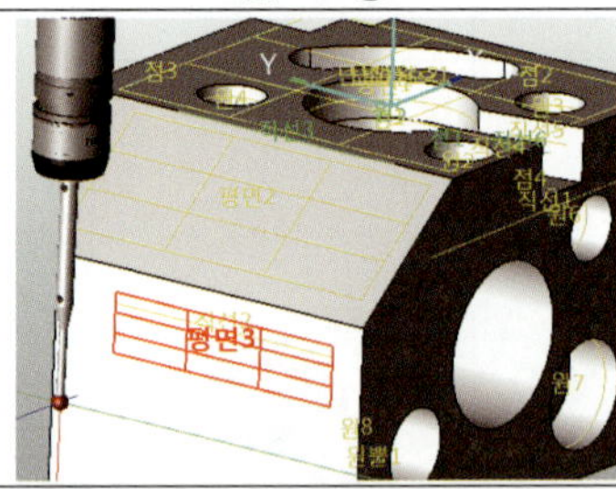
29		Ctrl 키를 누른 상태에서 결과창의 평면 2와 평면 3을 마우스로 선택하면 요소 관계창이 나타난다. 평면과 평면 사이의 교선을 선택한다.	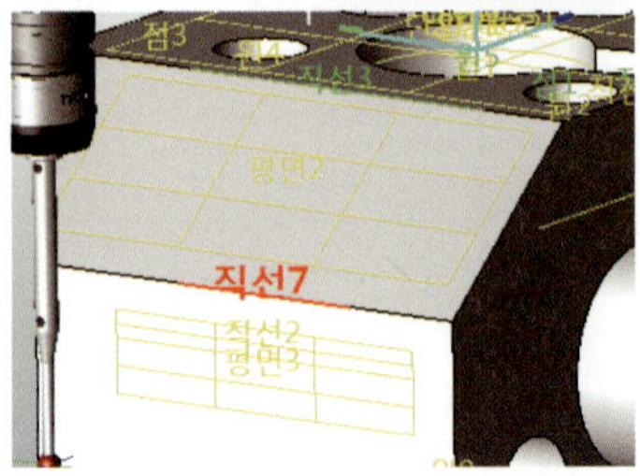 Z = ⑲

순서	선택 메뉴	설 명	측정결과
30	(프로브) → (A:90, B:180)	프로브를 회전한다. (안전한 위치에 프로브를 이동 후 회전한다)	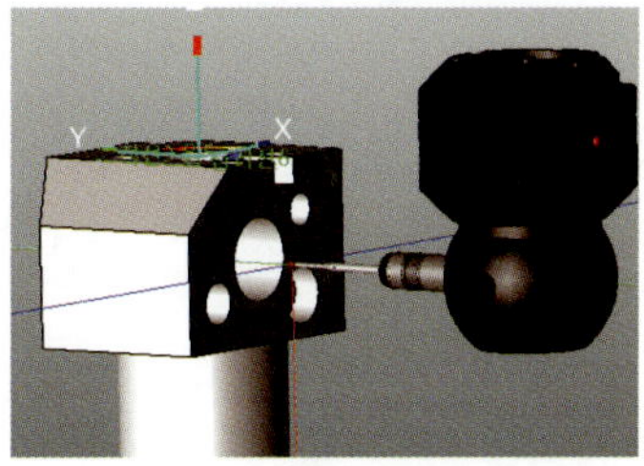
31	(좌표계) → (저장된 좌표계 되부름) 	저장된 기준 좌표계를 되부름한다.	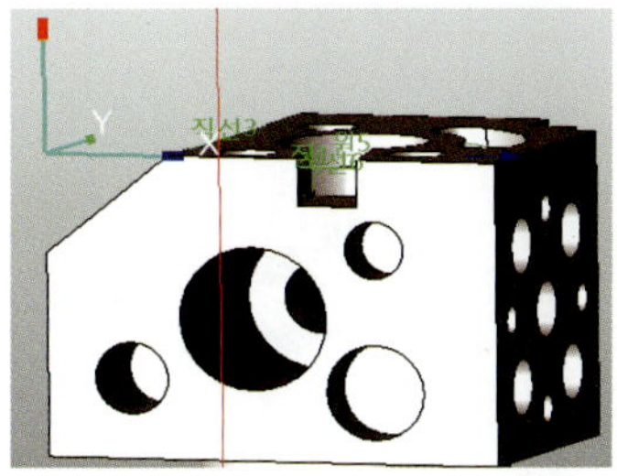
32		원 측정 아이콘을 선택한 후 앞쪽 평면에 원 6 (∅12)을 측정한다.	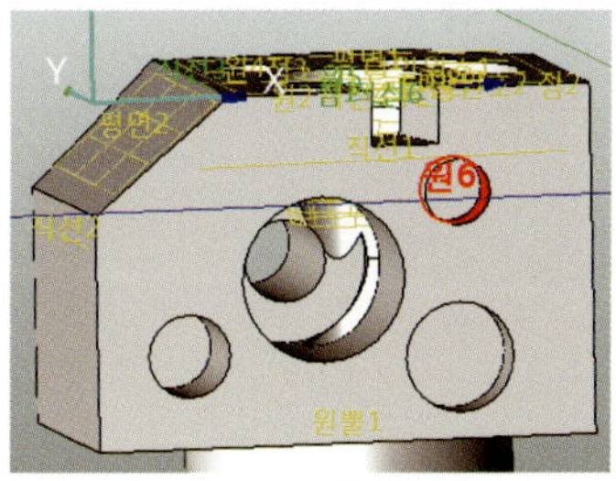 Z = ⑳
33	 	거리계산 아이콘을 선택한 후 원 7과 원 8의 'Z'와 'X'의 직교거리를 구한다. 또는 Ctrl 키를 누른 상태에서 원 6과 원 7을 마우스로 선택하면 요소 관계창이 나타난다. 원과 원 사이의 거리를 선택한다.	 DS = ㉔  DS = ㉒

순서	선택 메뉴	설　　　명	측정결과
34	(프로브) → (A:90, B:−90)	프로브를 회전한다. (안전한 위치에 프로브를 이동 후 회전한다.)	
35		원 측정 아이콘을 선택한 우측 평면에 원 9(∅12)를 측정한다.	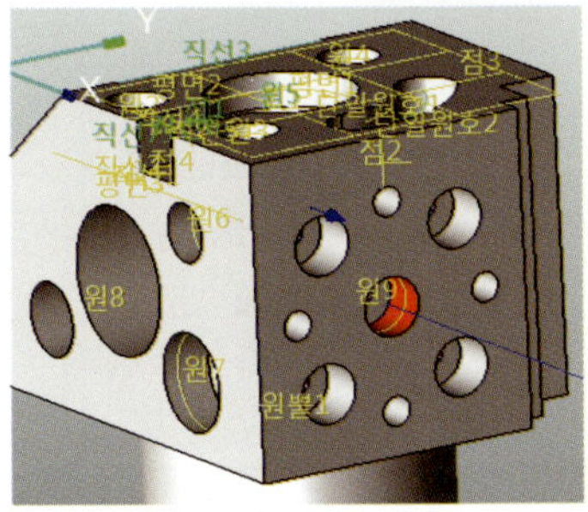 Y = ⑯, Z = ⑰

4.2 요소 측정 (2)

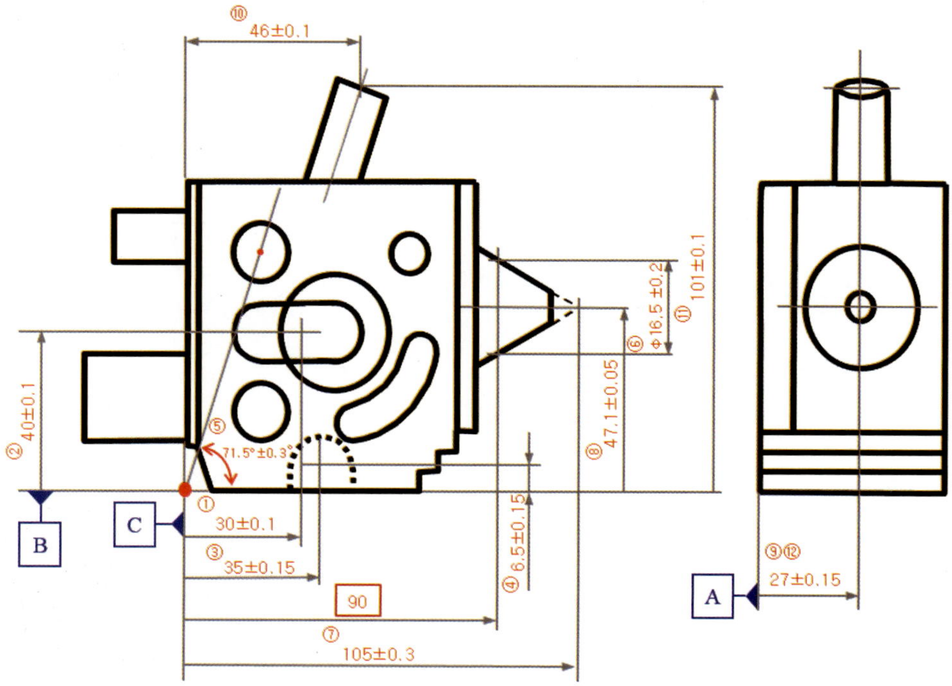

[요구사항]

(1) 원뿔의 단면원을 생성할 수 있다.

(2) 확장요소인 둥근슬롯을 측정할 수 있다.

(3) 요소 간 교차를 이용하여 측정값을 구할 수 있다.

<table>
<tr><th>순서</th><th>선택 메뉴</th><th>설 명</th><th>측정결과</th></tr>
<tr><td>1</td><td></td><td>평면 측정 아이콘을 선택한 후
A 데이텀인 평면을 측정한다.
[기준 평면은 9점(3점×3라인)
이상 측정 권장]</td><td>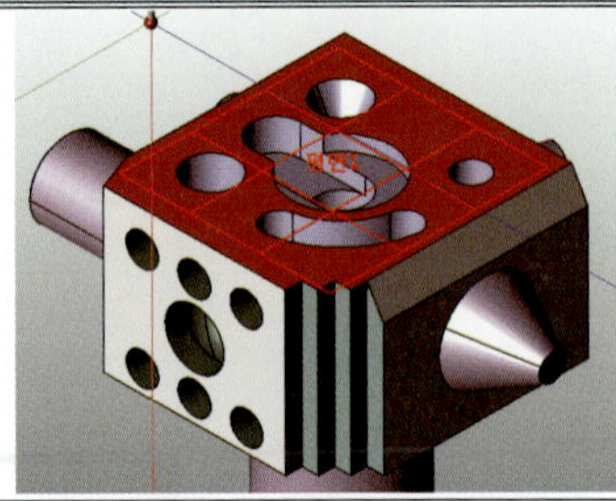</td></tr>
<tr><td>2</td><td>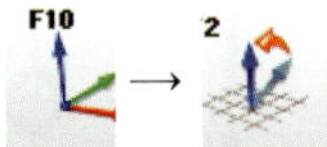</td><td>F10 → F2를 선택하여 클릭하면
공간정렬이 완료된다.
Z축 원점 = '0'</td><td><table><tr><th></th><th>직선운동</th><th>회전운동</th></tr><tr><td>X축</td><td>±X</td><td>Ayz</td></tr><tr><td>Y축</td><td>±Y</td><td>Azx</td></tr><tr><td>Z축</td><td>±Z</td><td>Axy</td></tr></table></td></tr>
<tr><td>3</td><td>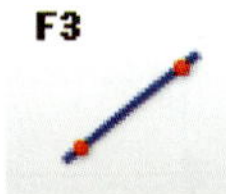</td><td>직선 측정 아이콘을 선택한 후 B
데이텀인 평면을 직선으로
측정한다.
[기준 직선은 5점 이상 측정 권장]</td><td>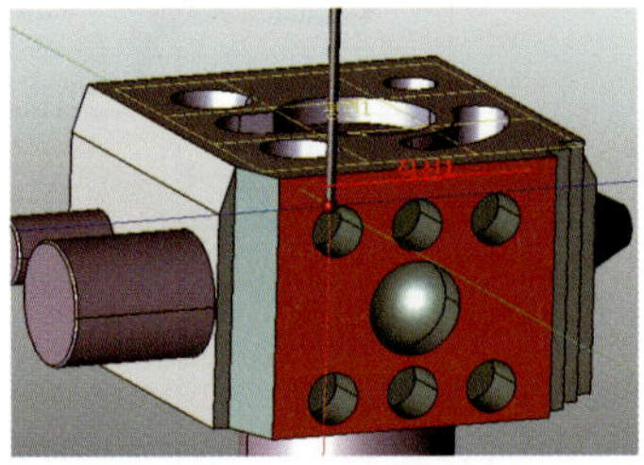</td></tr>
<tr><td>4</td><td>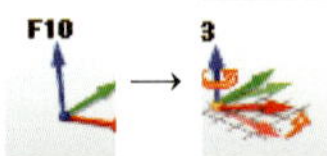</td><td>F10 → F3을 선택하여 클릭하면
평면회전이 완료된다.
원점지정하시겠습니까?
선택창이 나타나면 '예' 선택
Y축 원점 = '0'</td><td><table><tr><th></th><th>직선운동</th><th>회전운동</th></tr><tr><td>X축</td><td>±X</td><td>Ayz</td></tr><tr><td>Y축</td><td>±Y</td><td>Azx</td></tr><tr><td>Z축</td><td>±Z</td><td>Axy</td></tr></table></td></tr>
<tr><td>5</td><td>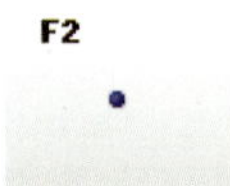</td><td>점 측정 아이콘을 선택한 후
C 데이텀인 평면을 점으로
측정한다.</td><td>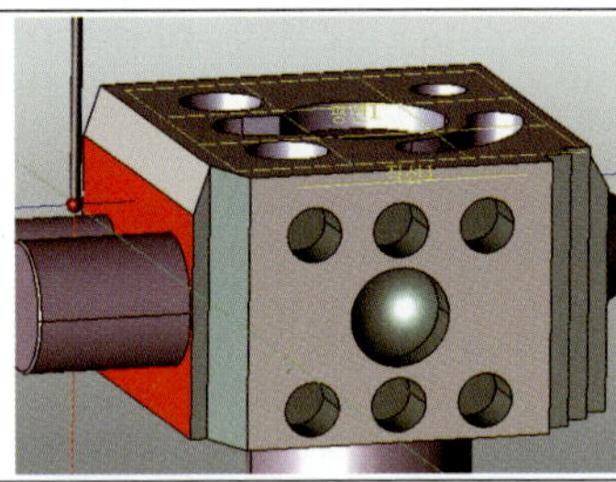</td></tr>
<tr><td>6</td><td>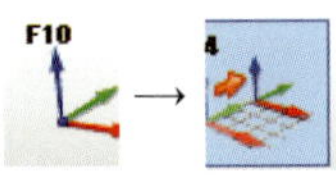</td><td>F10 → F4를 선택하여 클릭하면
원점지정 완료된다.

X축 원점 = '0'</td><td><table><tr><th></th><th>직선운동</th><th>회전운동</th></tr><tr><td>X축</td><td>±X</td><td>Ayz</td></tr><tr><td>Y축</td><td>±Y</td><td>Azx</td></tr><tr><td>Z축</td><td>±Z</td><td>Axy</td></tr></table></td></tr>
</table>

순서	선택 메뉴	설 명	측정결과
7		완료된 측정 좌표계를 확인한다. (평면–직선–점)	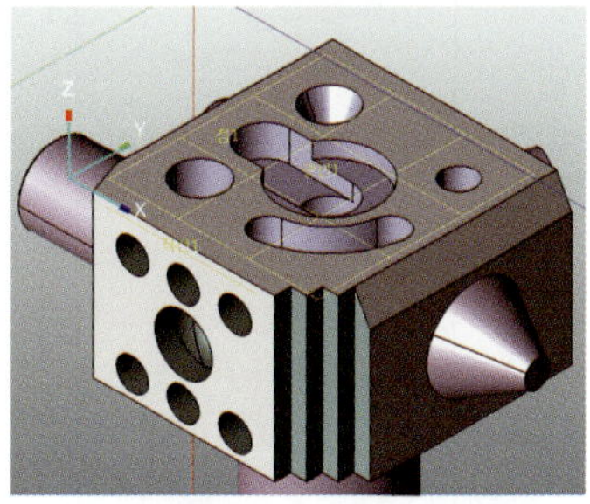
8		둥근슬롯 아이콘을 선택한 후 A 데이텀 평면에 둥근슬롯을 측정한다.	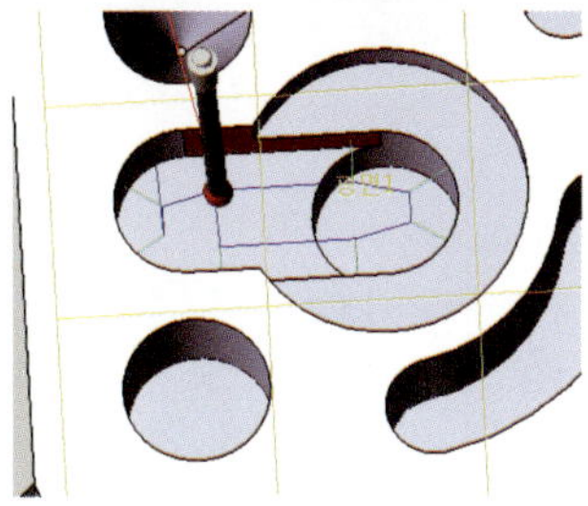 X=①, Y=②
9		원뿔 아이콘을 선택한 후 A 데이텀 평면에 원뿔을 측정한다.	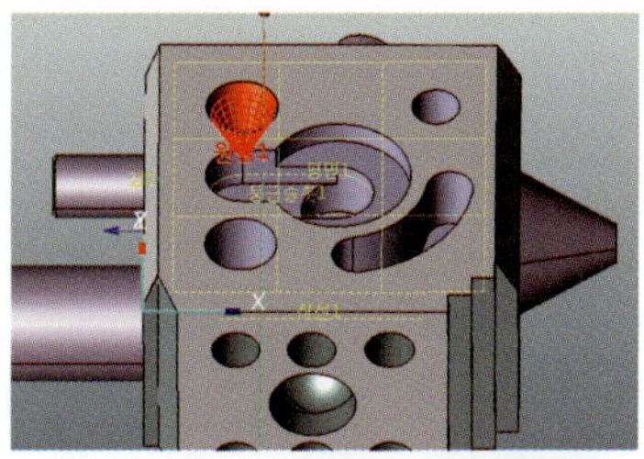
10		Ctrl 키를 누른 상태에서 결과창의 평면 1과 원뿔 1을 마우스로 선택하면 요소 관계창이 나타난다. 평면과 원뿔의 교차점 생성을 선택한다.	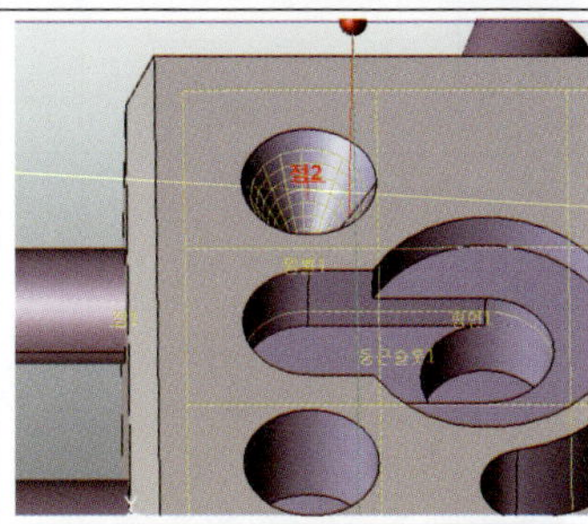
11	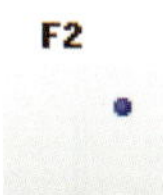 → 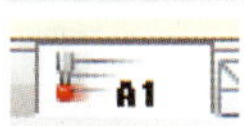 정의(D)	F2 선택 후 A1 → 중심좌표 A=0, B=0, Z=0을 입력 후 정의를 선택한다. 11 점3 <- 정의 X: 0.000 Y: 0.000 Z: 0.000	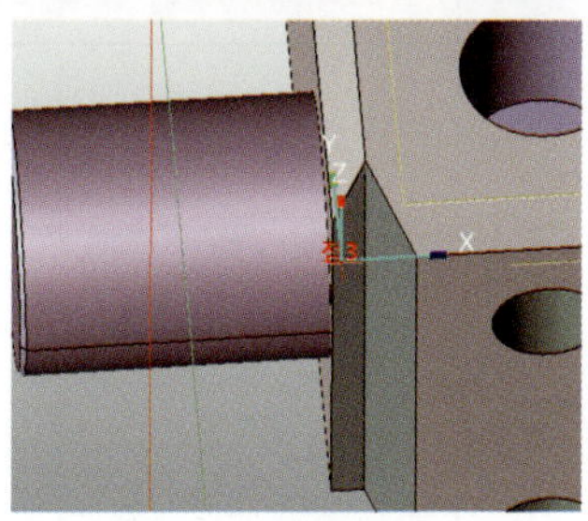

순서	선택 메뉴	설　　　명	측정결과
12	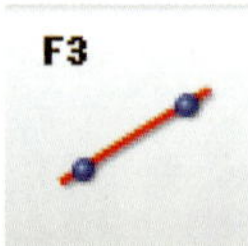	Ctrl 키를 누른 상태에서 결과창의 점 2와 점 3을 마우스로 선택하면 요소 관계창이 나타난다. 점과 점이 지나는 직선을 선택한다.	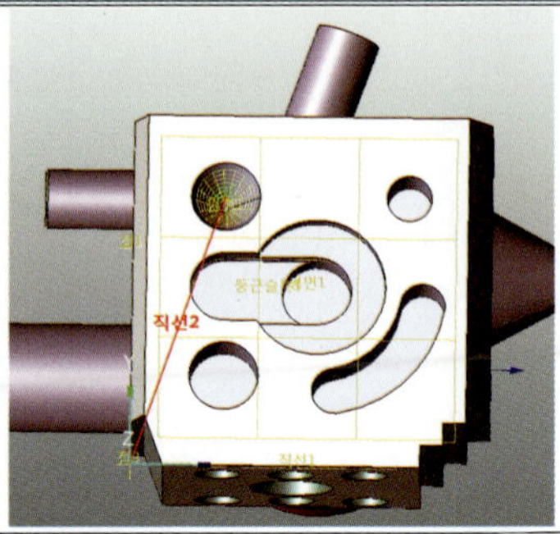
13	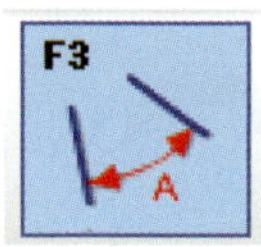	Ctrl 키를 누른 상태에서 결과창의 직선 1과 직선 2를 마우스로 선택하면 요소 관계창이 나타난다. 직선과 직선의 각도계산을 선택한다.	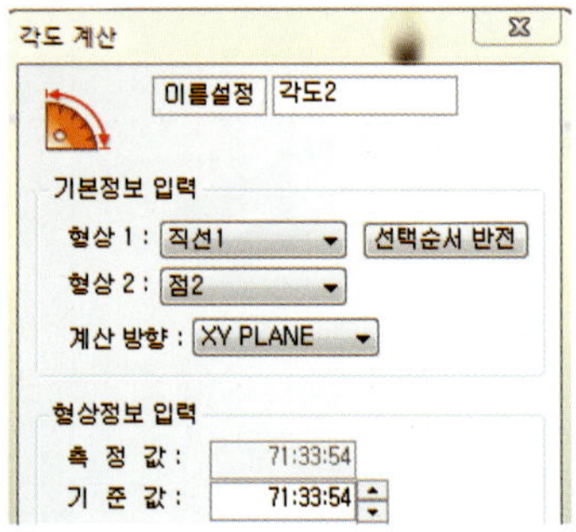 Ang = ⑤
14		원통 아이콘을 선택한 후 뒤쪽 평면에 원통을 측정한다.	
15	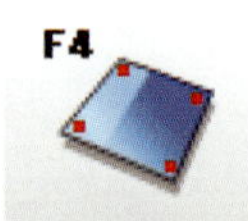	평면 아이콘을 선택한 후 원통 단면의 평면을 측정한다.	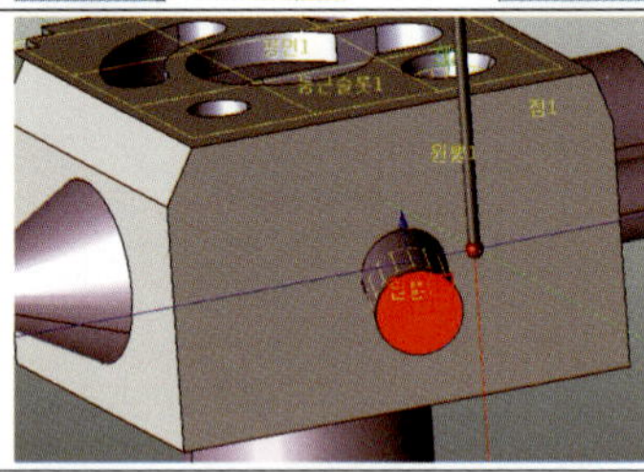
16	 	Ctrl 키를 누른 상태에서 결과창의 원통 1과 평면 2를 마우스로 선택하면 요소 관계창이 나타난다. 평면과 원통의 교차원 또는 교차점을 선택한다.	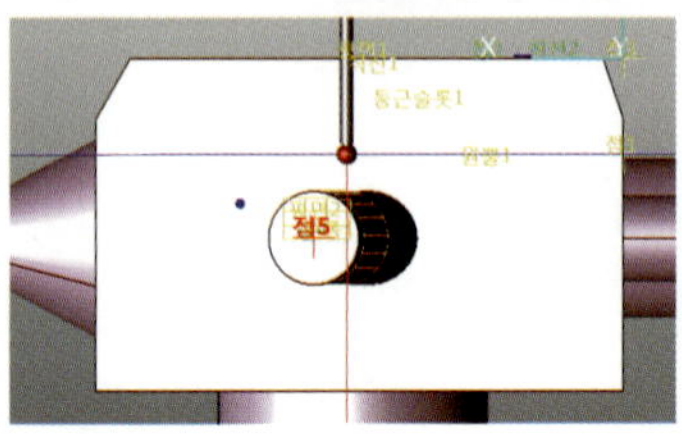 X = ⑩, Y = ⑪, Z = ⑫

순서	선택 메뉴	설 명	측정결과
17	(프로브) → (A:90, B:180)	프로브를 회전한다. (안전한 위치에 프로브를 이동 후 회전한다.)	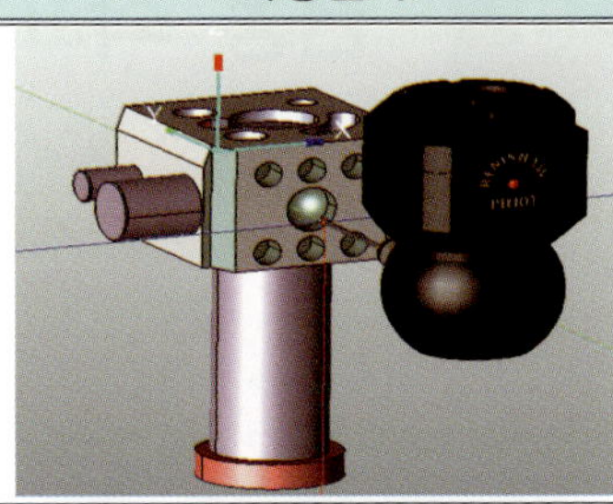
18		구 아이콘을 선택한 후 B 데이텀 평면에 구를 측정한다.	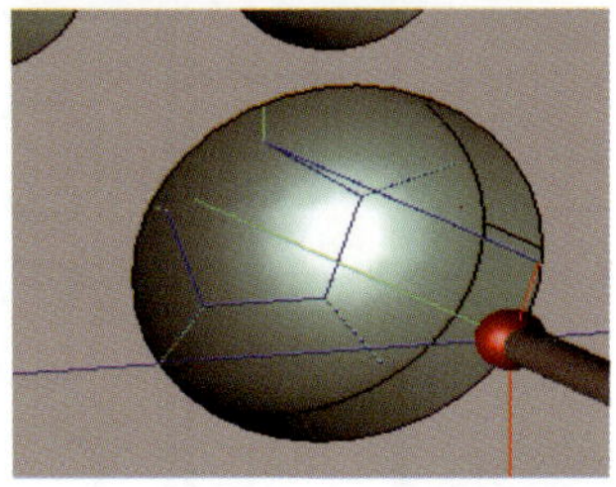 X=③, Y=④
19	(프로브) → (A:90, B:-90)	프로브를 회전한다. (안전한 위치에 프로브를 이동한 후 회전한다)	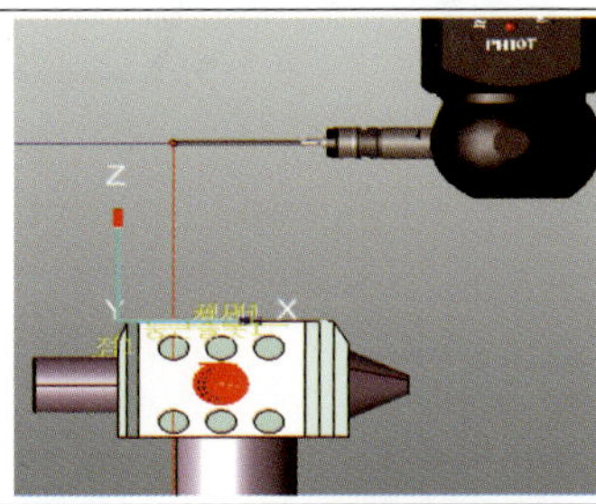
20		원뿔 아이콘을 선택한 후 우측 면 평면의 원뿔 측정한다. (원뿔 측정 시 'X'축 이동 프로브를 잠그고 측정하면 같은 원주선 상에서 측정할 수 있다)	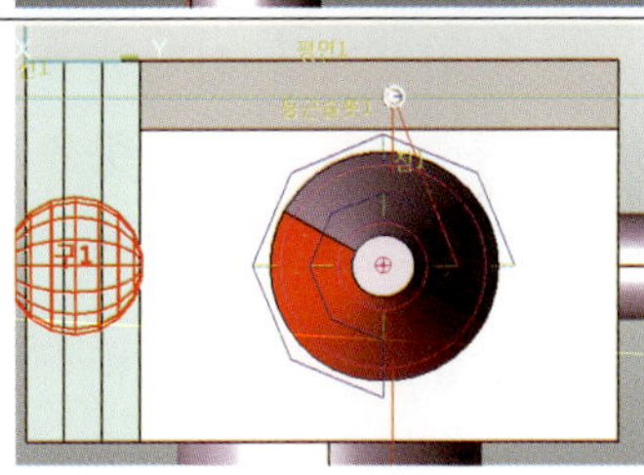 X=⑦, Y=⑧, Z=⑨
21	(측정) → (원) → (단면원 생성)	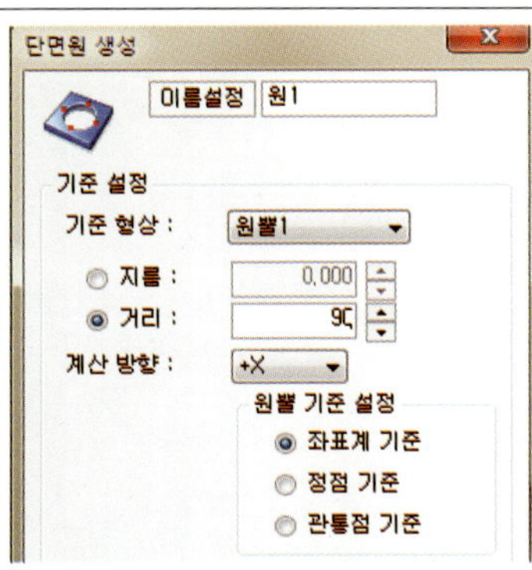 거리 90 입력, 거리방향 +X선택, 좌표계 기준 선택 후 확인	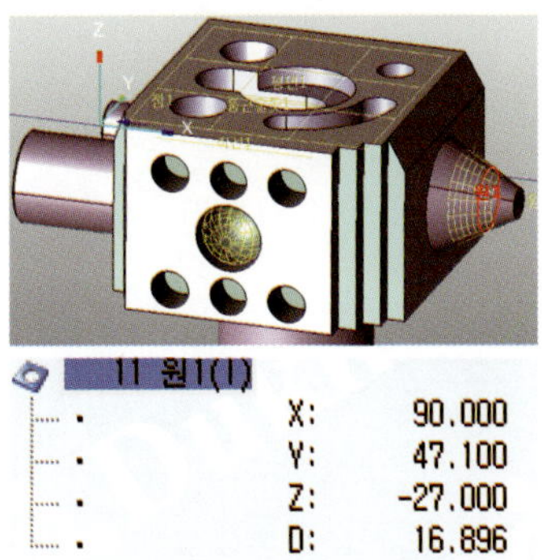 D=⑥

5 원통 좌표계 측정

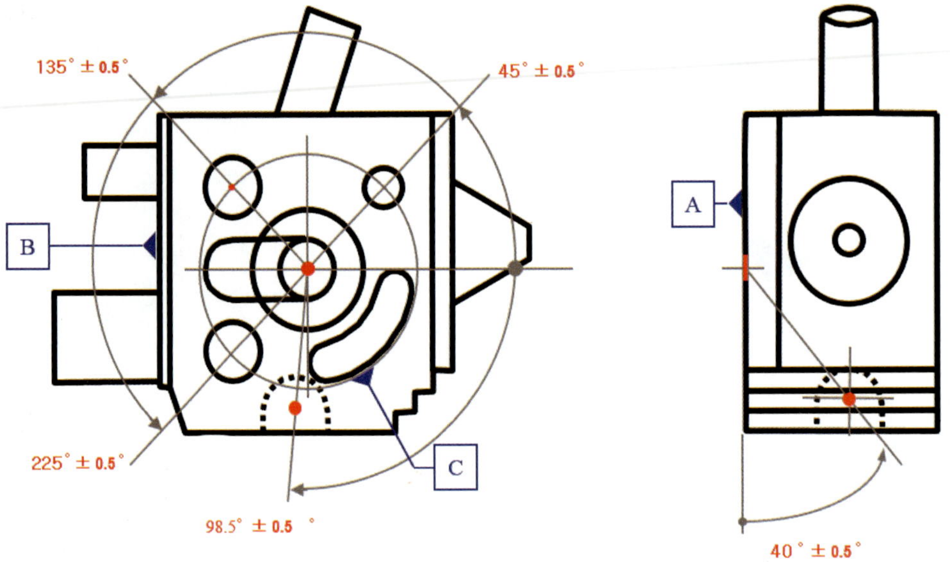

[요구사항]

(1) 원통 좌표계를 선택하여 측정할 수 있다.

(2) 기준 축 및 회전 방향을 설정할 수 있다.

(3) 작업 평면을 선택하여 기준 축 및 회전 방향을 설정할 수 있다.

<table>
<tr><th>순서</th><th>선택 메뉴</th><th>설 명</th><th>측정결과</th></tr>
<tr><td>1</td><td>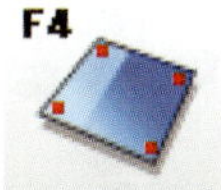</td><td>평면 측정 아이콘을 선택한 후
A 데이텀인 평면을 측정한다.
[기준 평면은 9점(3점×3라인)
이상 측정 권장]</td><td>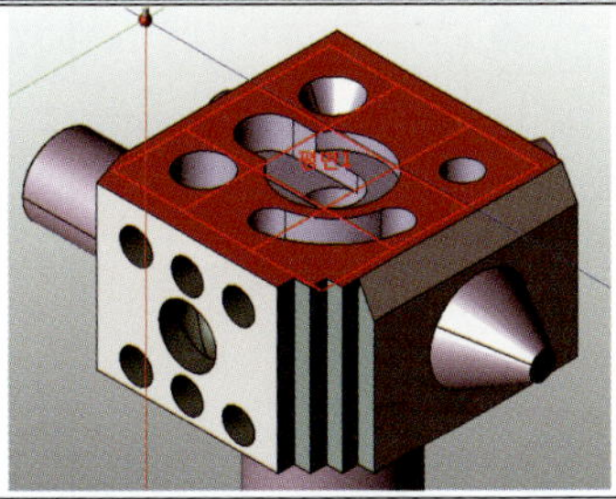</td></tr>
<tr><td>2</td><td> → </td><td>F10 → F2를 선택하여 클릭하면
공간정렬이 완료된다.
Z축 원점 = '0'</td><td><table><tr><th></th><th>직선운동</th><th>회전운동</th></tr><tr><td>X축</td><td>±X</td><td>Ayz</td></tr><tr><td>Y축</td><td>±Y</td><td>Azx</td></tr><tr><td>Z축</td><td>±Z</td><td>Axy</td></tr></table></td></tr>
<tr><td>3</td><td>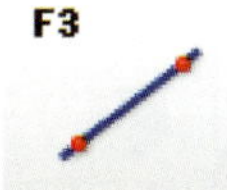</td><td>직선 측정 아이콘을 선택한 후
B 데이텀인 평면을 직선으로
측정한다.
[기준 직선은 5점 이상 측정 권장]</td><td>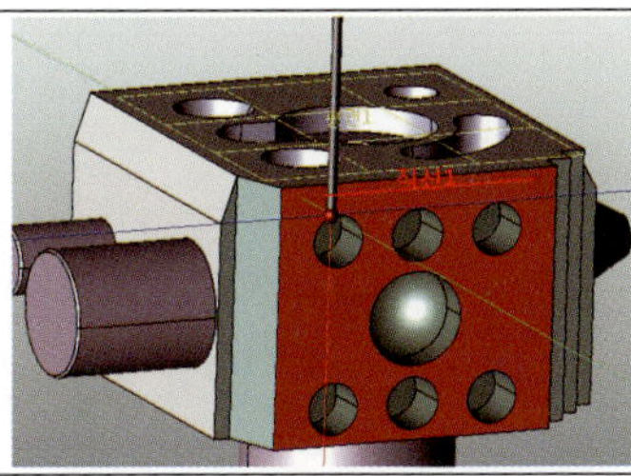</td></tr>
<tr><td>4</td><td>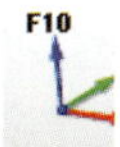 → </td><td>F10 → F3을 선택하여 클릭하면
평면회전이 완료된다.
원점지정 하시겠습니까?
선택창이 나타나면 '예' 선택
Y축 원점 = '0'</td><td><table><tr><th></th><th>직선운동</th><th>회전운동</th></tr><tr><td>X축</td><td>±X</td><td>Ayz</td></tr><tr><td>Y축</td><td>±Y</td><td>Azx</td></tr><tr><td>Z축</td><td>±Z</td><td>Axy</td></tr></table></td></tr>
<tr><td>8</td><td></td><td>원 아이콘을 선택한 후 A 데이텀
평면에 원(ø15)을 측정한다.</td><td>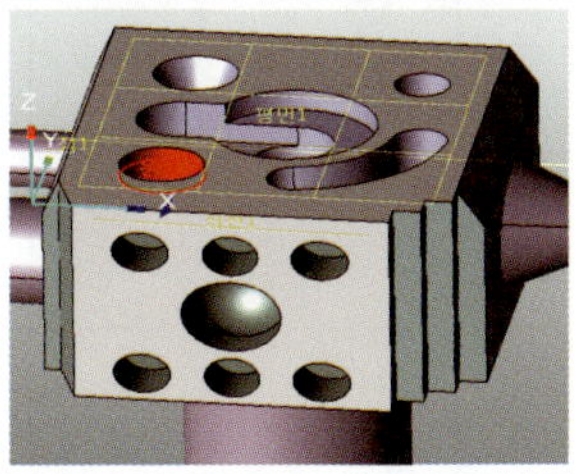</td></tr>
</table>

<table>
<tr><th>순서</th><th>선택 메뉴</th><th>설 명</th><th>측정결과</th></tr>
<tr><td>9</td><td>
</td><td>원뿔 아이콘을 선택한 후
A 데이텀 평면에 원뿔을 측정한다.</td><td>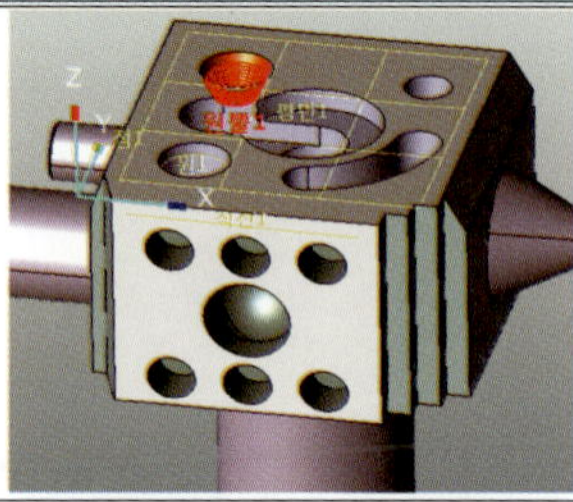</td></tr>
<tr><td>10</td><td>
</td><td>원 아이콘을 선택한 후
A 데이텀 평면에 원(ø10)을
측정한다.</td><td></td></tr>
<tr><td>11</td><td>
</td><td>Ctrl를 누르고 원 1, 원뿔 1, 원 2를
선택한 후 원 아이콘을 선택한다.
형상병합 선택창이 나타나면
'아니오'를 선택하고 투영원 생성
선택창에서 '예'를 선택한다.
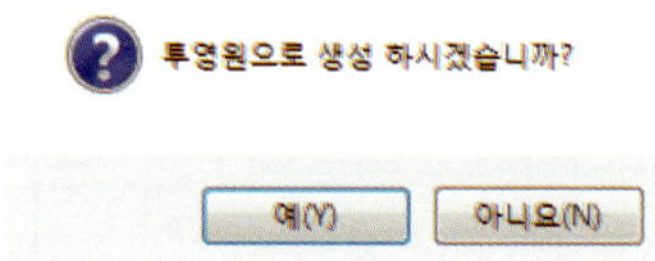
</td><td>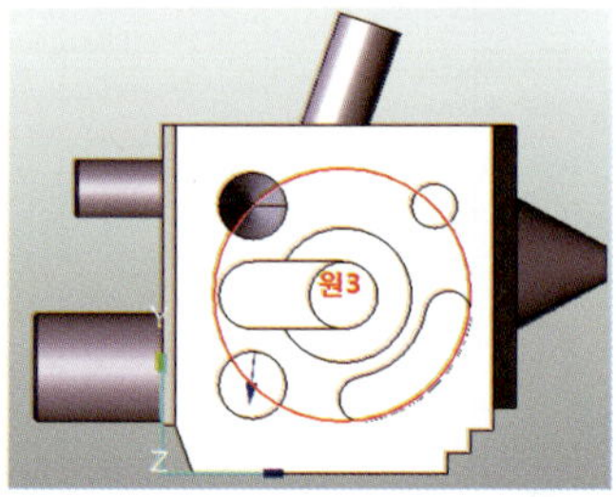

원 1, 원뿔 1, 원 2의 중심을
지나는 투영원이 생성된다.</td></tr>
<tr><td>12</td><td>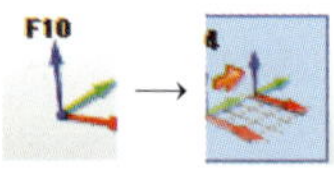
</td><td>결과창 원 3(투영원)을 선택한 후
F10 → F4를 선택하여 클릭하면
원점지정 완료된다.

X, Y축 원점 = '0'</td><td><table>
<tr><th></th><th>직선운동</th><th>회전운동</th></tr>
<tr><td>X축</td><td>±X</td><td>Ayz</td></tr>
<tr><td>Y축</td><td>±Y</td><td>Azx</td></tr>
<tr><td>Z축</td><td>±Z</td><td>Axy</td></tr>
</table></td></tr>
<tr><td>13</td><td></td><td>완료된 측정 좌표계를 확인한다.
(평면–직선–원)</td><td>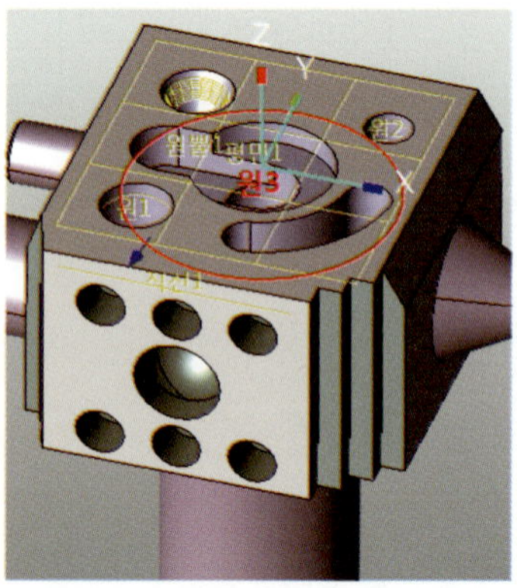</td></tr>
</table>

순서	선택 메뉴	설 명	측정결과
14	(결과창) → (원 2 클릭) → (되부름)	결과창에서 원 2를 클릭한 후 우 클릭 → 되부름을 선택한다.	원 2 → 원 4로 되부름 된다.
15	(더블 클릭) → (옵션) → (원통 좌표계)	결과창에서 원 4를 더블 클릭한 후 옵션을 선택한다. → 출력옵션 선택창에서 원통 좌표계를 선택하고 확인을 누른다. 	 Axy = 45
16	(결과창) → (원 1 클릭) → (되부름)	결과창에서 원 1을 클릭한 후 우 클릭 → 되부름을 선택한다.	원 1 → 원 5로 되부름 된다.
17	(더블 클릭) → (옵션) → (원통 좌표계)	결과창에서 원 5를 더블 클릭한 후 옵션을 선택한다. → 출력옵션 선택창에서 원통 좌표계를 선택하고 확인을 누른다.	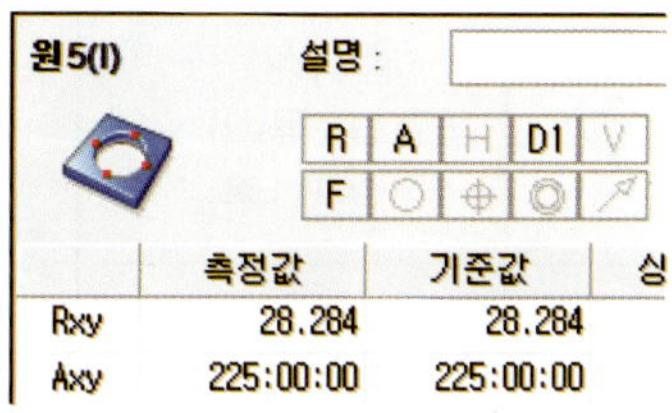 Axy = 225
18	(원뿔 1) → (형상변환) → (점으로 변환)	결과창에서 원뿔 1을 클릭한 후 우 클릭한다. 형상변환 → 점으로 변환을 선택한다.	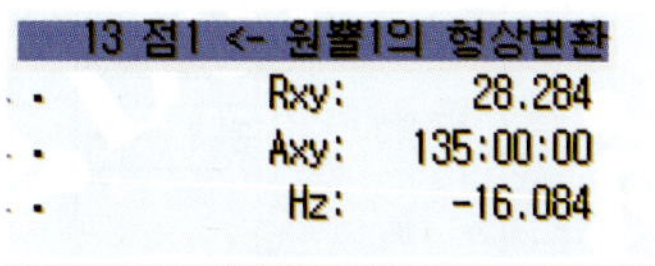 Axy = 135
19	(프로브) → (A:90, B:180)	프로브를 회전한다. (안전한 위치로 프로브를 이동 후 회전한다.)	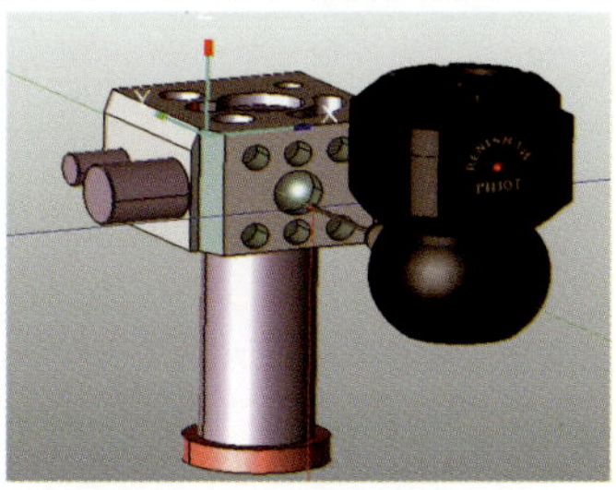

순서	선택 메뉴	설　　　　　명	측정결과
20	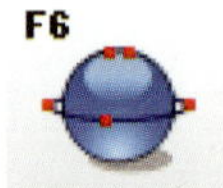	구 아이콘을 선택한 후 구 1 (ø 10)을 측정한다.	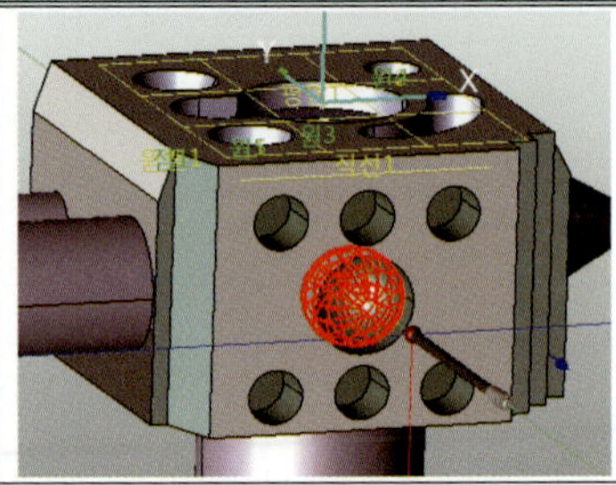
21	(더블 클릭) → (Axy) → 	결과창에서 구 1을 더블 클릭한 후 Axy을 더블 클릭한다. → 기준축 설정 : +X, 회전 방향 : 시계로 선택하고 확인을 누른다.	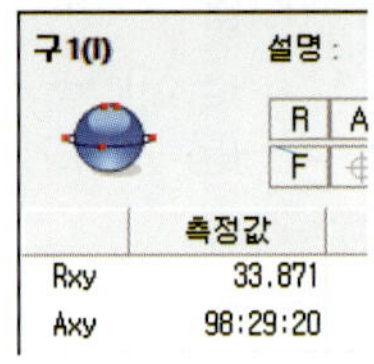 Axy = 98.5
22	(좌표계) → (작업평면지정) →(YX 평면)	메뉴바에서 좌표계를 선택한 후 작업평면지정을 선택하고 YX 평면을 선택 확인을 누른다.	
23	(결과창) → (구 1 클릭) → (되부름)	결과창에서 구 1을 클릭한 후 우 클릭한다. → 되부름을 선택한다.	구 1 → 구 2로 되부름 된다.
24	(더블 클릭) → (Ayz) → 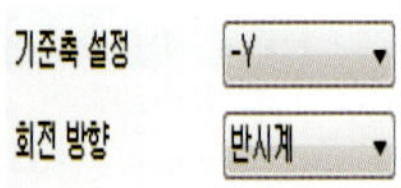	결과창에서 구 2를 더블 클릭한 후 Ayz을 더블 클릭한다. → 기준축 설정 : −Y, 회전 방향 : 반시계로 선택하고 확인을 누른다.	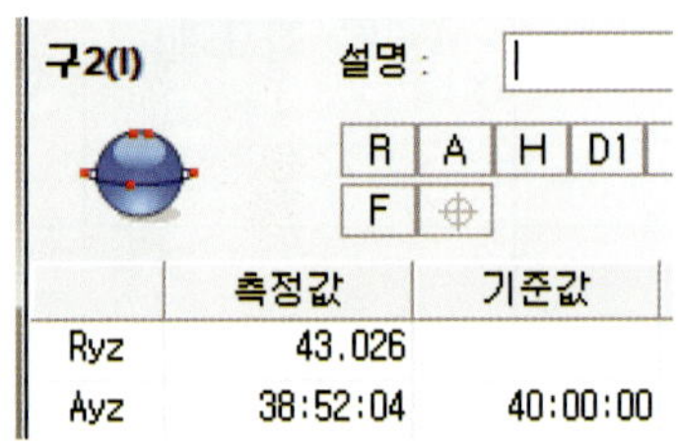 Ayz = 40

6 기하공차 측정

6.1 기하공차 측정 (1)

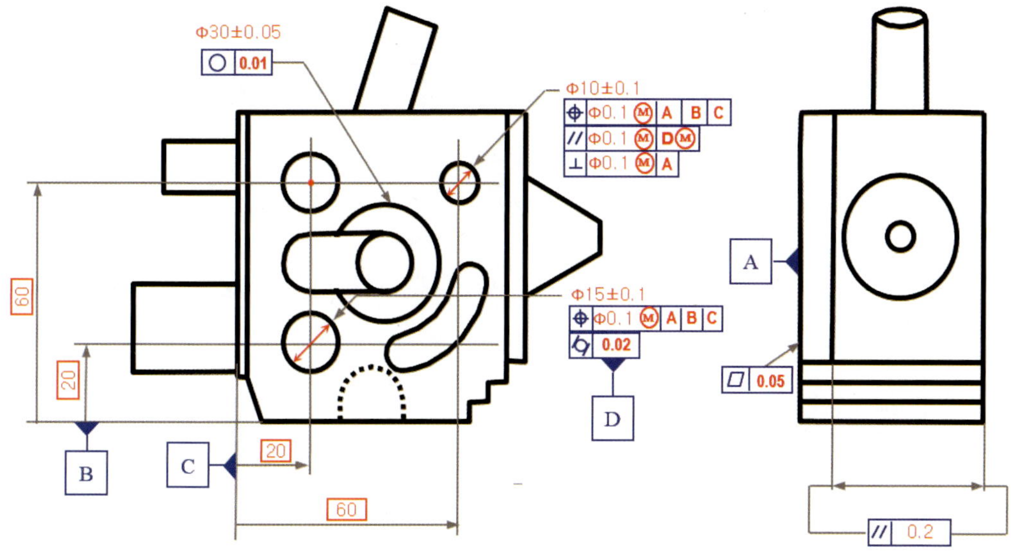

[요구사항]

(1) 기하공차를 측정할 수 있다.

(2) MMC를 적용할 수 있다.

(3) 데이텀을 적용할 수 있다.

(4) 측정 요소를 자동으로 측정할 수 있다.

(5) 보고서 뷰로 출력할 수 있다.

순서	선택 메뉴	설 명	측정결과

평면 측정 아이콘을 선택한 후 A 데이텀인 평면을 측정한다.

[기준 평면은 9점(3점×3라인) 이상 측정하는 것을 권장하며 평면도 값을 구해야 하므로 가능한 불확실도를 줄이기 위한 결과를 얻기 위해서 많은 측정점으로 측정하는 것이 필요하다.]

1

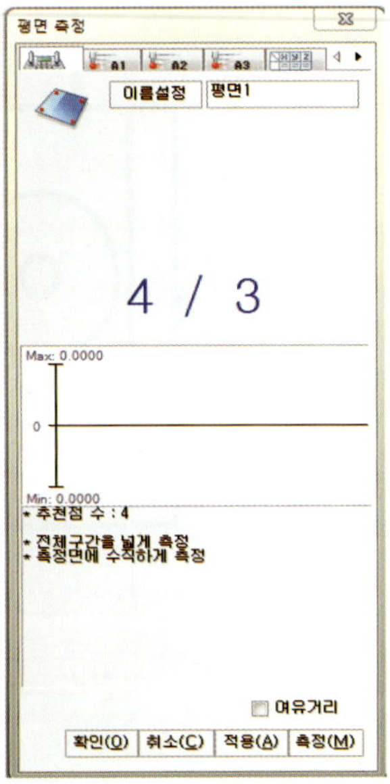

→

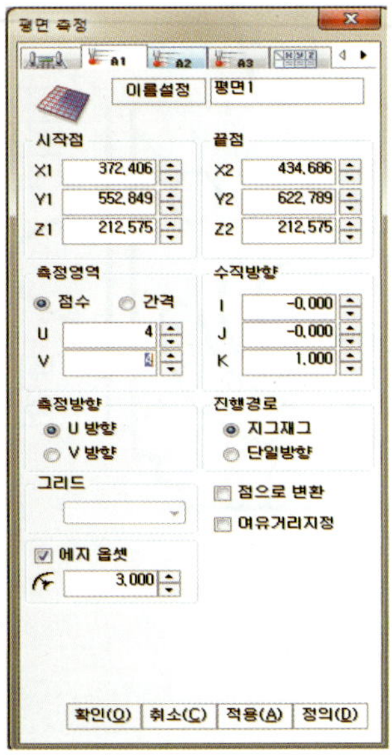

→

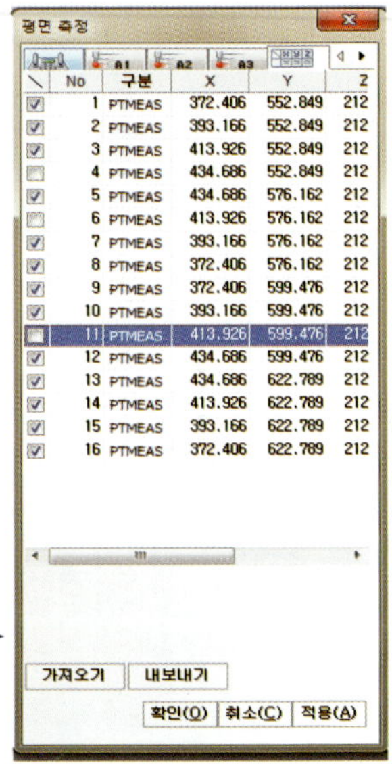

① 수동으로 4점 측정 → a1 격자자동측정 선택

② 측정점수, 간격을 선택하여 측정점수를 지정할 수 있고 측정물에 알맞게 측정방향 및 진행경로를 선택한다.

③ 충돌 위험이 있는 점 삭제

④ 확인 → 지정한 측정점과 방향, 진행경로로 자동 측정된다.

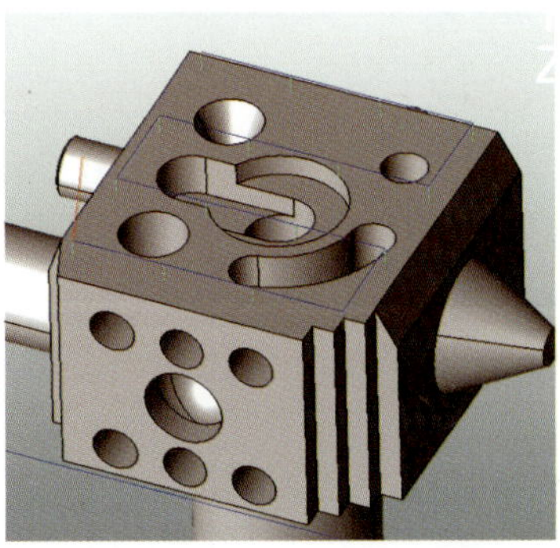

(측정점수 4×4 선택)

(충돌위험 점 삭제)

<table>
<tr><th>순서</th><th>선택 메뉴</th><th>설 명</th><th>측정결과</th></tr>
<tr><td>2</td><td>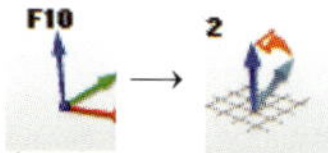</td><td>F10 → F2를 선택하여 클릭하면
공간정렬이 완료된다.
Z축 원점 = '0'</td><td><table><tr><th></th><th>직선운동</th><th>회전운동</th></tr><tr><td>X축</td><td>±X</td><td>Ayz</td></tr><tr><td>Y축</td><td>±Y</td><td>Azx</td></tr><tr><td>Z축</td><td>±Z</td><td>Axy</td></tr></table></td></tr>
<tr><td>3</td><td>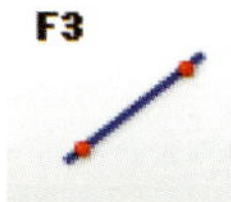</td><td>직선 측정 아이콘을 선택한 후
B 데이텀인 평면을 직선으로
측정한다.
[기준 직선은 5점 이상 측정 권장]</td><td>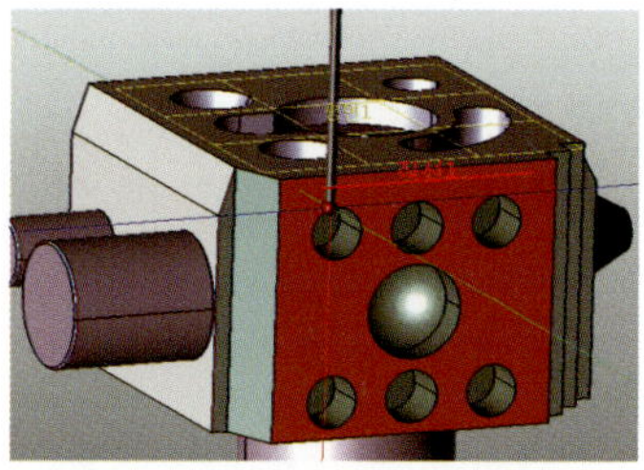</td></tr>
<tr><td>4</td><td>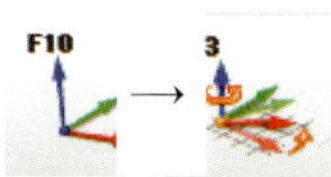</td><td>F10 → F3을 선택하여 클릭하면
평면회전이 완료된다.
원점지정 하시겠습니까? 선택창이
나타나면 '예' 선택
Y축 원점 = '0'</td><td><table><tr><th></th><th>직선운동</th><th>회전운동</th></tr><tr><td>X축</td><td>±X</td><td>Ayz</td></tr><tr><td>Y축</td><td>±Y</td><td>Azx</td></tr><tr><td>Z축</td><td>±Z</td><td>Axy</td></tr></table></td></tr>
<tr><td>5</td><td>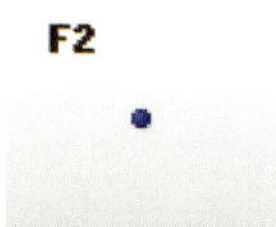</td><td>점 측정 아이콘을 선택한 후
C 데이텀인 평면을 점으로
측정한다.</td><td>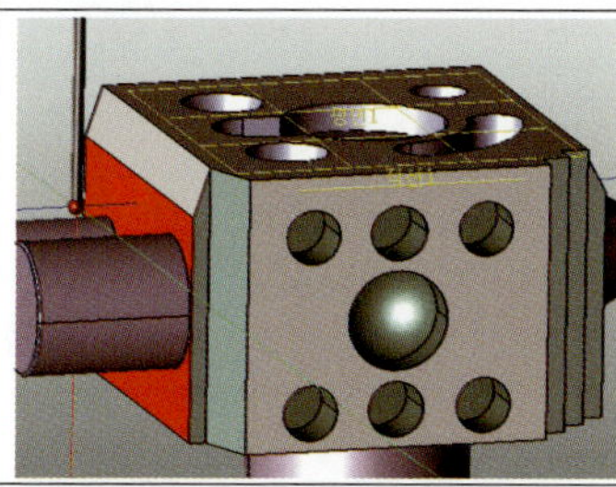</td></tr>
<tr><td>6</td><td>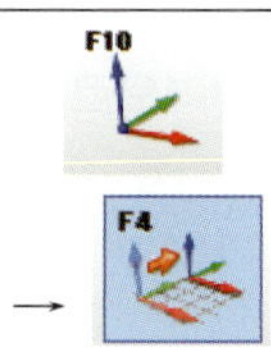</td><td>F10 → F4를 선택하여 클릭하면
원점지정 완료된다.

X축 원점 = '0'</td><td><table><tr><th></th><th>직선운동</th><th>회전운동</th></tr><tr><td>X축</td><td>±X</td><td>Ayz</td></tr><tr><td>Y축</td><td>±Y</td><td>Azx</td></tr><tr><td>Z축</td><td>±Z</td><td>Axy</td></tr></table></td></tr>
<tr><td>7</td><td></td><td>완료된 측정 좌표계를 확인한다.
(평면-직선-점)</td><td>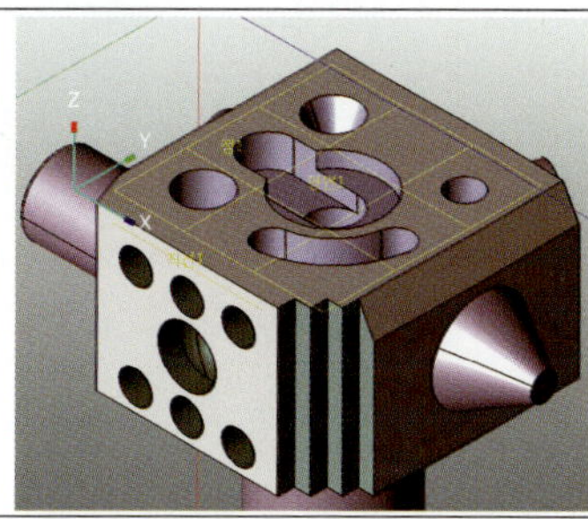</td></tr>
</table>

<table>
<tr><th>순서</th><th>선택 메뉴</th><th>설 명</th><th>측정결과</th></tr>
<tr><td>8</td><td colspan="3">

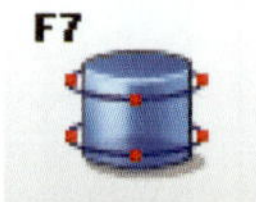

원통 아이콘을 선택한 후 원통(ø15)를 측정한다.

[원통도 값을 구해야 하므로 가능한 불확실도를 줄이기 위한 결과를 얻기 위해서 많은 측정점으로 측정하는 것이 필요하다. 30점(10점×3라인) 이상 측정]

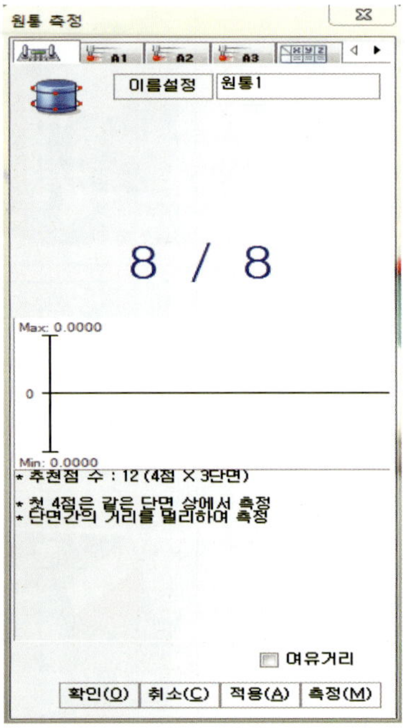

→

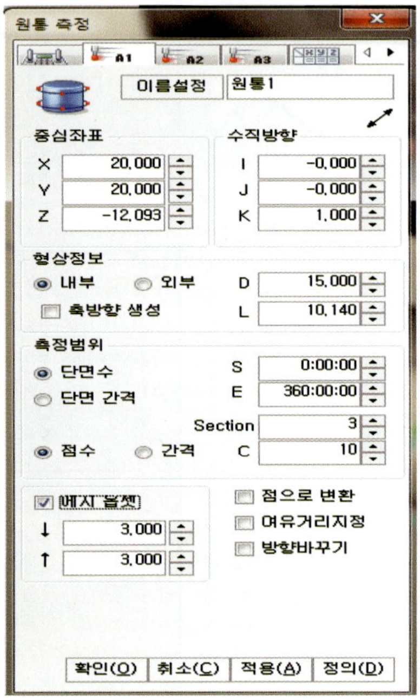

① 수동으로 8점 측정 → a1 원형 자동 경로 선택

② 최적화 측정 조건에 알맞게 형상정보, 측정범위, 점수 또는 간격으로 측정 점수를 선택한다.

③ 확인 → 지정한 측정점과 방향, 진행경로로 자동 측정된다.

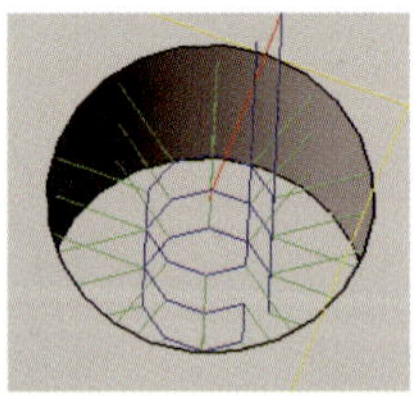

(측정점수 3×10 선택)

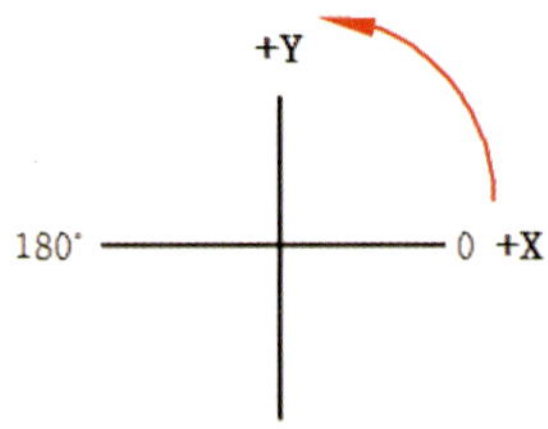

(원형 자동 경로 방향)

</td></tr>
</table>

순서	선택 메뉴	설　　　명	측정결과

9 — 선택 메뉴: ⌭ ⌖ 원통도, 위치도 선택

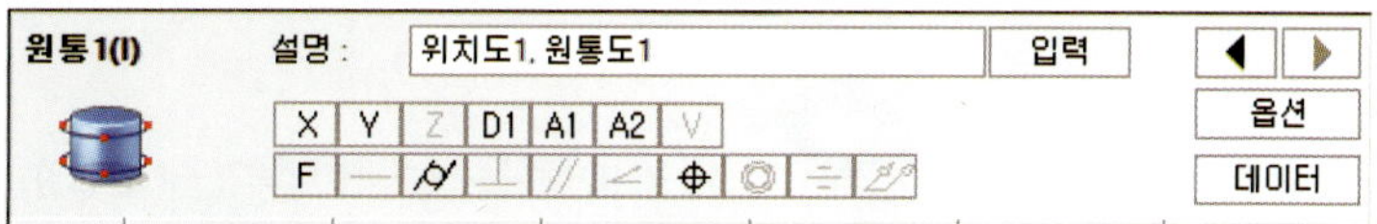

	측정값	기준값	상한공차	하한공차	편차	판정
X	20.000	20.000	0.000	0.000	0.000	
Y	20.000	20.000	0.000	0.000	0.000	
D	15.000	15.000	0.100	-0.100	0.000	>|<
X/Z	-0:00:00	0:00:00	0:00:00	0:00:00	-0:00:00	
Y/Z	-0:00:00	0:00:00	0:00:00	0:00:00	-0:00:00	
F	0.000	0.000	0.000	0.000		
⌭	0.000	0.020				>|<
⌖	0.000	0.100M	0.200			>|<

원통도 공차란에 0.02 입력한다.
기준값(X = 20, Y = 20, D = 15)원의 상, 하한 공차를 입력한다.
위치도 공차란에 0.1M을 입력한다(M = MMC공차).

10 — 선택 메뉴: F7

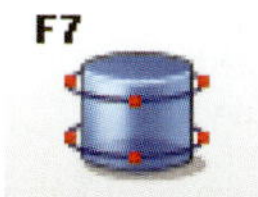

원통 아이콘을 선택한 후
원통(ø 12)을 측정한다. →
결과창에서 원통 2를 더블 클릭한다.

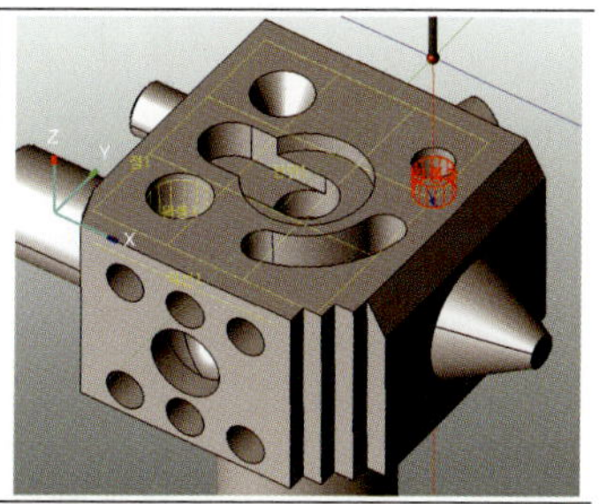

11 — 선택 메뉴: ⊥ // ⌖

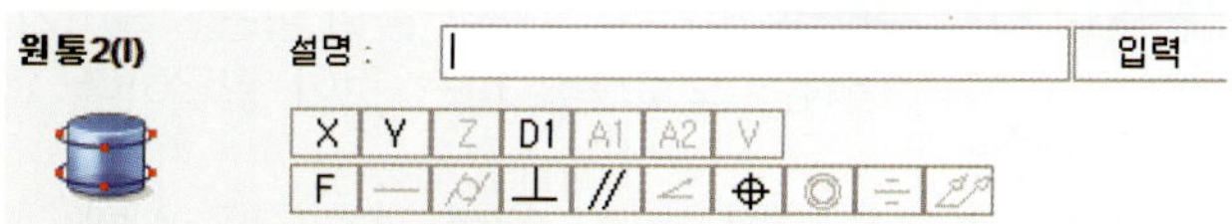

직각도, 경사도, 위치도 공차란에 0.1M을 입력한다.
직각도 기호를 더블 클릭한다. → 1차 Datum에 평면 1을 선택한 후 확인을 선택한다.

이름	원통2
Datum 형상지정	
1차 Datum	평면1
2차 Datum	NONE
3차 Datum	NONE

평행도 기호를 더블 클릭한다. → 1차 Datum에 원통 1을 선택한다.
→ 적용조건에 MMC를 선택하고 확인을 선택한다.

데이텀 설정

이름	원통2	규제공차
Datum 형상지정		적용조건
1차 Datum	원통1	MMC

기준값(X = 60, Y = 60, D = 10)원의 상, 하한 공차를 입력한다.
위치도 기호를 더블 클릭한다.
→ 1차 Datum에 NONE을 선택하고 확인을 선택한다(NONE = 원점).

1차 Datum	NONE

순서	선택 메뉴	설　　　　명	측정결과

12

원 아이콘을 선택한 후 원(ø30)을 측정한다.

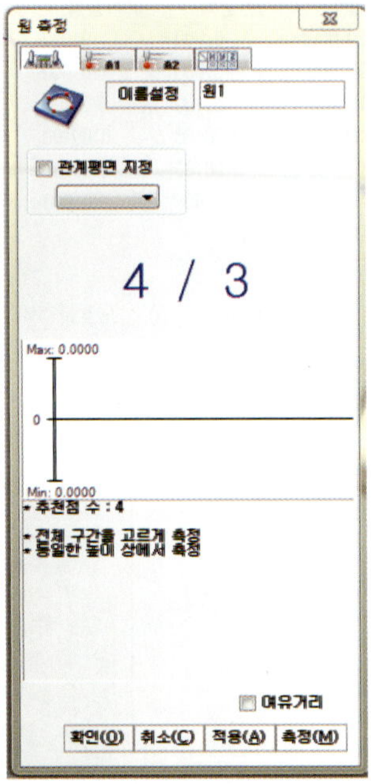

→

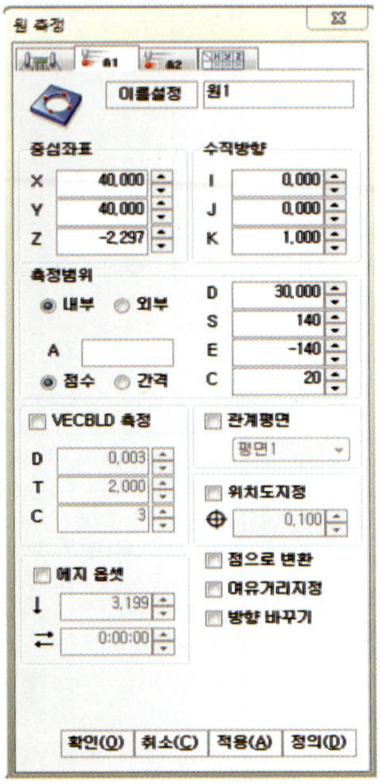

[진원도 값을 구해야 하므로 가능한 불확실도를 줄이기 위한 결과를 얻기 위해서 많은 측정점으로 측정하는 것이 필요하다. 20점 이상 측정]

① 수동으로 4점 측정 → a1 원형 자동 경로 선택
② 최적화 측정 조건에 알맞게 측정범위, 점수 또는 간격으로 측정 점수를 선택한다.
　→ 아래 그림과 같이 자동경로를 설정한다.
③ 확인 → 지정한 측정점과 방향, 진행경로로 자동 측정된다.

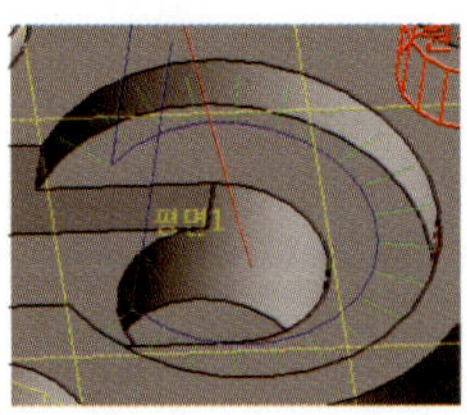

(측정점수 20점 선택)

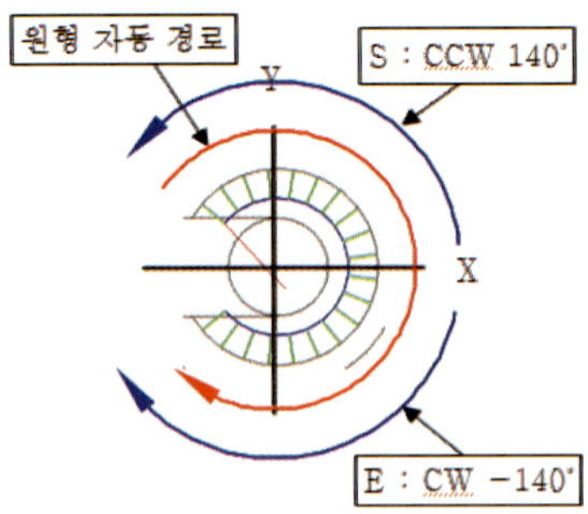

(원형 자동 경로 방향)

순서	선택 메뉴	설　　　명	측정결과
13	○ 진원도 선택	결과창에서 원 1을 더블 클릭한다. 진원도 공차란에 0.01을 입력한다. 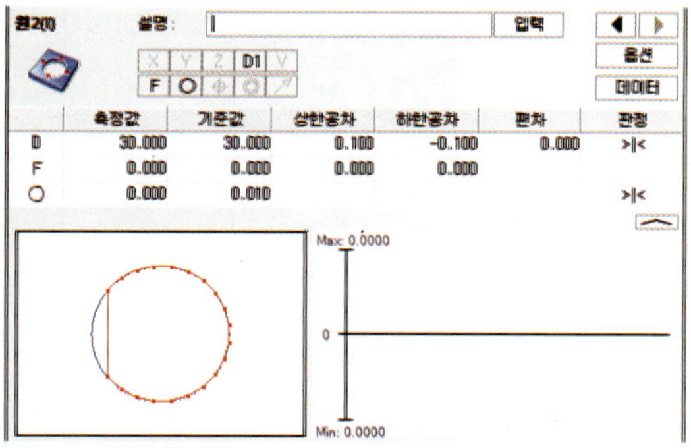 진원도 그래프에 우 클릭하여 보고서 뷰로 지정한다. 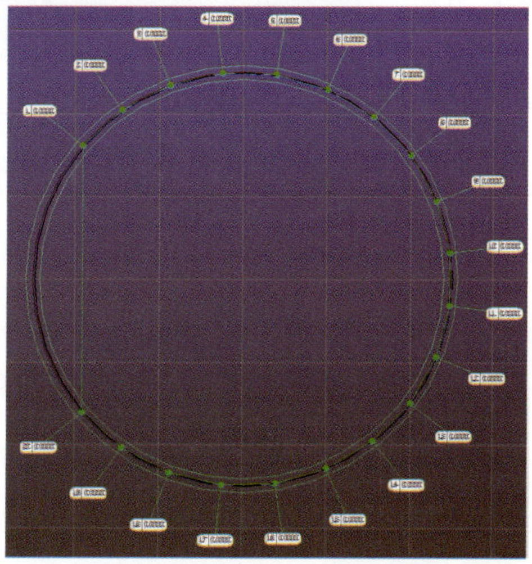 보고서 뷰 작업이 끝나면 서식 닫기를 선택한다. 	
14	▱ 평면도 선택	결과창에서 평면 1을 더블 클릭한다. 평면도 공차란에 0.05 입력한다. 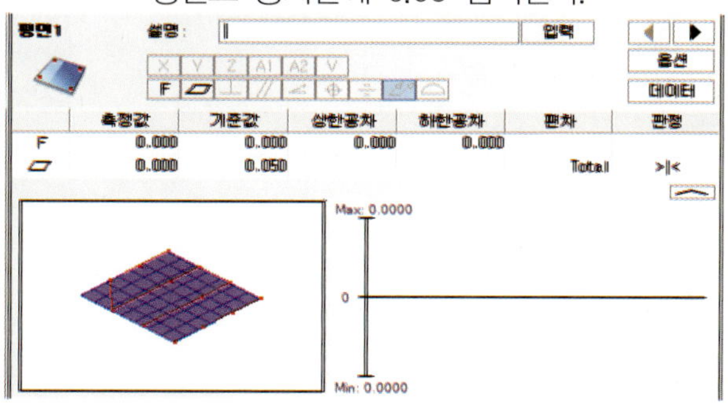	

순서	선택 메뉴	설　　　명	측정결과
15		평면도 그래프에 우 클릭하여 보고서 뷰로 지정한다. 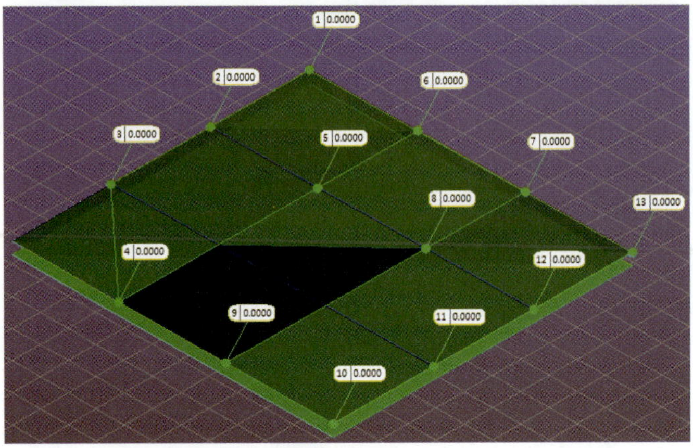 보고서 뷰 작업이 끝나면 서식 닫기를 선택한다. 	
16		요소 바에서 평면을 선택한 후 경사진 평면 2를 측정한다.	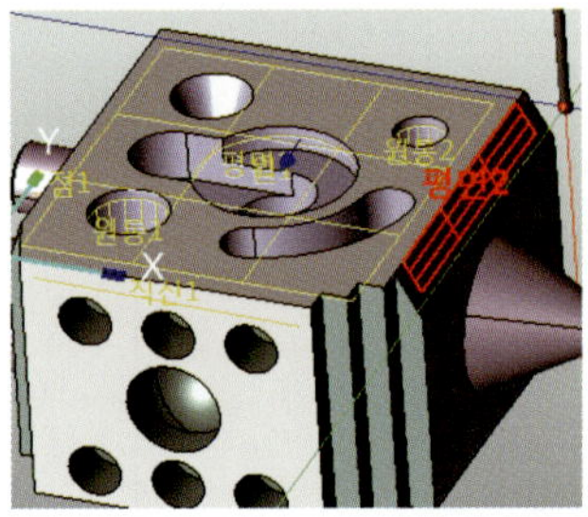
17	프로브 → A:90, B:-90 (5번)으로 회전 선택	우측 평면을 측정하기 위해 프로브를 회전한다. (프로브 회전 시 안전한 위치로 이동 후 회전한다.)	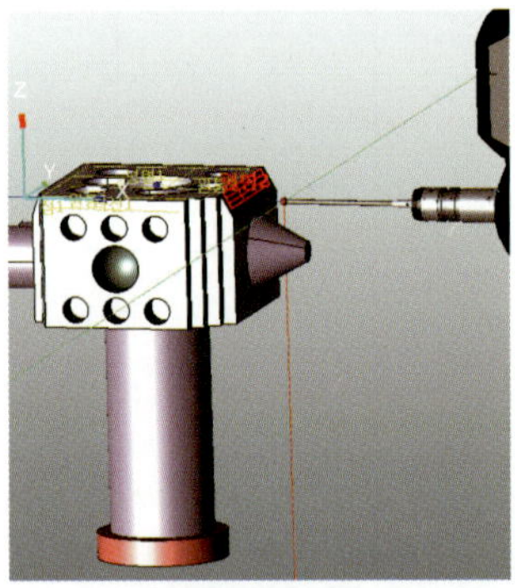
18	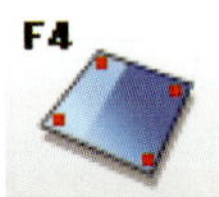	요소 바에서 평면을 선택한 후 경사진 평면 3을 측정한다.	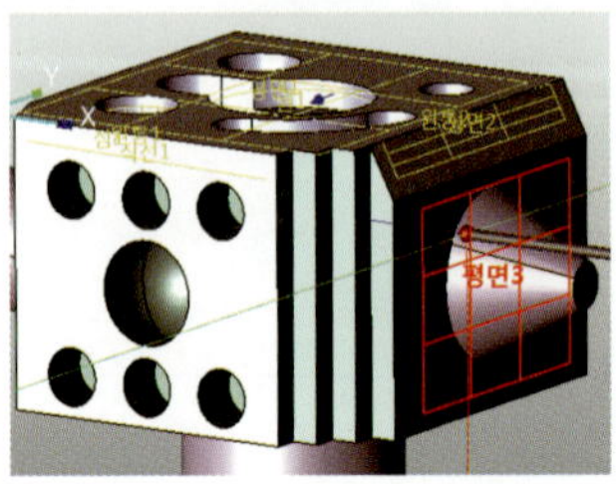

<table>
<tr><th>순서</th><th>선택 메뉴</th><th>설 명</th><th>측정결과</th></tr>
<tr><td>19</td><td></td><td>평면 2와 평면 3을 마우스로 선택한 후
평면과 평면 사이의 교선을 선택한다.</td><td>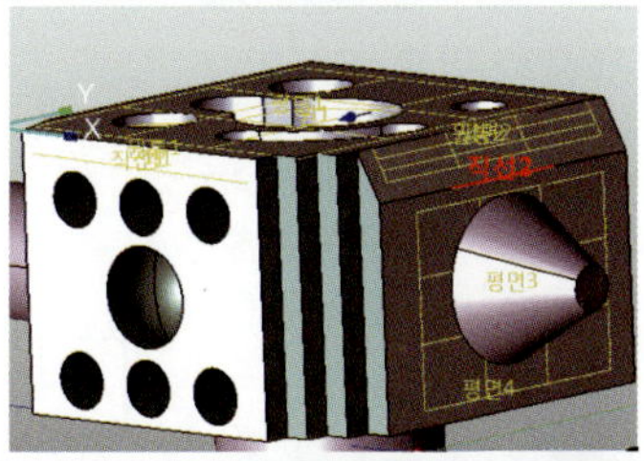</td></tr>
<tr><td>20</td><td></td><td>요소 바에서 평면을 선택한 후
바닥 평면 3을 측정한다.</td><td>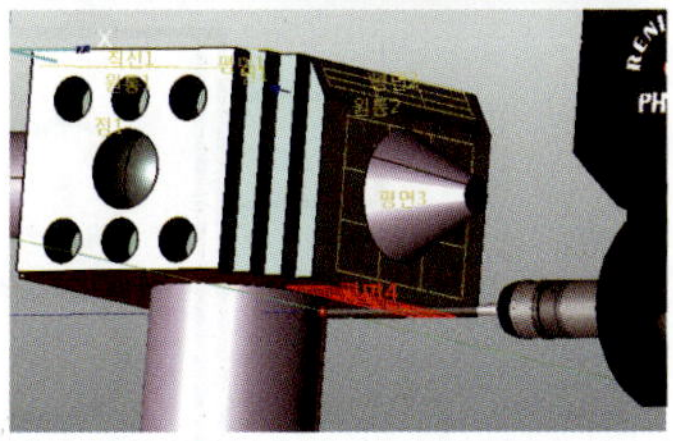</td></tr>
<tr><td>21</td><td>더블 클릭
//
평행도
선택</td><td colspan="2">결과창에서 평면 3을 더블 클릭한다.
평행도 공차란에 0.2를 입력한다.
평행도 기호를 더블 클릭한다. → 1차 Datum에 직선 2를 선택하고 확인을 선택한다.
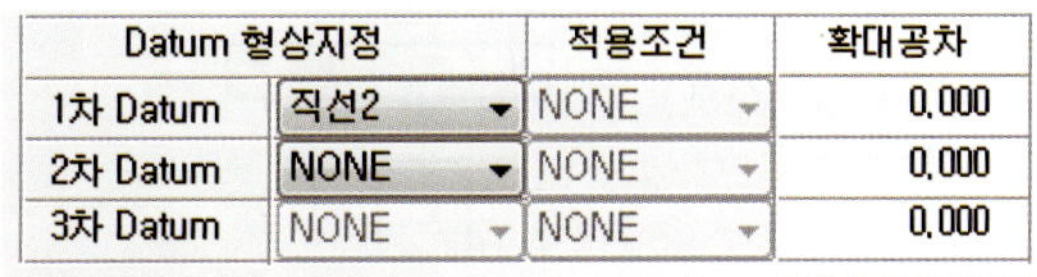
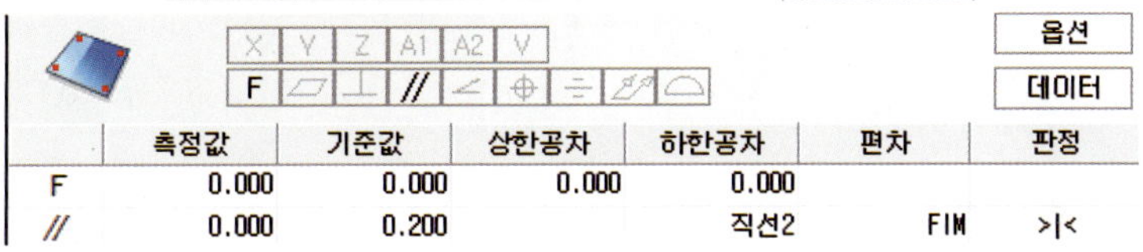</td></tr>
</table>

Datum 형상지정		적용조건	확대공차
1차 Datum	직선2	NONE	0.000
2차 Datum	NONE	NONE	0.000
3차 Datum	NONE	NONE	0.000

	측정값	기준값	상한공차	하한공차	편차	판정
F	0.000	0.000	0.000	0.000		
//	0.000	0.200		직선2	FIM	>|<

6.2 기하공차 측정 (2)

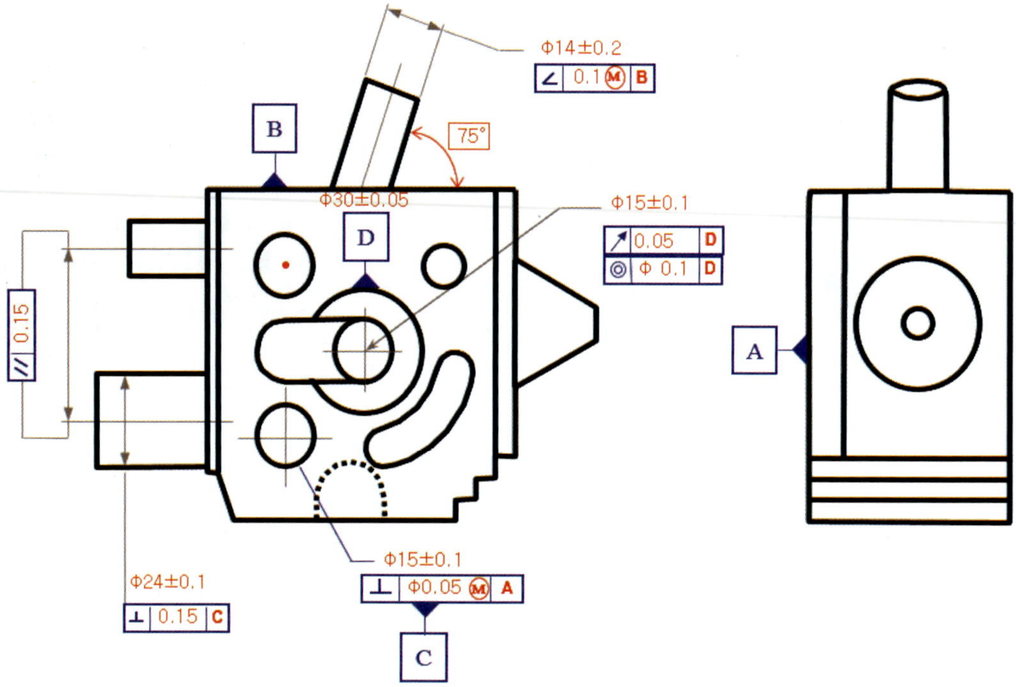

[요구사항]

(1) 기하공차를 측정할 수 있다.

(2) MMC를 적용할 수 있다.

(3) 데이텀을 적용할 수 있다.

(4) CAD 모델을 측정물에 정렬하여 자동 측정할 수 있다.

<table>
<tr><th>순서</th><th>선택 메뉴</th><th>설 명</th><th>측정결과</th></tr>
<tr><td>1</td><td>(캐드) →
(열기) →
Training_2011.duk</td><td>메뉴바에서 캐드 → 열기를 선택한다.
위 그림의 경로를 따라
▸ 컴퓨터 ▸ 로컬 디스크 (C:) ▸ Dukin ▸ NMS ▸ Sample ▸ 01_CAD_files ▸
Training_2011.duk 선택한다.</td><td>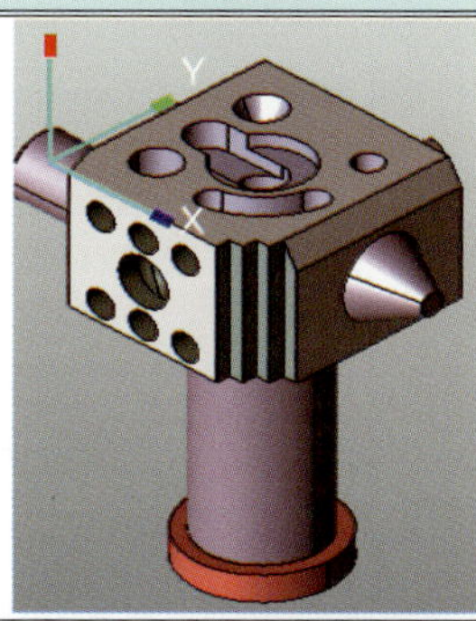</td></tr>
<tr><td>2</td><td>(캐드) →
(캐드 모델
이동) →
(정반 이동)</td><td>메뉴바에서 캐드 → 정반이동 → CAD 모델링에 좌 클릭한다(CAD 모델링 색 변환과 이동의 변화가 생긴다). → 방법에서 중심을 선택 → 적용을 선택한다. → 정반 가운데로 이동된다.
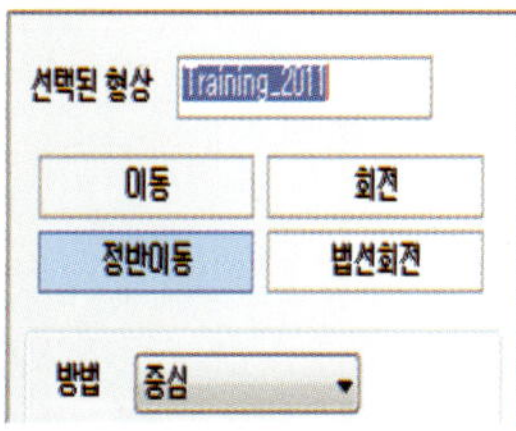</td><td>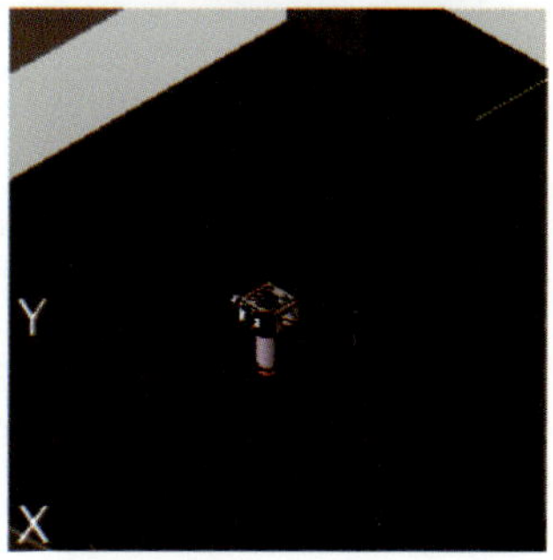(보기) →
(그래픽 옵션 설정) →
(전체보이기 선택)</td></tr>
<tr><td>3</td><td></td><td>평면 측정 아이콘을 선택한 후
A 데이텀인 평면을 측정한다.
[기준 평면은 9점(3점×3라인) 이상
측정 권장]</td><td></td></tr>
<tr><td>4</td><td> → </td><td>F10 → F2를 선택하여 클릭하면
공간정렬이 완료된다.
Z축 원점 = '0'</td><td><table><tr><th></th><th>직선운동</th><th>회전운동</th></tr><tr><td>X축</td><td>±X</td><td>Ayz</td></tr><tr><td>Y축</td><td>±Y</td><td>Azx</td></tr><tr><td>Z축</td><td>±Z</td><td>Axy</td></tr></table></td></tr>
<tr><td>5</td><td>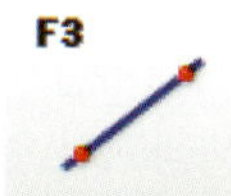</td><td>직선 측정 아이콘을 선택한 후
B 데이텀인 평면을 직선으로 측정한다.
[기준 직선은 5점 이상 측정 권장]</td><td></td></tr>
</table>

<table>
<tr><th>순서</th><th>선택 메뉴</th><th>설　　　명</th><th>측정결과</th></tr>
<tr><td>6</td><td>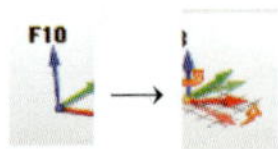</td><td>F10 → F3을 선택하여 클릭하면
평면회전이 완료된다.
원점지정 하시겠습니까?
선택창이 나타나면 '아니오' 선택</td><td><table><tr><th></th><th>직선운동</th><th>회전운동</th></tr><tr><td>X축</td><td>±X</td><td>Ayz</td></tr><tr><td>Y축</td><td>±Y</td><td>Azx</td></tr><tr><td>Z축</td><td>±Z</td><td>Axy</td></tr></table></td></tr>
<tr><td>7</td><td>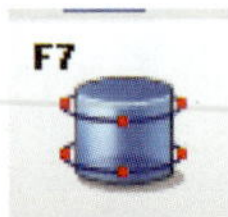</td><td>원통 측정 아이콘을 선택한 후
C 데이텀을 원통으로 측정한다.</td><td></td></tr>
<tr><td>8</td><td>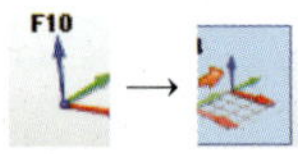</td><td>F10 → F4를 선택하여 클릭하면
원점지정 완료된다.

X, Y축 원점 = '0'</td><td><table><tr><th></th><th>직선운동</th><th>회전운동</th></tr><tr><td>X축</td><td>±X</td><td>Ayz</td></tr><tr><td>Y축</td><td>±Y</td><td>Azx</td></tr><tr><td>Z축</td><td>±Z</td><td>Axy</td></tr></table></td></tr>
<tr><td>9</td><td>(좌표계) →
(캐드 모델
정렬) →</td><td colspan="2">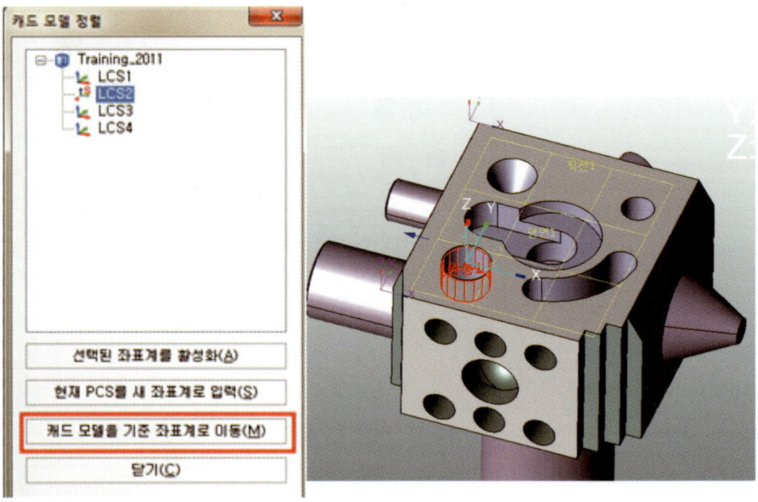
Training_2011 모델링 로컬 좌표계 LSC2를 선택하면
모델링의 로컬 좌표계가 활성화된다.
(실제 측정물 좌표계와 같은 위치의 로컬 좌표계를 선택한다.)
캐드 모델을 기준 좌표계로 이동을 선택한다.
만약 실제 측정물과 같은 위치의 로컬 좌표계가 생성되어 있지 않으면
모델링에서 좌표계를 만들어 현재 PCS를 새 좌표계로 입력을 선택하면
새로운 로컬 좌표계가 생성된다.</td></tr>
</table>

순서	선택 메뉴	설　　　　명	측정결과
10	원통 1을 더블 클릭한다. → ⊥ 직각도 선택	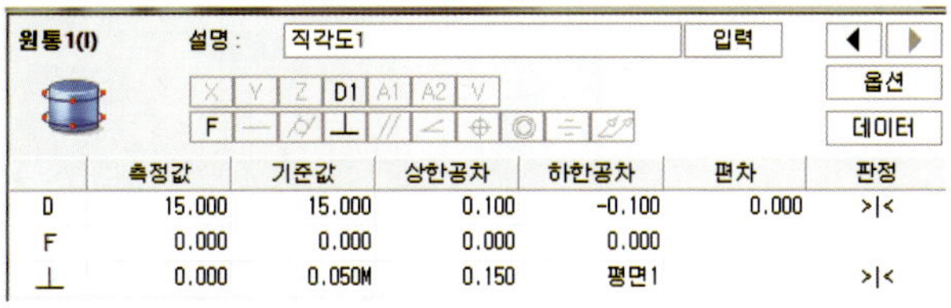 직각도 공차란에 0.05M을 입력한다. 직각도 기호를 더블 클릭한다. → 1차 Datum에 평면 1을 선택하고 확인을 선택한다. 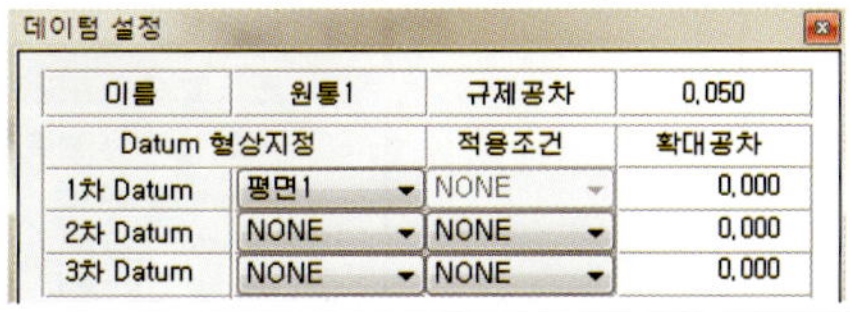 	
11	 	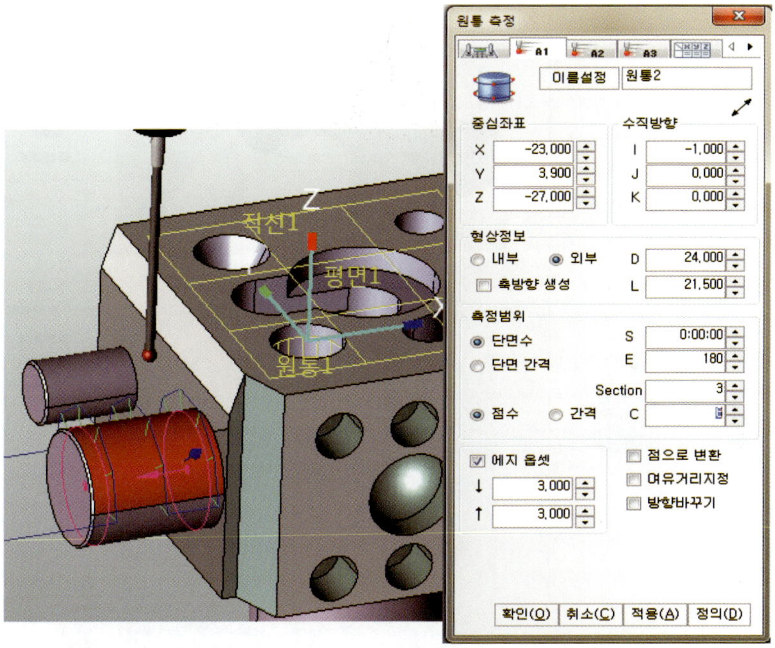 원통 아이콘을 선택한 후 모델링 원통(ø24)을 클릭한다.→ 위 그림과 같이 모델링 정보에 의해 자동경로가 생성된다. 측정자는 측정조건에 알맞게 단면 수, 측정점수를 선택한다. (본 측정 예는 프로브 각도 (0,0) 방향에서 좌측으로 기울어진 원통을 측정하므로 전 구간을 측정할 수 없다. 충돌이 발생하지 않는 범위에서 자동경로를 지정해 준다.) S : 0 °, E : 180 ° 로 입력한다. 원통 측정이 완료되면 원통의 벡터 방향으로 안전거리지정 거리만큼 프로브는 자동 이동한다. ☞ 주의사항 : 프로브를 원통(ø24) 위쪽으로 이동한 후 확인을 선택한다. (자동측정 시 현재 프로브 위치에서 원통 첫 측정점(+Y)까지 자동으로 움직이므로 안전한 측정경로를 예측한 후 실행한다.)	

순서	선택 메뉴	설 명	측정결과
12	원통 2를 더블 클릭한다. → ⊥ 직각도 선택	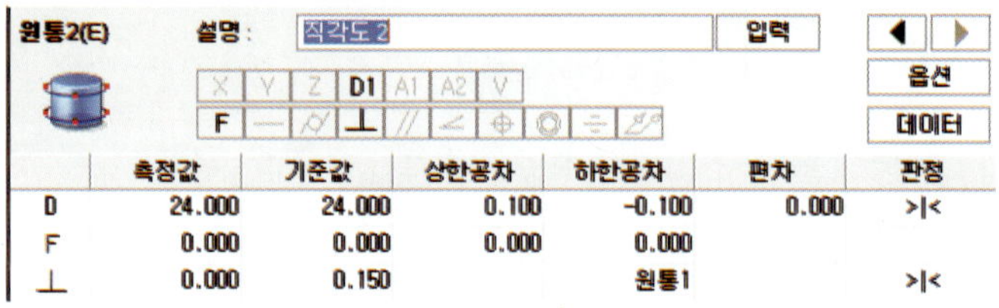 직각도 공차란에 0.15을 입력한다. 직각도 기호를 더블 클릭한다. → 1차 Datum에 원통 1을 선택하고 확인을 선택한다. 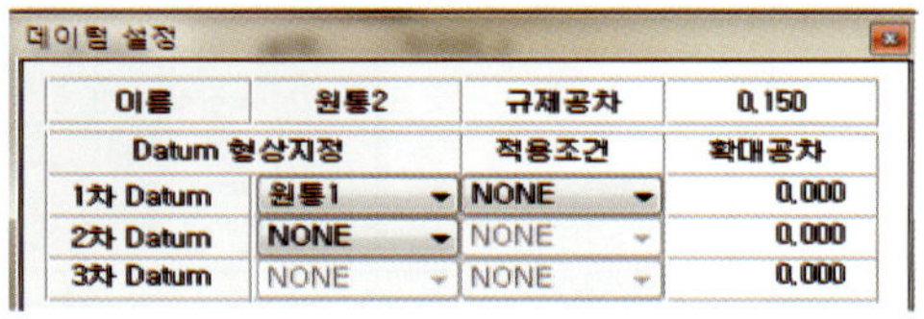 	
13	F7 	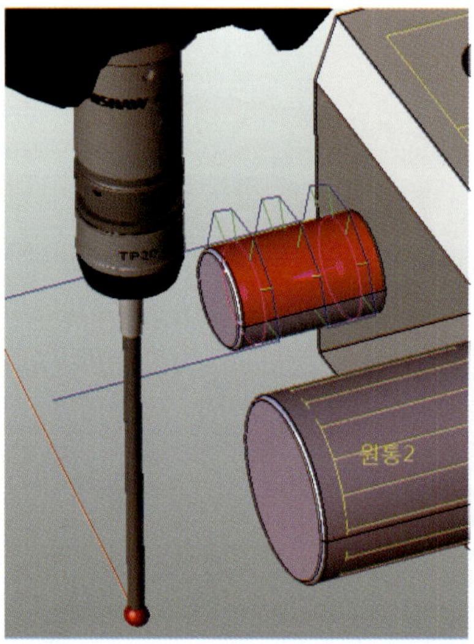 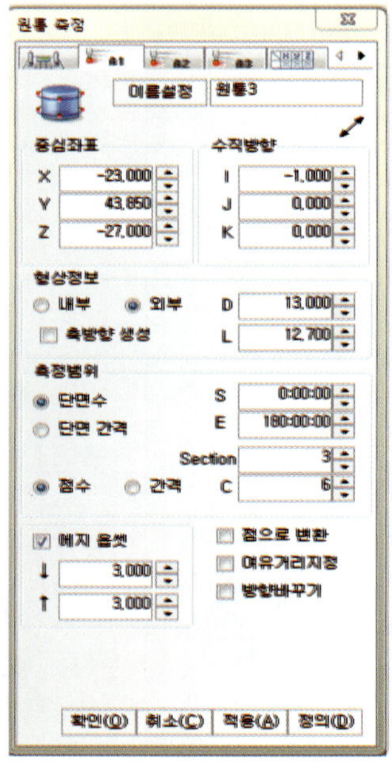 원통 아이콘을 선택한 후 모델링 원통(ø13)을 클릭한다. → 위 그림과 같이 모델링 정보에 의해 자동경로가 생성된다. 위 11번 내용과 동일하게 적용한다.	

순서	선택 메뉴	설 명	측정결과
14	원통 3을 더블 클릭한다. → // 평행도 선택	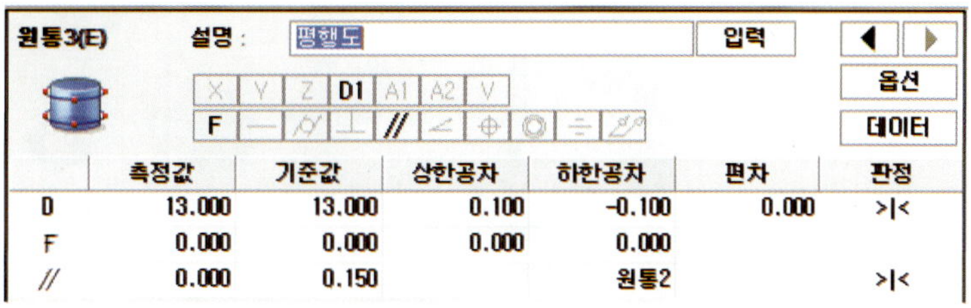 평행도 공차란에 0.15을 입력한다. 평행도 기호를 더블 클릭한다. → 1차 Datum에 원통 2를 선택하고 확인을 선택한다. 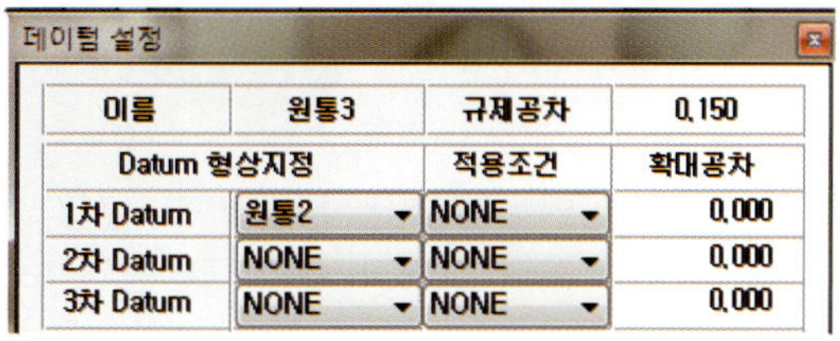 	
15	 	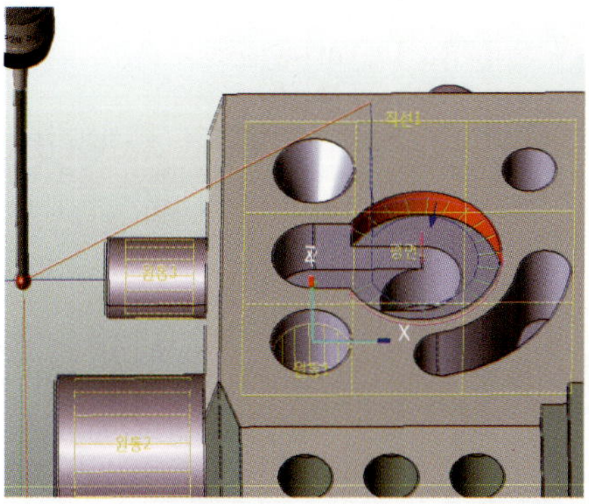 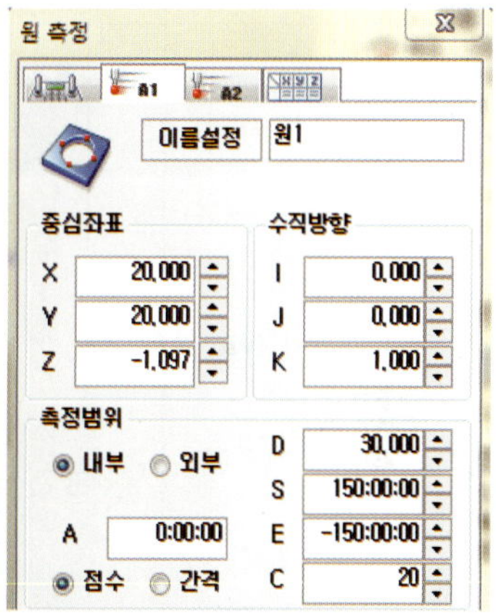 원 아이콘을 선택한 후 모델링 원(ø30)을 클릭한다. → 위 그림과 같이 모델링 정보에 의해 자동경로가 생성된다. 측정자는 측정조건에 알맞게 측정점수 또는 간격을 선택하여 C칸에 입력한다. 원 측정이 완료되면 원의 벡터 방향으로 안전거리지정 거리만큼 프로브는 자동 이동한다. ☞ 주의사항 : 원을 클릭할 때 바닥면에 프로브가 닫지 않고 측정될 수 있게 주의해서 클릭한다.	

순서	선택 메뉴	설　　　　명	측정결과
16		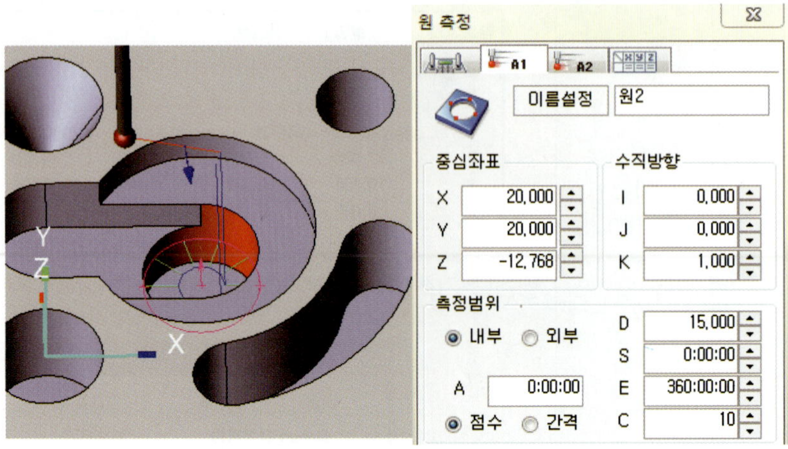 원 아이콘을 선택한 후 모델링 가운데 원(ø15)을 클릭한다.→ 위 그림과 같이 모델링 정보에 의해 자동경로가 생성된다. 위 15번 내용과 동일하게 적용한다.	
17	원 2을 더블 클릭한다. → ◎ 동심도 선택→ ↗ 원주흔들림 선택	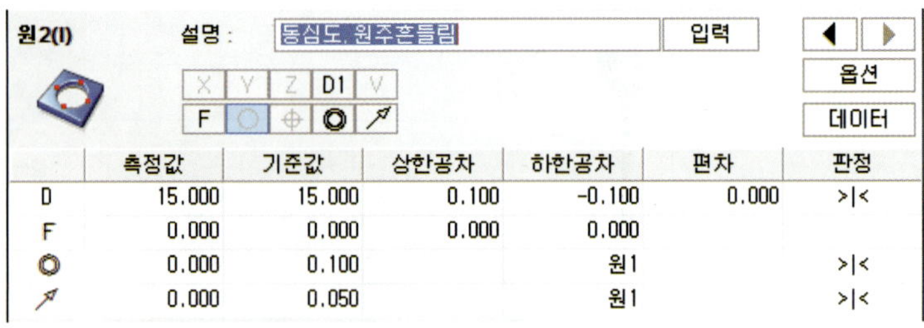 동심도 공차란에 0.1을 입력한다. 동심도 기호를 더블 클릭한다. → 1차 Datum에 원 1을 선택하고 확인을 선택한다. 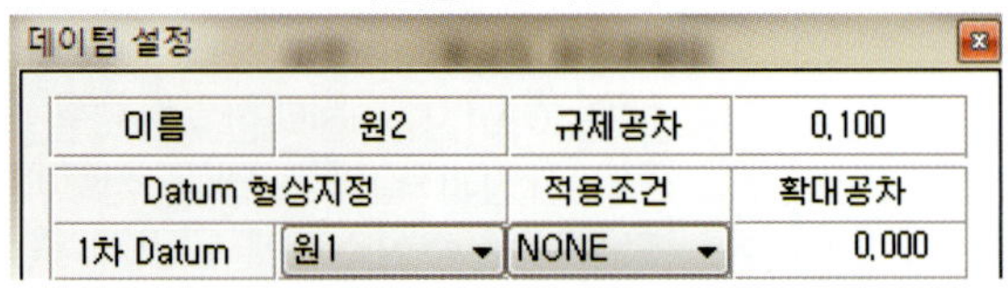 원주흔들림 공차란에 0.05을 입력한다. 원주흔들림 기호를 더블 클릭한다. → 1차 Datum에 원 1을 선택하고 확인을 선택한다. 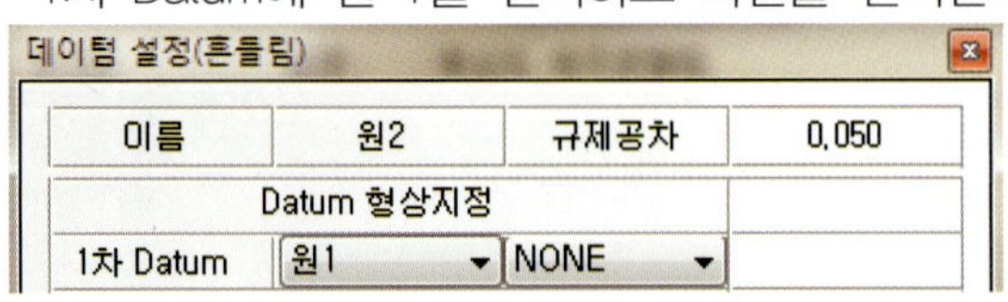	

<table>
<tr><th>순서</th><th>선택 메뉴</th><th>설 명</th><th>측정결과</th></tr>
<tr><td>18</td><td>
</td><td colspan="2">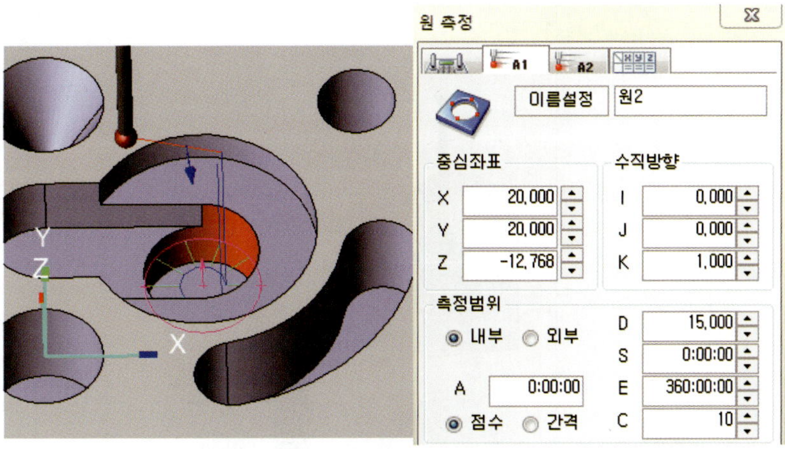

원 아이콘을 선택한 후 모델링 가운데 원(ø15)을 클릭한다.→
위 그림과 같이 모델링 정보에 의해 자동경로가 생성된다.

위 17번 내용과 동일하게 적용한다.</td></tr>
<tr><td>19</td><td>원 2를
더블
클릭한다.
→
◎
동심도
선택→
↗
원주 흔들림
선택</td><td colspan="2">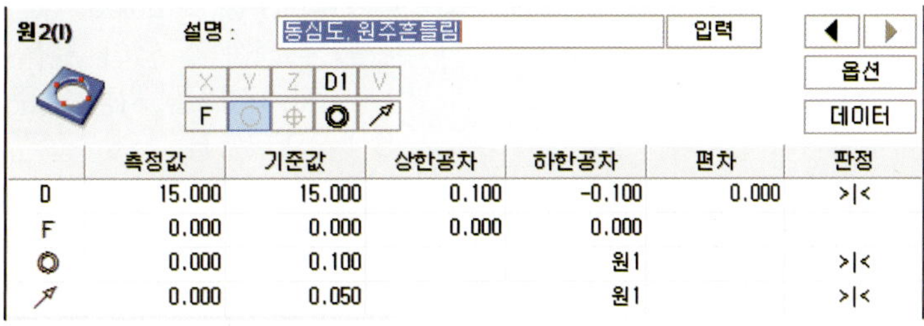

동심도 공차란에 0.1을 입력한다.
동심도 기호를 더블 클릭한다. → 1차 Datum에 원 1을 선택하고 확인을 선택한다.
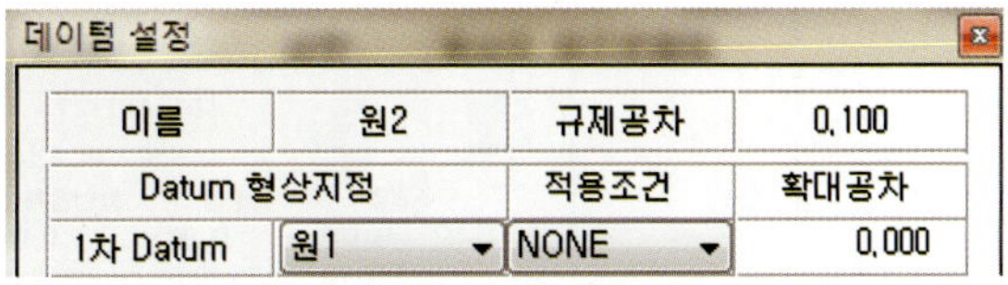

원주 흔들림 공차란에 0.05을 입력한다.
원주 흔들림 기호를 더블 클릭한다. → 1차 Datum에 원 1을 선택하고 확인을 선택한다.
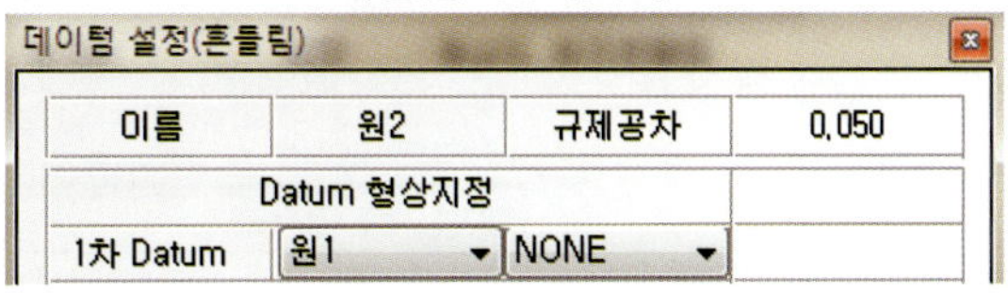
</td></tr>
</table>

순서	선택 메뉴	설 명	측정결과
20	F7 	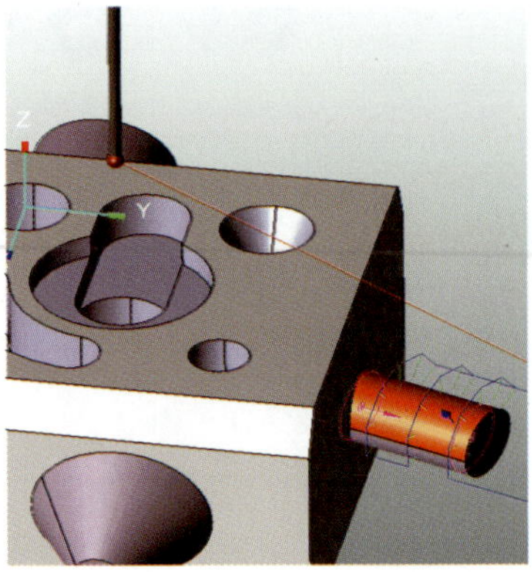 → 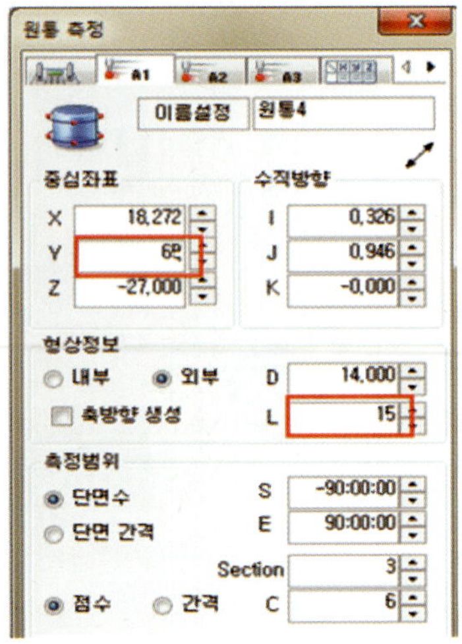 원통 아이콘을 선택한 후 모델링에서 기울어진 원통(ø14)을 클릭한다. 위 그림과 같이 모델링 정보에 의해 자동경로가 생성된다. 측정자는 측정조건에 알맞게 단면수, 측정점수를 선택한다. (본 측정 예는 프로브 각도 (0, 0) 방향에서 뒤쪽 경사진 원통(ø14)을 프로빙 해야 하므로 전 구간을 측정할 수 없다. 충돌이 발생하지 않는 범위에서 자동경로를 지정해 준다.) S : −90°, E : 90°로 입력한다. 원통 측정이 완료되면 원통의 벡터 방향으로 안전거리지정 거리만큼 프로브는 자동 이동한다. ☞ 주의사항 : 프로브를 안전한 위치로 이동한 후 자동측정한다. 충돌위험이 예상되는 부분을 파악하고 해결한 후 자동측정한다. (아래 22번 충돌예상 위치를 참고하시오.)	
21	원통 4를 더블 클릭한다. →  경사도 선택	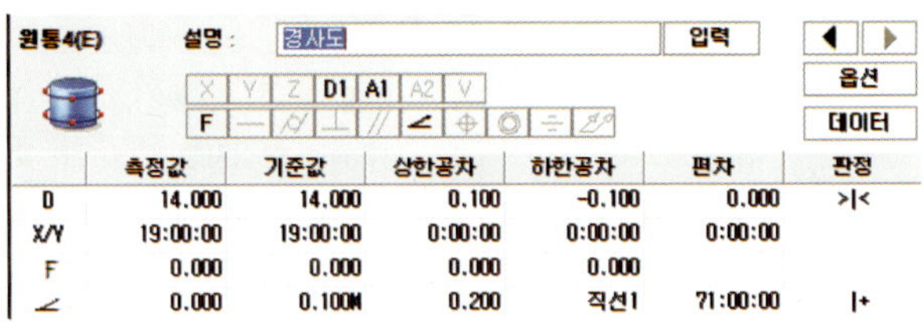 기준값 ø14를 입력하고 상, 하한공차를 입력한다. 경사도 공차란에 0.1M을 입력한다. 경사도 기호를 더블 클릭한다. → 1차 Datum에 직선 1을 선택한다. → 기준각도에 71을 입력한 후 확인을 선택한다. 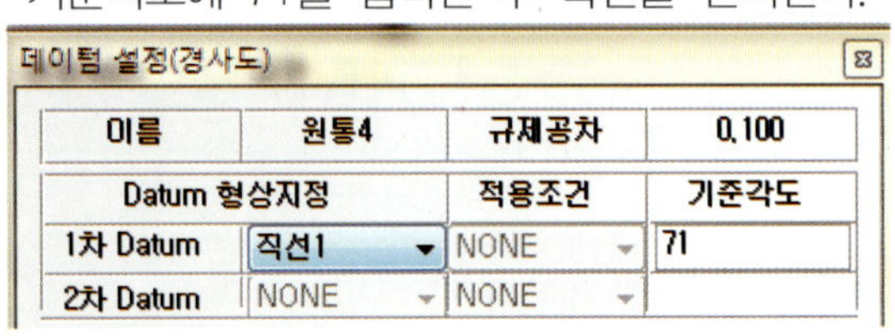	

<table>
<tr><th>순서</th><th>선택 메뉴</th><th>설 명</th><th>측정결과</th></tr>
<tr><td>22</td><td colspan="3">1) 첫 번째 충돌 위험
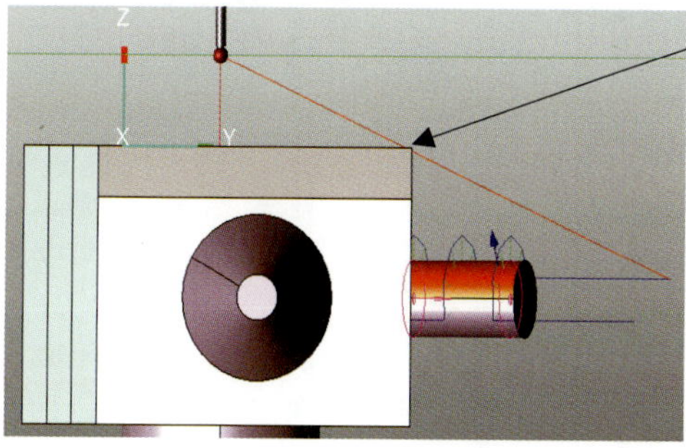
현재 프로브 위치에서 원통(ø14)을 측정하는 이동 경로에서 측정물의 모서리 부분과 충돌이 예상된다.

2) 두 번째 충돌 위험
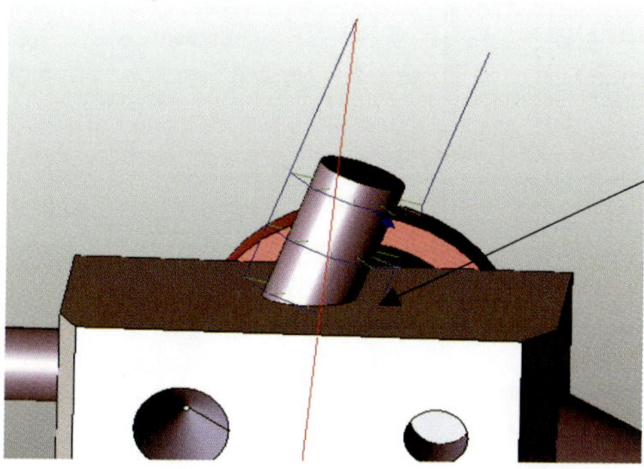
기울어진 원통(ø14)의 원형 자동 경로 범위가 크므로 충돌이 예상된다.</td></tr>
<tr><td>23</td><td colspan="3">1) 첫 번째 충돌 위험 해결 방안
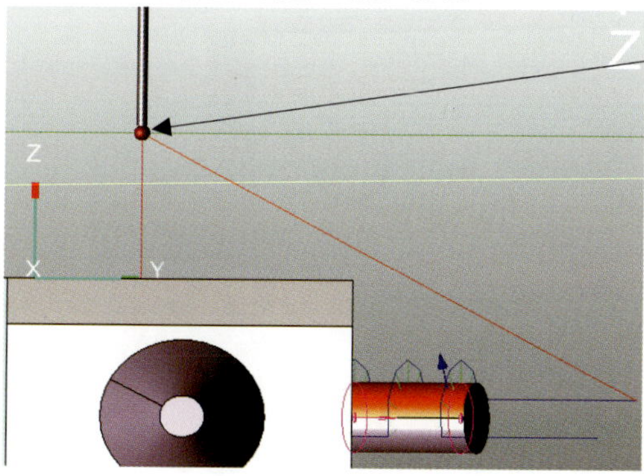
프로브를 안전한 위치로 이동한다. (+Z방향으로 올려준다.)</td></tr>
</table>

2) 두 번째 충돌 위험 해결 방안

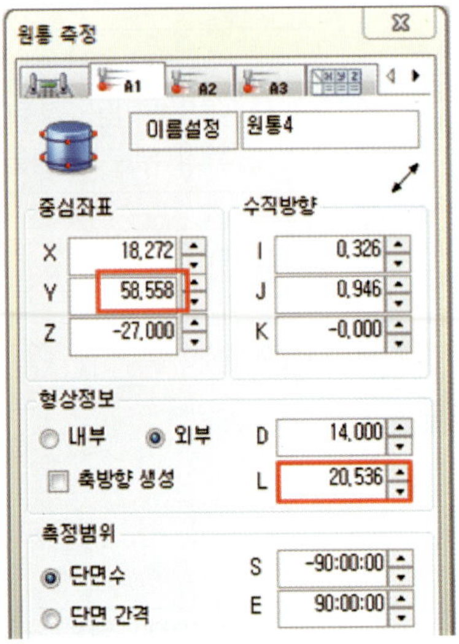

→

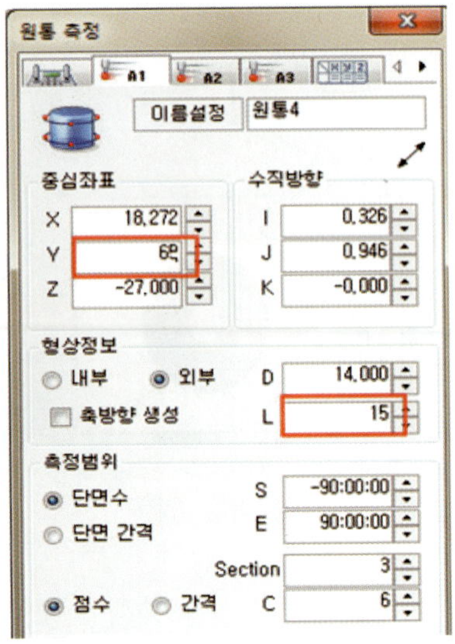

중심좌표 'Y' 값을 65로 수정, 형상정보 'L' 값을 15로 수정

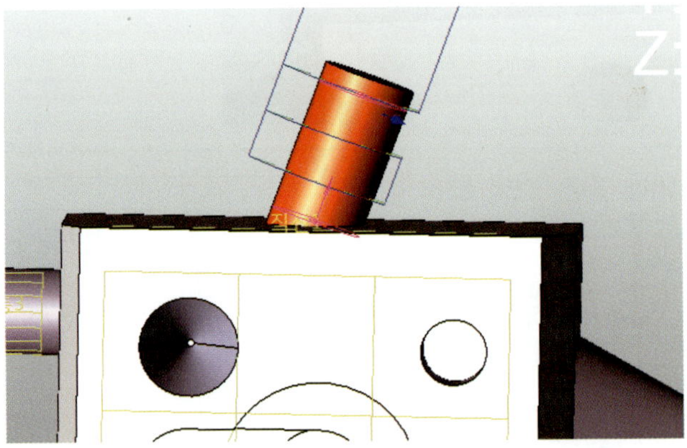

7 자동 측정 프로그램 작성

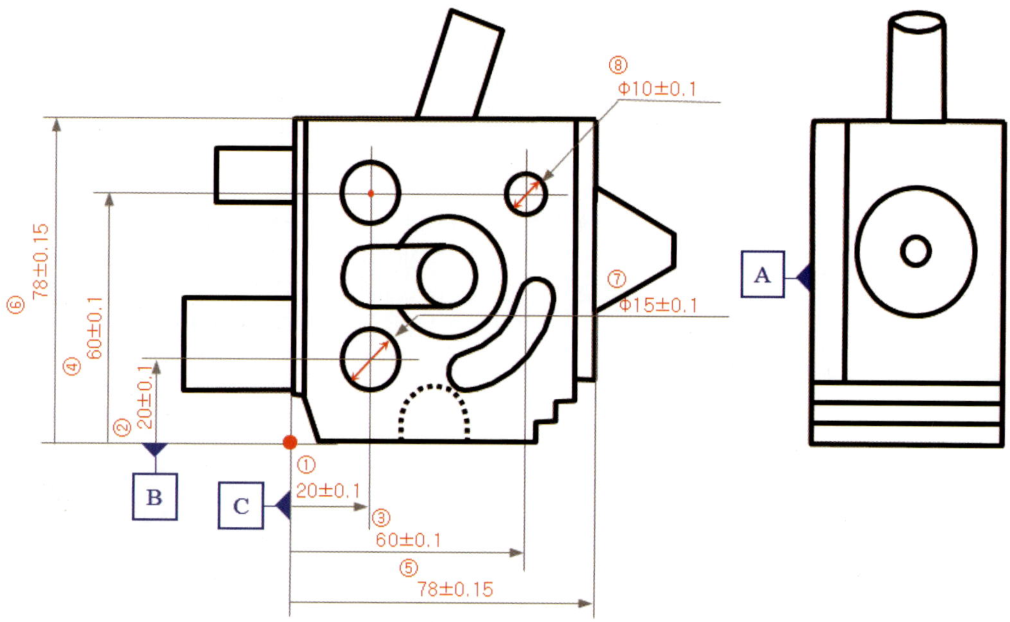

[요구사항]

(1) 수동모드, 자동모드를 이용하여 프로그램을 작성할 수 있다.

(2) 경과점을 사용하여 이동경로를 지정할 수 있다.

(3) 디미스 프로그램을 실행하고 수정할 수 있다.

<table>
<tr><th>순서</th><th>선택 메뉴</th><th>설 명</th><th>측정결과</th></tr>
<tr><td>1</td><td>(디미스) →
(새 파일) →
(파일명 입력)</td><td>메뉴바에서 디미스 →
새 파일을 선택한다.
대화상자가 나타나면 파일이름을
입력하고 저장한다.
(저장을 누르게 되면 디미스 창에
현재 측정기 정보가 기록된다.)</td><td>
</td></tr>
<tr><td>2</td><td>(디미스) →
(모드지정) →
(수동모드지정)</td><td>좌표계 설정은 수동모드로
변환하여 수동으로 측정한다.
(디미스 프로그램 실행 시 좌표계
요소측정은 수동으로 측정된다.)</td><td>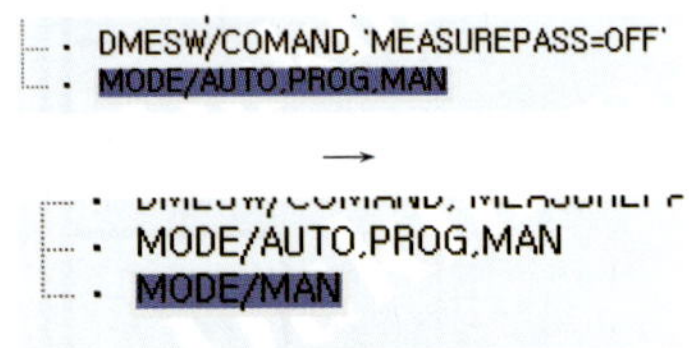
</td></tr>
<tr><td>3</td><td></td><td>평면 측정 아이콘을 선택한 후 A
데이텀인 평면을 측정한다.
[기준 평면은 9점(3점×3라인)
이상 측정 권장]</td><td>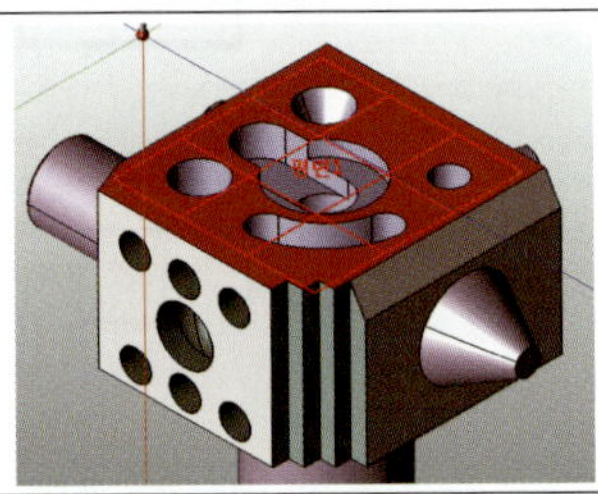</td></tr>
<tr><td>4</td><td>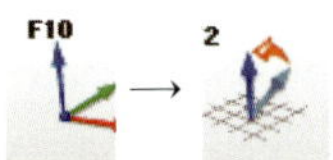</td><td>F10 → F2를 선택하여 클릭하면
공간정렬이 완료된다.
Z축 원점 = '0'</td><td><table><tr><th></th><th>직선운동</th><th>회전운동</th></tr><tr><td>X축</td><td>±X</td><td>Ayz</td></tr><tr><td>Y축</td><td>±Y</td><td>Azx</td></tr><tr><td>Z축</td><td>±Z</td><td>Axy</td></tr></table></td></tr>
<tr><td>5</td><td>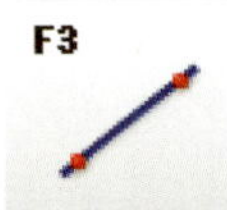</td><td>직선 측정 아이콘을 선택한 후
B 데이텀인 평면을 직선으로
측정한다.
[기준 직선은 5점 이상 측정 권장]
(직선 측정방향을 기억한다.)</td><td>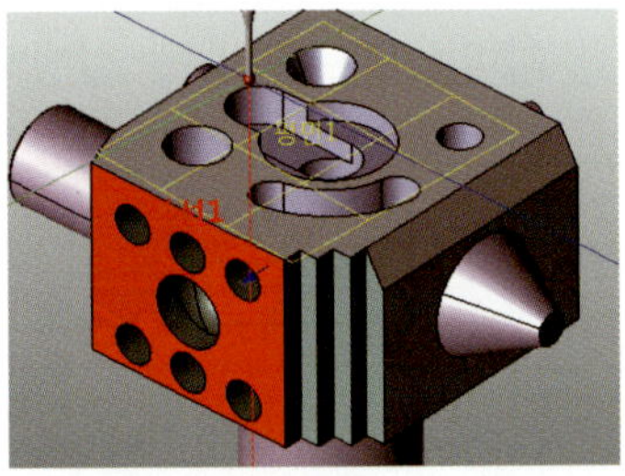</td></tr>
<tr><td>6</td><td>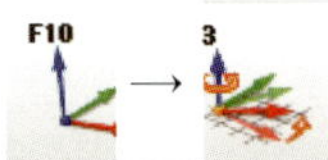</td><td>F10 → F3을 선택하여 클릭하면
평면회전이 완료된다.
원점지정 하시겠습니까?
선택창이 나타나면 '예' 선택
Y축 원점 = '0'</td><td><table><tr><th></th><th>직선운동</th><th>회전운동</th></tr><tr><td>X축</td><td>±X</td><td>Ayz</td></tr><tr><td>Y축</td><td>±Y</td><td>Azx</td></tr><tr><td>Z축</td><td>±Z</td><td>Axy</td></tr></table></td></tr>
</table>

<table>
<tr><th>순서</th><th>선택 메뉴</th><th>설 명</th><th>측정결과</th></tr>
<tr><td>7</td><td>
</td><td>점 측정 아이콘을 선택한 후
C 데이텀인 평면을 점으로
측정한다.</td><td>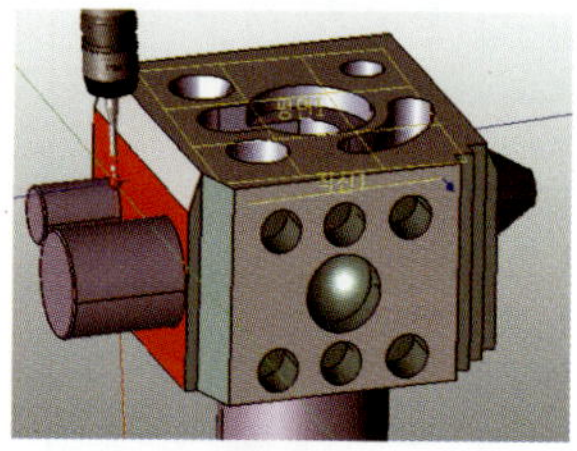</td></tr>
<tr><td>8</td><td>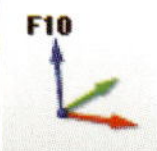

→ 
</td><td>F10 → F4를 선택하여 클릭하면
원점지정 완료된다.
X축 원점 = '0'</td><td><table>
<tr><th></th><th>직선운동</th><th>회전운동</th></tr>
<tr><td>X축</td><td>±X</td><td>Ayz</td></tr>
<tr><td>Y축</td><td>±Y</td><td>Azx</td></tr>
<tr><td>Z축</td><td>±Z</td><td>Axy</td></tr>
</table></td></tr>
<tr><td>9</td><td>(디미스) →
(모드지정) →
(자동모드지정)</td><td>자동모드로 변경한다.
(자동모드로 변환 시 모든 요소
측정은 자동으로 측정된다.)</td><td>
</td></tr>
<tr><td>10</td><td>키보드 '~'</td><td>원(∅15)을 측정하기 위해 현재
프로브 위치에서 키보드 '~'을 눌러
측정기의 이동방향이 바뀌는
지점에 경과점을 입력하며
이동경로를 입력한다.</td><td>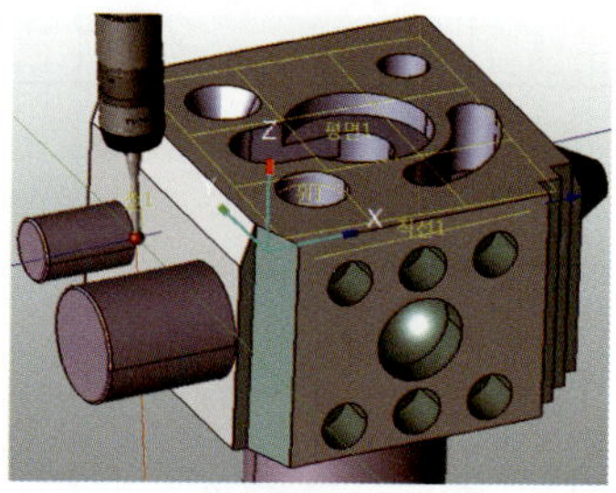</td></tr>
<tr><td>11</td><td>프로브 이동 →
키보드 '~' →
프로브 이동 →
키보드 '~'</td><td>프로브 현재 위치에서 위로 올린다.
→ 경과점 입력 → 원 1 (∅15) 측정
위치로 프로브 이동 → 경과점 입력

</td><td>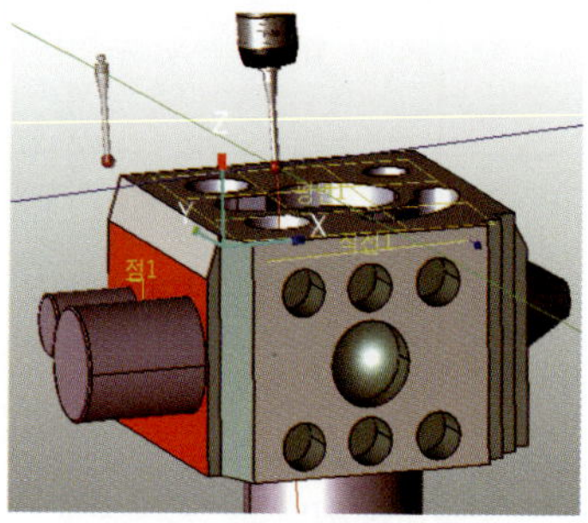</td></tr>
</table>

순서	선택 메뉴	설 명	측정결과
12		원 측정 아이콘을 선택한 후 위쪽 평면에 원 1(Ø15)을 측정한다. 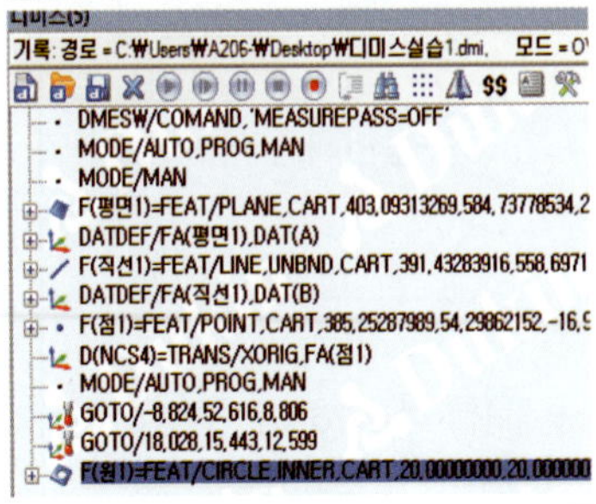	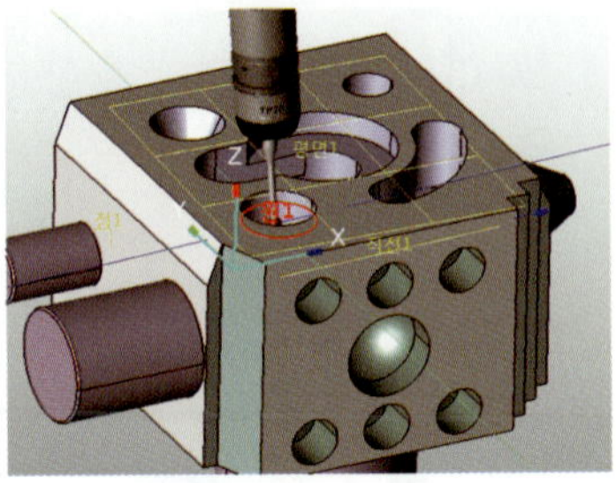 X=①, Y=②
13	프로브 이동 → 키보드 '~' → 프로브 이동 → 키보드 '~'	원 1 측정위치에서 프로브를 위로 올린다 → 경과점 입력→ 원 2 측정위치로 프로브 이동→ 경과점 입력	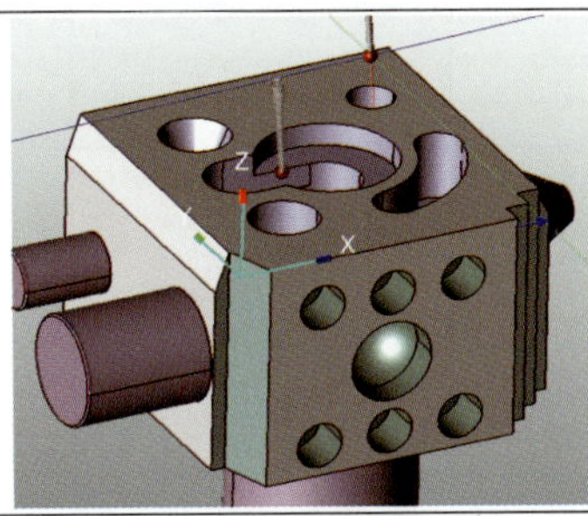
14		원 측정 아이콘을 선택한 후 위쪽 평면에 원 2(Ø10)를 측정한다. 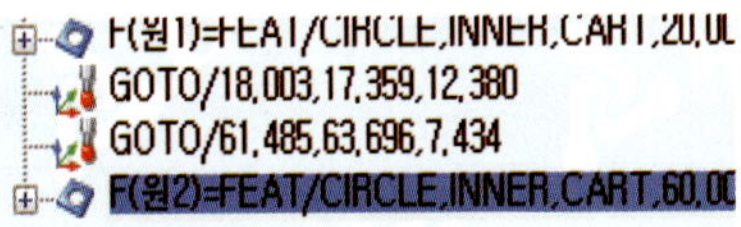	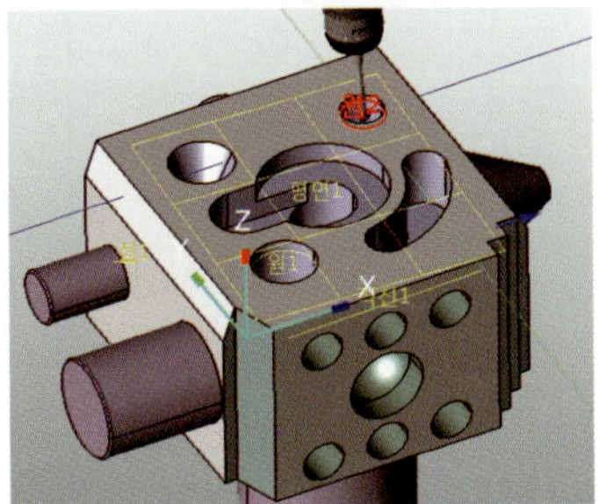 X=③, Y=④
15	프로브 이동 → 키보드 '~' → 프로브 이동 → 키보드 '~'	우측 평면을 직선으로 측정하기 위해 프로브를 위로 올린다 → 경과점 입력 →	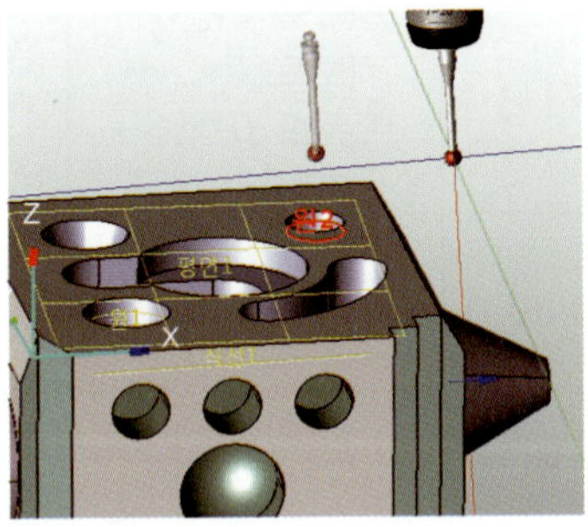

순서	선택 메뉴	설 명	측정결과
16	프로브 이동 → 키보드 '~'	직선 측정 위치에 프로브 이동 → 경과점 입력	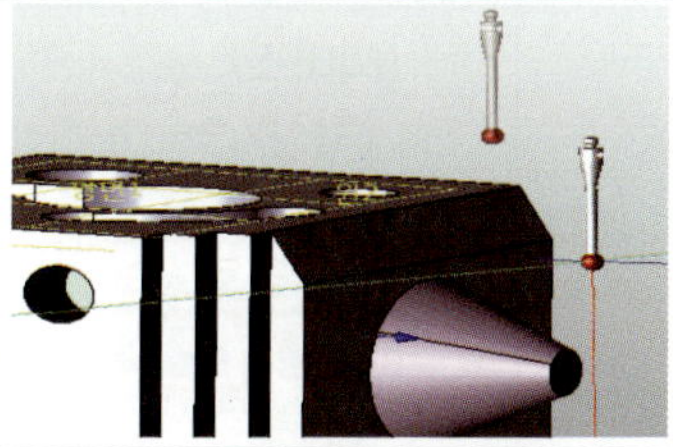
17	F3 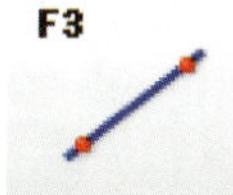	직선 측정 아이콘을 선택한 후 우측 평면에 직선 2를 측정한다. GOTO/86,855,72,952,-11,616 F(직선2)=FEAT/LINE,UNBND,CART,78,	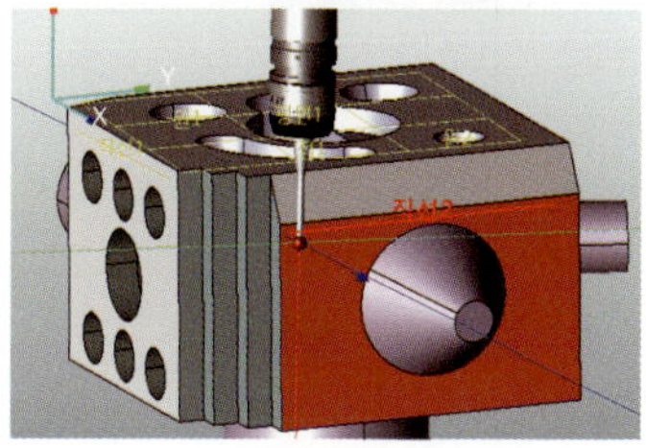 X=⑥
18	프로브 이동 → 키보드 '~' → 프로브 이동 → 키보드 '~'	뒤쪽 평면을 점으로 측정하기 위해 현재 프로브 위치에서 프로브를 위로 올린다 → 경과점 입력 → 뒤쪽 평면 위치로 프로브 이동 → 경과점 입력	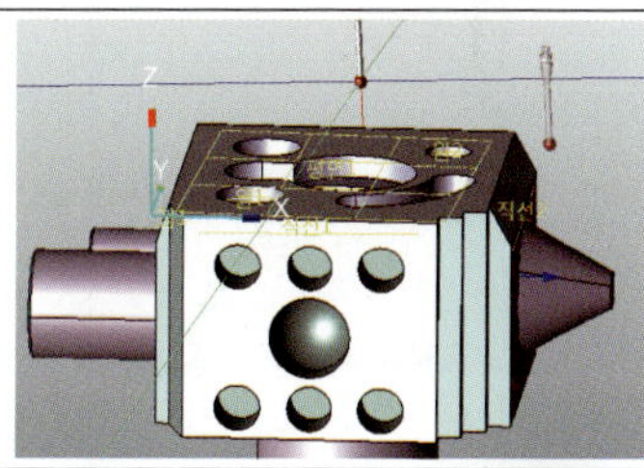
19	프로브 이동 → 키보드 '~'	직선 측정 위치에 프로브 이동 → 경과점 입력	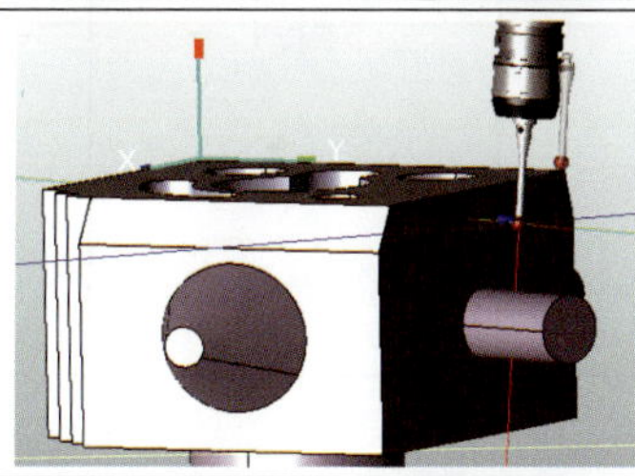
20	F2 	점 측정 아이콘을 선택한 후 뒤쪽 평면에 점 2를 측정한다. GOTO/86,659,18,084,13,678 GOTO/37,560,95,689,5,741 F(점2)=FEAT/POINT,CART,42,437948	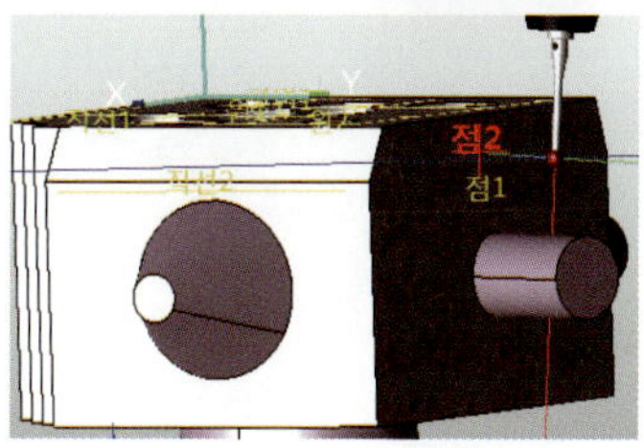 Y=⑦
21	프로브 이동 → 키보드 '~'	프로브를 안전한 위치로 이동 → 경과점 입력	

순서	선택 메뉴	설 명	측정결과
22	(디미스) → (저장) →  	(디미스) → (닫기) → 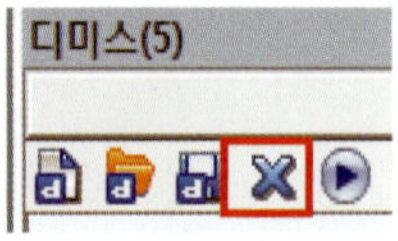 (디미스) → (열기) →  	(디미스) → (연속실행) → 
23	수동모드로 전환 → 확인	평면 → 직선 → 점 순서대로 측정한다. (직선 측정 시 디미스 작성 당시 순서와 동일하게 측정)	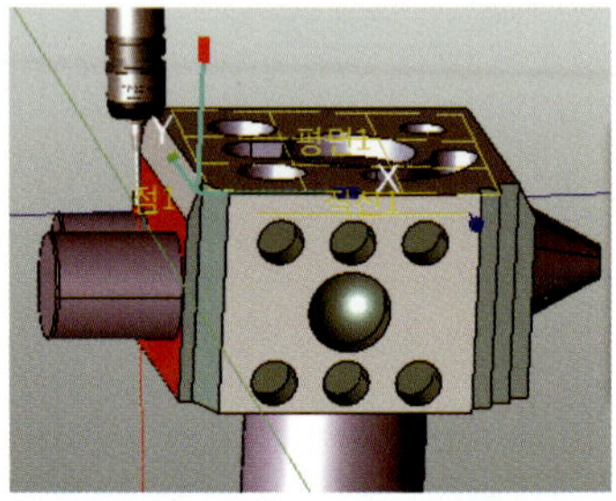
24	자동모드로 전환 → 확인	이동경로 기록 순서에 따라 자동으로 측정됨.	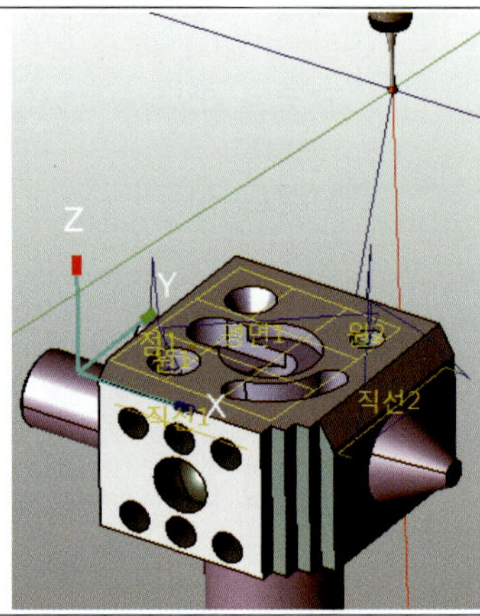

CHAPTER 03

3차원 측정 실습 2

칼자이스 접촉식 3차원 측정 실무과정 (CALYPSO)

장비 실행하기
프로브 교정하기
3차원 측정하기

1 장비 실행하기

1.1 3차원 측정 준비

① 장비에 공급되는 에어와 전기 상태를 확인한다.

② 에어 밸브와 에어드라이 밸브를 연다(공기압은 0.5 ~ 0.8 MPa).

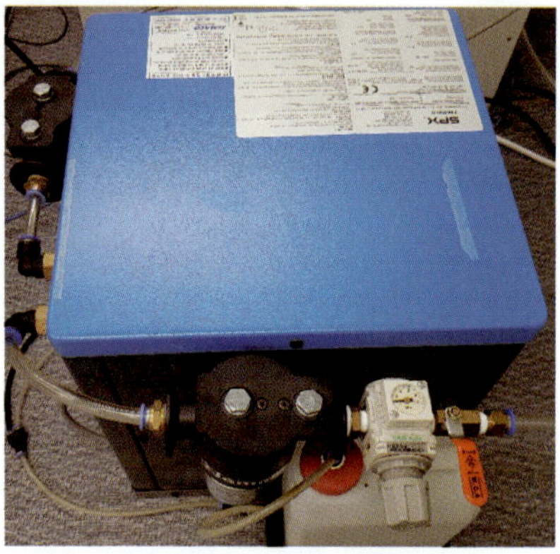

[그림 3-1] 에어 밸브

③ 전자 제어 장치의 메인 스위치를 돌려 전원을 'ON' 한다.

[그림 3-2] 컨트롤러

④ 본체 오른쪽에 장착된 비상 버튼을 풀고 키 스위치를 'auto'로 설정한다.

⑤ 본체 장착된 드라이브 검정색 토글스위치를 'OFF' → 'ON'으로 회전한다(제어 패널의 LED 점멸이 멈출 때까지 15초 정도 기다린다).

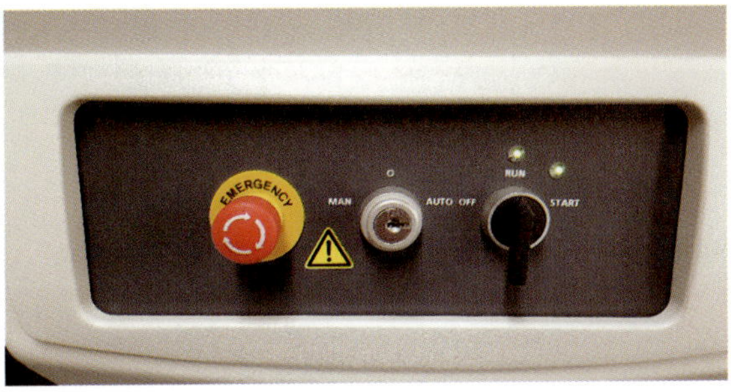

[그림 3-3] 작동 스위치

⑥ 드라이브 토글스위치를 'AUTO' 회전한다('ON'으로 원위치 한다).
⑦ 컴퓨터 및 주변 기기(프린터 등)의 전원을 'ON' 한다.
⑧ 측정프로그램을 실행한다(모니터 바탕화면에 CALYPSO 아이콘 클릭). 로그인 창에서 〈확인〉을 클릭한다.

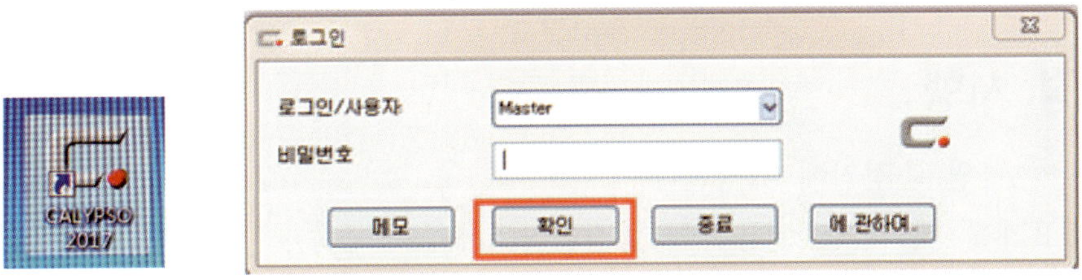

[그림 3-4] 측정프로그램 실행

⑨ 3차원 측정기 원점찾기를 실행한다(원점찾기 실행 → 확인).
(두 개의 추가 창이 자동으로 열림(신호등 창, 상태창))

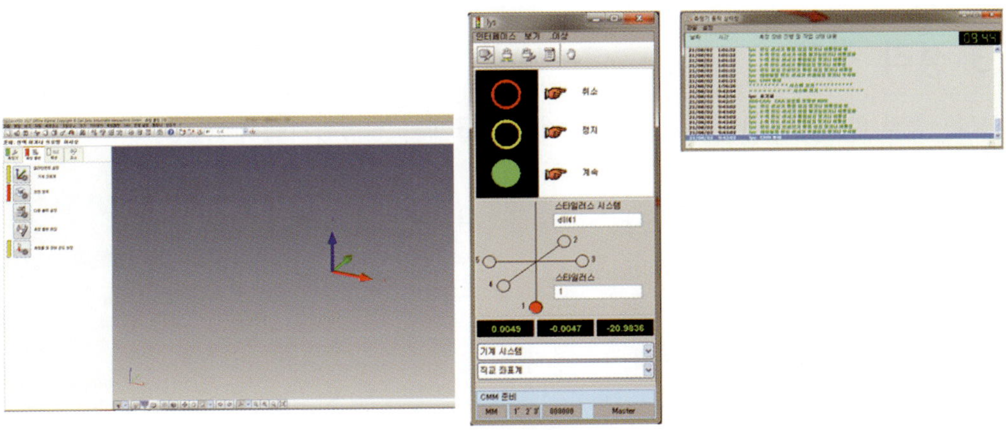

[그림 3-5] 원점찾기

⑩ 홈 위치로 이동 후 화면 표시창에서 작업을 선택한다(원하는 작업 선택).

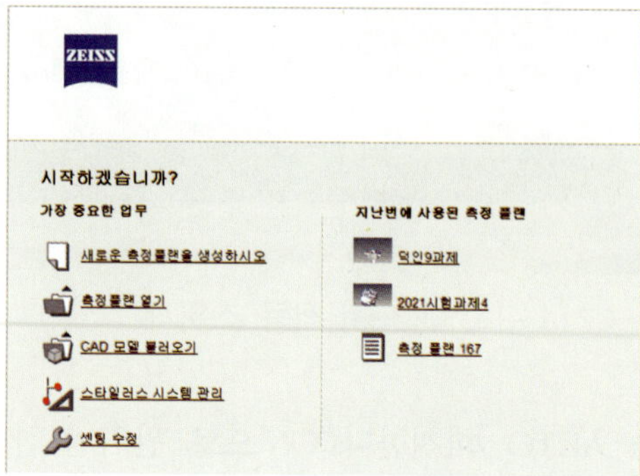

[그림 3-6] 화면 표시창

⑪ 프로브 교정을 시행한다.

1.2 측정 시행

① 측정물을 3차원 측정기에 고정한다.
② 측정 좌표계를 데이텀을 이용하여 설정한다(6자유도 구속).
③ 도면에서 제시된 요소측정, 조합, 각도, 거리, 기하공차를 측정한다.
(프로브 회전 시에는 반드시 간섭이 없는 위치로 이동한 후 시행한다.)
④ 측정 종료 시에는 프로브 각도를 A = 0°, B = 0°로 전환한다.
⑤ 프린트를 한다(측정결과를 분석하고 판정).

1.3 정리 정돈

① 모든 측정 완료 후 장비 X, Y, Z축은 기계 좌표계의 원점위치에서 100 mm 떨어진 위치로 이송한다.
② 컴퓨터 장비 전원을 'OFF' 한다. → 토글스위치를 'OFF' 한다.
③ 전자 제어 장치의 전원을 'OFF' 한다.
④ 에어드라이 밸브와 에어 밸브를 잠근다.
⑤ 시편 및 주변을 정리 정돈한다.

1.4 장비가 작동되지 않을 때 주의사항

① 장비의 전기상태와 에어 압력이 적당한지 체크한다.
② 비상 스위치가 눌려 있을 경우 작동이 안 된다.
③ 열쇠 스위치가 0 위치에 있을 경우 작동이 안 된다.
④ 장비가 끝 지점에 있는 경우 작동이 안 된다.
⑤ 속도 스위치가 잠겨 있을 경우 작동이 안 된다.

1.5 칼립소 작동 개념

① 메뉴모음 : 메뉴 표시줄에서는 하위 메뉴에서 칼립소를 사용하는 데 필요한 모든 중요 명령이 포함된다.
② 작업 표시줄 : 작업자가 원하는 기능을 신속하게 실행할 수 있는 아이콘이 포함된다.
③ 측정 플랜 기호 : 텝을 이용해 4개의 메인메뉴로 전환한다.
  ▶ 측정기 : CMM 설정(스타일러스 시스템)
  ▶ 측정 플랜 : 측정 플랜 설정을 위한 대화 상자를 찾을 수 있다(베이스 얼라인먼트).
  ▶ 특성 : CNC 실행에서 실행되는 순서에 따라 특성이 표시되고 인쇄 결과값이 표시됨.
  ▶ 요소 : 측정요소의 목록을 확인

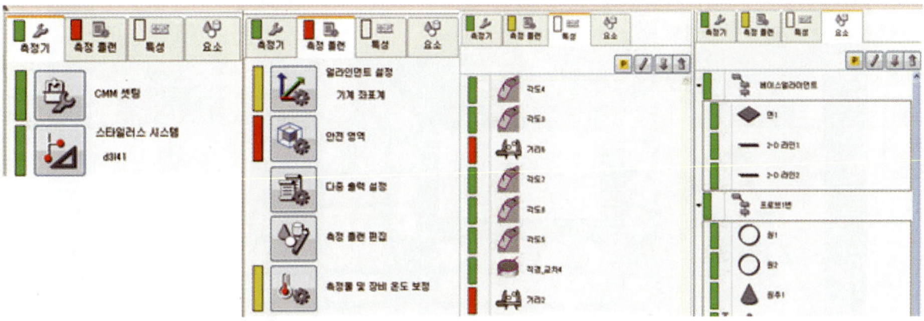

[그림 3-7] 측정 플랜 기호

④ CAD 창 : 측정물과 각 요소의 3차원 모델이 표시된다.
⑤ CAD 기호 : CAD 창에서 측정요소를 편집하기 위한 기능과 명령을 작동시킨다.

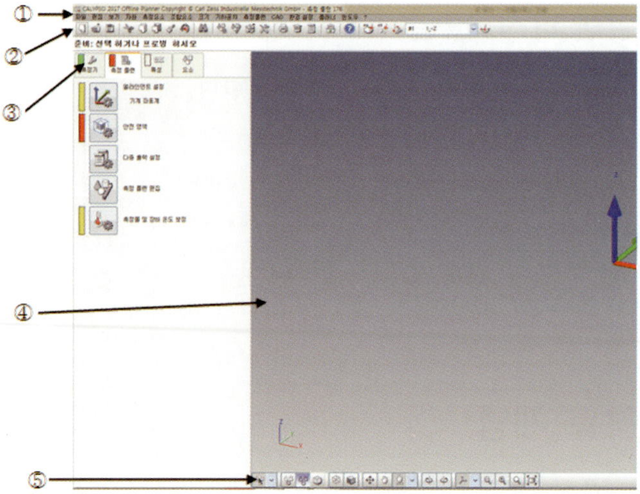

[그림 3-8] CAD 창

1.6 조이스틱 구성

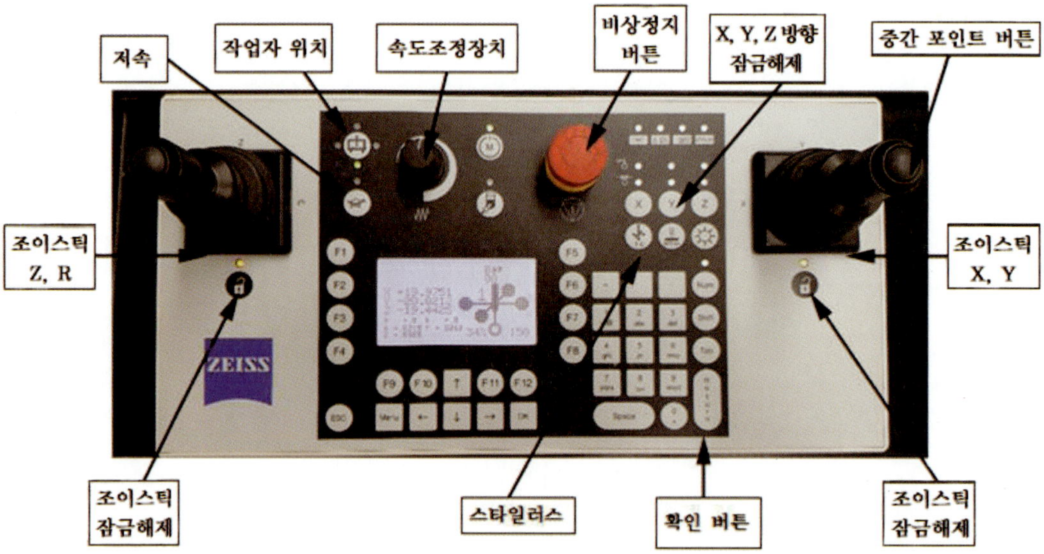

[그림 3-9] 조이스틱 구성(Zeiss)

2 프로브 교정하기

2.1 프로브 교정 순서

2.1.1 Master 프로브 교정

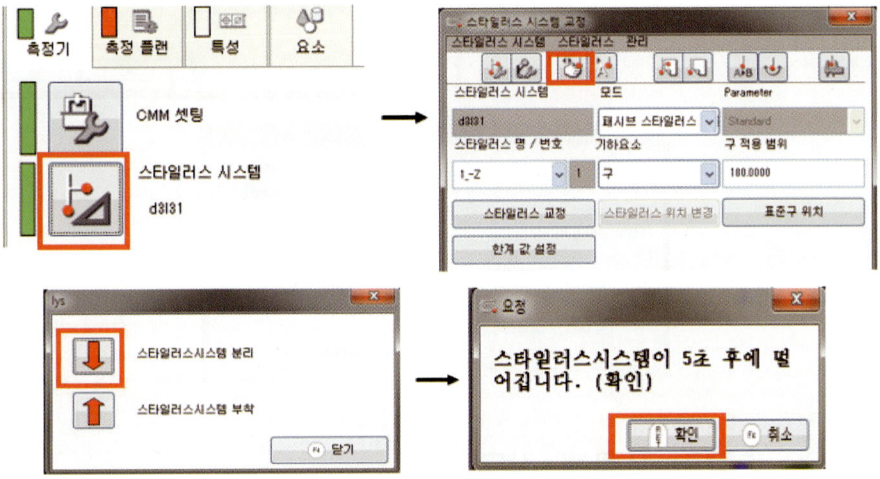

[그림 3-10] Master 프로브 교정

① Master 스타일러스가 장착된 홀더를 센서에 부착한다.

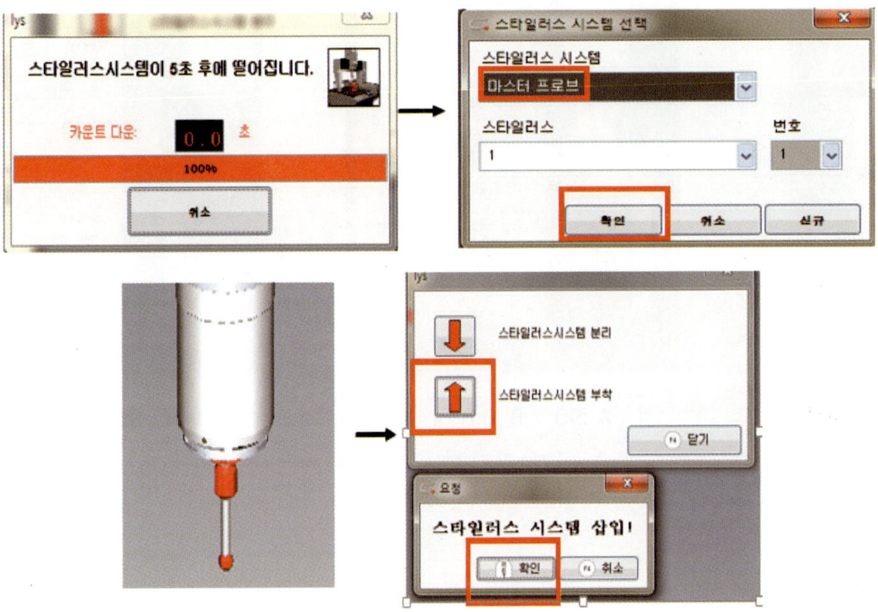

② Master 프로브를 교정한다.

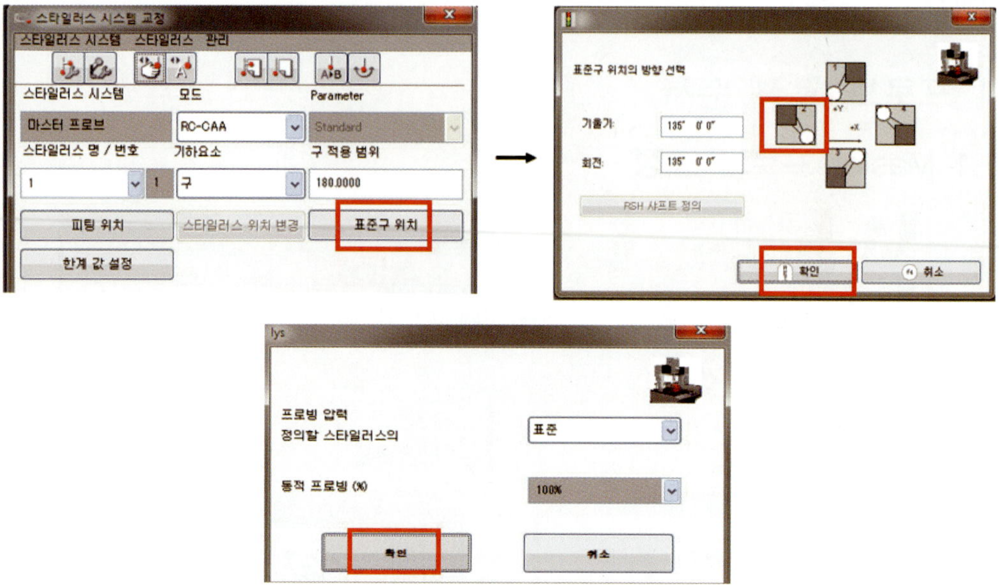

2.1.2 ZEISS 측정기 프로브 각도 회전

① A축 회전

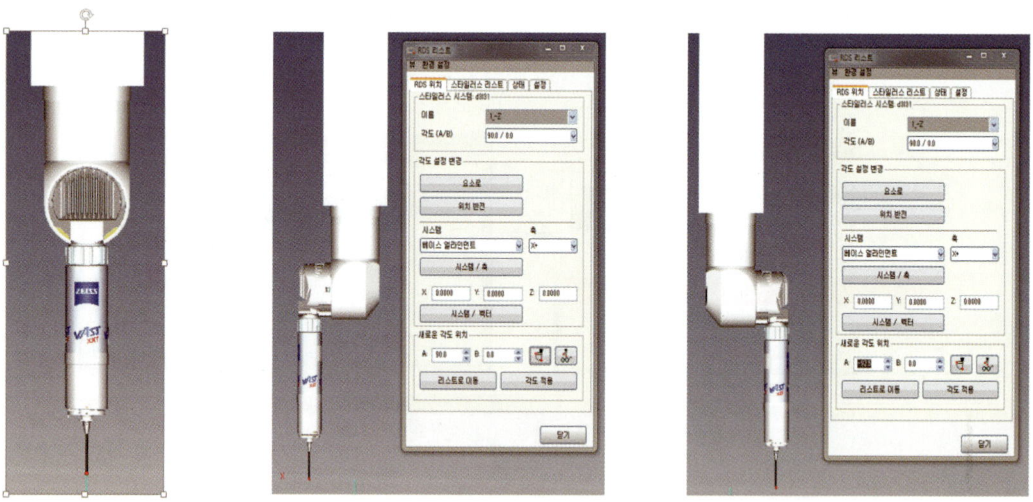

A :0.0 B :0.0 A :90 B :0.0 A :-90 B :0.0

[그림 3-11] 각도 회전(A)

② B축 회전

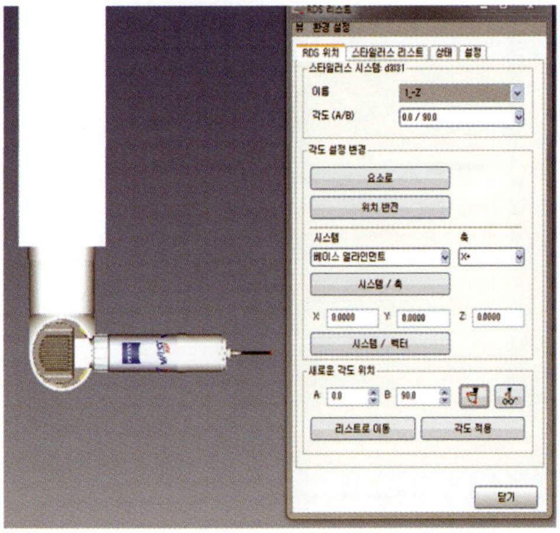

A :0.0 B :90

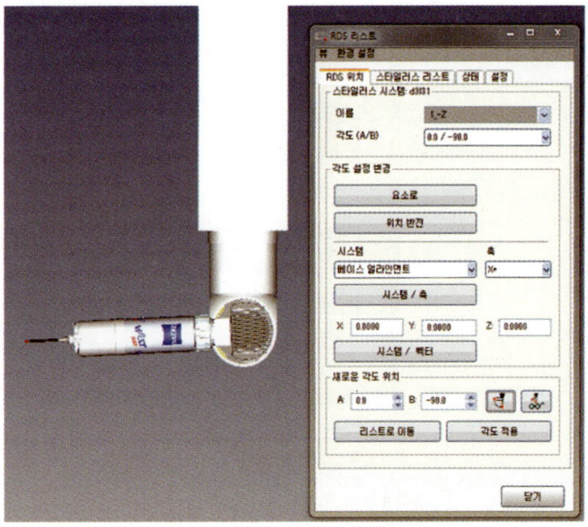

A :0.0 B :-90

[그림 3-12] 각도 회전(B)

2.1.3 새로운 스타일러스 시스템 교정

① 스타일러스 생성 (0, 0)

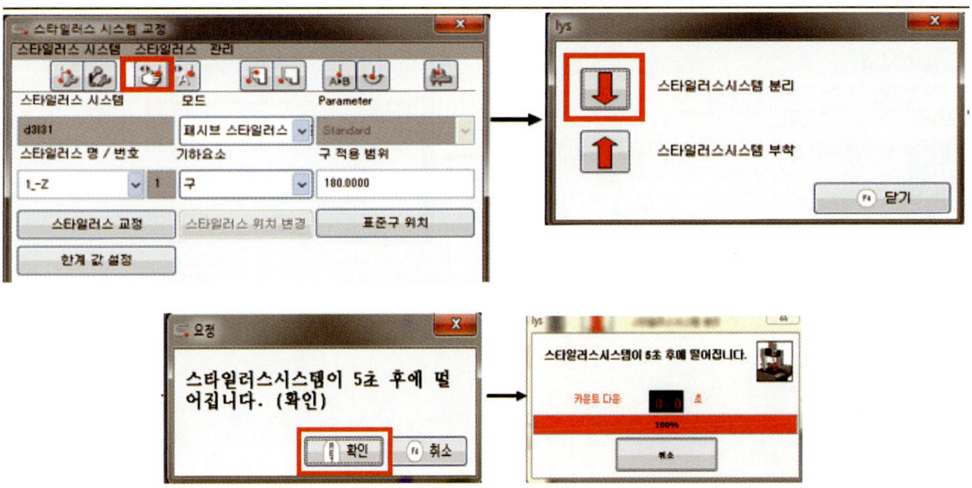

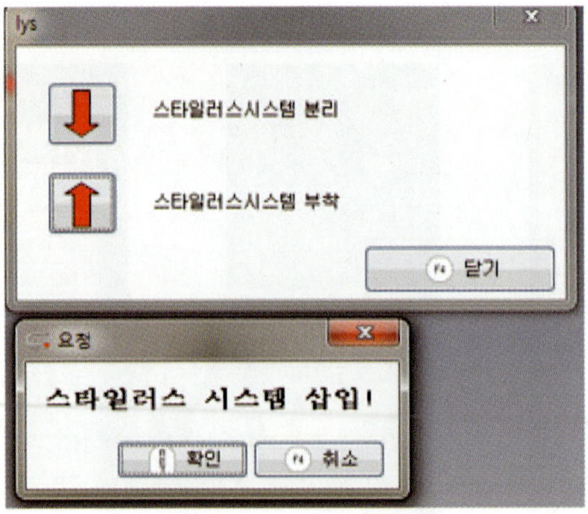

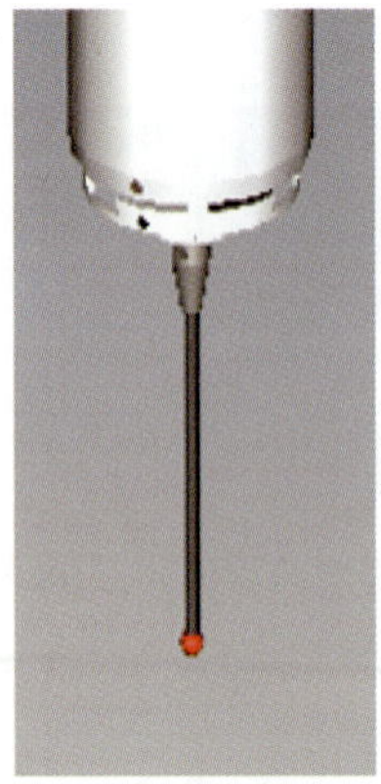

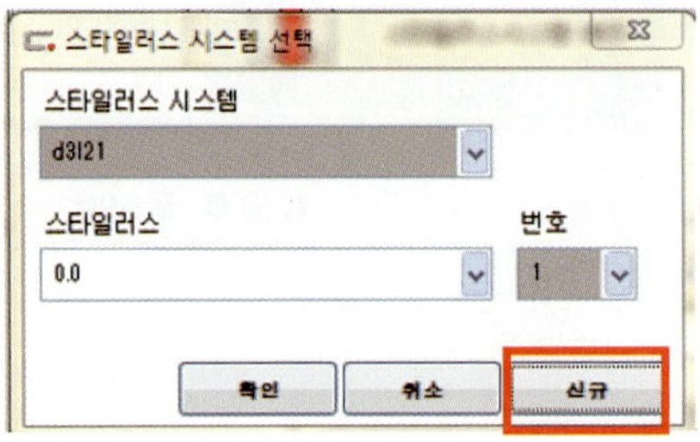

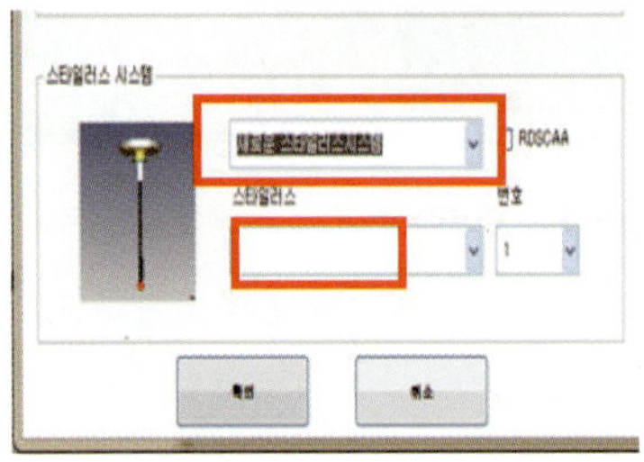

② 새로운 스타일러스 생성 (-90, 90)

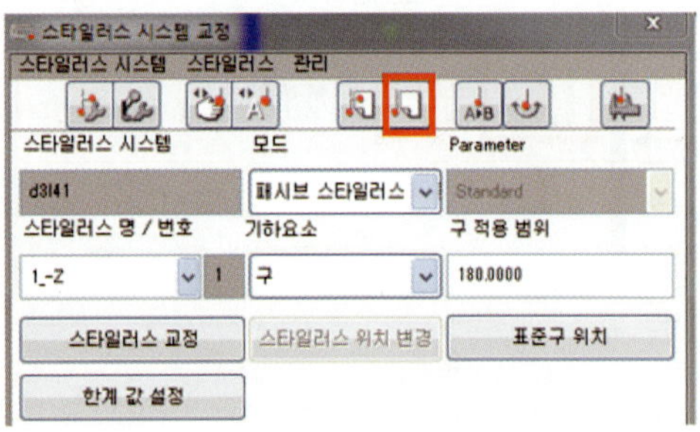

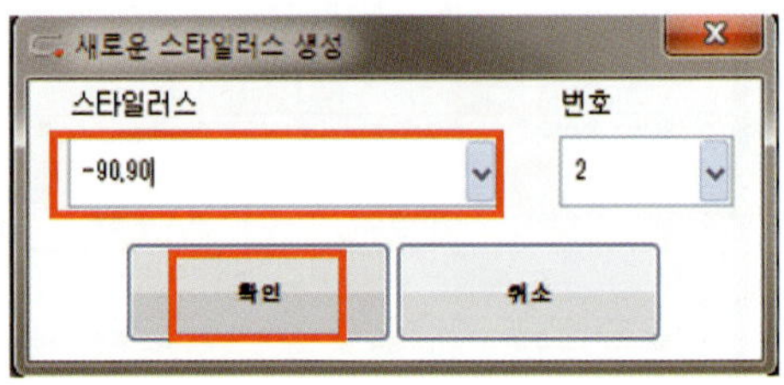

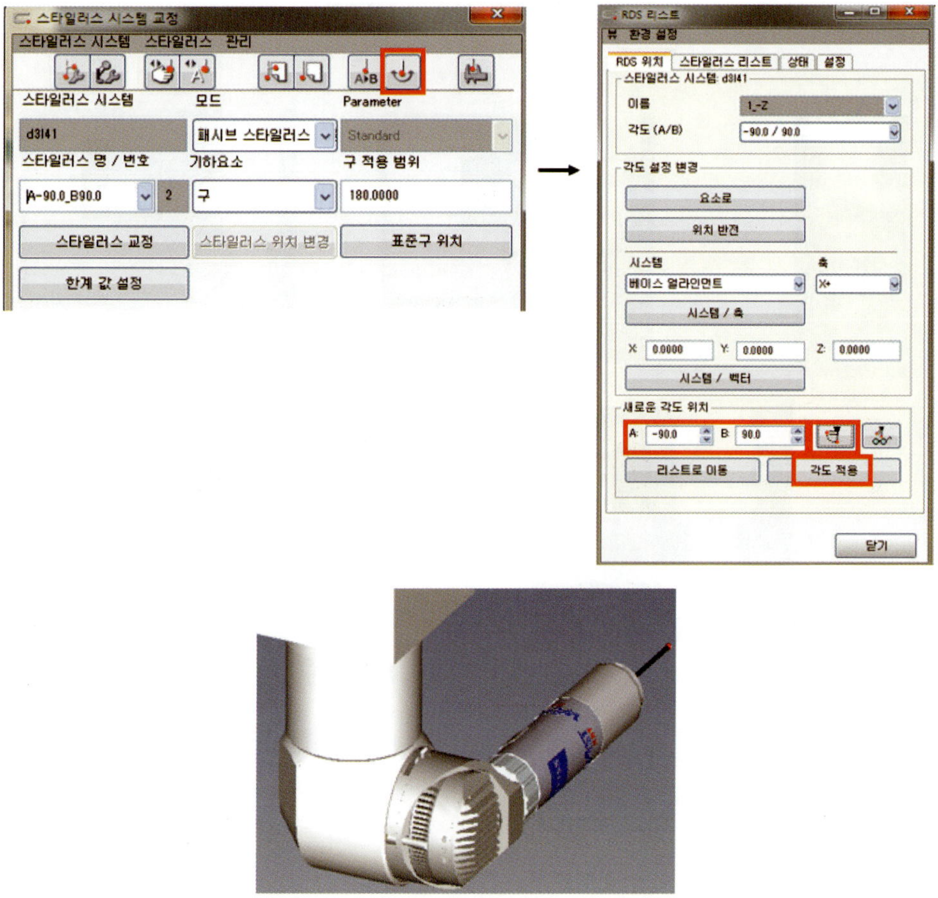

[그림 3-13] 각도 회전 예(A : -90, B : 90)

2.1.4 ZEISS 측정기 프로브 각도(기본 5방향)

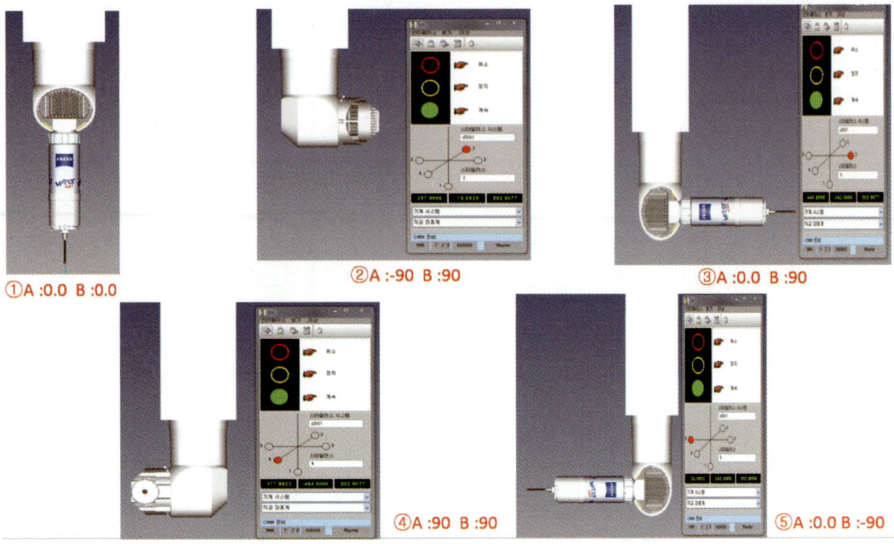

[그림 3-14] 프로브 각도 방향(Zeiss사)

3 3차원 측정하기

3.1 좌표계 (1) - 프로빙

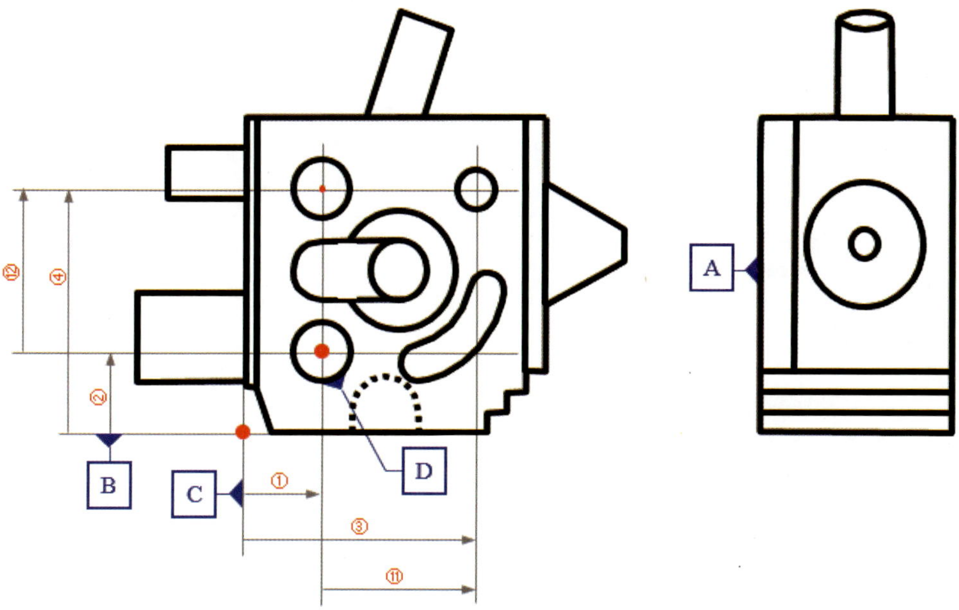

[요 점]

(1) 우선순위에 따른 데이텀 설정

(2) 프로빙 순서에 따른 축 방향 결정

(3) 다중 측정물 좌표계 생성 설정

(4) 좌표계 변환 전, 후의 측정값 비교

순서	선택 메뉴	설　　　명	측정 결과
1	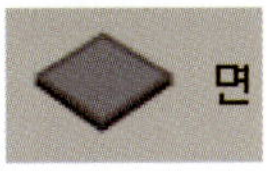	메뉴바에서 측정요소 → 면 선택 후 면 1을 측정한다. ('A' 데이텀)	
2	2-D 라인	메뉴바에서 측정요소 → 2차원 직선 선택 후 직선 1을 측정한다. ('B' 데이텀)	
3	2-D 라인	메뉴바에서 측정요소 → 2차원 직선 선택 후 직선 2를 측정한다. ('C' 데이텀)	
4	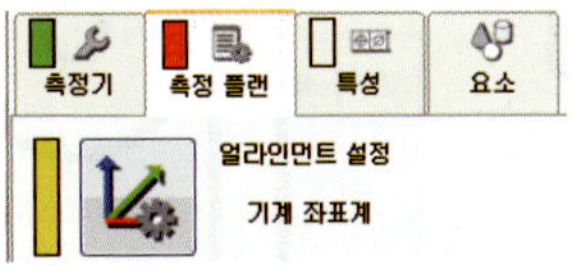	측정플랜 → 얼라인먼트 설정	
5	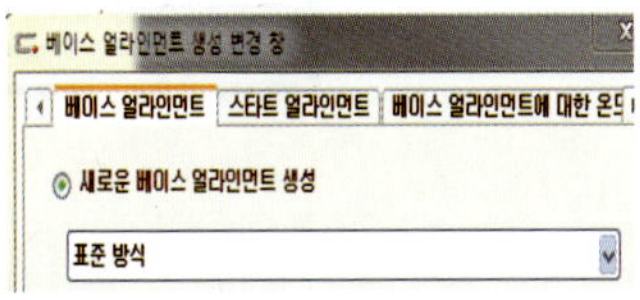	베이스 얼라인먼트 → 새로운 베이스 얼라인먼트 생성 → 확인	
6		공간정렬(면 1 선택) → 평면회전(2-D 라인 1 선택) → X-원점(2-D 라인 2 선택) → Y-원점(2-D 라인 1 선택) → Z-원점(면 1 선택) 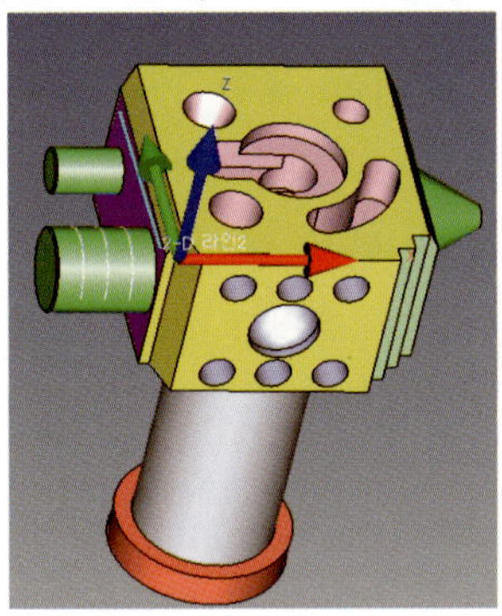	
7		메뉴바에서 측정요소 → 원 선택 후 원 1을 측정한다.	

순서	선택 메뉴	설 명	측정 결과
8	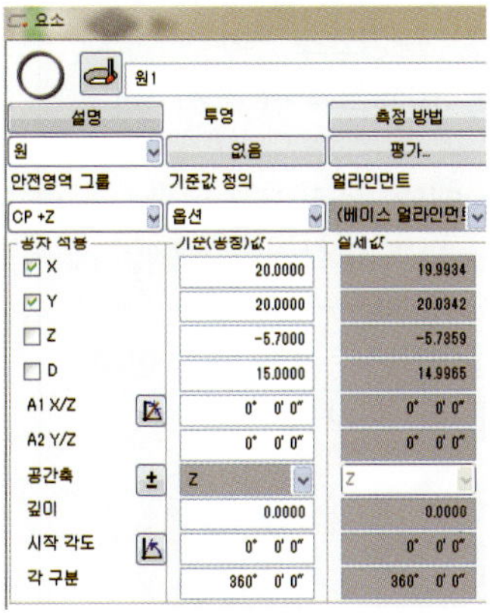	측정요소 창에서 X, Y 선택하여 특성 창에서 결과 값 확인 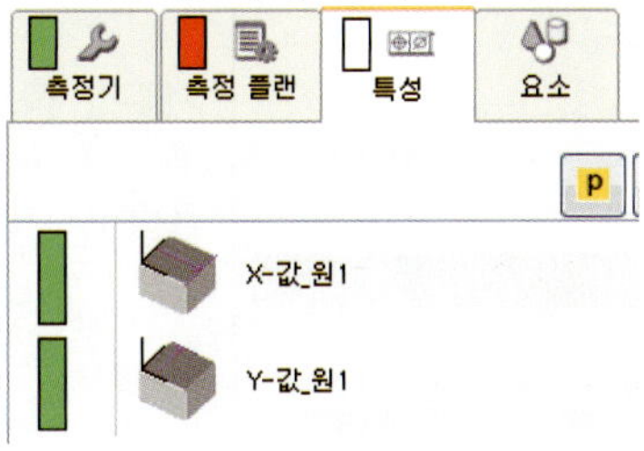	X=①, Y=①
9	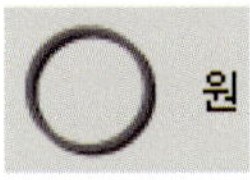	메뉴바에서 측정요소 → 원 선택 후 원 2를 측정한다.	
10		측정요소 창에서 X, Y 선택하여 특성 창에서 결과 값 확인 	X=③, Y=④
11		메뉴바에서 자원 → 유틸리티 → 얼라인먼트 선택	
12		얼라인먼트 더블 클릭 후 X, Y 원점에 원 1 선택 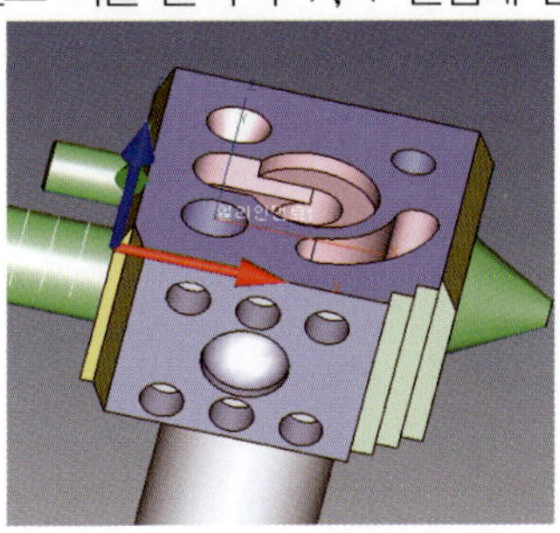	

<table>
<tr><th>순서</th><th>선택 메뉴</th><th>설 명</th><th>측정 결과</th></tr>
<tr><td>13</td><td>
</td><td>메뉴바에서 측정요소 →
원 선택 후 원 3을 요소점 되부르기 한다.</td><td></td></tr>
<tr><td>14</td><td>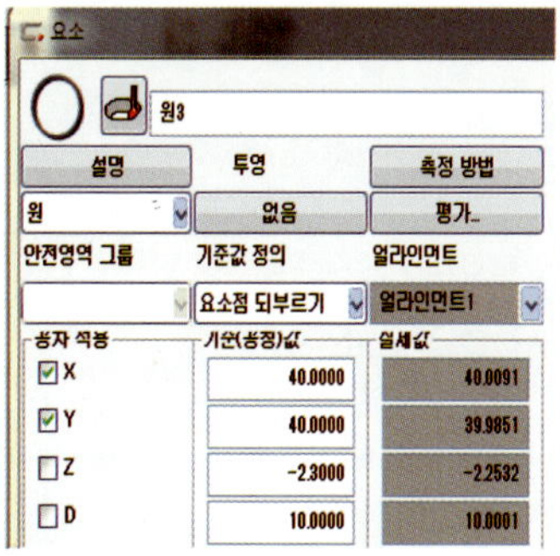
</td><td>원 3 더블 클릭
기준값 정의에서 요소점 되부르기를 선택한 후
원 2 선택 →
얼라인먼트에서 얼라인먼트 1을 선택한다.
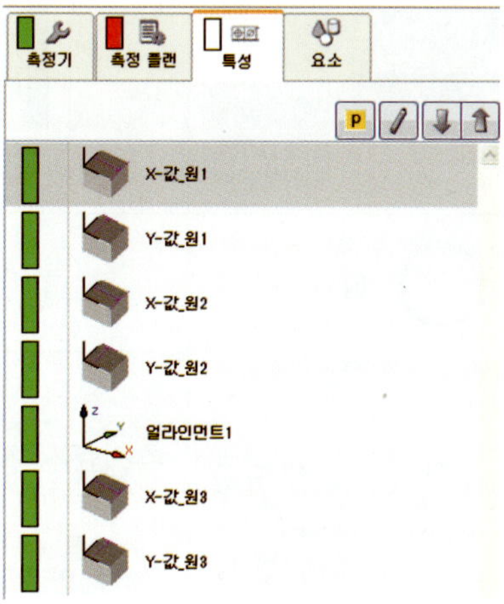
</td><td>X = ⑪,
Y = ⑫</td></tr>
</table>

3.2 좌표계 (2) - 되부름

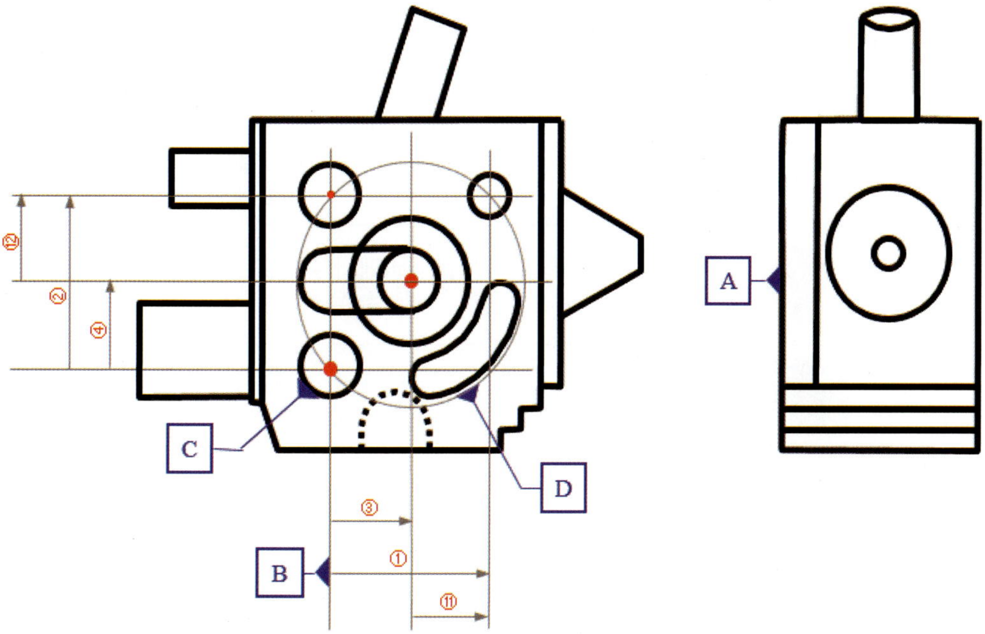

[요 점]

(1) 3D line를 이용한 좌표계 설정

(2) 되부르기 - 다중요소를 재호출하여 새로운 요소로 생성

(3) 다중 측정물 좌표계 생성 설정

순서	선택 메뉴	설　　　　명	측정 결과
1	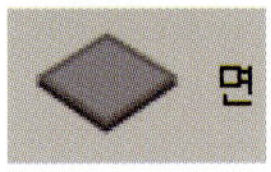	메뉴바에서 측정요소 → 면 선택 후 면 1을 측정한다. ('A' 데이텀)	
2	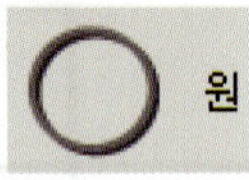	메뉴바에서 측정요소 → 원 선택 후 원 1을 측정한다. ('C' 데이텀)	
3	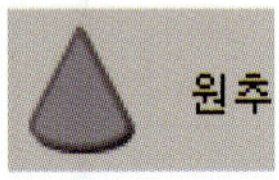	메뉴바에서 측정요소 → 원추 선택 후 원추 1을 측정한다.	
4	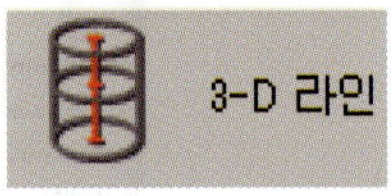	메뉴바에서 측정요소 → 3-D 라인 선택 후 더블 클릭한다.	
5	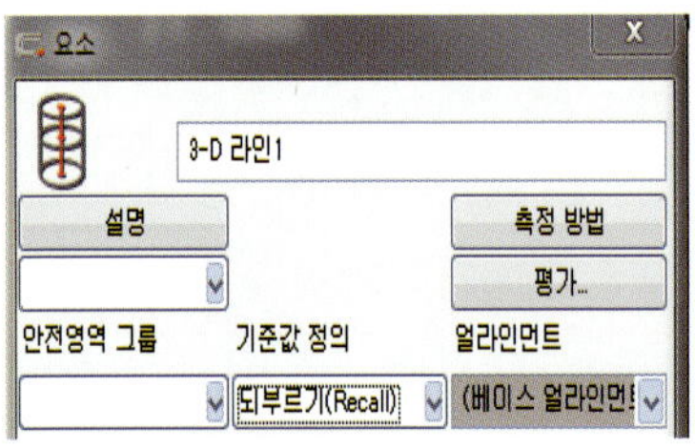	기준값 정의에서 되부르기 선택 후 원 1과 원추 1을 되부르기 한다. ('B' 데이텀) 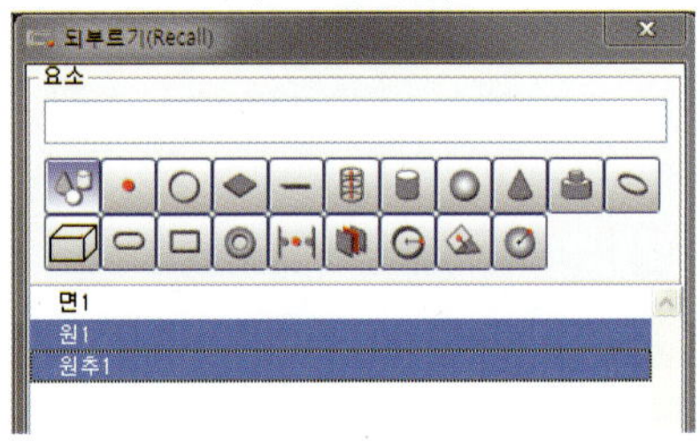	
6	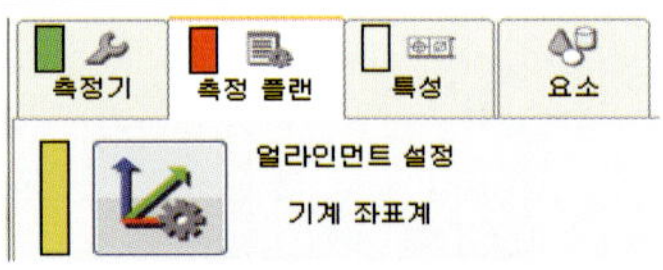	측정플랜 → 얼라인먼트 설정	
7	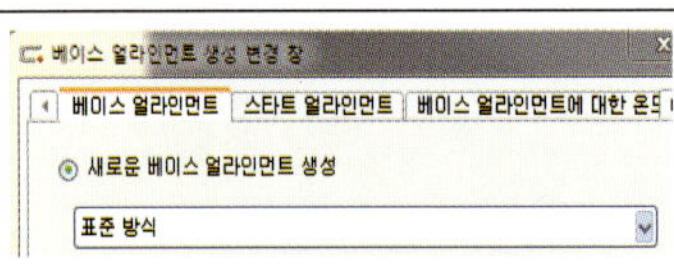	베이스 얼라인먼트 → 새로운 베이스 얼라인먼트 생성 → 확인	
8	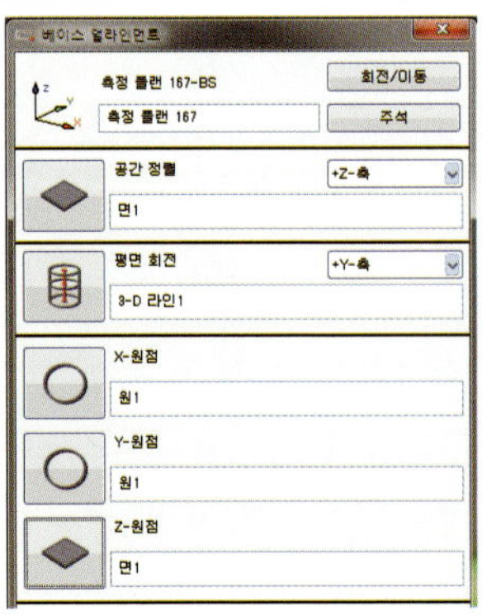	공간정렬(면 1 선택) → 평면회전(3-D 라인 1 선택) → X-원점(원 1) → Y-원점(원 2) → Z-원점(면 1) 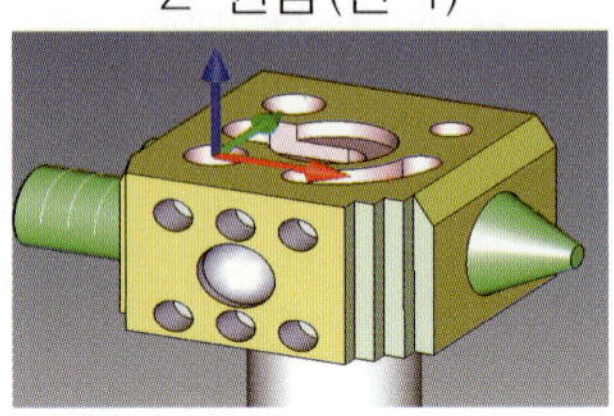	

<table>
<tr><th>순서</th><th>선택 메뉴</th><th>설 명</th><th>측정 결과</th></tr>
<tr><td>9</td><td>
</td><td>메뉴바에서 측정요소 →
원 선택 후 원 2를 측정한다.</td><td></td></tr>
<tr><td>10</td><td>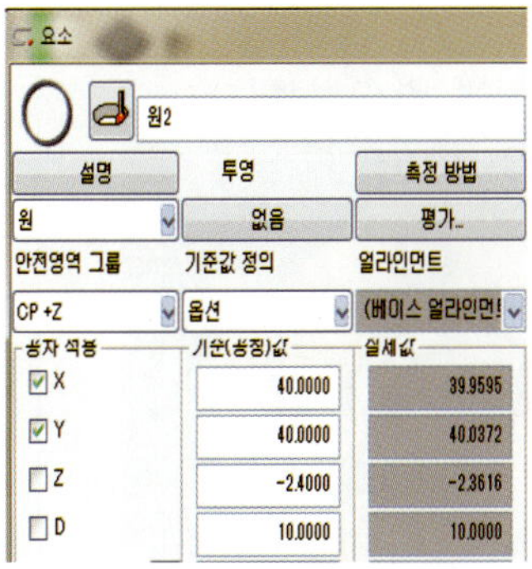
</td><td>측정요소 창에서 X, Y 선택하여
특성 창에서 결과값 확인
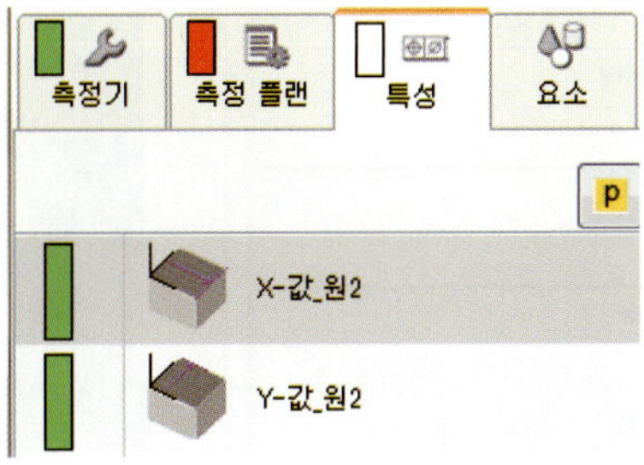
</td><td>X = ①,
Y = ②</td></tr>
<tr><td>11</td><td>
</td><td>메뉴바에서 측정요소 →
원 선택 후 원 3을 되부름 한다.</td><td></td></tr>
<tr><td>12</td><td>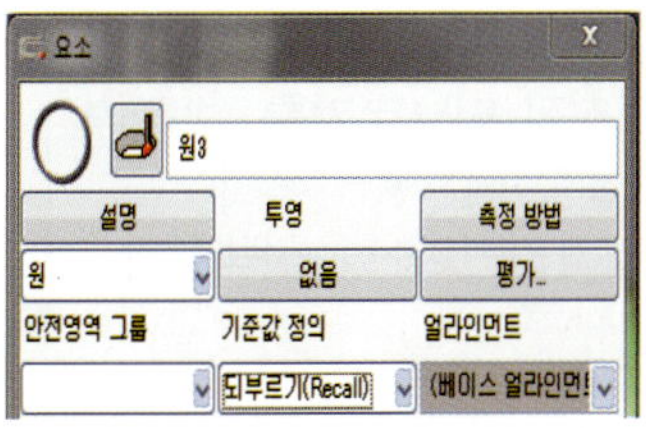
</td><td>기준값 정의에서 되부르기 선택 후
원 1, 원추 1, 원 2를 되부르기 한다.
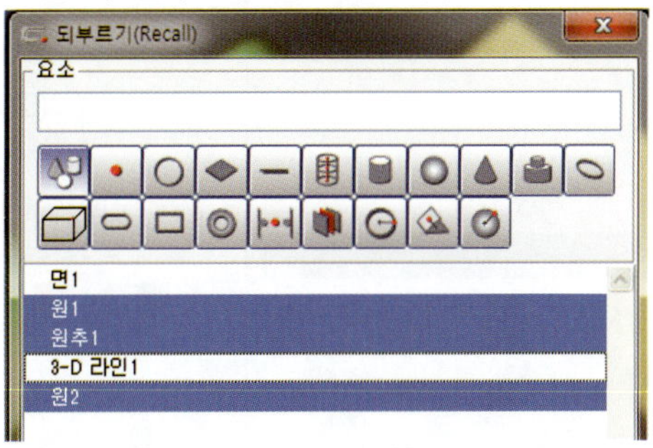
</td><td></td></tr>
<tr><td>13</td><td>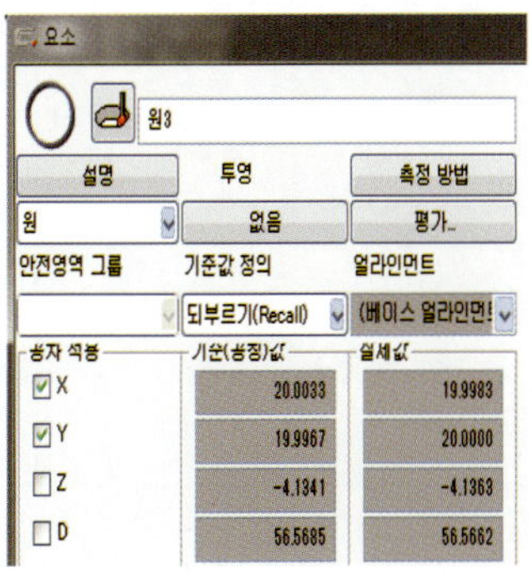
</td><td>측정요소 창에서 X, Y 선택하여 특성 창에서
결과 값을 입력한다.
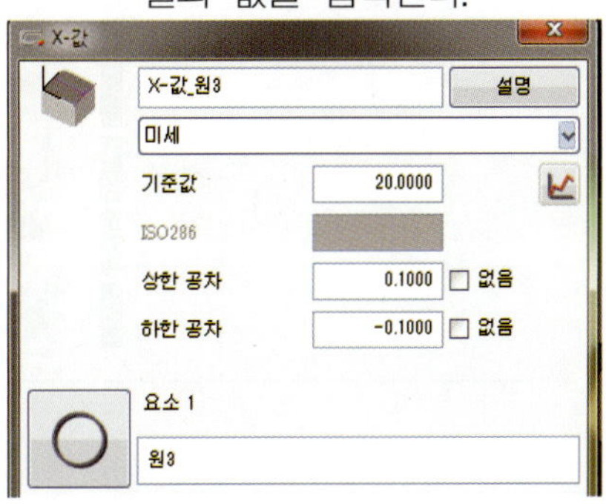
</td><td>X = ③,
Y = ④</td></tr>
</table>

<table>
<tr><th>순서</th><th>선택 메뉴</th><th>설 명</th><th>측정
결과</th></tr>
<tr><td>14</td><td></td><td>메뉴바에서 자원 → 유틸리티 →
얼라인먼트 선택</td><td></td></tr>
<tr><td>15</td><td></td><td>얼라인먼트 더블 클릭 후
X, Y 원점에 원 3 선택
</td><td></td></tr>
<tr><td>16</td><td>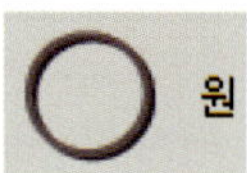</td><td>메뉴바에서 측정요소 →
원 선택 후 원 4를 요소점 되부르기 한다.</td><td></td></tr>
<tr><td>17</td><td>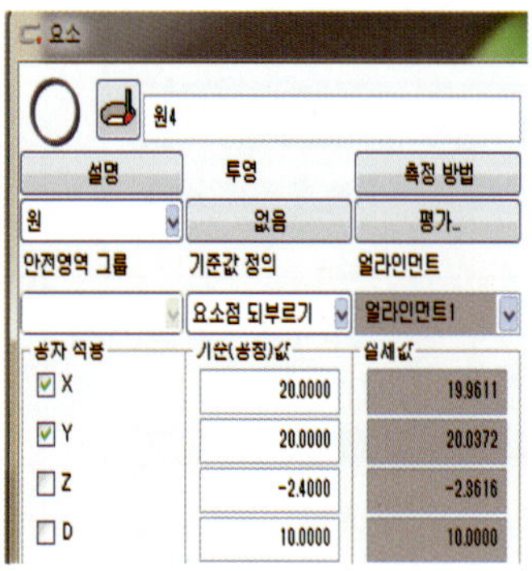</td><td>원 4을 더블 클릭 →
기준값 정의에서 요소점 되부르기를 선택 후
원 2를 선택 →
얼라인먼트에서 얼라인먼트1을 선택한다.
</td><td>X = ⑪,
Y = ⑫</td></tr>
</table>

출력 표시

ZEISS Calypso

측정 플랜 측정 플랜 167	날짜 2021년 04월 20일	
도면 No. * drawingno *	시간 21:29:04	오더 * order *
운영자 Master	CMM Simulation	증가 번호 1

	실제(측정)값	기준(공칭)값	상한 공차.	하한 공차	편차	
X-값_원2	39.9595	40.0000	0.1500	-0.1500	--|	-0.0405
Y-값_원2	40.0372	40.0000	0.1500	-0.1500	|-	0.0372
Y-값_원3	20.0000	19.9967	0.1000	-0.1000	|-	0.0033
X-값_원3	19.9983	20.0000	0.1000	-0.1000	-|	-0.0017
X-값_원4	19.9611	20.0000	0.1000	-0.1000	--|	-0.0389
Y-값_원4	20.0372	20.0000	0.1000	-0.1000	|--	0.0372

3.3 좌표계 (3) - 원통데이텀

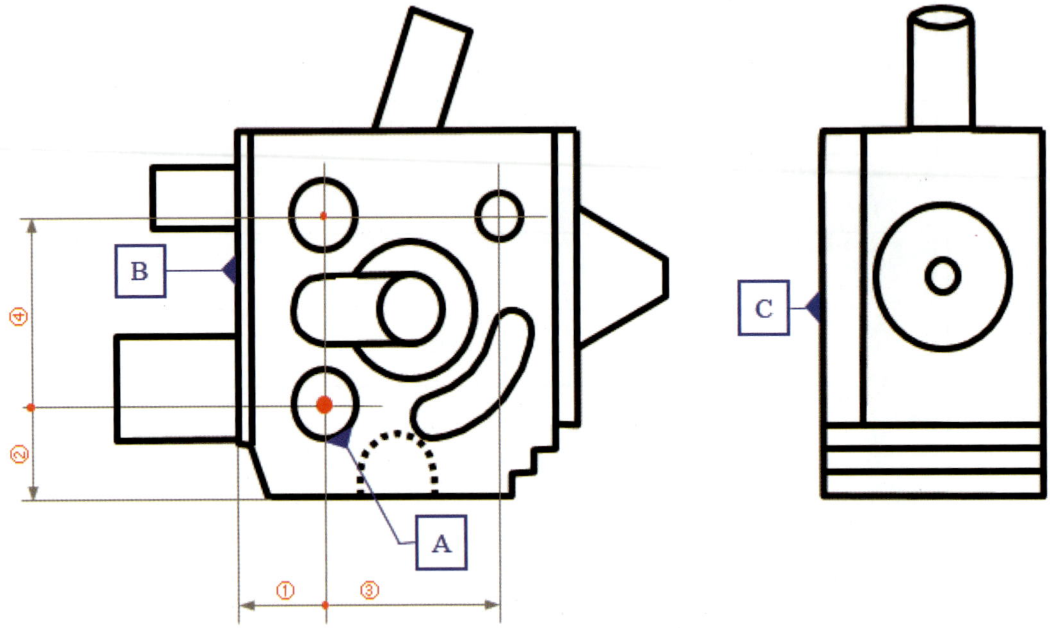

[요 점]

(1) 원통을 이용한 측정물 좌표계 설정

(2) 요소점 되부르기

순서	선택 메뉴	설 명	측정 결과
1		메뉴바에서 측정요소 → 원통 선택 후 원통 1을 측정한다. ('A' 데이텀)	
2	2-D 라인	메뉴바에서 측정요소 → 2차원 직선 선택 후 직선 1을 측정한다. ('B' 데이텀)	
3		메뉴바에서 측정요소 → 면 선택 후 면 1을 측정한다. ('C' 데이텀)	
4		측정플랜 → 얼라인먼트 설정	
5	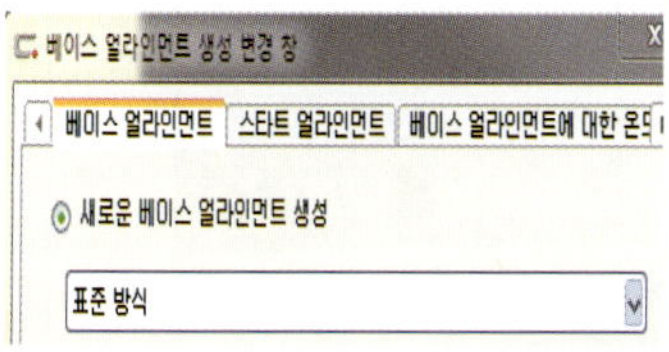	베이스 얼라인먼트 → 새로운 베이스 얼라인먼트 생성 → 확인	
6		공간정렬(원통 1 선택) → 평면회전(2-D 라인 1 선택) → X-원점(원통 1 선택) → Y-원점(원통 1 선택) → Z-원점(면 1 선택) 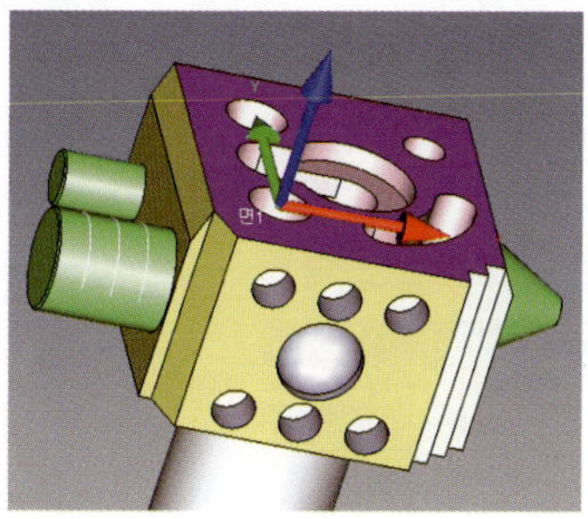	
7	2-D 라인	메뉴바에서 측정요소 → 2차원 직선 선택한다. 2-D 라인 2를 더블 클릭하여 요소점 되부르기 한다.	

순서	선택 메뉴	설 명	측정 결과
8	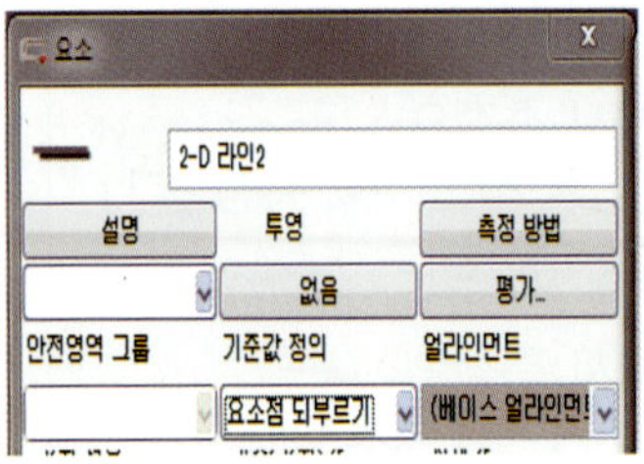	2-D 라인 2를 더블 클릭 → 기준값 정의에서 요소점 되부르기를 선택 후 2-D 라인 1 선택한다. 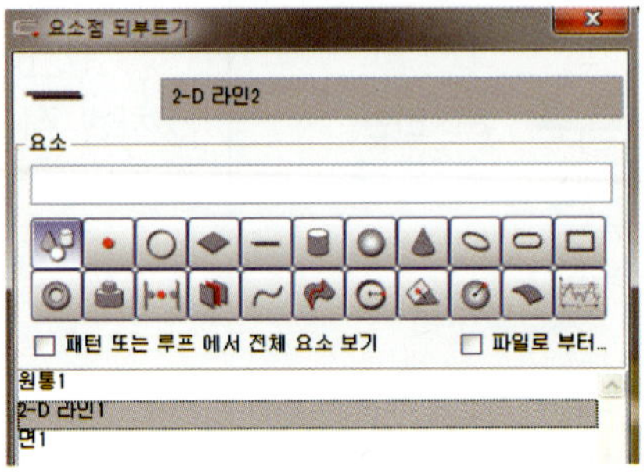	
9	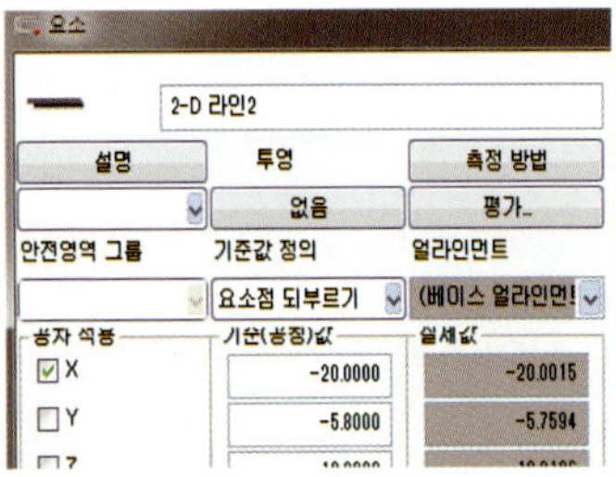	측정요소 창에서 X 선택하여 특성 창에서 결과 값을 입력한다. 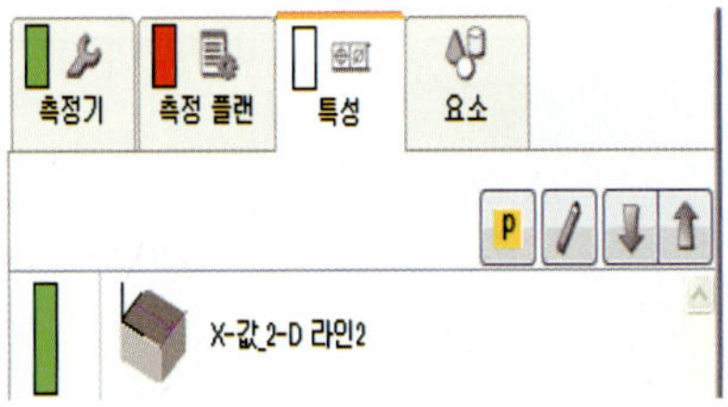	X = ①
10	2-D 라인	메뉴바에서 측정요소 → 2차원 직선 선택 후 직선 3을 측정한다.	
11	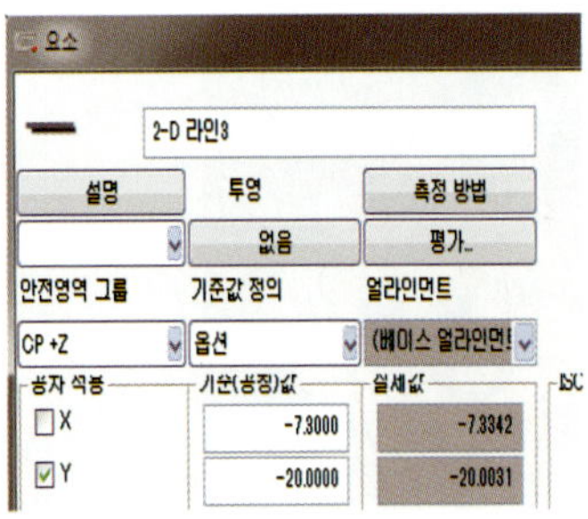	측정요소 창에서 Y 선택하여 특성 창에서 결과 값을 입력한다. 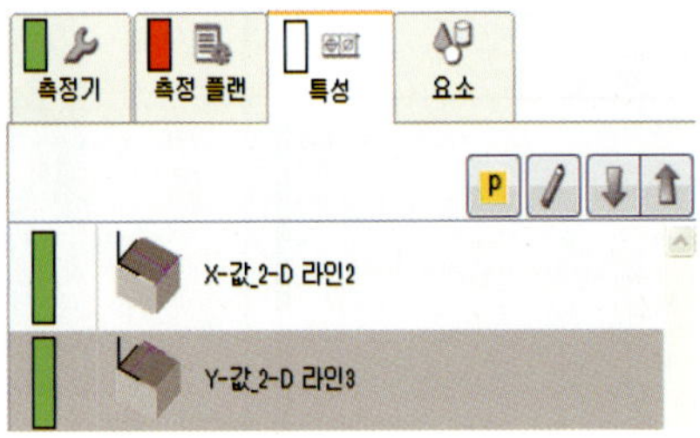	Y = ②

순서	선택 메뉴	설 명	측정 결과
12	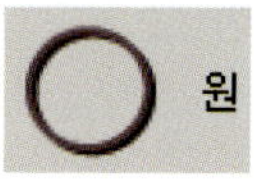	메뉴바에서 측정요소 → 원 선택 후 원 1을 측정한다.	
13	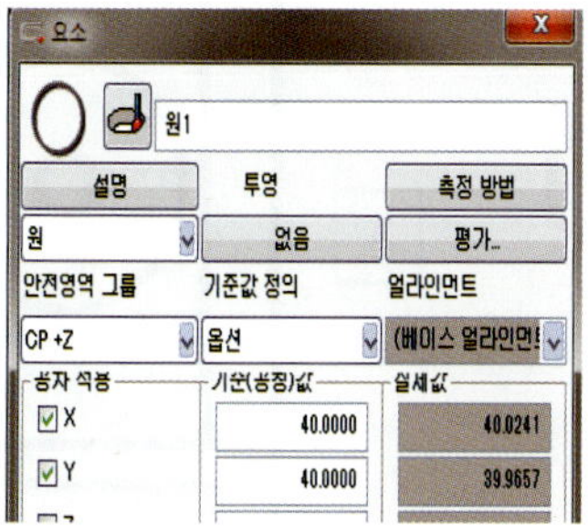	측정요소 창에서 X, Y 선택하여 특성 창에서 결과 값을 입력한다. 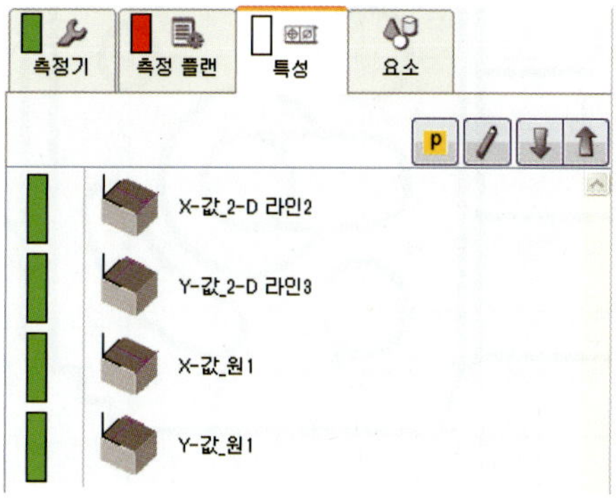	X=③, Y=④

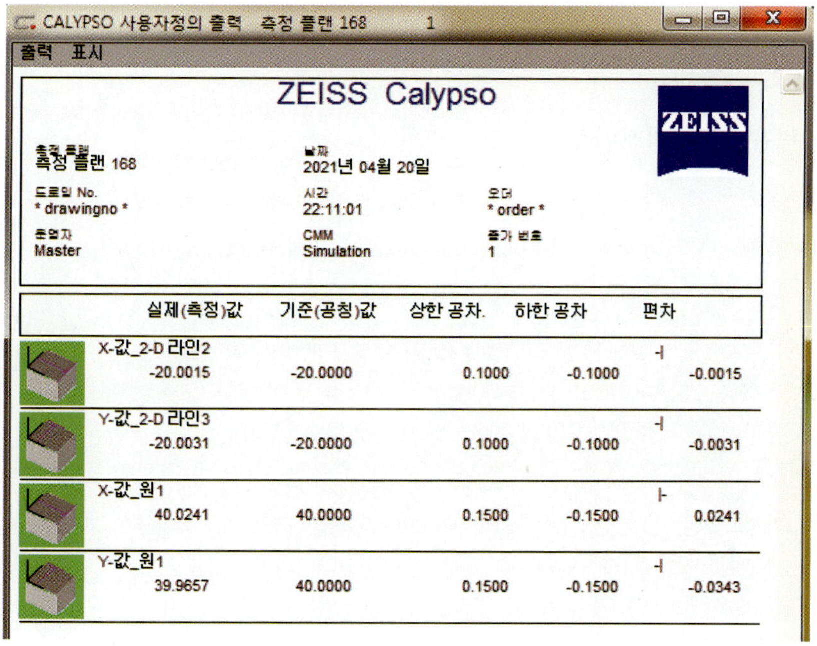

CALYPSO 사용자정의 출력 측정 플랜 168 1

출력 표시

ZEISS Calypso

측정 플랜 168 | 날짜 2021년 04월 20일

도로잉 No. * drawingno * | 시간 22:11:01 | 오더 * order *

운영자 Master | CMM Simulation | 증가 번호 1

	실제(측정)값	기준(공칭)값	상한 공차	하한 공차	편차
X-값_2-D 라인2	-20.0015	-20.0000	0.1000	-0.1000	-0.0015
Y-값_2-D 라인3	-20.0031	-20.0000	0.1000	-0.1000	-0.0031
X-값_원1	40.0241	40.0000	0.1500	-0.1500	0.0241
Y-값_원1	39.9657	40.0000	0.1500	-0.1500	-0.0343

3.4 좌표계 (4) - 원점지정 (원점이동)

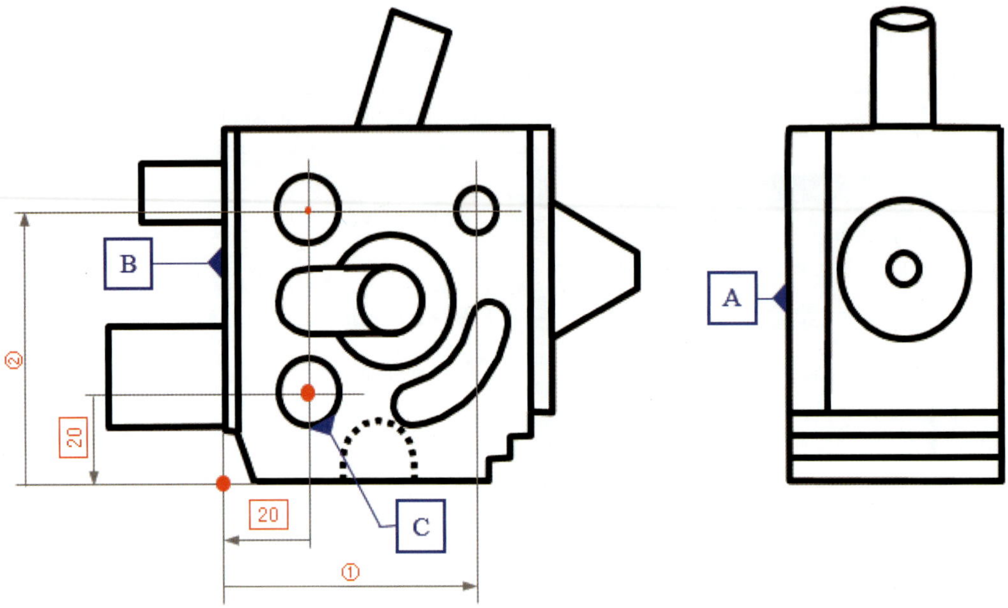

[요 점]

(1) 좌표 입력을 위한 원점이동

순서	선택 메뉴	설　　　명	측정 결과
1	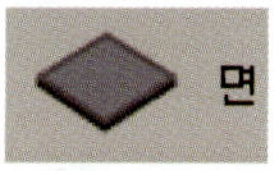	메뉴바에서 측정요소 → 면 선택 후 면 1을 측정한다. ('A' 데이텀)	
2	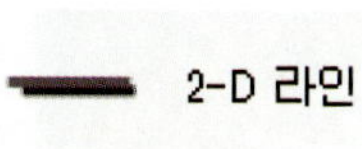	메뉴바에서 측정요소 → 2차원 직선 선택 후 직선 1을 측정한다. ('B' 데이텀)	
3	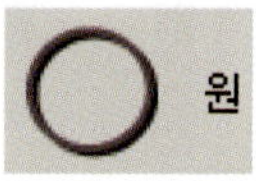	메뉴바에서 측정요소 → 원 선택 후 원 1을 측정한다. ('C' 데이텀)	
4	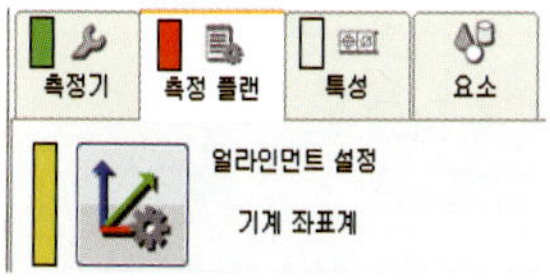	측정 플랜 → 얼라인먼트 설정	
5	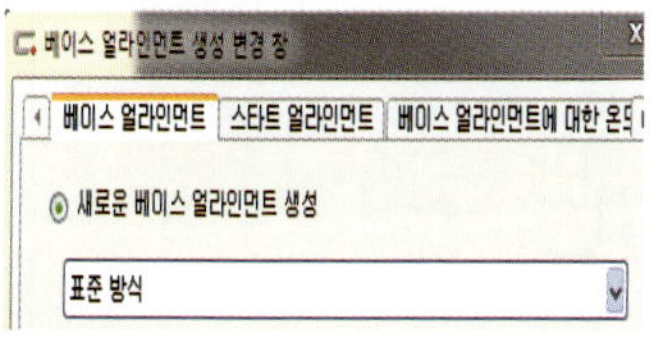	베이스 얼라인먼트 → 새로운 베이스 얼라인먼트 생성 → 확인	
6	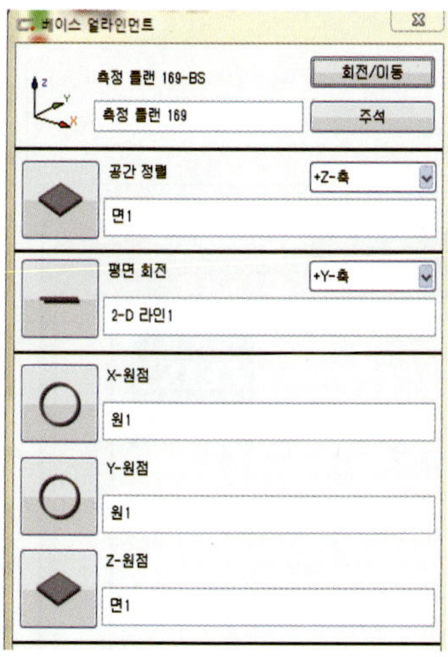	공간정렬(면 1 선택) → 평면회전(2-D 라인 1 선택) → X-원점(원 1 선택) → Y-원점(원 1 선택) → Z-원점(면 1 선택) 회전/이동 클릭한다.	

순서	선택 메뉴	설 명	측정 결과
7	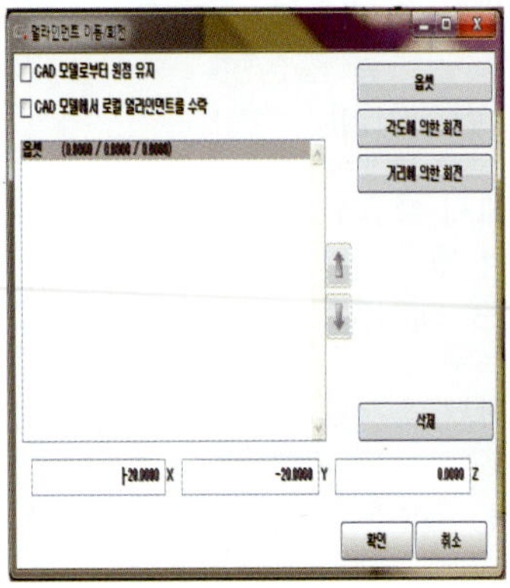	을 선택한 후 X값은 -20, Y값 -20 입력한다. 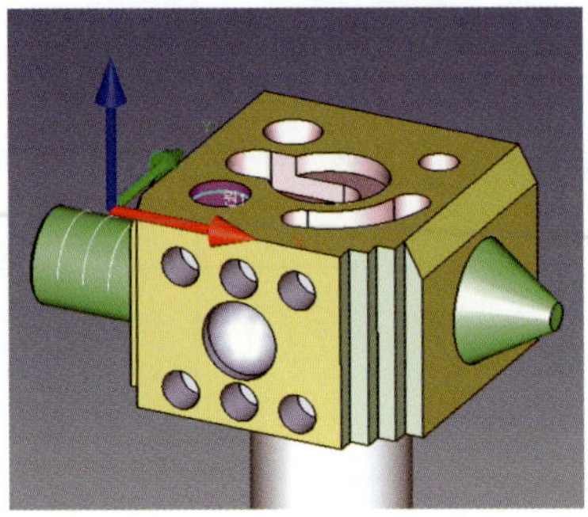	
8	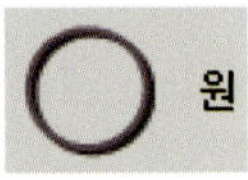	메뉴바에서 측정요소 → 원 선택 후 원 2를 더블 클릭 후 측정한다.	
9	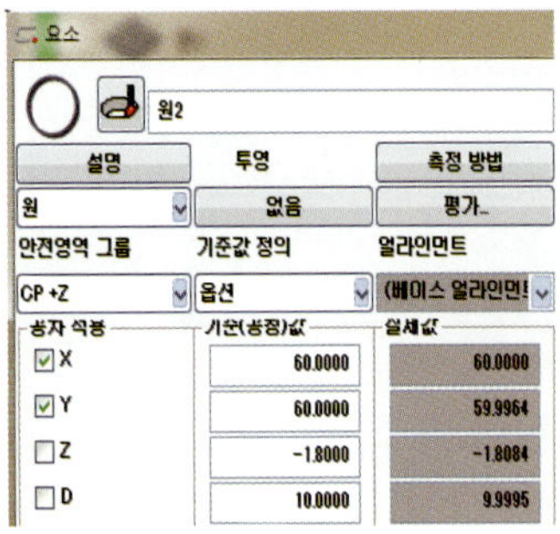	측정요소 창에서 X, Y 선택하여 특성 창에서 결과 값을 입력한다. 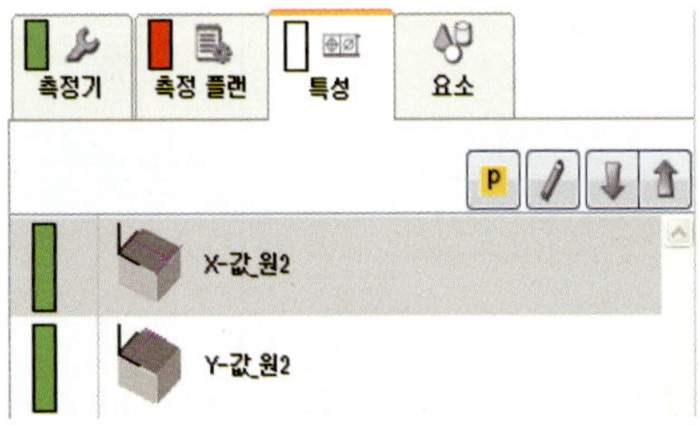	X = ①, Y = ②

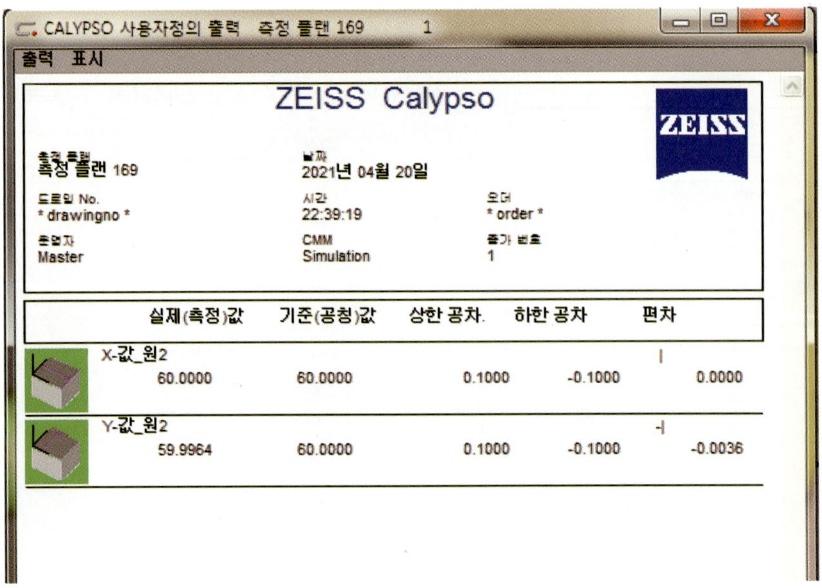

3.5 좌표계 (5) - 평면회전 (각도회전)

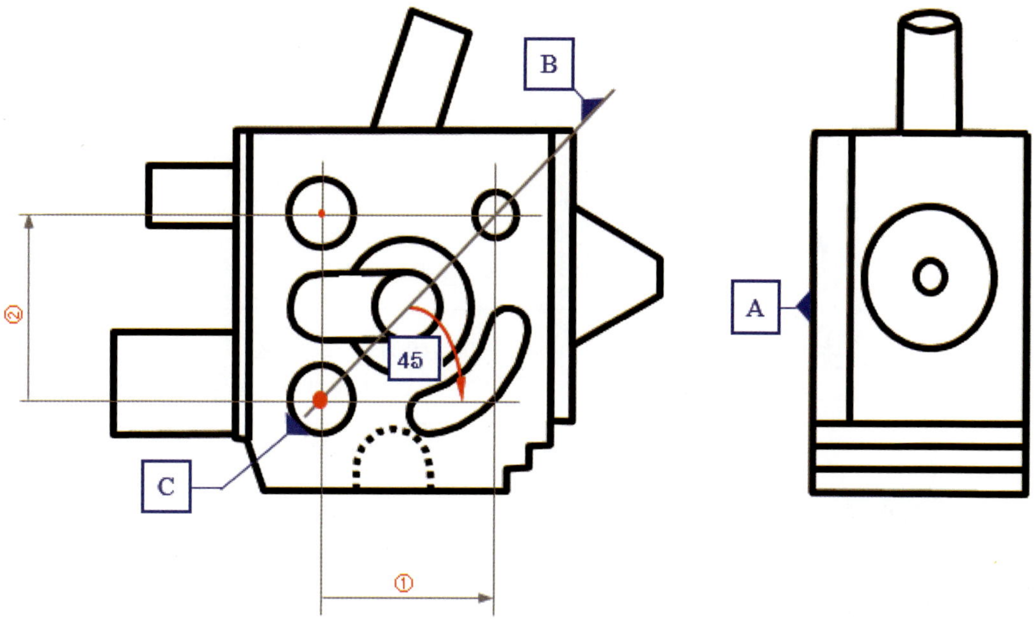

[요 점]

(1) 회전각도 입력에 의한 평면회전

순서	선택 메뉴	설　　　명	측정 결과
1		메뉴바에서 측정요소 → 면 선택 후 면 1을 측정한다. ('A' 데이텀)	
2		메뉴바에서 측정요소 → 원 선택 후 원 1을 측정한다.	
3	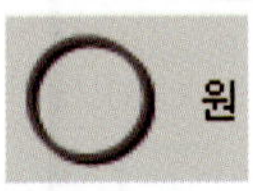	메뉴바에서 측정요소 → 원 선택 후 원 2를 측정한다.	
4		메뉴바에서 측정요소 → 3-D 라인 선택 후 더블 클릭한다.	
5	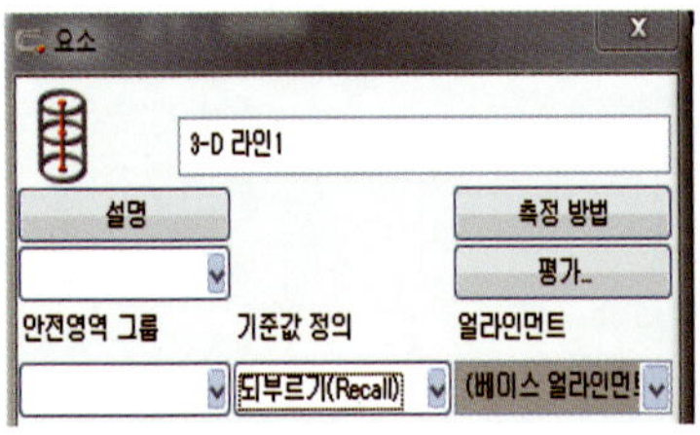	기준값 정의에서 되부르기 선택 후 원 1과 원 2를 되부르기 한다. ('B' 데이텀) 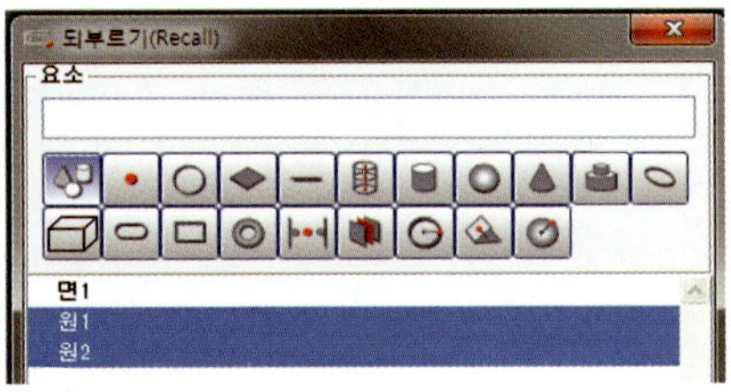	
6	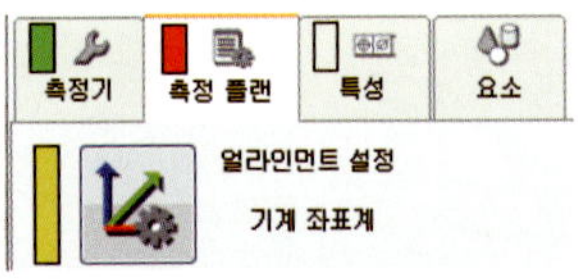	측정플랜 → 얼라인먼트 설정	
7	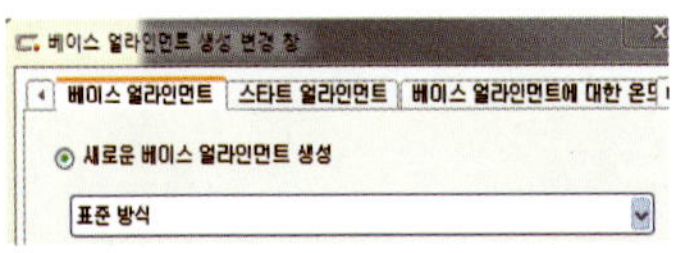	베이스 얼라인먼트 → 새로운 베이스 얼라인먼트 생성 → 확인	
8	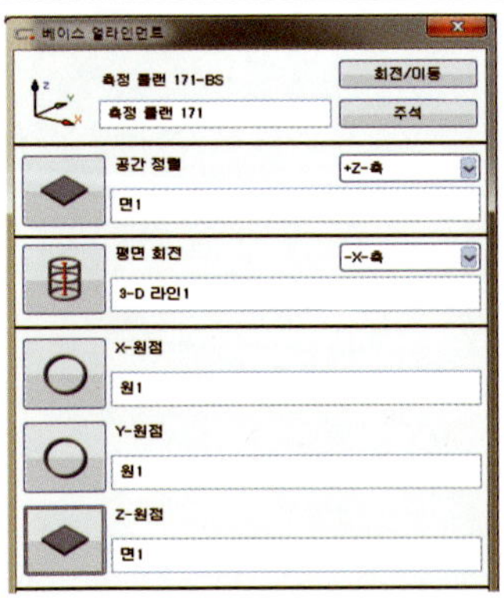	공간 정렬(면 1 선택) → 평면회전(3-D 라인 1 선택) → X-원점(원 1 선택) → Y-원점(원 1 선택) → Z-원점(면 1 선택) → [회전/이동] 을 클릭한다.	

순서	선택 메뉴	설 명	측정 결과
9	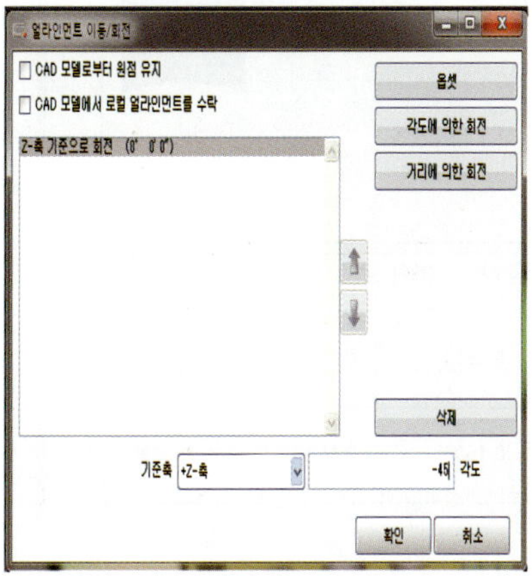	각도에 의한 회전을 선택한 후 Z-축 기준으로 -45 각도 입력한다. (직선 1의 축각이 X축인 경우 : -45 입력, Y축인 경우 : 45 입력함) 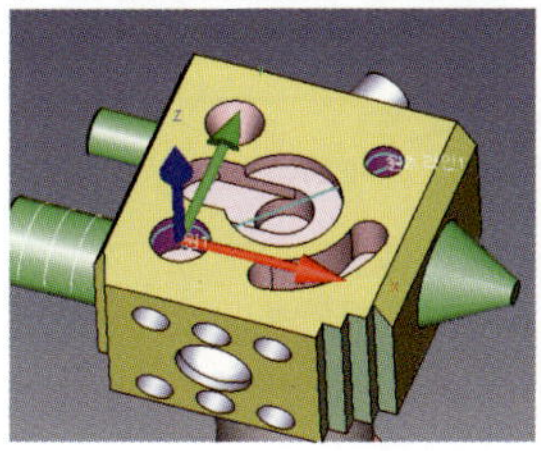	
10		메뉴바에서 측정요소 → 원을 선택한다.	
11	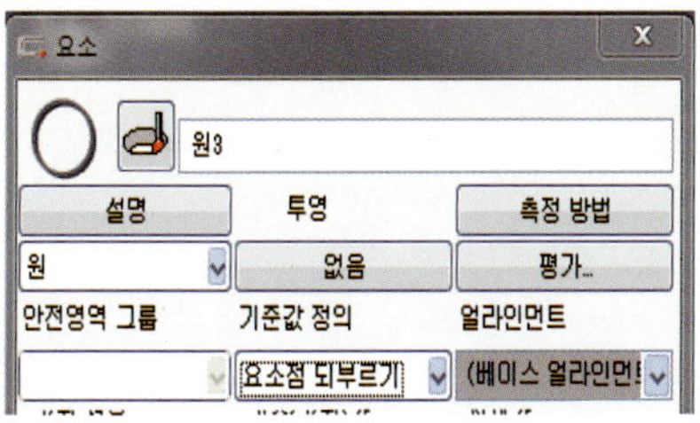	원 3을 더블 클릭 → 기준값 정의에서 요소점 되부르기를 선택 후 원 2를 선택한다. 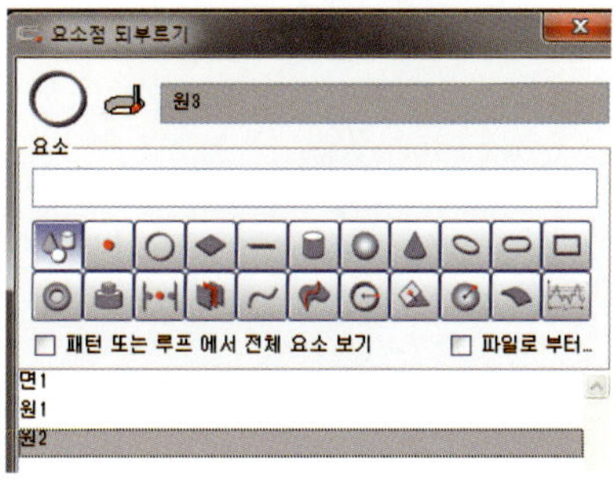	
12	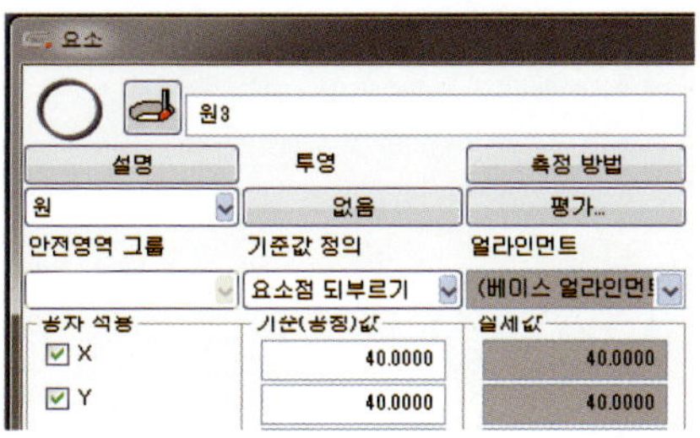	측정요소 창에서 X, Y 선택하여 특성 창에서 결과 값을 입력한다. 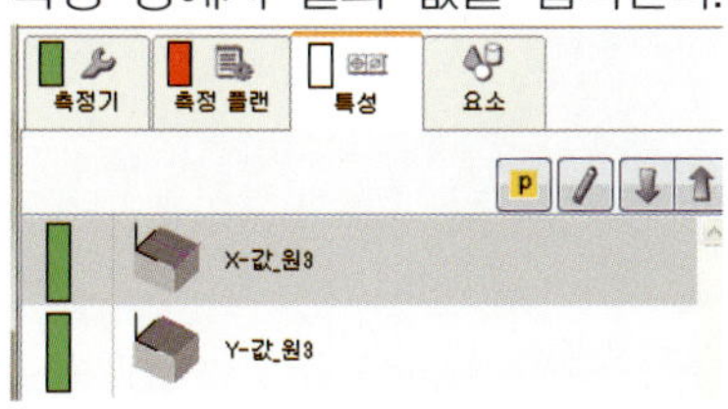	X=①, Y=②

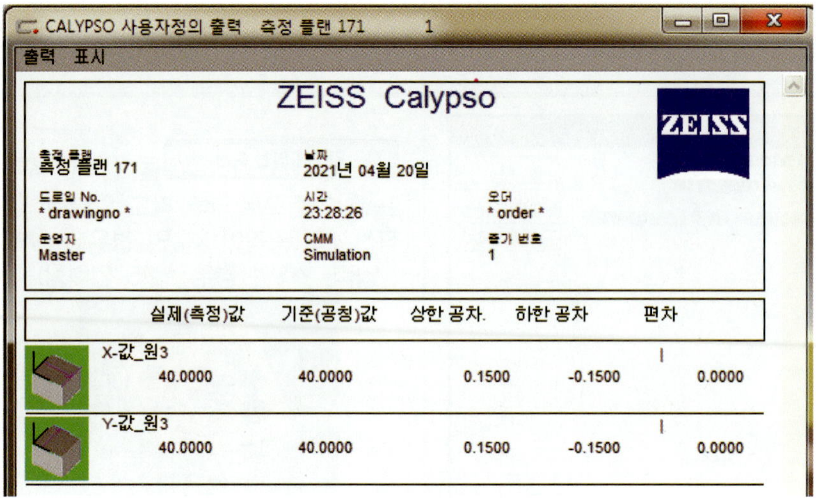
CALYPSO 사용자정의 출력 측정 플랜 171 1
출력 표시
ZEISS Calypso
ZEISS
측정 플랜 171
날짜
2021년 04월 20일
No.
* drawingno *
시간
23:28:26
* order *
Master
CMM
Simulation
1
실제(측정)값
기준(공칭)값
상한 공차.
하한 공차
편차
X-값_원3
40.0000
40.0000
0.1500
-0.1500
0.0000
Y-값_원3
40.0000
40.0000
0.1500
-0.1500
0.0000

3.6 좌표계 (6) - 평면회전 (거리지정)

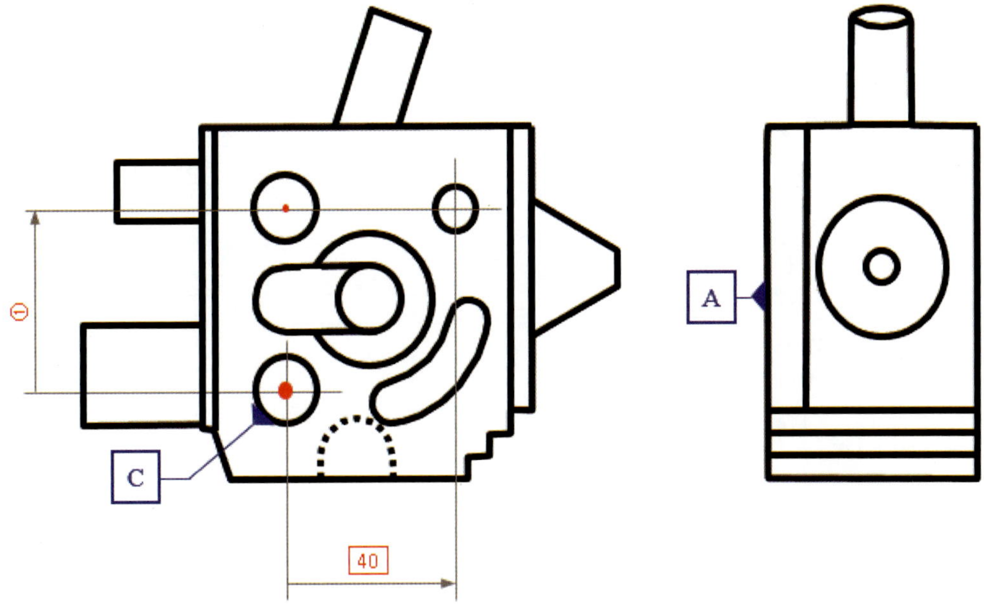

[요 점]

(1) 거리지정에 의한 평면회전

순서	선택 메뉴	설 명	측정 결과
1	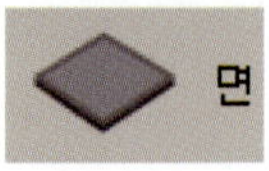	메뉴바에서 측정요소 → 면 선택 후 면 1을 측정한다. ('A' 데이텀)	
2	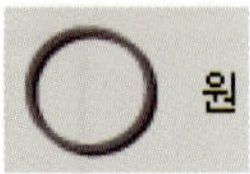	메뉴바에서 측정요소 → 원 선택 후 원 1을 측정한다.	
3		메뉴바에서 측정요소 → 원 선택 후 원 2를 측정한다.	
6	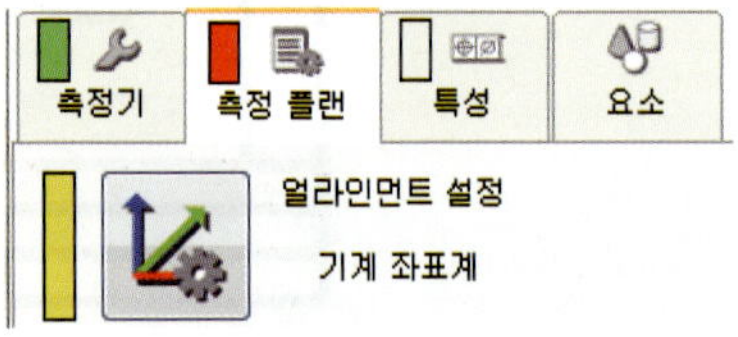	측정플랜 → 얼라인먼트 설정	
7	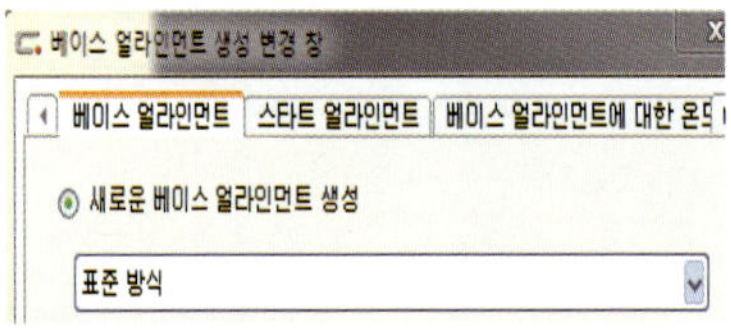	베이스 얼라인먼트 → 새로운 베이스 얼라인먼트 생성 → 확인	
8	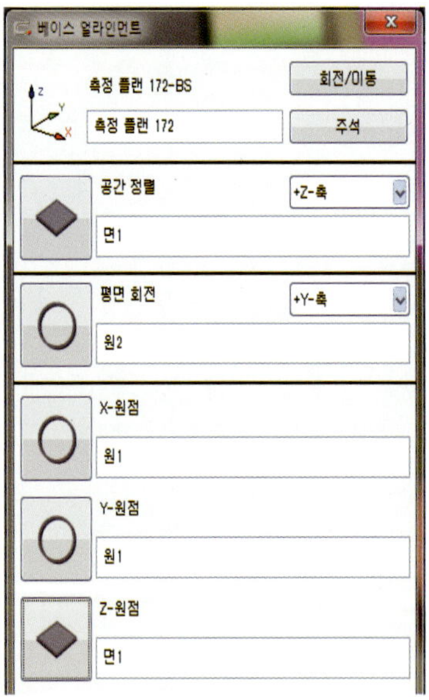	공간 정렬(면 1 선택) 평면회전(원 2 선택) X-원점(원 1 선택) Y-원점(원 1 선택) Z-원점(면 1 선택) [회전/이동] 을 클릭한다.	

순서	선택 메뉴	설　　　명	측정 결과
9	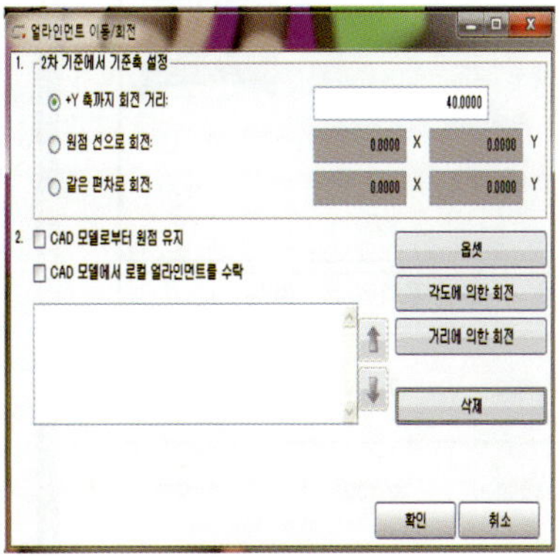	1. 2차 기준에서 기준축 설정 → +Y 축까지 회전 거리 선택 후 40 입력 	
10		메뉴바에서 측정요소 → 원을 선택한다.	
11	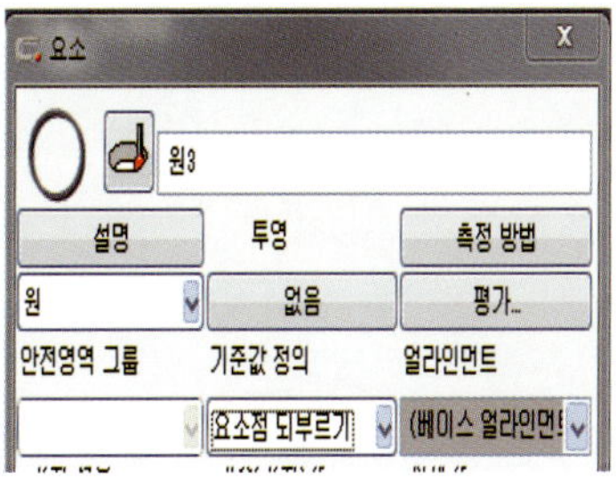	원 3을 더블 클릭 → 기준값 정의에서 요소점 되부르기를 선택 후 원 2를 선택한다. 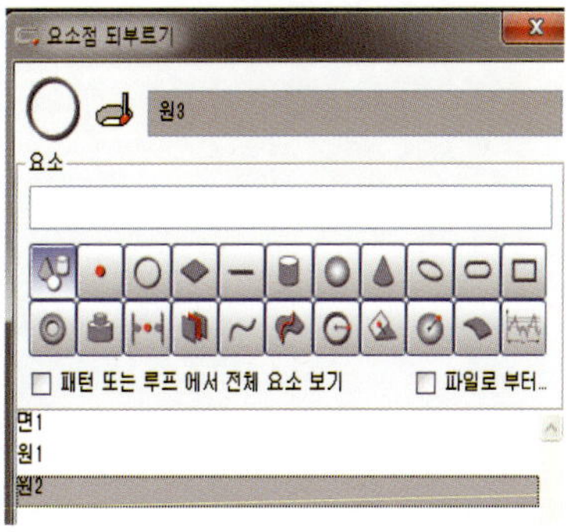	
12	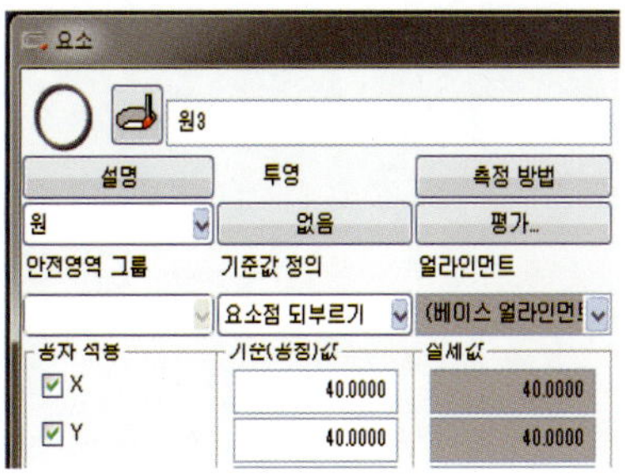	측정요소 창에서 X, Y 선택하여 특성 창에서 결과 값을 입력한다. 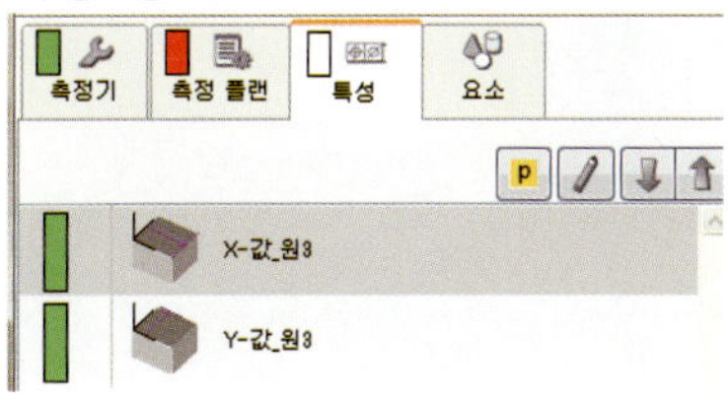	Y = ①

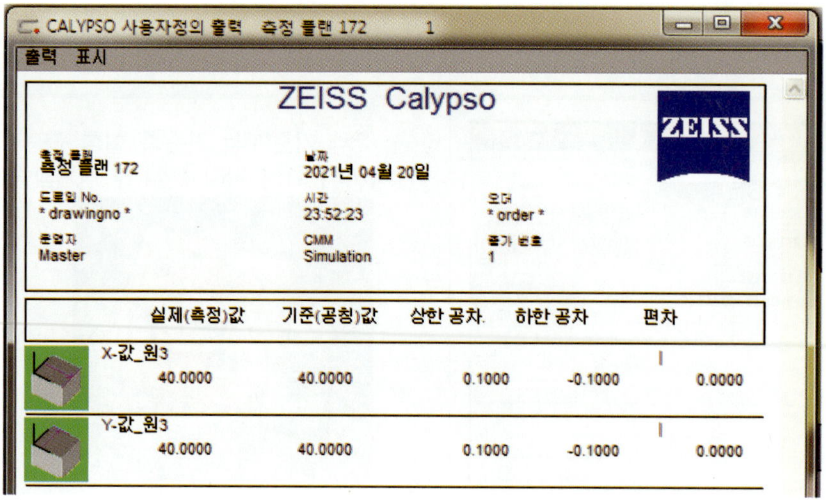
CALYPSO 사용자정의 출력 측정 플랜 172 1
출력 표시
ZEISS Calypso
ZEISS
측정 플랜 172
2021년 04월 20일
도면의 No.
* drawingno *
시간
23:52:23
오더
* order *
Master
CMM
Simulation
1
실제(측정)값
기준(공칭)값
상한 공차
하한 공차
편차
X-값_원3
40.0000
40.0000
0.1000
-0.1000
0.0000
Y-값_원3
40.0000
40.0000
0.1000
-0.1000
0.0000

3.7 특별 요소 / 조합 요소 / 거리

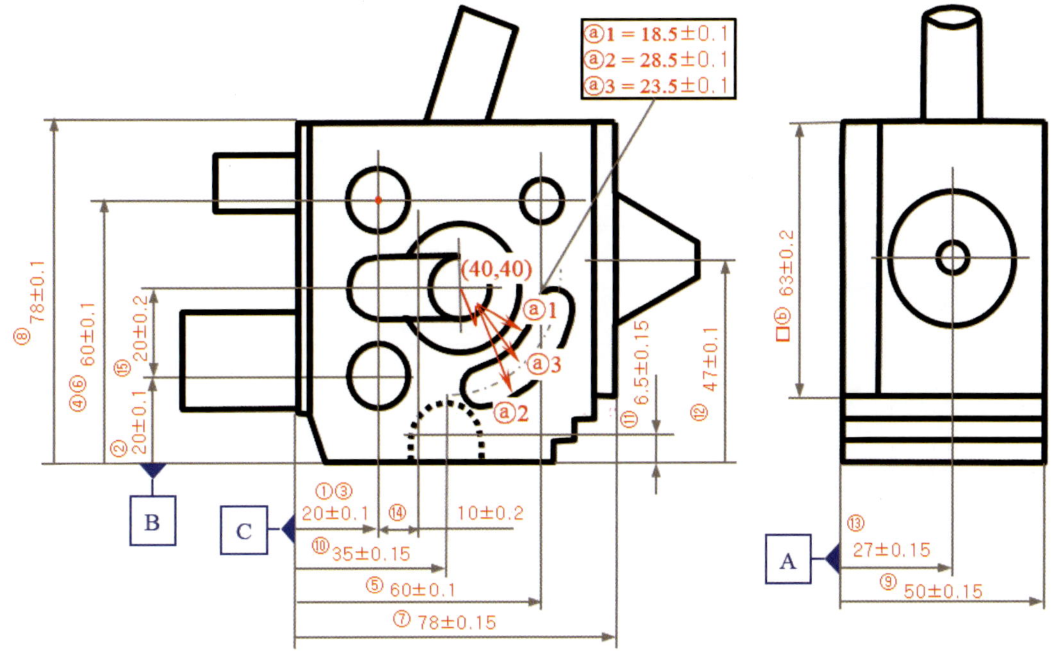

[요 점]

(1) 요소 측정 프로빙 전략

(2) 특별요소 / 조합요소 방법

(3) 거리 기능을 이용한 두 요소 간의 거리 구하기

(4) 측정 결과 이해

순서	선택 메뉴	설　　　　명	측정 결과
1	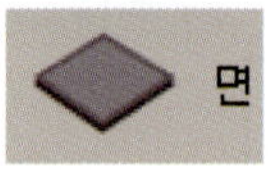	메뉴바에서 측정요소 → 면 선택 후 면 1을 측정한다. ('A' 데이텀)	
2	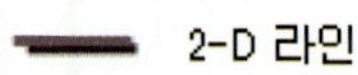	메뉴바에서 측정요소 → 2차원 직선 선택 후 직선 1을 측정한다. ('B' 데이텀)	
3	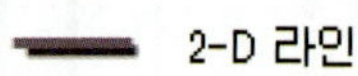	메뉴바에서 측정요소 → 2차원 직선 선택 후 직선 2를 측정한다 ('C' 데이텀).	
4	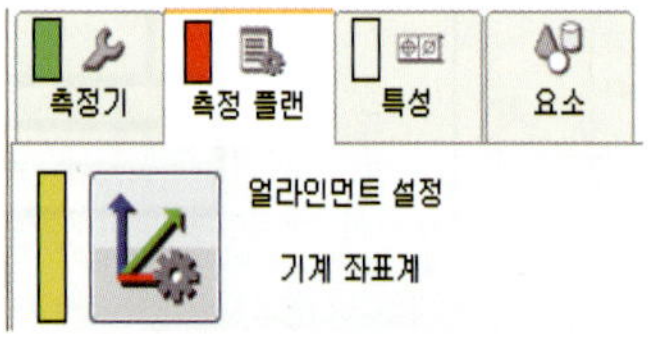	측정플랜 → 얼라인먼트 설정	
5	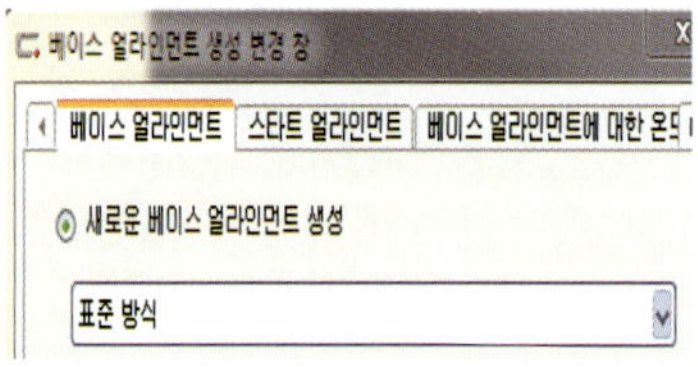	베이스 얼라인먼트 → 새로운 베이스 얼라인먼트 생성 → 확인	
6		공간정렬(면 1 선택) → 평면회전(2–D 라인 1 선택) → X–원점(2–D 라인 2 선택) → Y–원점(2–D 라인 1 선택) → Z–원점 (면 1 선택) 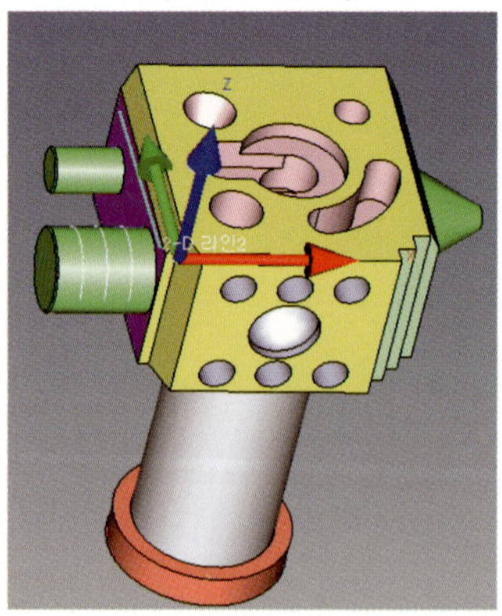	
7	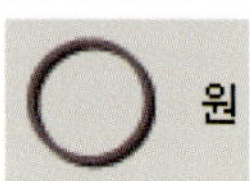	메뉴바에서 측정요소 → 원 선택 후 원 1을 측정한다.	

순서	선택 메뉴	설 명	측정 결과
8	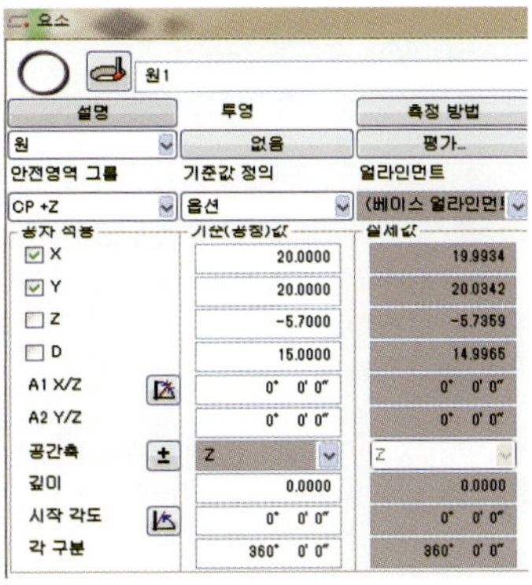	측정요소 창에서 X, Y 선택하여 특성 창에서 결과 값 확인 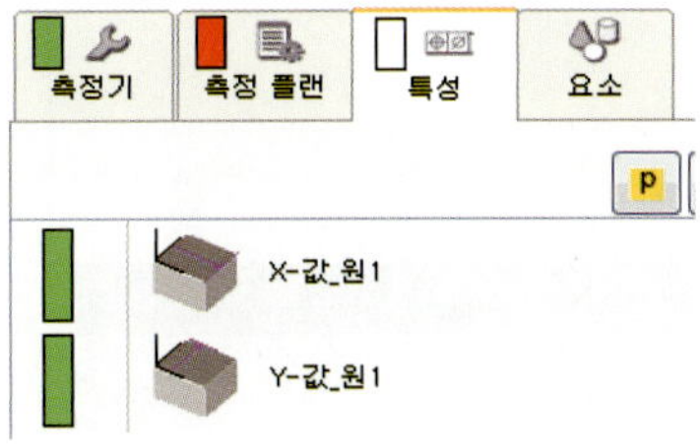	X=①, Y=②
9		메뉴바에서 측정요소 → 원추 선택 후 원추 1을 측정한다.	
10	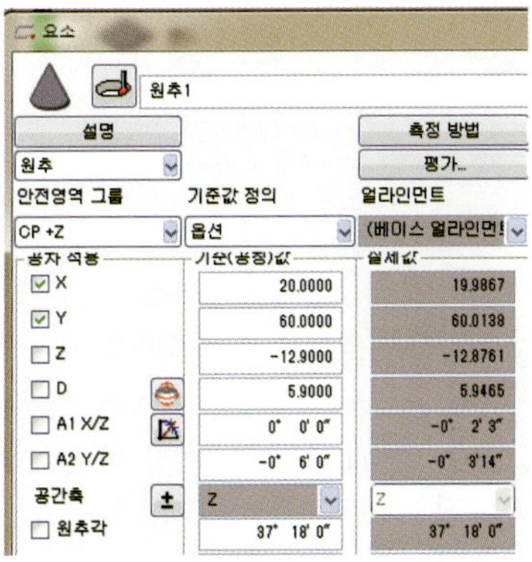	측정요소 창에서 X, Y 선택하여 특성 창에서 결과 값 확인 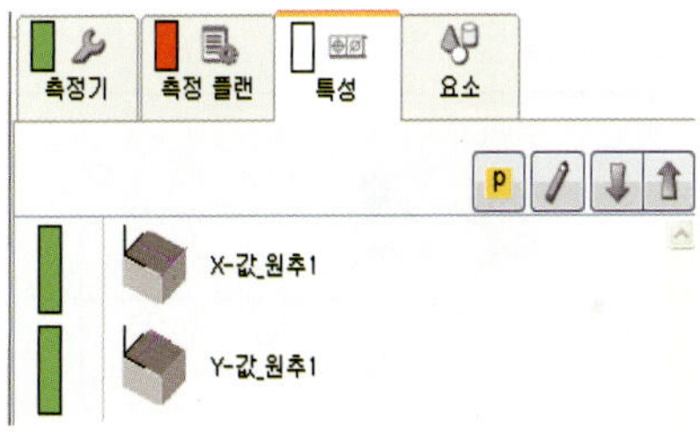	X=③, Y=④
11	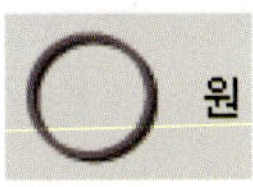	메뉴바에서 측정요소 원 선택 후 원 2를 측정한다.	
12	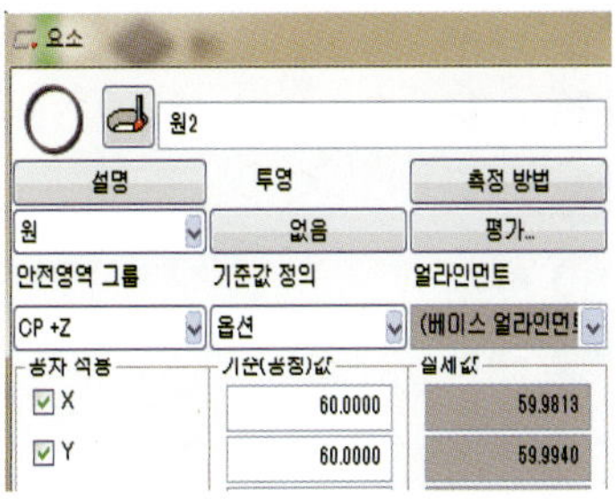	측정요소 창에서 X, Y 선택하여 특성 창에서 결과 값 확인 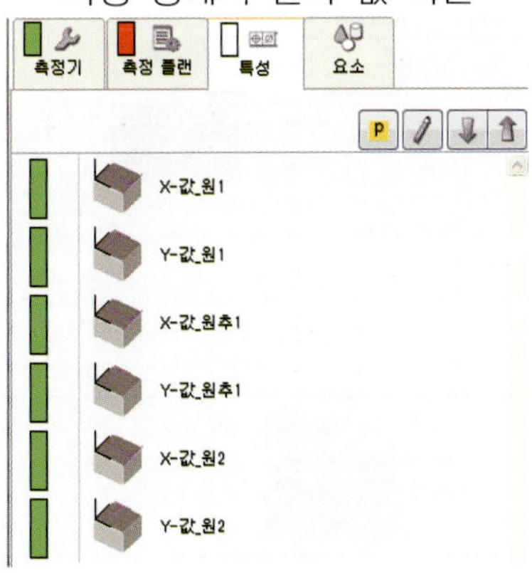	X=⑤, Y=⑥

<table>
<tr><th>순서</th><th>선택 메뉴</th><th>설 명</th><th>측정 결과</th></tr>
<tr><td>13</td><td></td><td>메뉴바에서 측정요소 →
점 선택 후 점 1을 측정한다.</td><td></td></tr>
<tr><td>14</td><td>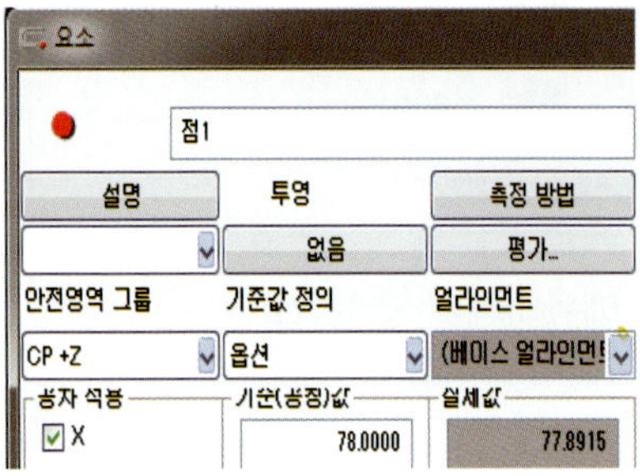</td><td>측정요소 창에서 X 선택하여 특성 창에서
결과 값 확인
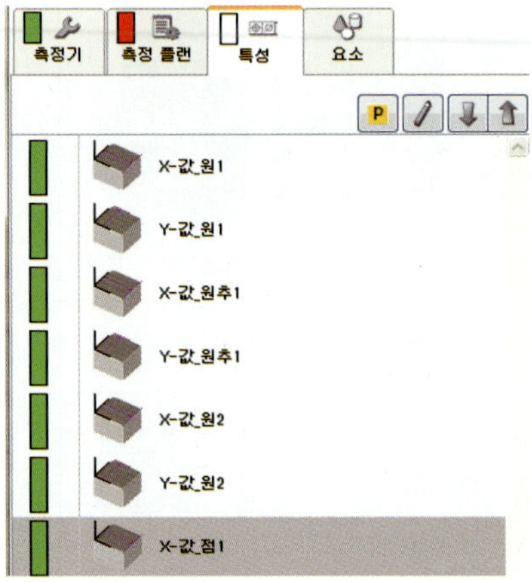</td><td>X = ⑦</td></tr>
<tr><td>15</td><td></td><td>메뉴바에서 측정요소 →
점 선택 후 점 2를 측정한다.</td><td></td></tr>
<tr><td>16</td><td>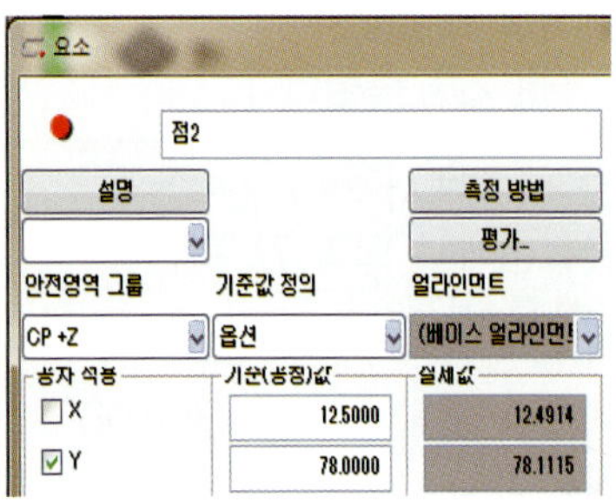</td><td>측정요소 창에서 Y 선택하여
특성 창에서 결과 값 확인
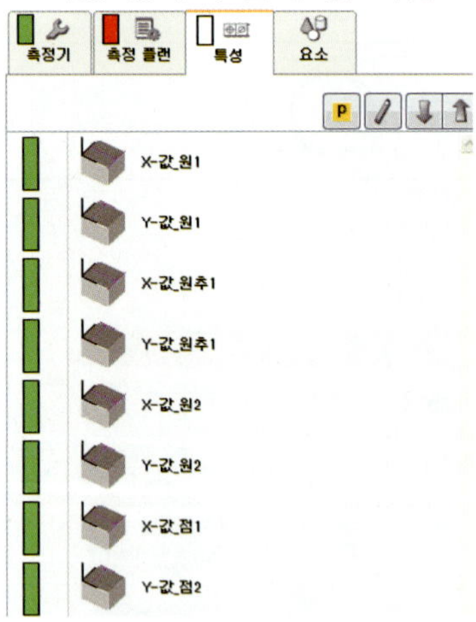</td><td>Y = ⑧</td></tr>
<tr><td>17</td><td></td><td>메뉴바에서 측정요소 →
점 선택 후 점 3을 측정한다.</td><td></td></tr>
</table>

<table>
<tr><th>순서</th><th>선택 메뉴</th><th>설 명</th><th>측정 결과</th></tr>
<tr><td>18</td><td>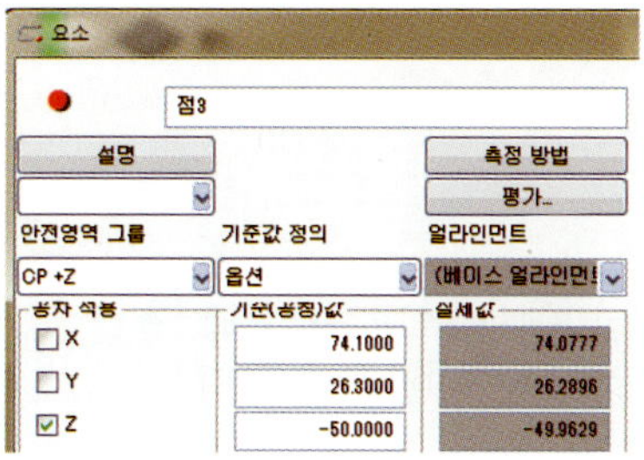
</td><td>측정요소 창에서 Z 선택하여
특성 창에서 결과 값 확인
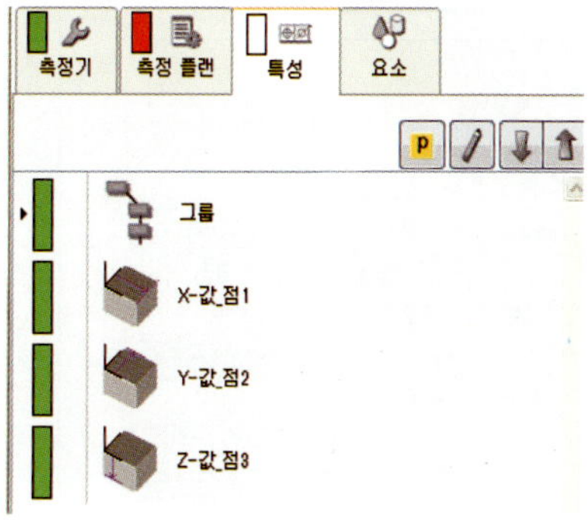
</td><td>Z = ⑨</td></tr>
<tr><td>19</td><td>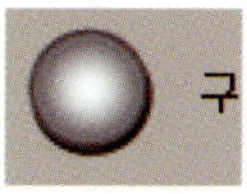
</td><td>메뉴바에서 측정요소 →
구 선택 후 구 1을 측정한다.</td><td></td></tr>
<tr><td>20</td><td>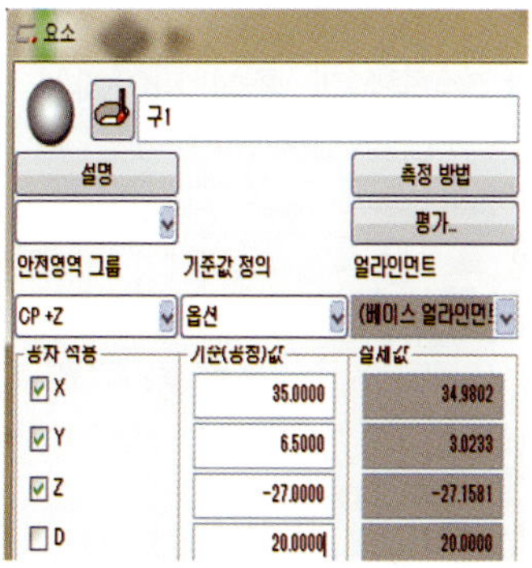
</td><td>측정요소 창에서 X, Y 선택하여 특성
창에서 결과 값 확인
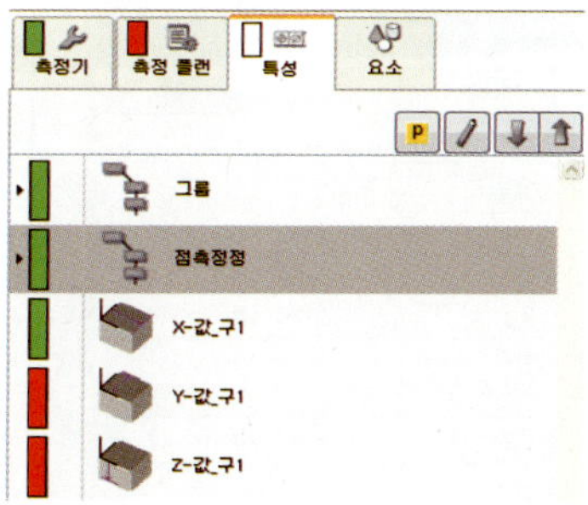
</td><td>X = ⑩,
Y = ⑪</td></tr>
<tr><td>21</td><td>
</td><td>메뉴바에서 측정요소 →
원추 선택 후 원추 2를 측정한다.</td><td></td></tr>
<tr><td>22</td><td>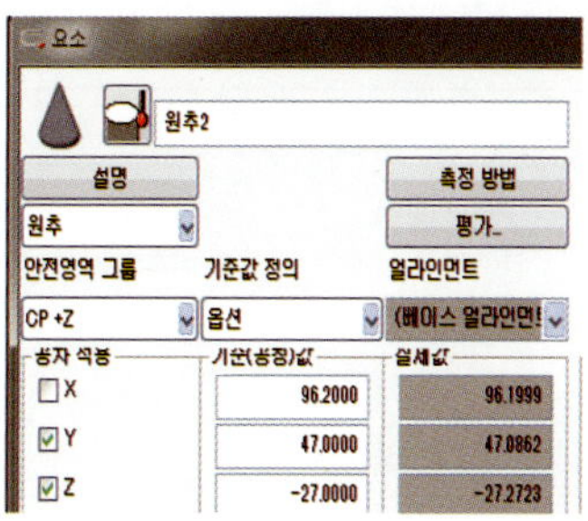
</td><td>측정요소 창에서 Y, Z 선택하여 특성
창에서 결과 값 확인

</td><td>Y = ⑫,
Z = ⑬</td></tr>
</table>

순서	선택 메뉴	설 명	측정 결과
23		메뉴바에서 측정요소 → 특별요소 → 슬롯 선택 후 슬롯 1을 측정한다.	
24	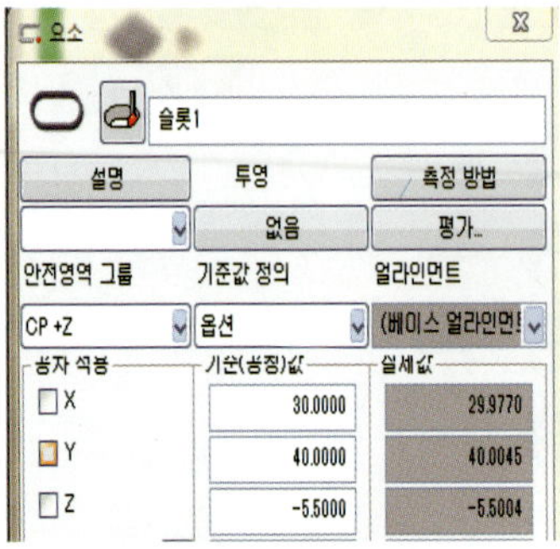	메뉴바에서 크기 → 거리 → 캘리퍼거리를 선택한다.	
25	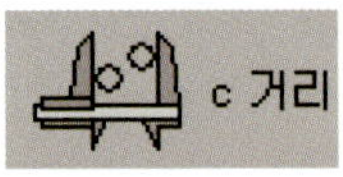	캘리퍼거리 1을 더블 클릭한다.	
26	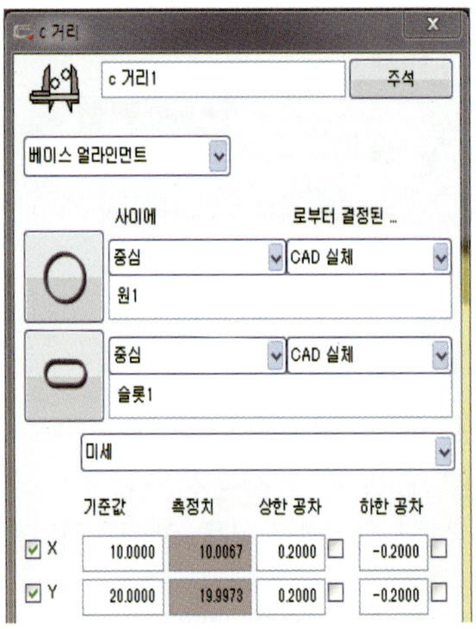	C 거리 창에서 원 1과 슬롯 1을 선택한 후 중심과 중심 사이에 X, Y값을 선택한다. 특성창에서 결과 값을 확인한다. 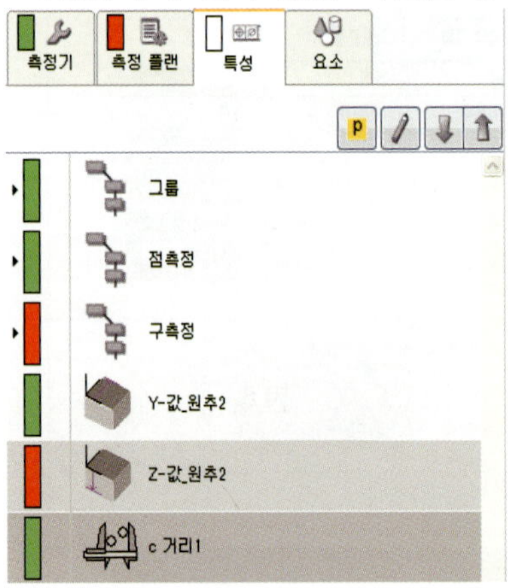	X = ⑭, Y = ⑮

순서	선택 메뉴	설 명	측정 결과
27		메뉴바에서 측정요소 → 특별요소 → 반경 점 선택 후 반경 점 1을 측정한다.	
28	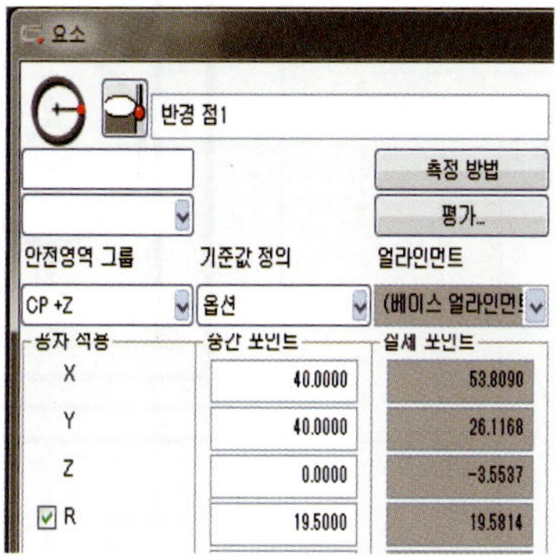	반경 점 1을 더블 클릭한 후 중간 포인트 X = 40, Y = 40 입력한다. 원호 a1을 측정한다. 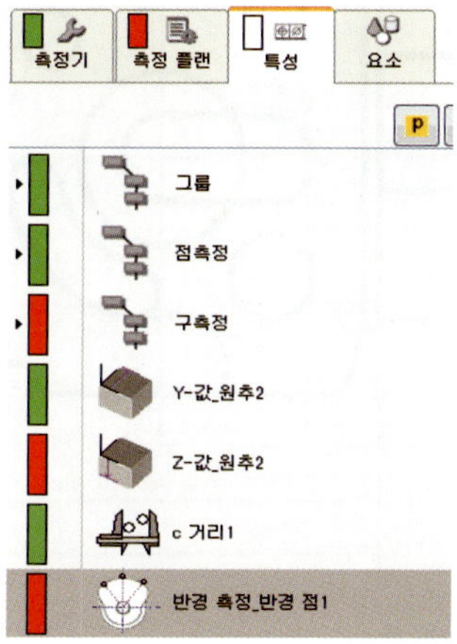	a1
29		메뉴바에서 측정요소 → 특별요소 → 반경 점 선택 후 반경 점 2를 측정한다.	
30	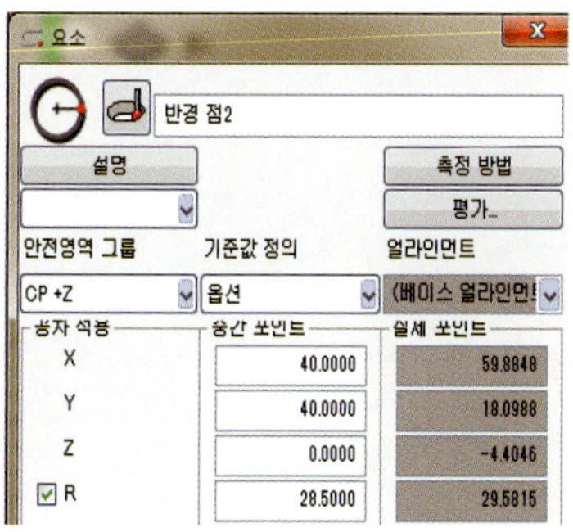	반경 점 1을 더블 클릭한 후 중간 포인트 X = 40, Y = 40 입력한다. 원호 a2를 측정한다. 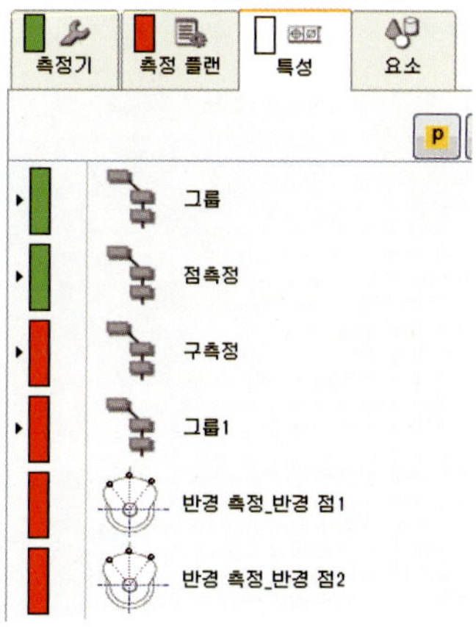	a2

3.8 투영 / 교차 / 원추계산 / 각도

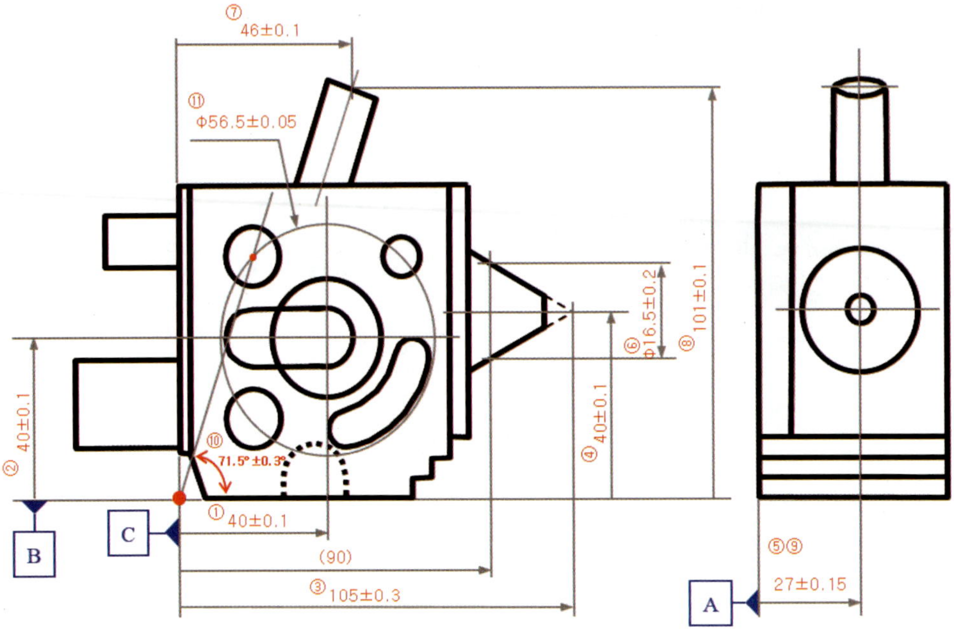

[요 점]

(1) 투영 - 정의된 점을 면에 투영하여 투영점 생성

(2) 교차 - 두 요소를 조합하여 교차

(3) 원추 계산에 의한 정점 생성

(4) 원추 계산에 의한 단면원 생성

(5) 각도 값 구하기

순서	선택 메뉴	설 명	측정 결과
1		메뉴바에서 측정요소 → 면 선택 후 면 1을 측정한다. ('A' 데이텀)	
2	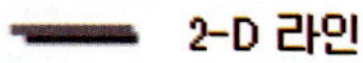	메뉴바에서 측정요소 → 2차원 직선 선택 후 직선 1을 측정한다. ('B' 데이텀).	
3	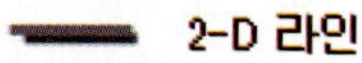	메뉴바에서 측정요소 → 2차원 직선 선택 후 직선 2를 측정한다. ('C' 데이텀)	
4		측정플랜 → 얼라인먼트 설정	
5	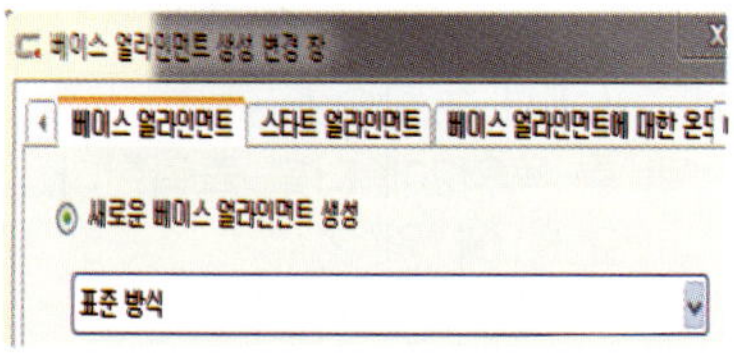	베이스 얼라인먼트 → 새로운 베이스 얼라인먼트 생성 → 확인	
6	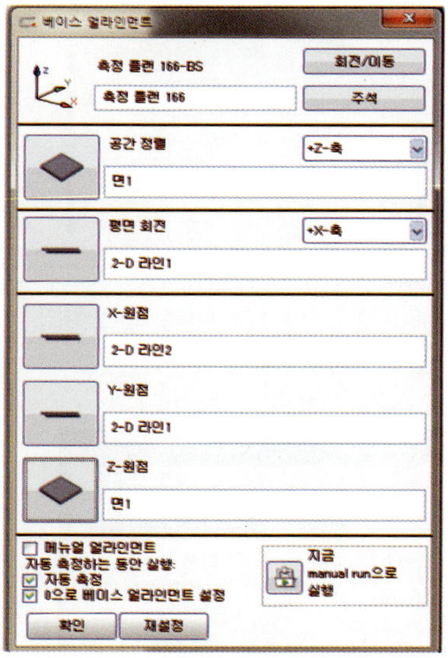	공간정렬(면 1 선택) → 평면회전(2-D 라인 1 선택) → X-원점(2-D 라인 2 선택) → Y-원점(2-D 라인 1 선택) → Z-원점(면 1 선택) 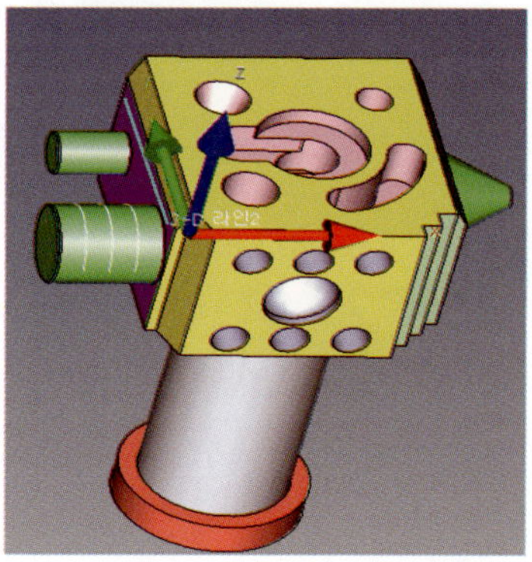	
7		메뉴바에서 측정요소 → 원추 선택 후 원추 1을 측정한다.	

<table>
<tr><th>순서</th><th>선택 메뉴</th><th>설 명</th><th>측정 결과</th></tr>
<tr><td>8</td><td>
</td><td>메뉴바에서 측정요소 →
원추 선택 후 원추 1을 측정한다.</td><td></td></tr>
<tr><td>9</td><td>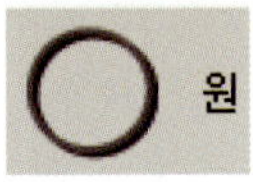
</td><td>메뉴바에서 측정요소 →
원 선택 후 원 2를 측정한다.</td><td></td></tr>
<tr><td>10</td><td>
</td><td>메뉴바에서 조합요소 →
투영을 선택 후 투영1에 더블 클릭한다.
요소1에 원 1,
요소2에 면 1을 선택한다.
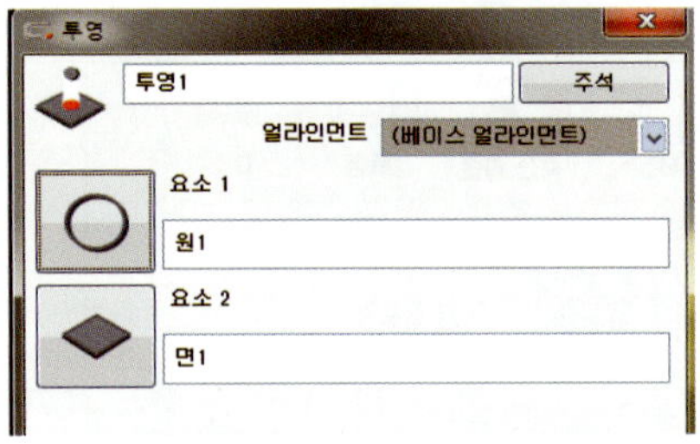
</td><td></td></tr>
<tr><td>11</td><td>
</td><td>메뉴바에서 조합요소 →
투영을 선택 후 투영2에 더블 클릭한다.
요소1에 원 2,
요소2에 면 1 선택한다.
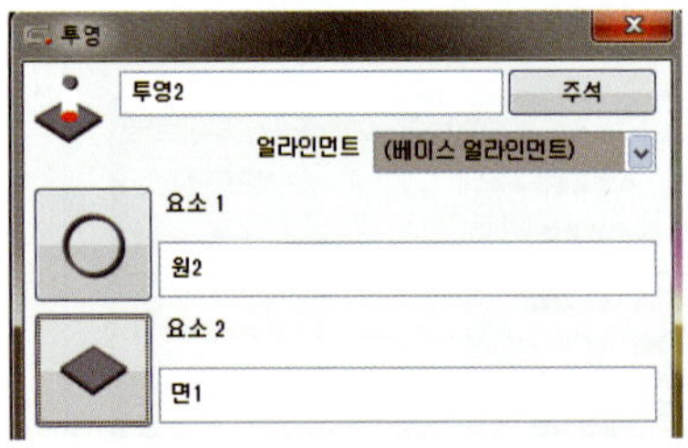
</td><td></td></tr>
<tr><td>12</td><td>
</td><td>메뉴바에서 조합요소 →
교차를 선택 후 교차 1에 더블 클릭한다.
요소1에 원추 1 선택,
요소2에 면 1 선택한다.
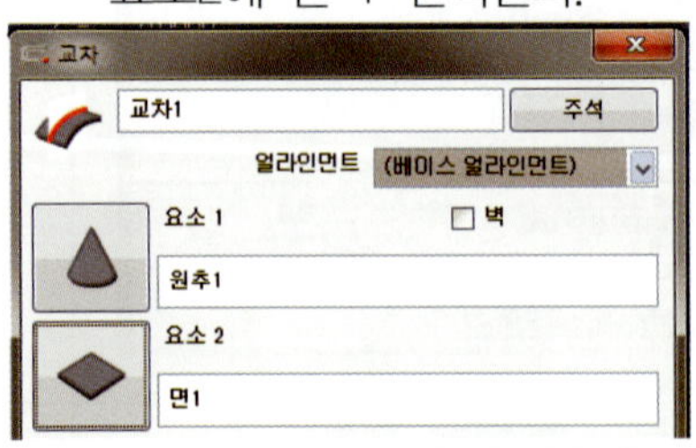
</td><td></td></tr>
</table>

순서	선택 메뉴	설 명	측정 결과
13		메뉴바에서 측정요소 → 원 선택 후 원 3을 되부름 한다.	
14	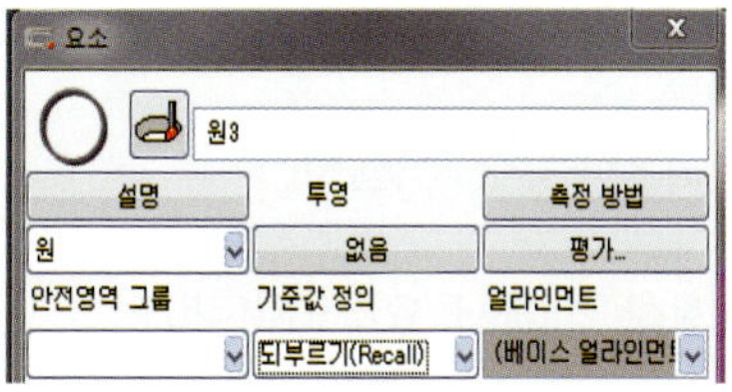	기준 값 정의에서 되부르기 선택 후 투영 1, 투영 2, 교차 1을 되부르기 한다. 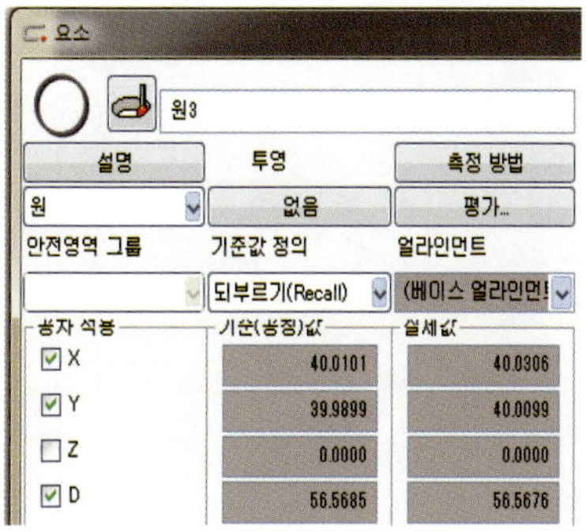	
15	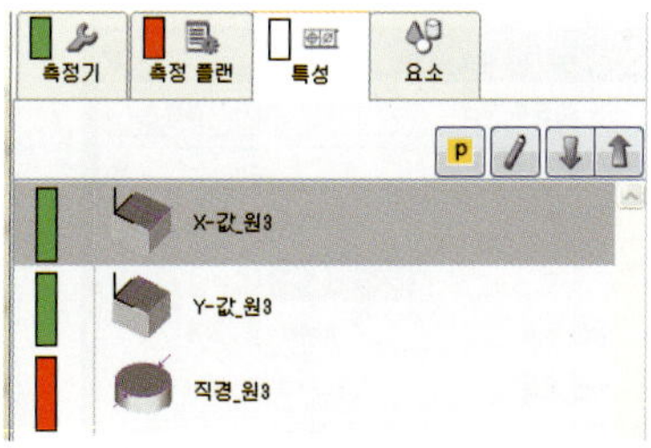	특성창에서 원 3 X, Y 값의 기준 값과 공차 값을 입력한다. 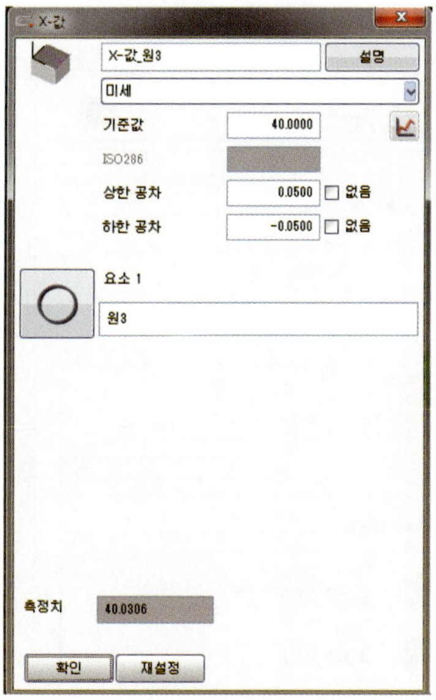	X=①, Y=②, D=⑪
16		메뉴바에서 측정요소 → 원추 선택 후 원추 2를 측정한다.	

순서	선택 메뉴	설　　명	측정 결과
17		메뉴바에서 조합요소 → 원추 계산 선택 후 원추 2의 정점을 계산한다.	
18	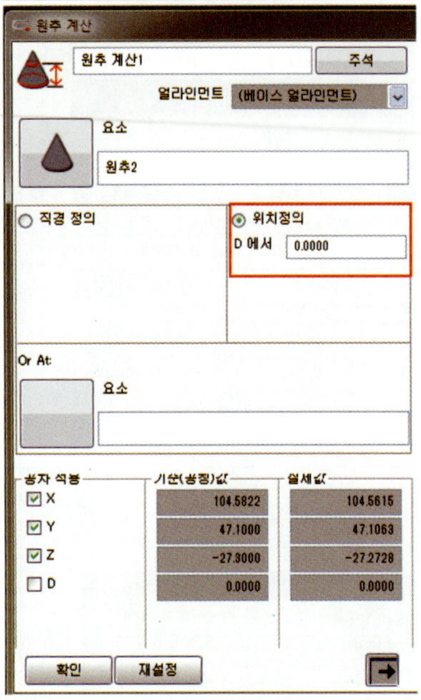	원추계산 1 선택한다. 원추계산 창에서 요소입력란에 원추 2 선택 위치정의 D에서 '0' 입력 후 공차 적용란에서 X, Y, Z 선택하여 정점의 위치를 계산한다. 기준값은 특성창에서 입력할 수 있다.	
19	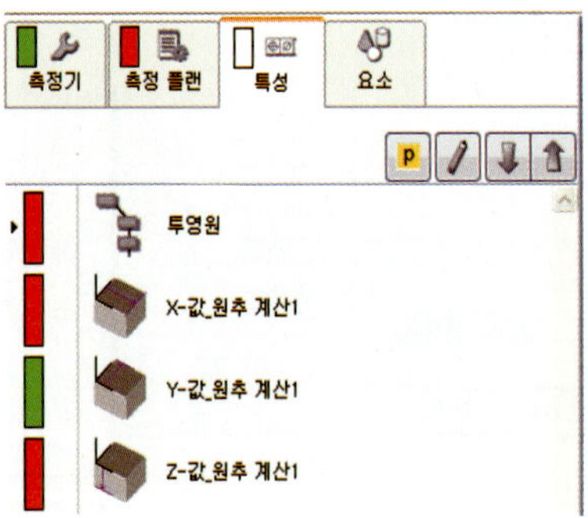	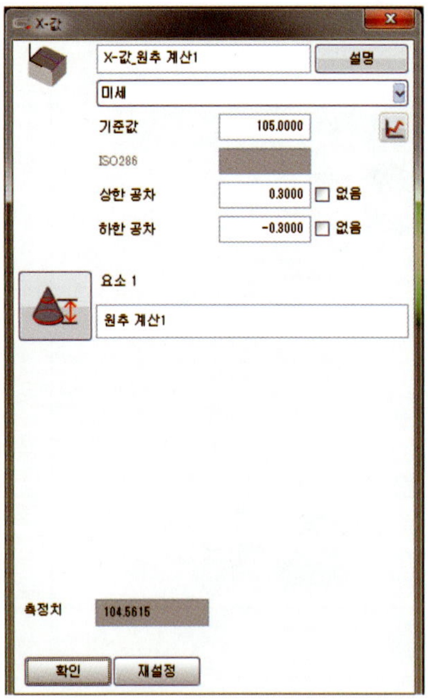	X=③, Y=④, Z=⑤

순서	선택 메뉴	설 명	측정 결과
20		메뉴바에서 조합요소 → 원추 계산 선택 후 원추 2의 단면원을 계산한다.	
21	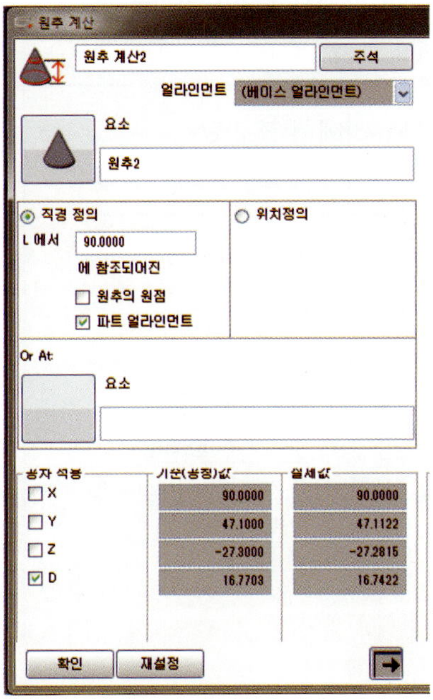	원추계산 2 선택한다. 원추계산 창에서 요소입력란에 원추 2 선택 직경 정의 L에서 '90' 입력 후 파트얼라인먼트 선택 공차 적용란에서 D 선택하여 단면원의 지름 값을 구한다. 기준값은 특성창에서 입력할 수 있다.	
22	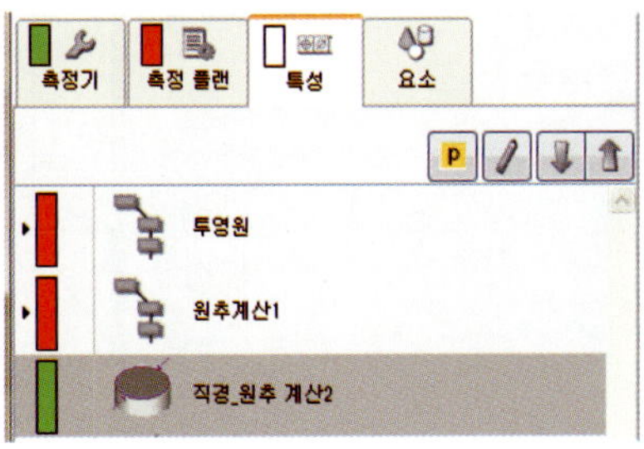	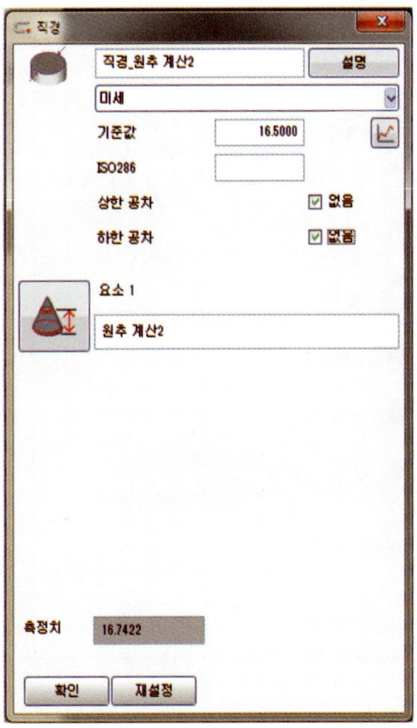	D=⑥

<table>
<tr><th>순서</th><th>선택 메뉴</th><th>설 명</th><th>측정 결과</th></tr>
<tr><td>23</td><td>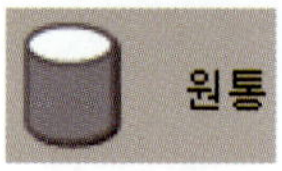
</td><td>메뉴바에서 측정요소 →
원통 선택 후 원통 1을 측정한다.</td><td></td></tr>
<tr><td>24</td><td>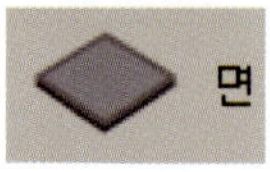
</td><td>메뉴바에서 측정요소 →
평면 선택 후 평면 2를 측정한다.</td><td></td></tr>
<tr><td>25</td><td>
</td><td>메뉴바에서 조합요소 →
교차를 선택 후 교차 2에 더블 클릭한다.</td><td></td></tr>
<tr><td>26</td><td>
</td><td>요소 1에 원통 1,
요소 2에 면 2 선택한다.
기준 값 입력은 특성창에서 입력할 수 있다.</td><td></td></tr>
<tr><td>27</td><td>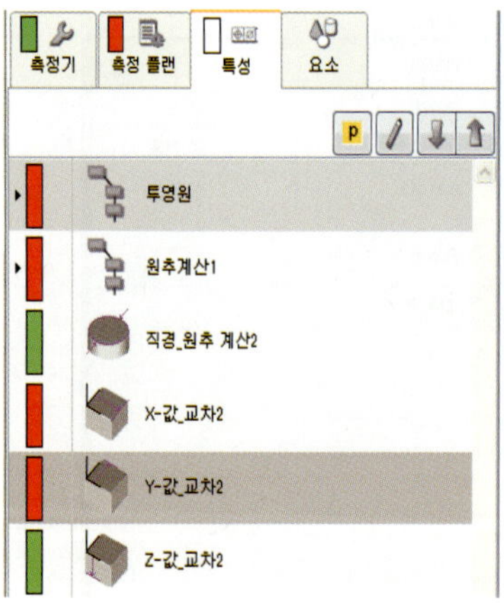
</td><td>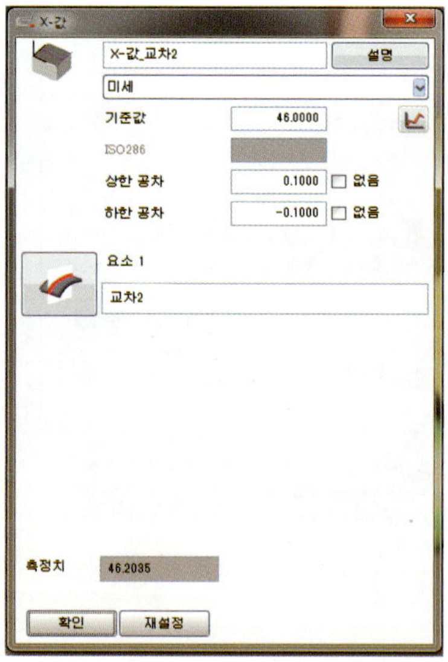
</td><td>X=⑦,
Y=⑧,
Z=⑨</td></tr>
</table>

순서	선택 메뉴	설　　　명	측정 결과
28		메뉴바에서 측정요소 → 점 선택 후 점 1을 더블 클릭한다.	
29	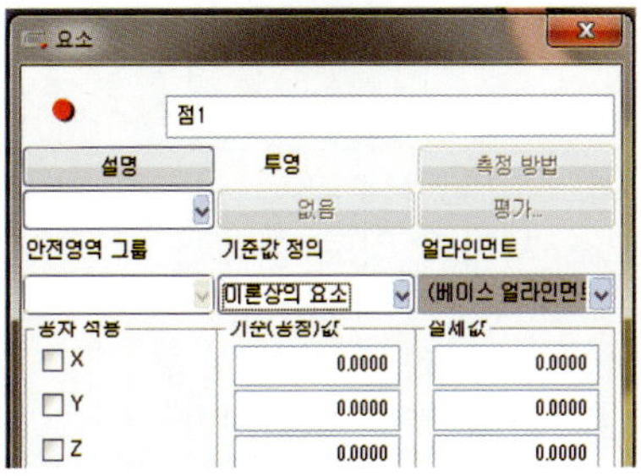	기준 값 정의에서 이론상의 요소를 선택한다.	
30	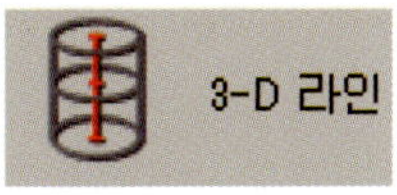	메뉴바에서 측정요소 → 3차원 직선을 선택 후 3-D 라인 1을 더블 클릭한다.	
31	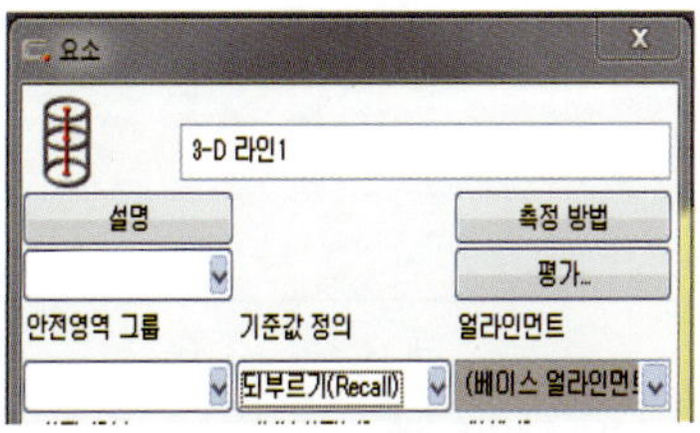	기준값 정의에서 되부르기를 선택한다.	
32	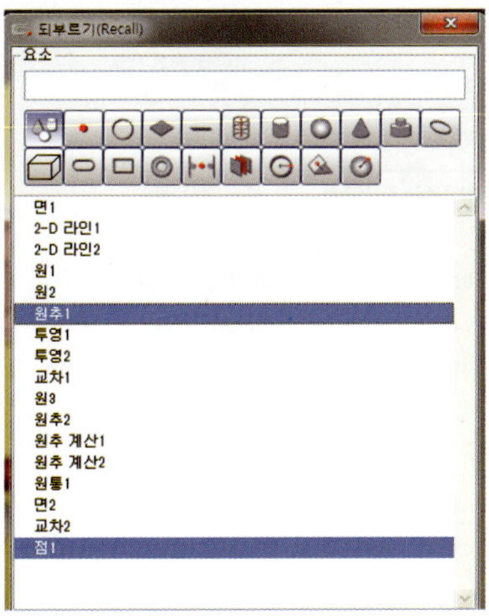	되부르기 창에서 원추 1과 점 1을 선택한다.	
33	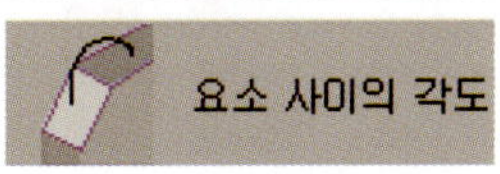	메뉴바에서 기하요소 선택 후 요소 사이의 각도를 선택한다.	

순서	선택 메뉴	설 명	측정 결과
34	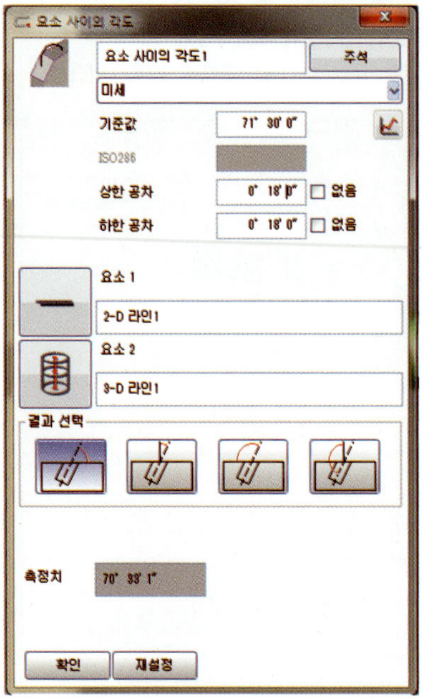	요소 사이의 각도 1을 더블 클릭한 후 요소 사이의 각도 창에서 요소1 2-D 라인 1, 요소2 3-D 라인 1 선택 후 기준 값에 각도 입력한다.	각도 = ⑩

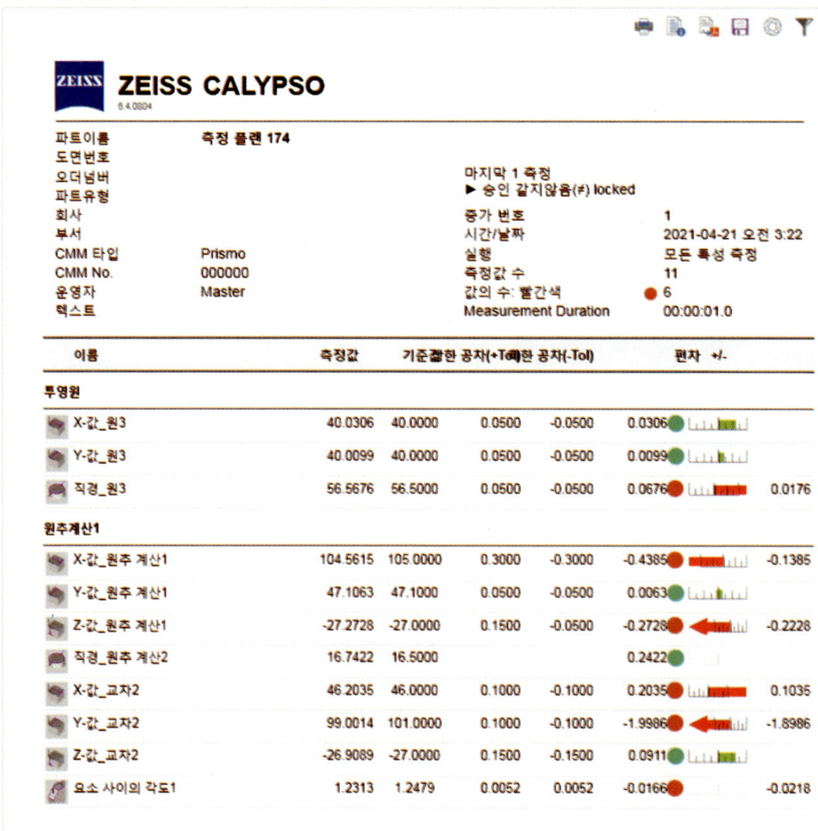

ZEISS CALYPSO

파트이름	측정 플랜 174		
도면번호			
오더넘버		마지막 1 측정	
파트유형		▶ 승인 값지않음(≠) locked	
회사		증가 번호	1
부서		시간/날짜	2021-04-21 오전 3:22
CMM 타입	Prismo	실행	모든 특성 측정
CMM No.	000000	측정값 수	11
운영자	Master	값의 수: 빨간색	6
텍스트		Measurement Duration	00:00:01.0

이름	측정값	기준값	상한 공차(+Tol)	하한 공차(-Tol)	편차	+/-
투영원						
X-값_원3	40.0306	40.0000	0.0500	-0.0500	0.0306	
Y-값_원3	40.0099	40.0000	0.0500	-0.0500	0.0099	
직경_원3	56.5676	56.5000	0.0500	-0.0500	0.0676	0.0176
원추계산1						
X-값_원추 계산1	104.5615	105.0000	0.3000	-0.3000	-0.4385	-0.1385
Y-값_원추 계산1	47.1063	47.1000	0.0500	-0.0500	0.0063	
Z-값_원추 계산1	-27.2728	-27.0000	0.1500	-0.0500	-0.2728	-0.2228
직경_원추 계산2	16.7422	16.5000			0.2422	
X-값_교차2	46.2035	46.0000	0.1000	-0.1000	0.2035	0.1035
Y-값_교차2	99.0014	101.0000	0.1000	-0.1000	-1.9986	-1.8986
Z-값_교차2	-26.9089	-27.0000	0.1500	-0.1500	0.0911	
요소 사이의 각도1	1.2313	1.2479	0.0052	0.0052	-0.0166	-0.0218

3.9 투영 / 교차 / 원추계산 / 각도 - (2)

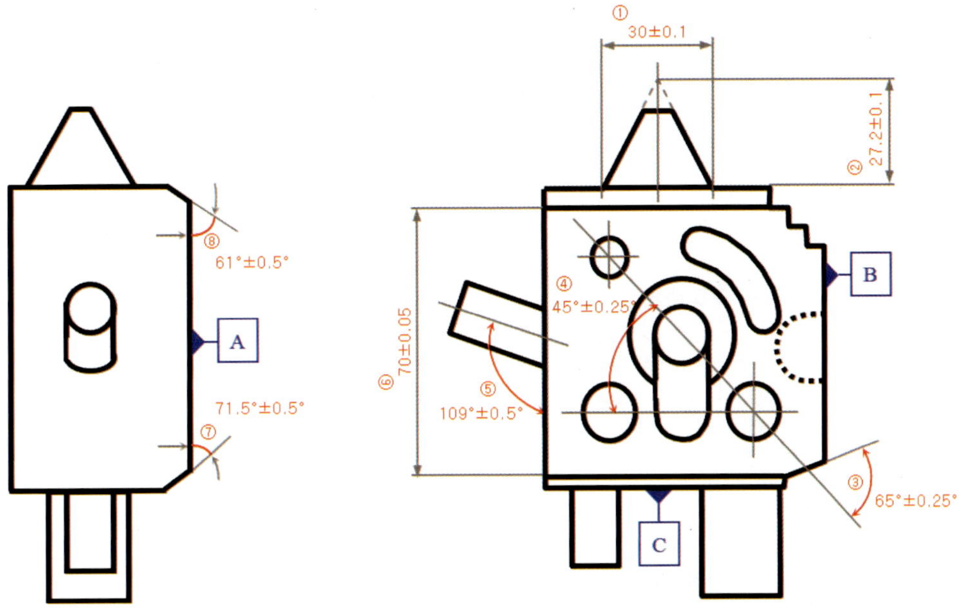

[요 점]

(1) 원추벽이 평면에 교차될 때의 교차원 생성

(2) 거리를 이용한 두 요소 간의 거리 구하기

(3) 요소 사이의 각도를 이용한 각도값과 투영각 값 비교

순서	선택 메뉴	설 명	측정 결과
1		메뉴바에서 측정요소 → 면 선택 후 면 1을 측정한다. ('A' 데이텀)	
2	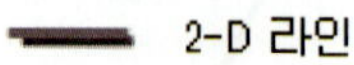	메뉴바에서 측정요소 → 2차원 직선 선택 후 직선 1을 측정한다. ('B' 데이텀)	
3	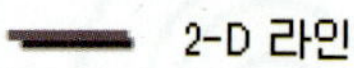	메뉴바에서 측정요소 → 2차원 직선 선택 후 직선 2를 측정한다. ('C' 데이텀)	
4	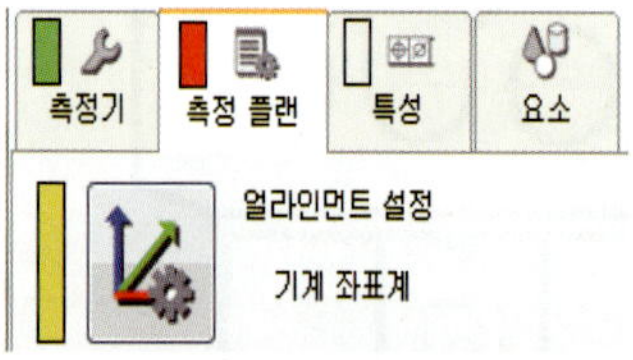	측정플랜 → 얼라인먼트 설정	
5	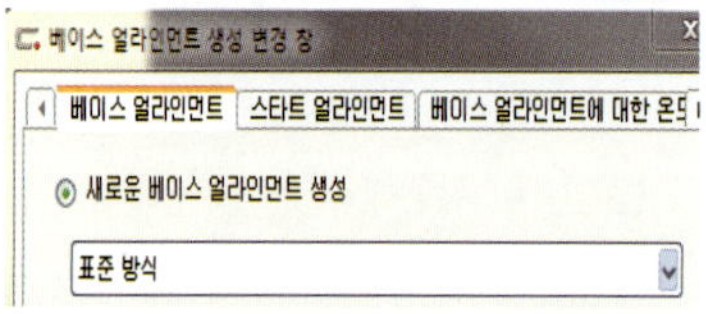	베이스 얼라인먼트 → 새로운 베이스 얼라인먼트 생성 → 확인	
6		공간정렬(면 1 선택) → 평면회전(2-D 라인 1 선택) → X-원점(2-D 라인 2 선택) → Y-원점(2-D 라인 1 선택) → Z-원점(면 1 선택) 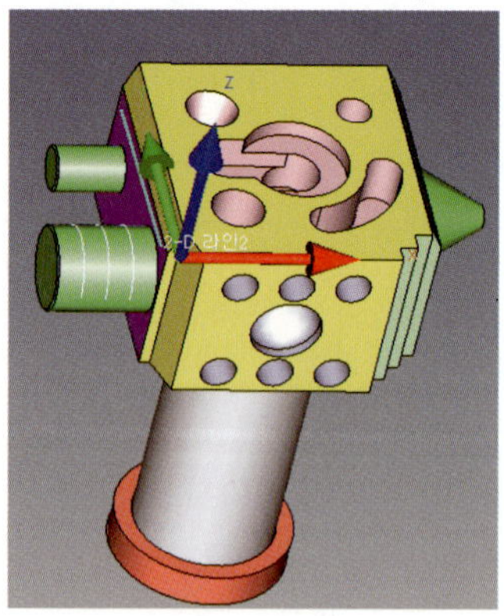	
7		메뉴바에서 측정요소 → 원추 선택 후 원추 1을 측정한다.	

순서	선택 메뉴	설　　　　명	측정 결과
8		메뉴바에서 측정요소 → 면 선택 후 면 2를 측정한다.	
9		메뉴바에서 조합요소 → 교차를 선택 후 교차 1에 더블 클릭한다.	
10		요소1에 원추 1, 요소2에 면 2 선택한다. '벽'에 선택을 하고 공차 적용란에 'D'를 선택하여 교차원을 계산한다. 특성창에서 기준 값을 입력할 수 있다.	
11	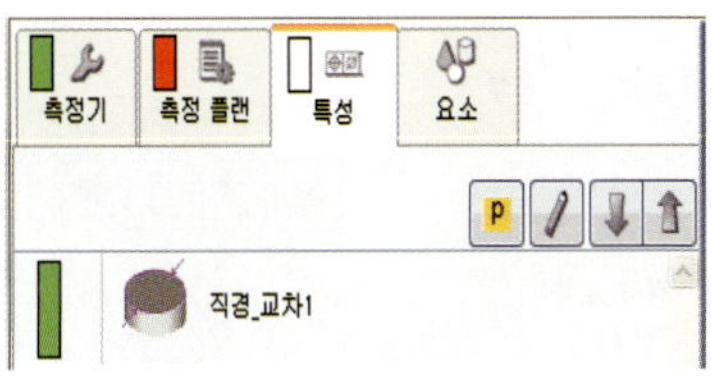	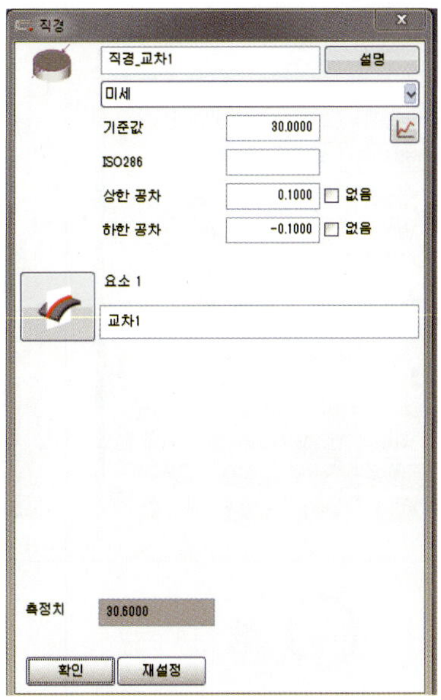	D = ①
12	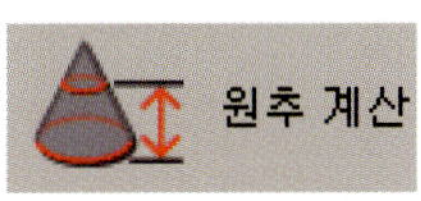	메뉴바에서 조합요소 → 원추 계산 선택 후 원추 1의 정점을 계산한다.	

순서	선택 메뉴	설 명	측정 결과
13		원추계산 1 더블 클릭한다. 원추계산 창에서 요소입력란에 원추 1 선택 위치 정의 D에서 '0' 입력하여 정점을 계산한다.	
14	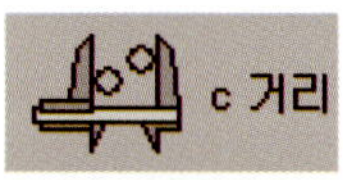	메뉴바에서 크기 → 거리 캘리퍼거리를 선택한다.	
15	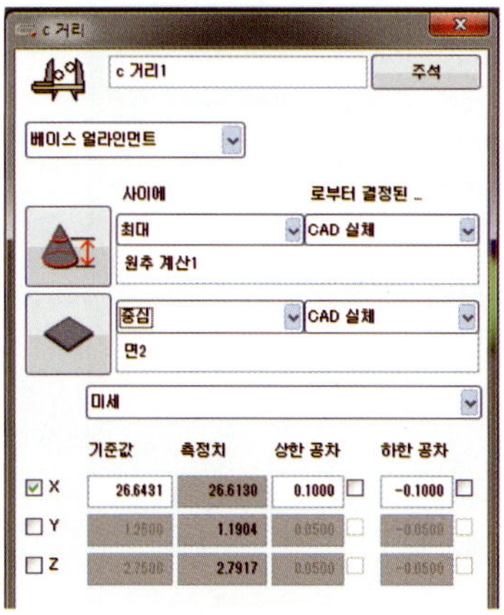	C 거리 창에서 원뿔 1과 면 2를 선택한 후 원뿔의 최대에서 평면 중심 사이에 X 값을 선택한다. 특성창에서 결과값을 확인한다. 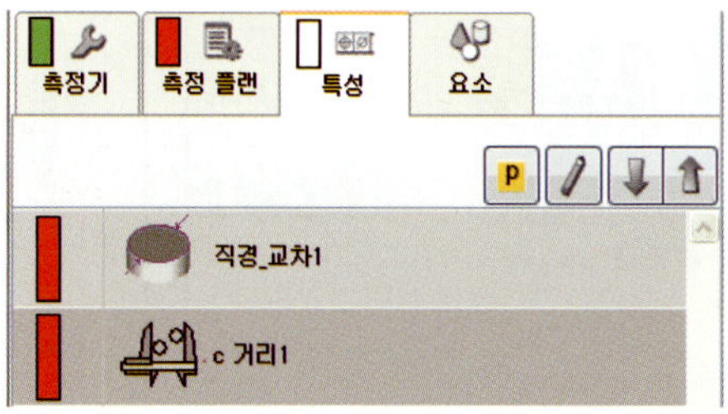	X = ②
16	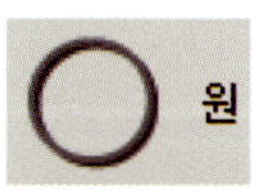	메뉴바에서 측정요소 → 원 선택 후 원 1을 측정한다.	
17	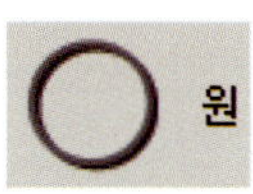	메뉴바에서 측정요소 → 원 선택 후 원 2를 측정한다.	

순서	선택 메뉴	설 명	측정 결과
18	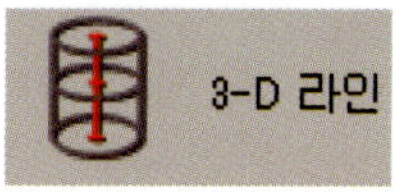	메뉴바에서 측정요소 → 3–D 라인 선택 후 3–D 라인 1을 더블 클릭한다.	
19	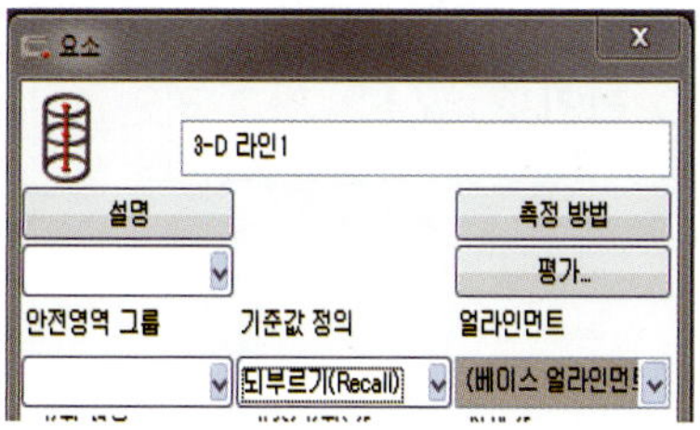	기준값 정의에서 되부르기 선택 후 원 1과 원 2를 되부르기 한다. 	
20	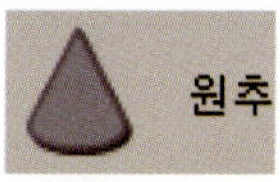	메뉴바에서 측정요소 → 원추 선택 후 원추 2를 측정한다.	
21	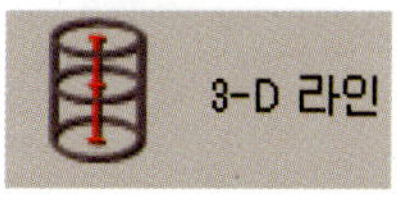	메뉴바에서 측정요소 → 3–D 라인 선택 후 3–D 라인 2를 더블 클릭한다.	
22	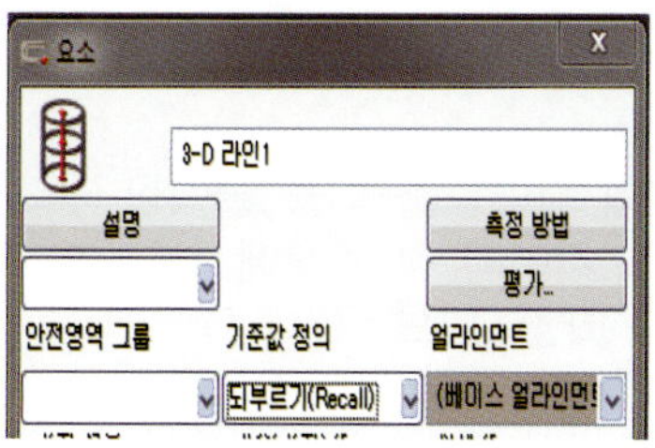	기준값 정의에서 되부르기 선택 후 원 1과 원추 2를 되부르기 한다. 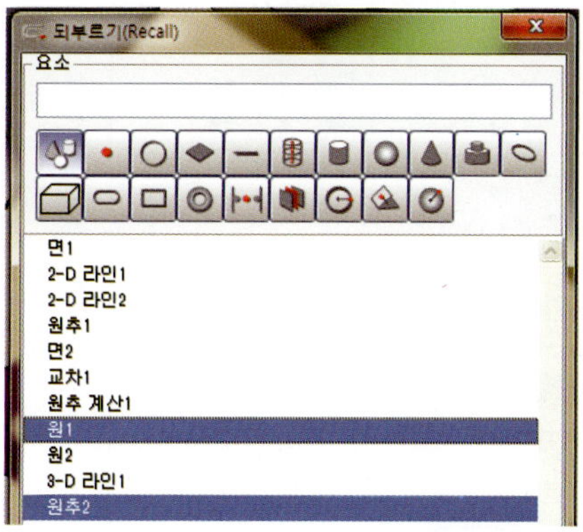	
23		메뉴바에서 기하요소 선택 후 요소 사이의 각도를 선택한다.	

순서	선택 메뉴	설명	측정 결과
24	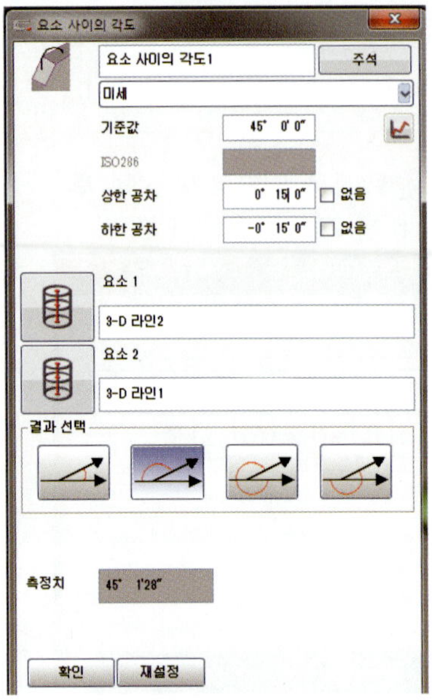	요소 사이의 각도 1을 더블 클릭한 후 요소 사이의 각도 창에서 요소1 3-D 라인 2, 요소2 3-D 라인 1 선택 후 기준 값에 각도 입력한다.	각도 =④
25	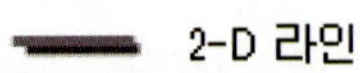	메뉴바에서 측정요소 → 2차원 직선 선택 후 직선 3을 측정한다.	
26		메뉴바에서 기하요소 선택 후 요소 사이의 각도를 선택한다.	
27	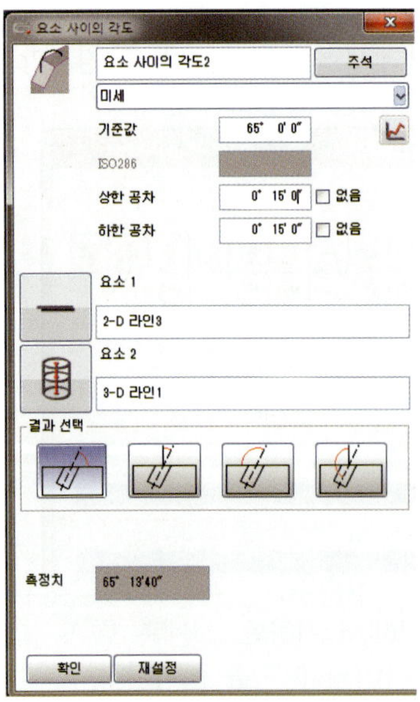	요소 사이의 각도 2를 더블 클릭한 후 요소 사이의 각도 창에서 요소1 2-D 라인 3, 요소2 3-D 라인 1 선택 후 기준 값에 각도 입력한다.	각도 = ③

순서	선택 메뉴	설 명	측정 결과
28		메뉴바에서 측정요소 → 원통 선택 후 원통 1을 측정한다.	
29	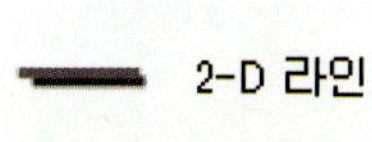	메뉴바에서 측정요소 → 2차원 직선 선택 후 직선 4를 측정한다.	
30	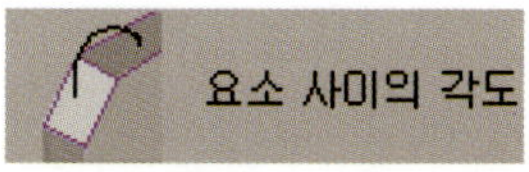	메뉴바에서 기하공차 선택 후 요소 사이의 각도를 선택한다.	
31	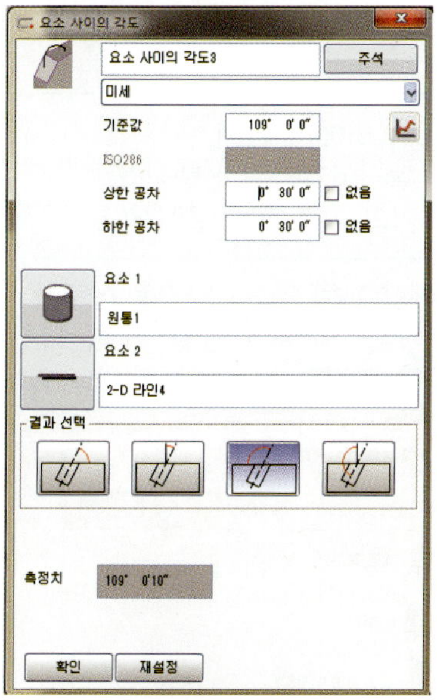	요소 사이의 각도 3을 더블 클릭한 후 요소 사이의 각도 창에서 요소1 원통 1, 요소2 2-D 라인 4 선택 후 기준 값에 각도 입력한다.	각도 = ⑤
32		메뉴바에서 측정요소 → 면 선택 후 면 3을 측정한다.	
33	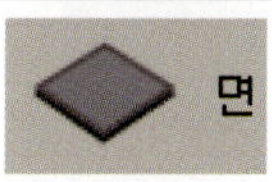	메뉴바에서 측정요소 → 면 선택 후 면 4를 측정한다.	
34		메뉴바에서 조합요소 → 교차를 선택 후 교차 2에 더블 클릭한다.	
35	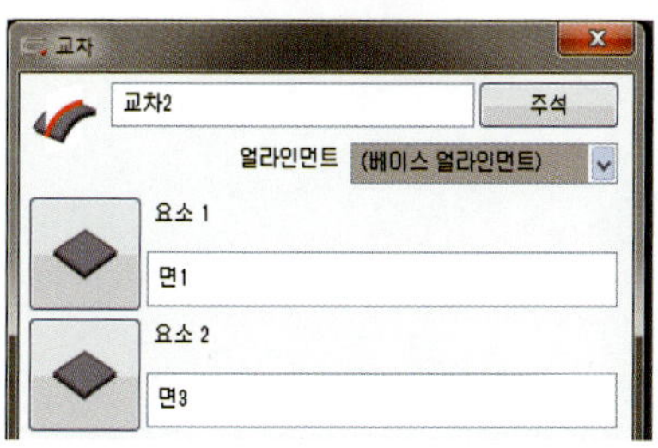	요소1에 면 1, 요소2에 면 3 선택한다.	

<table>
<tr><th>순서</th><th>선택 메뉴</th><th>설 명</th><th>측정 결과</th></tr>
<tr><td>36</td><td></td><td>메뉴바에서 조합요소 →
교차를 선택 후 교차 3에 더블 클릭한다.</td><td></td></tr>
<tr><td>37</td><td>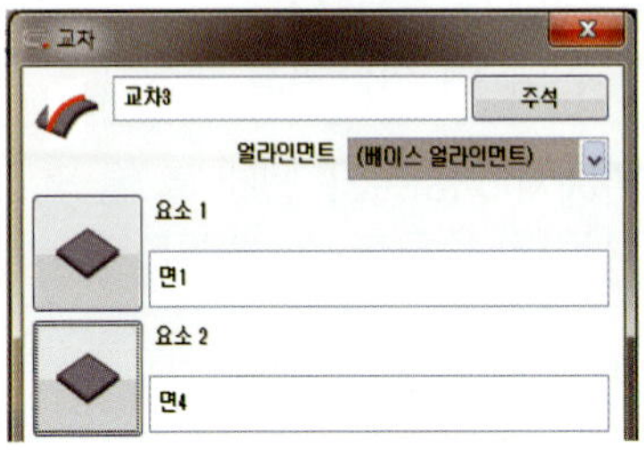</td><td>요소1에 면 1,
요소2에 면 4 선택한다.</td><td></td></tr>
<tr><td>38</td><td>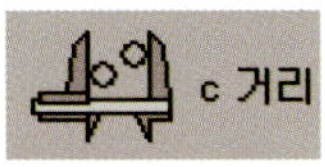</td><td>메뉴바에서 크기 →
거리 캘리퍼거리를 선택한다.
캘리퍼거리 2를 더블 클릭한다.</td><td></td></tr>
<tr><td>39</td><td>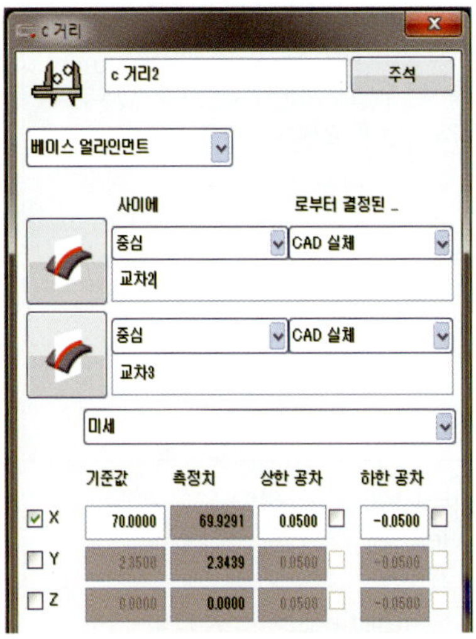</td><td>C 거리 창에서 교차 2와 교차 3을 선택한 후 교차점 중심 사이에 'X' 값을 선택한다.
특성창에서 결과 값을 확인한다.
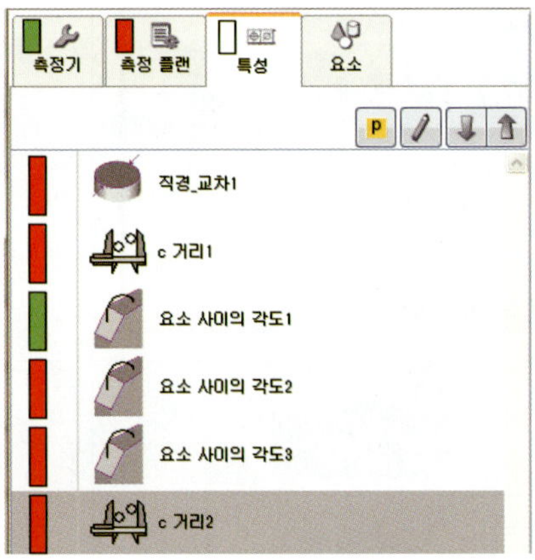</td><td>X=⑦</td></tr>
<tr><td>40</td><td></td><td>메뉴바에서 기하공차 선택 후
요소 사이의 각도를 선택한다.</td><td></td></tr>
</table>

순서	선택 메뉴	설　　　명	측정 결과
41		요소 사이의 각도 4를 더블 클릭한 후 요소 사이의 각도 창에서 요소1 면 1, 요소2 면 3 선택 후 기준값에 각도 입력한다.	각도 = ⑨
42	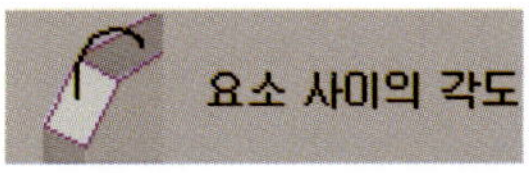	메뉴바에서 기하공차 선택 후 요소 사이의 각도를 선택한다.	
43		요소 사이의 각도 5를 더블 클릭한 후 요소 사이의 각도 창에서 요소1 면 1, 요소2 면 4 선택 후 기준값에 각도 입력한다.	각도 = ⑩

ZEISS CALYPSO

6.4.0804

파트이름	측정 플랜 175		
도면번호			
오더넘버		마지막 1 측정	
		▶ 승인 같지않음(≠) locked	
파트유형			
회사		증가 번호	1
부서		시간/날짜	2021-04-21 오전 5:09
CMM 타입	Prismo	실행	모든 특성 측정
CMM No.	000000	측정값 수	8
운영자	Master	값의 수: 빨간색	5
텍스트		Measurement Duration	00:00:02.0

이름	측정값	기준값	상한 공차(+Tol)	하한 공차(-Tol)	편차	+/-
직경_교차1	30.6000	30.0000	0.1000	-0.1000	0.6000	0.5000
c 거리1_X	26.6130	27.2000	0.1000	-0.1000	-0.5870	-0.4870
요소 사이의 각도1	0.7858	0.7854	0.0044	-0.0044	0.0004	
요소 사이의 각도2	1.1384	1.1345	0.0044	0.0044	0.0040	-0.0004
요소 사이의 각도3	1.9025	1.9024	0.0087	0.0087	0.0000	-0.0087
c 거리2_X	69.9291	70.0000	0.0500	-0.0500	-0.0709	-0.0209
요소 사이의 각도4	1.2496	1.2479	0.0087	-0.0087	0.0017	
요소 사이의 각도5	1.0631	1.0647	0.0087	-0.0087	-0.0016	

3.10 기하공차 (1)

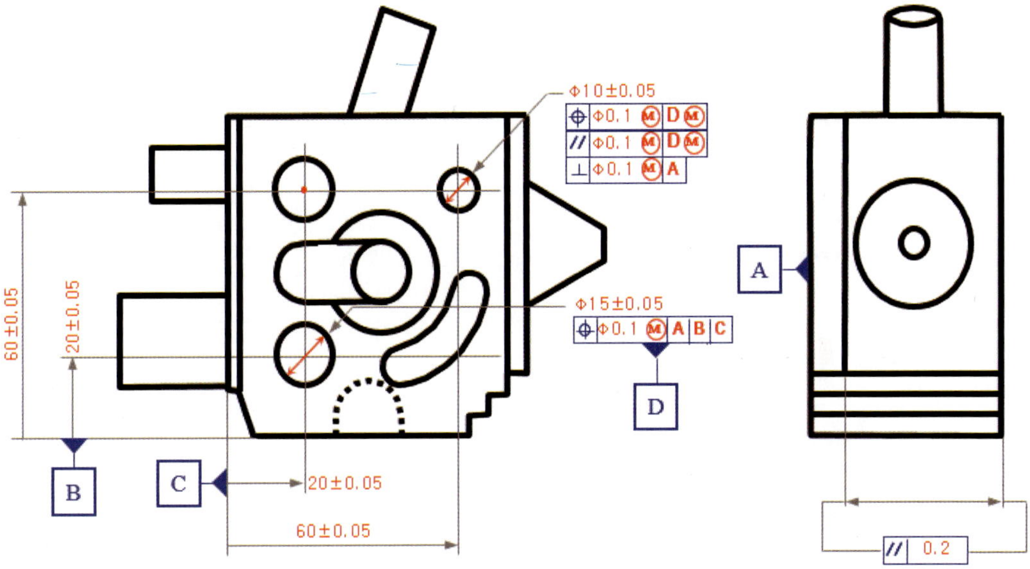

[요 점]

(1) 기하공차 계산법

(2) MMC 적용 방법

(3) 데이텀 적용 방법

순서	선택 메뉴	설 명	측정 결과
1		메뉴바에서 측정요소 → 면 선택 후 면 1을 측정한다. ('A' 데이텀)	
2	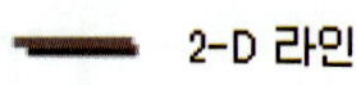	메뉴바에서 측정요소 → 2차원 직선 선택 후 직선 1을 측정한다. ('B' 데이텀)	
3	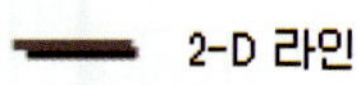	메뉴바에서 측정요소 → 2차원 직선 선택 후 직선 2를 측정한다. ('C' 데이텀)	
4	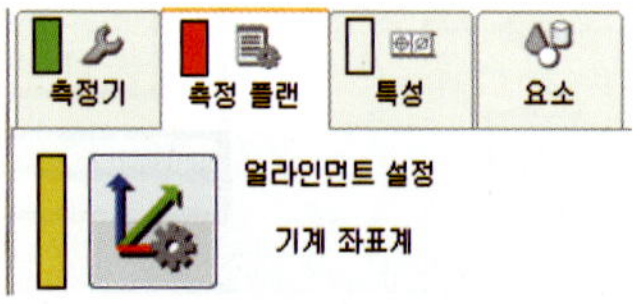	측정플랜 → 얼라인먼트 설정	
5	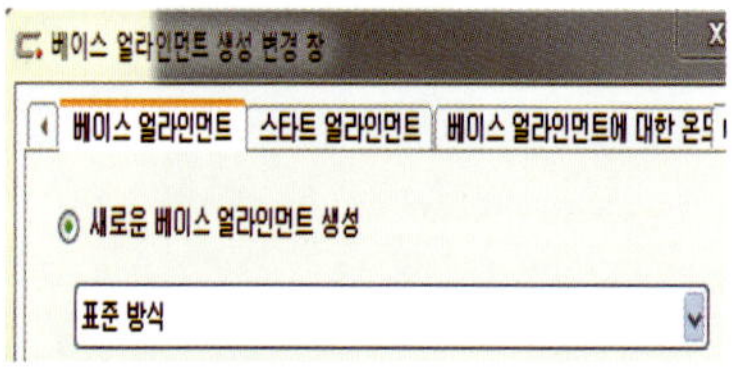	베이스 얼라인먼트 → 새로운 베이스 얼라인먼트 생성 → 확인	
6	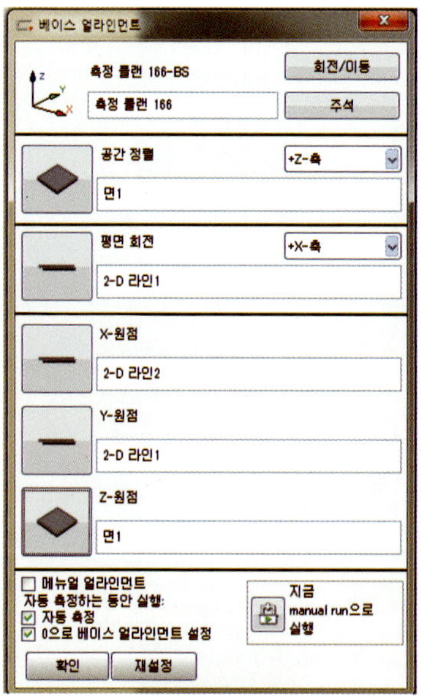	공간정렬(면 1 선택) → 평면회전(2-D 라인 1 선택) → X-원점(2-D 라인 2 선택) → Y-원점(2-D 라인 1 선택) → Z-원점(면 1 선택) 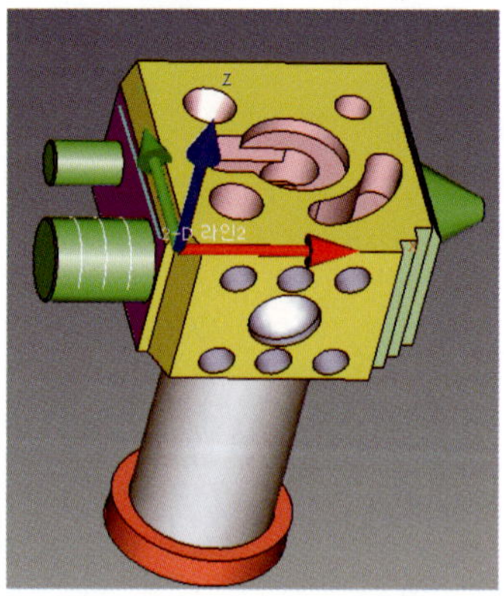	
7		메뉴바에서 측정요소 → 원통 선택 후 원통 1을 측정한다.	

순서	선택 메뉴	설　　　명	측정 결과
8	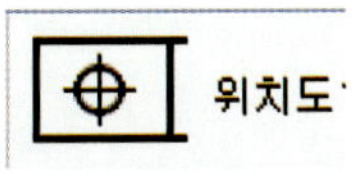	메뉴바에서 → 기하공차 → 위치도를 선택한다.	
9	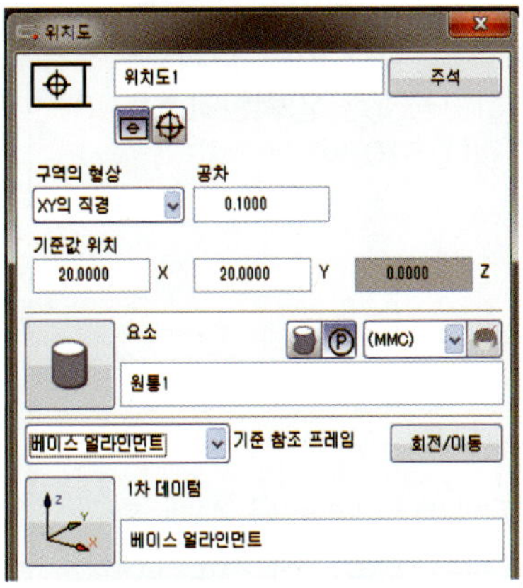	특성에서 위치도 1을 더블 클릭한다. (요소)에서 원통 1을 선택한다. (1차 데이텀)에서 베이스 얼라인먼트를 선택한다. (공차)에서 위치도 공차 0.1을 입력한다. 기준값 위치에 (X = 20, Y = 20) 입력한다. (요소)에서 MMC 선택한 후 직경을 누른다.	위치도
10	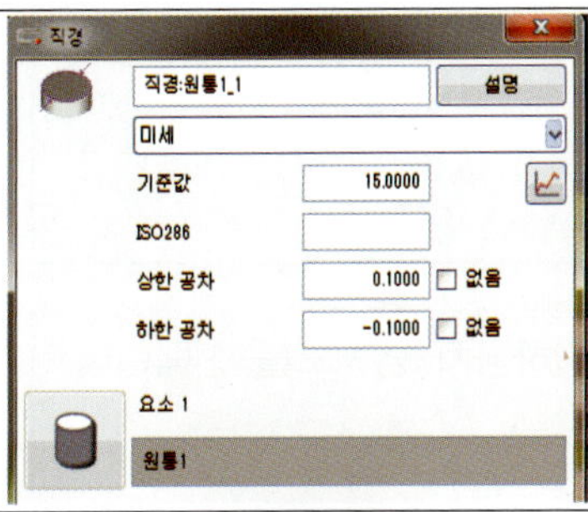	원통 1의 직경 기준 값과 상, 하한공차를 입력한다. (D = 15±0.1)	
11		메뉴바에서 측정요소 → 원통 선택 후 원통 2를 측정한다.	
12	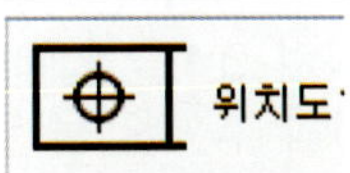	메뉴바에서 → 기하공차 → 위치도를 선택한다.	
13	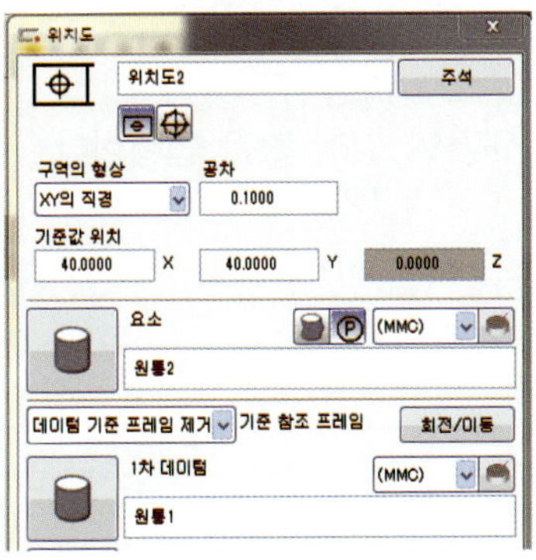	특성에서 위치도 2를 더블 클릭한다. (요소)에서 원통 2를 선택한다. (1차 데이텀)에서 원통 1을 선택한다. (공차)에서 위치도 공차 0.1을 입력한다. 기준값 위치에 (X = 40, Y = 40) 입력한다. (요소)에서 MMC 선택한 후 직경을 누른다.	위치도

순서	선택 메뉴	설　　　명	측정 결과
14	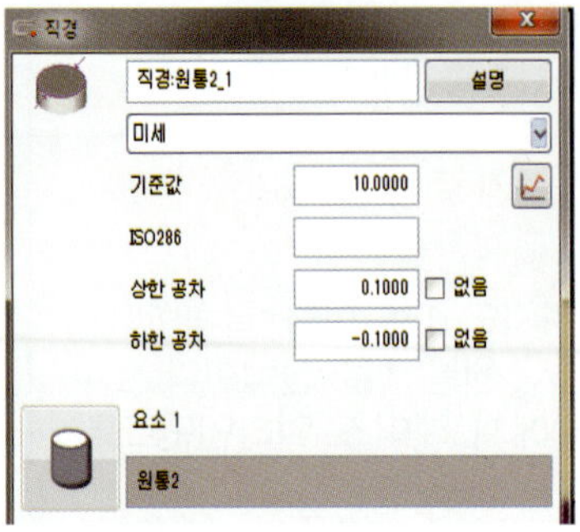	원통 2의 직경 기준 값과 상, 하한공차를 입력한다. (D = 10±0.1)	
15	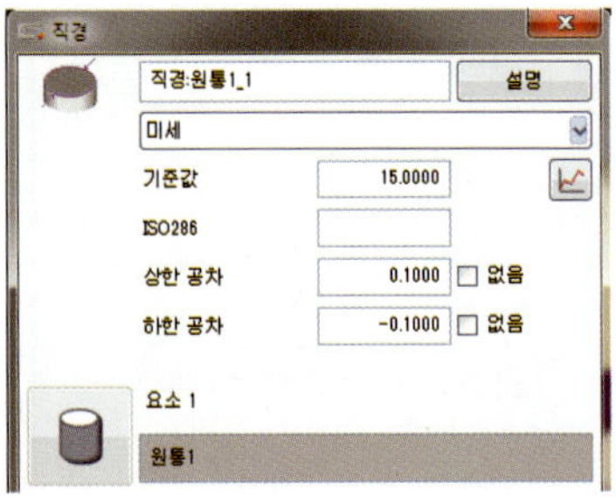	(1차 데이텀)에서 MMC를 선택 후 직경을 누르고 원통 1의 기준 값과 상, 하한 공차를 입력한다. (D = 15±0.1)	
16	 평행도	메뉴바에서 기하공차 평행도를 선택한다.	
17	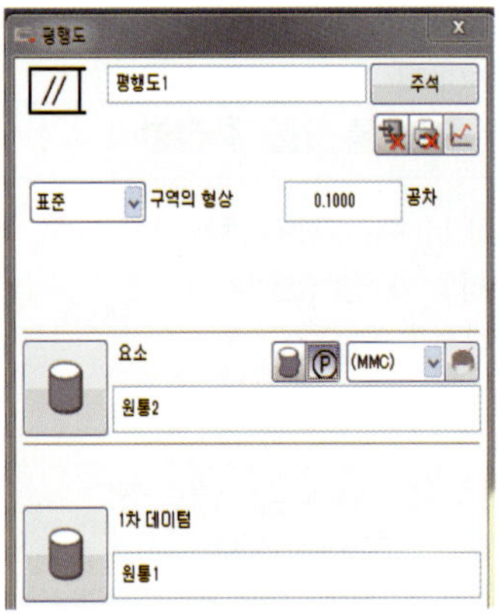	특성에서 평행도 1을 더블 클릭한다. (요소)에서 원통 2를 선택한다. (1차 데이텀)에서 원통 1을 선택한다. (공차)에서 위치도 공차 0.1을 입력한다. (요소)에서 MMC를 선택 후 직경을 누르고 원통 2의 기준 값과 상, 하한 공차를 입력한다. (D = 10±0.1) (P)를 누르고 원통의 길이 값을 입력한다. (L = 12)	평행도
18	 직각도	메뉴바에서 기하공차 직각도를 선택한다.	

순서	선택 메뉴	설　　　명	측정 결과
19	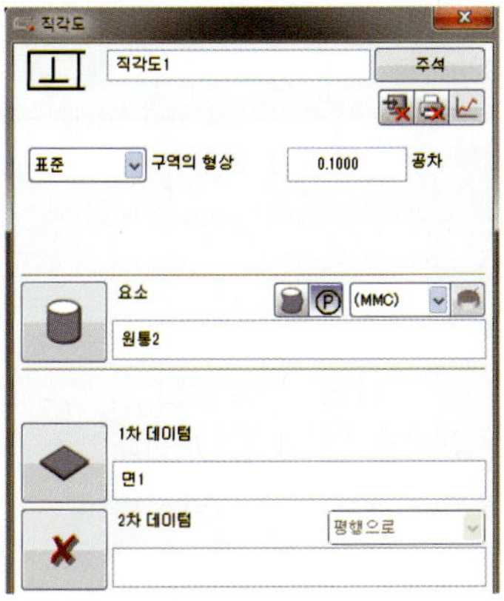	특성에서 직각도 1을 더블 클릭한다. (요소)에서 원통 2을 선택한다. (1차 데이텀)에서 면 1을 선택한다. (공차)에서 직각도 공차 0.1을 입력한다. (요소)에서 MMC를 선택 후 직경을 누르고 원통 2의 기준 값과 상, 하한 공차를 입력한다. (D = 10±0.1) (P)를 누르고 원통의 길이 값을 입력한다. (L = 12)	
20		(P)를 누르고 원통의 길이 값을 입력한다. (L = 12)	직각도
21		메뉴바에서 측정요소 → 면 선택 후 면 2를 측정한다.	
22		메뉴바에서 측정요소 → 면 선택 후 면 3을 측정한다.	
23		메뉴바에서 측정요소 → 면 선택 후 면 4를 측정한다.	
24		메뉴바에서 조합요소 → 교차를 선택 후 교차 1에 더블 클릭한다.	
25	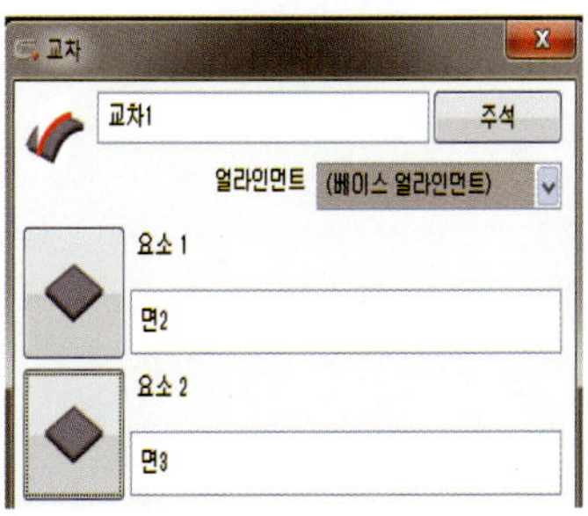	요소1에 면 2, 요소2에 면 3 선택한다.	

순서	선택 메뉴	설　　　　명	측정 결과
26	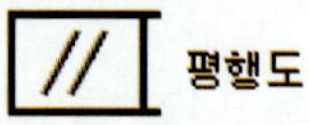	메뉴바 → 기하공차 → 평행도를 선택한다.	
27	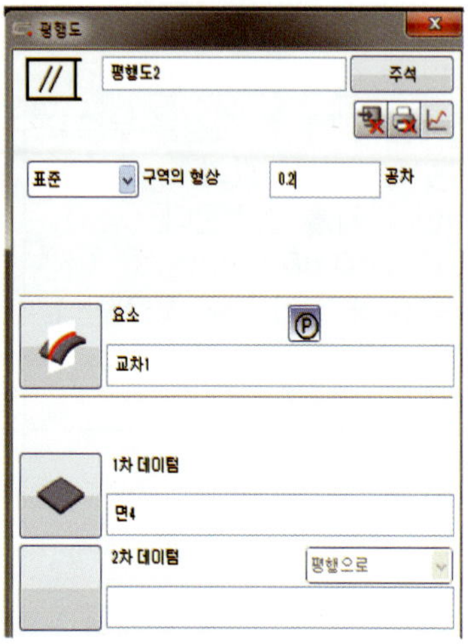	특성에서 평행도 2를 더블 클릭한다. (요소)에서 교차 1 선택한다. (1차 데이텀)에서 면 4 선택한다. (공차)에서 평행도 공차 0.2 입력한다. (P)를 누르고 길이 값을 입력한다. (L＝58)	평행도
28	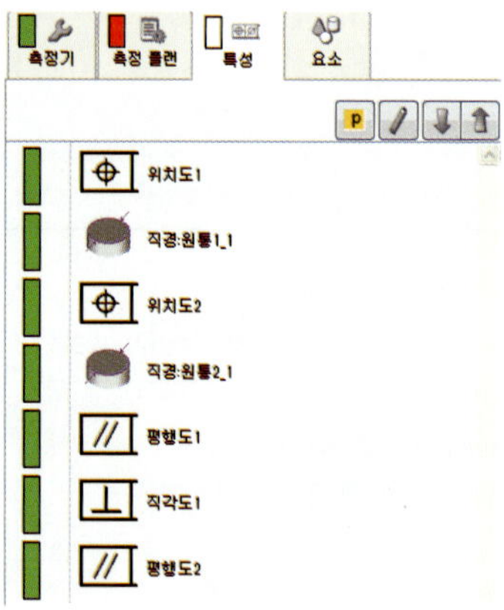	특성에서 위치도 1, 위치도 2, 평행도 1, 직각도 1, 평행도 2의 측정값을 확인한다.	

ZEISS CALYPSO
6.4.0504

파트이름	측정 플랜 166		
도면번호			
오더넘버		마지막 1 측정	
파트유형		▶ 승인 같지않음(≠) locked	
회사		증가 번호	1
부서		시간/날짜	2021-04-21 오후 8:20
CMM 타입	Prismo	실행	모든 특성 측정
CMM No.	000000	측정값 수	11
운영자	Master	값의 수: 빨간색	0
텍스트	|	Measurement Duration	00:00:01.0

이름	측정값	기준값	상한 공차(+Tol)	하한 공차(-Tol)	편차	+/-
위치도1	0.0731	0.0000	0.2000	0.0000	0.0731	
위치도1.(M)	0.0365	0.0000	0.1000	0.0000	0.0365	
직경:원통1_1	15.0000	15.0000	0.1000	-0.1000	0.0000	
위치도2	0.0000	0.0000	0.2000	0.0000	0.0000	
위치도2.(M)	0.0000	0.0000	0.1000	0.0000	0.0000	
직경:원통2_1	10.0000	10.0000	0.1000	-0.1000	0.0000	
평행도1	0.0000	0.0000	0.2000	0.0000	0.0000	
평행도1.(M)	0.0000	0.0000	0.1000	0.0000	0.0000	
직각도1	0.0134	0.0000	0.2000	0.0000	0.0134	
직각도1.(M)	0.0067	0.0000	0.1000	0.0000	0.0067	
평행도2	0.0000	0.0000	0.2000	0.0000	0.0000	

3.11 기하공차 (2)

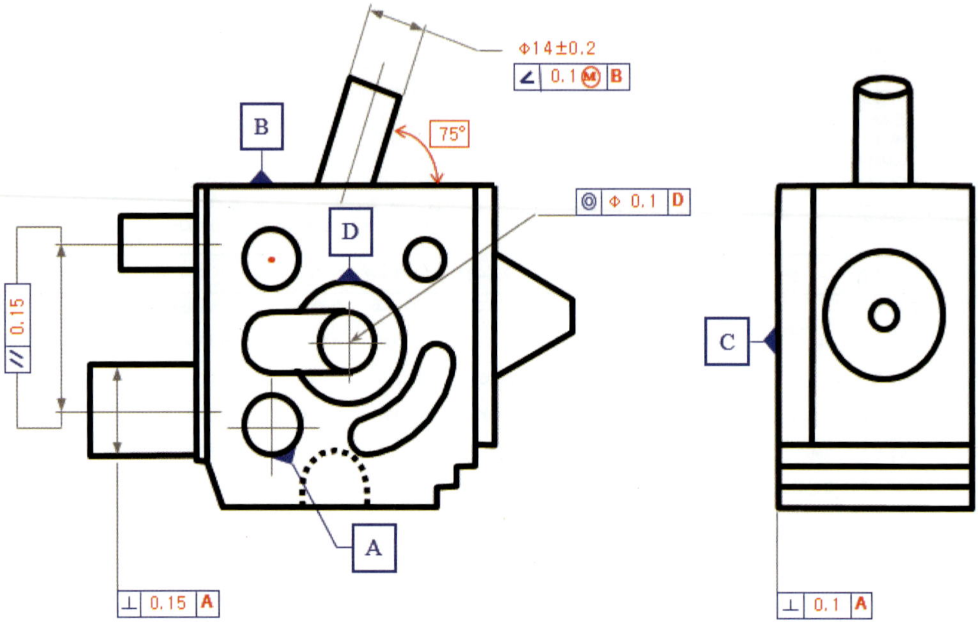

[요 점]

(1) 기하공차 계산법

(2) MMC 적용 방법

(3) 데이텀 적용 방법

순서	선택 메뉴	설 명	측정 결과
1		메뉴바에서 측정요소 → 원통 선택 후 원통 1을 측정한다. ('A' 데이텀)	
2		메뉴바에서 측정요소 → 2차원 직선 선택 후 직선 1을 측정한다. ('B' 데이텀)	
3	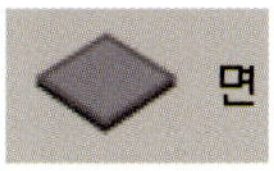	메뉴바에서 측정요소 → 면 선택 후 면 1을 측정한다. ('C' 데이텀)	
4	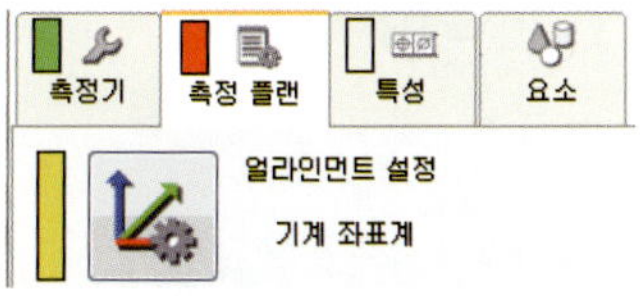	측정플랜 → 얼라인먼트 설정	
5	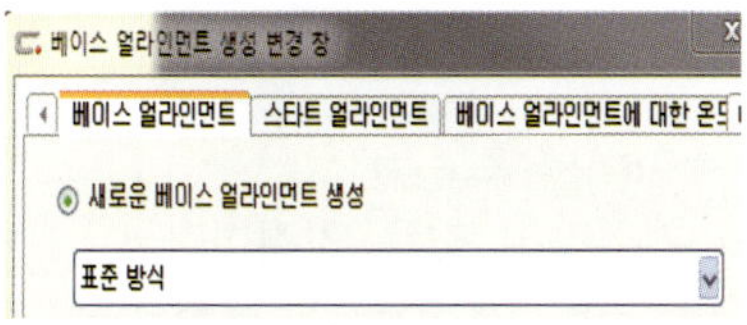	베이스 얼라인먼트 → 새로운 베이스 얼라인먼트 생성 → 확인	
6		공간 정렬(원통 1 선택) → 평면회전(2-D 라인 1 선택) → X-원점(원통 1 선택) → Y-원점(원통 1 선택) → Z-원점(면 1 선택) → 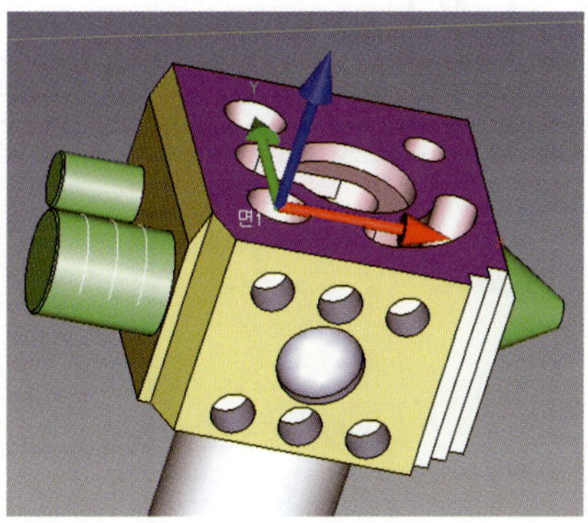	
7		메뉴바에서 측정요소 → 원통 선택 후 원통 2를 측정한다. (ø24)	

순서	선택 메뉴	설　　명	측정 결과
8		메뉴바 → 기하공차 → 직각도를 선택한다.	
9	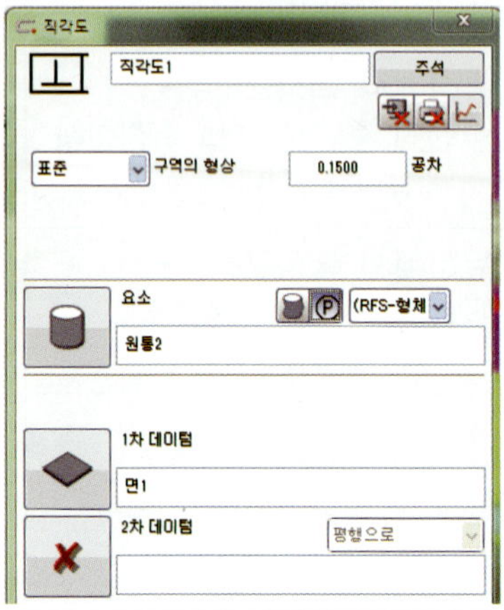	특성에서 직각도 1을 더블 클릭한다. (요소)에서 원통 2를 선택한다. (1차 데이텀)에서 면 1을 선택한다. (공차)에서 직각도 공차 0.15를 입력한다. (P)를 누르고 원통의 길이 값을 입력한다. (L = 18)	
10	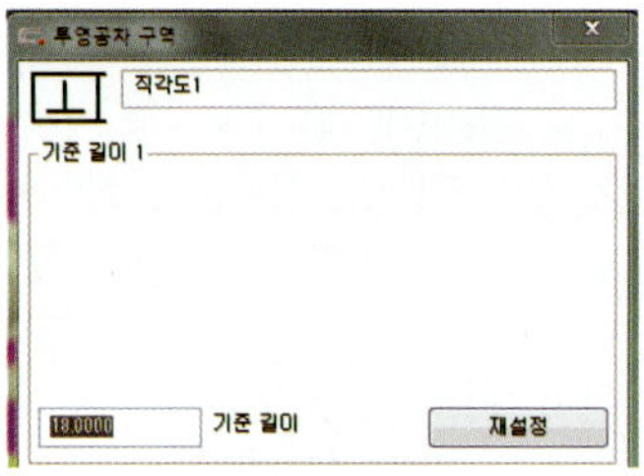	(P)를 누르고 원통의 기준길이 값을 입력한다. (L = 18)	직각도
11		메뉴바에서 측정요소 → 원통 선택 후 원통 3을 측정한다.	
12		메뉴바 → 기하공차 → 평행도를 선택한다.	
13	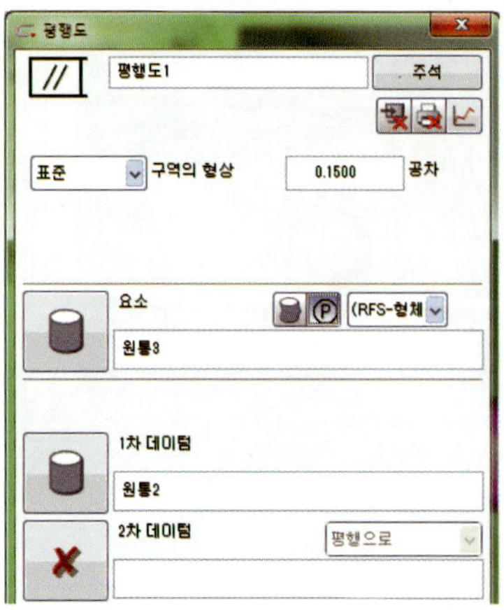	특성에서 평행도 1을 더블 클릭한다. (요소)에서 원통 3을 선택한다. (1차 데이텀)에서 원통 2를 선택한다. (공차)에서 평행도 공차 0.15를 입력한다. (P)를 누르고 원통의 길이 값을 입력한다. (L = 17)	

순서	선택 메뉴	설 명	측정 결과
14	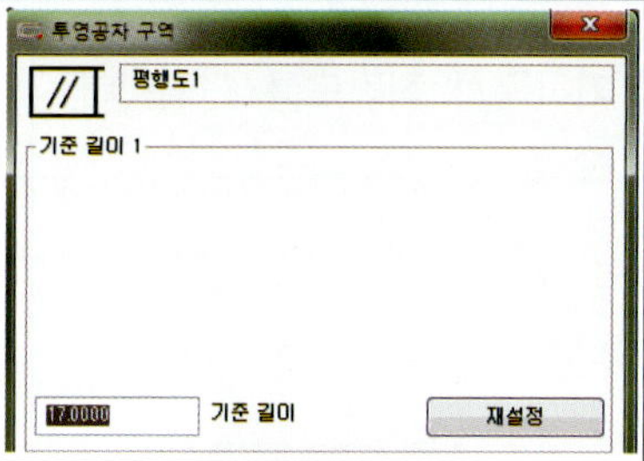	(P)를 누르고 원통의 기준길이 값을 입력한다. (L = 17)	평행도
15		메뉴바에서 측정요소 → 원통 선택 후 원통 4를 측정한다.(ø14)	
16		특성에서 경사도 1을 더블 클릭한다. (요소)에서 원통 4를 선택한다. (1차 데이텀)에서 2-D 라인 1을 선택한다. (공차)에서 평행도 공차 0.1을 입력한다. (P)를 누르고 원통의 길이 값을 입력한다. (L = 15)	경사도
17	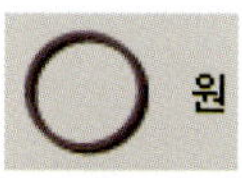	메뉴바에서 측정요소 → 원 선택 후 원 1을 측정한다. ('D' 데이텀)	
18	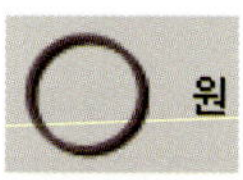	메뉴바에서 측정요소 → 원 선택 후 원 2를 측정한다. ('ø15')	
19	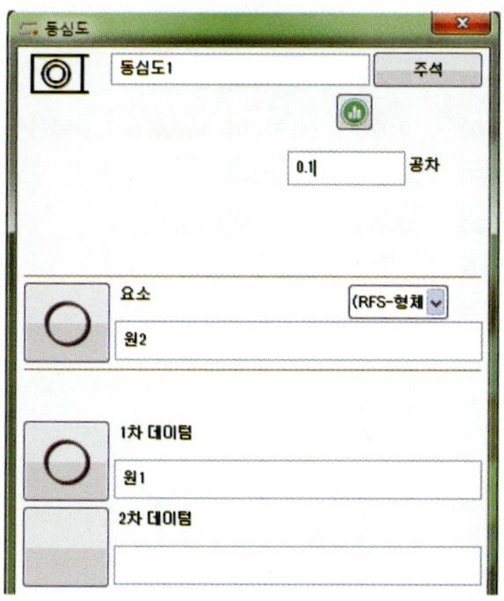	특성에서 동심도 1을 더블 클릭한다. (요소)에서 원 2를 선택한다. (1차 데이텀)에서 원 1을 선택한다. (공차)에서 동심도 공차 0.1을 입력한다.	동심도

순서	선택 메뉴	설 명	측정 결과
20	⊥ 직각도	메뉴바에서 기하공차 직각도를 선택한다.	
21	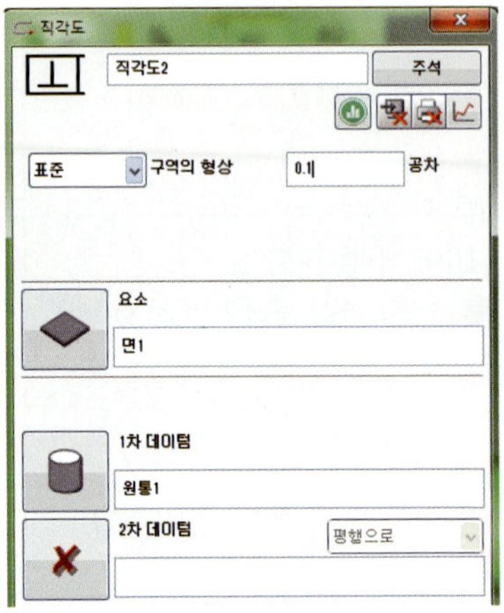	특성에서 직각도 2를 더블 클릭한다. (요소)에서 면 1을 선택한다. (1차 데이텀)에서 원통 1을 선택한다. (공차)에서 직각도 공차 0.1을 입력한다.	직각도

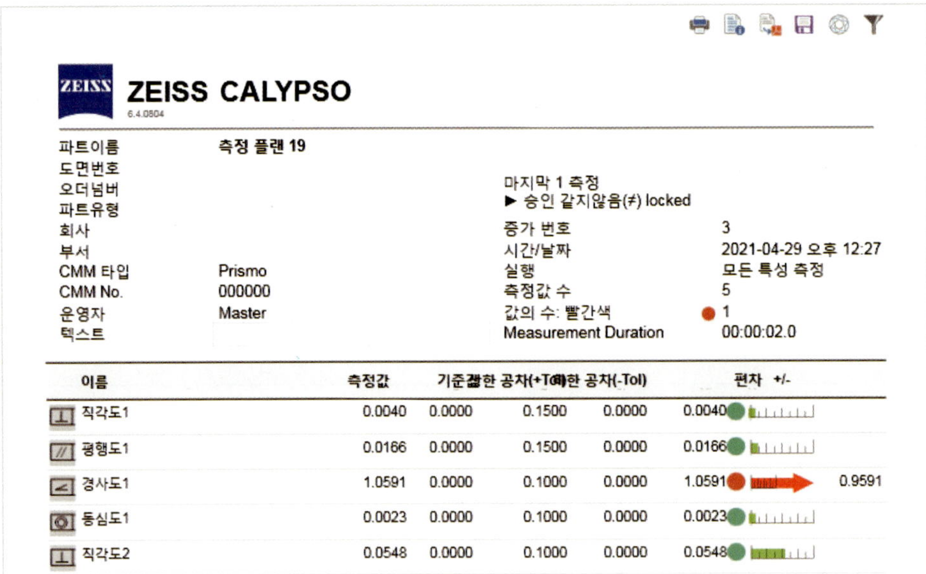

ZEISS CALYPSO
6.4.0604

파트이름 측정 플랜 19
도면번호
오더넘버
파트유형
회사
부서
CMM 타입 Prismo
CMM No. 000000
운영자 Master
텍스트

마지막 1 측정
▶ 승인 같지않음(≠) locked
증가 번호 3
시간/날짜 2021-04-29 오후 12:27
실행 모든 특성 측정
측정값 수 5
값의 수: 빨간색 1
Measurement Duration 00:00:02.0

이름	측정값	기준값	상한 공차(+Tol)	하한 공차(-Tol)	편차	+/-
직각도1	0.0040	0.0000	0.1500	0.0000	0.0040	
평행도1	0.0166	0.0000	0.1500	0.0000	0.0166	
경사도1	1.0591	0.0000	0.1000	0.0000	1.0591	0.9591
동심도1	0.0023	0.0000	0.1000	0.0000	0.0023	
직각도2	0.0548	0.0000	0.1000	0.0000	0.0548	

3.12 원통 좌표계

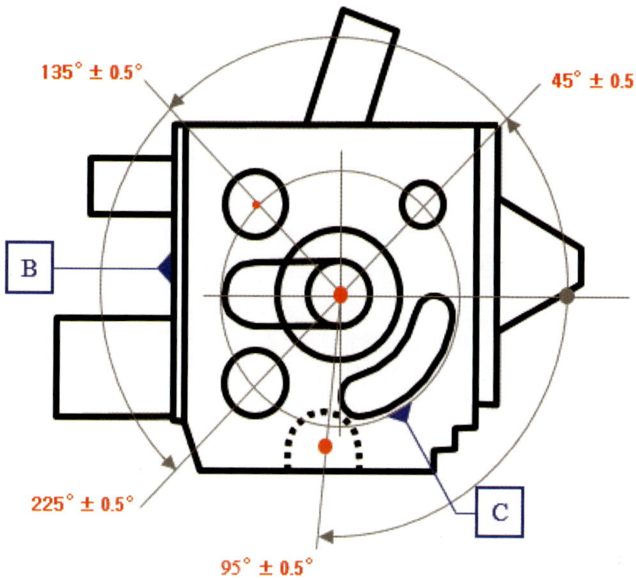

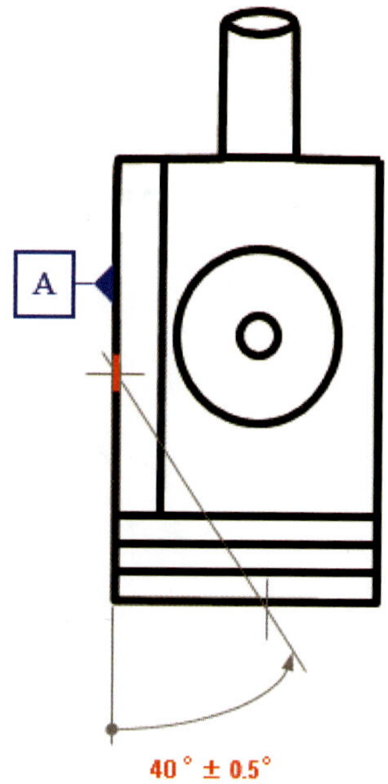

[요 점]

(1) 원통 좌표계 선택 방법

(2) 기준 축 및 회전 방향 지정 방법

순서	선택 메뉴	설 명	측정 결과
1		메뉴바에서 측정요소 → 면 선택 후 면 1을 측정한다. ('A' 데이텀)	
2	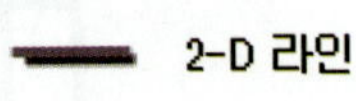	메뉴바에서 측정요소 → 2차원 직선 선택 후 직선 1을 측정한다. ('B' 데이텀)	
3		메뉴바에서 측정요소 → 원 선택 후 원 1을 측정한다. (ø15)	
4		메뉴바에서 측정요소 → 원 선택 후 원 2를 측정한다. (ø10)	
5		메뉴바에서 측정요소 → 원추 선택 후 원추 1을 측정한다.	
6		메뉴바에서 조합요소 → 투영을 선택 후 투영 1에 더블 클릭한다. 요소1에 원 1, 요소2에 면 1 선택한다. 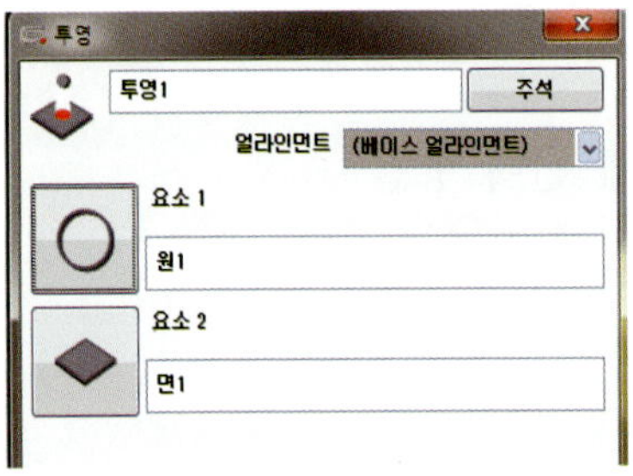	
7		메뉴바에서 조합요소 → 투영을 선택 후 투영 2에 더블 클릭한다. 요소2에 원 2, 요소2에 면 1 선택한다. 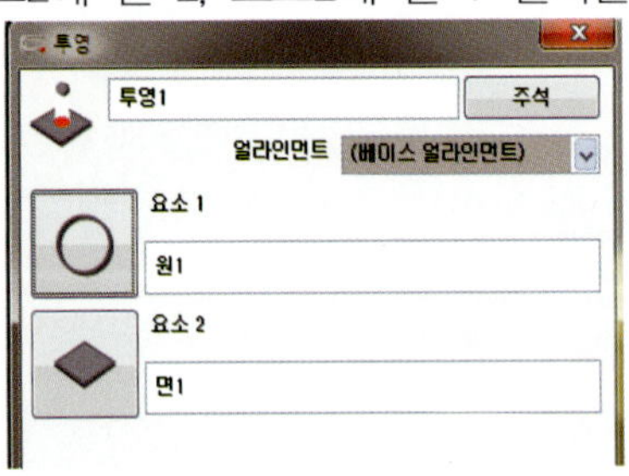	

순서	선택 메뉴	설 명	측정 결과
8		메뉴바에서 조합요소 → 교차를 선택 후 교차1에 더블 클릭한다. 요소1에 원추 1, 요소2에 면 1 선택한다. 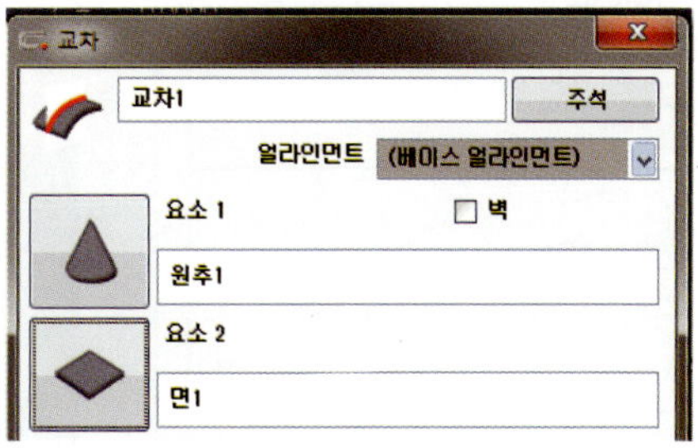	
9	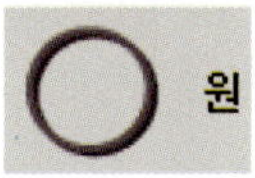	메뉴바에서 측정요소 → 원 선택 후 원 3을 되부름한다.	
10	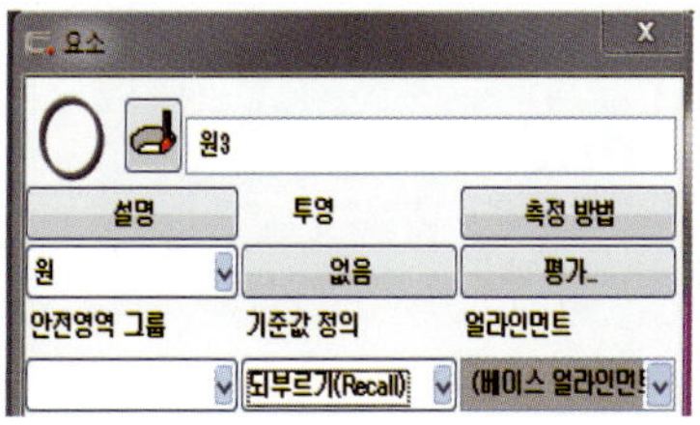	기준값 정의에서 되부르기 선택 후 투영 1, 투영 2, 교차 1을 되부르기 한다. 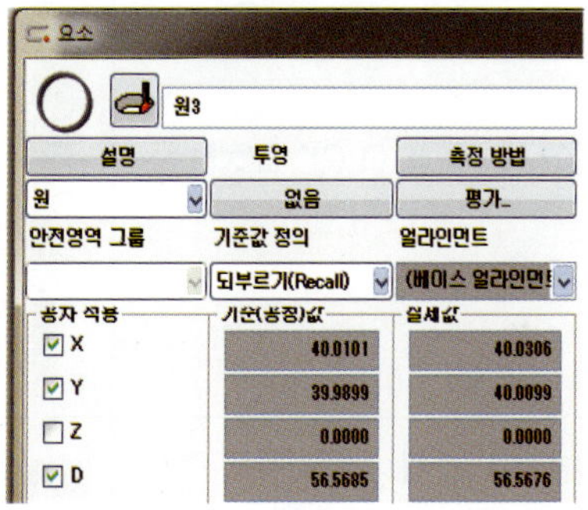	
11	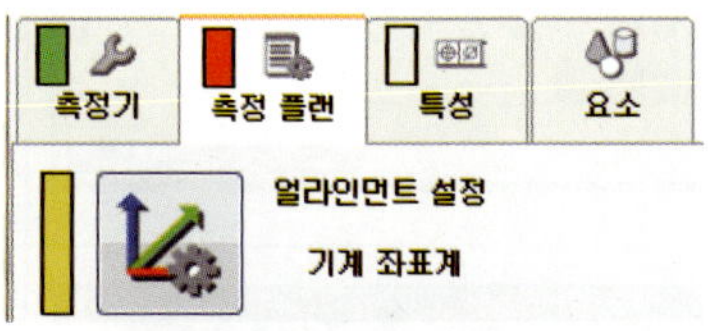	측정플랜 → 얼라인먼트 설정	
12	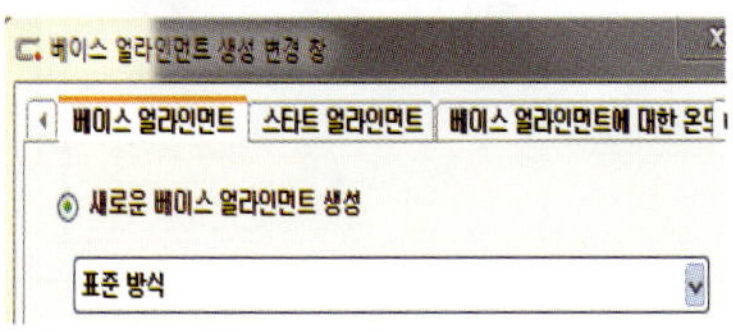	베이스 얼라인먼트 → 새로운 베이스 얼라인먼트 생성 → 확인	

순서	선택 메뉴	설　　　명	측정 결과
13	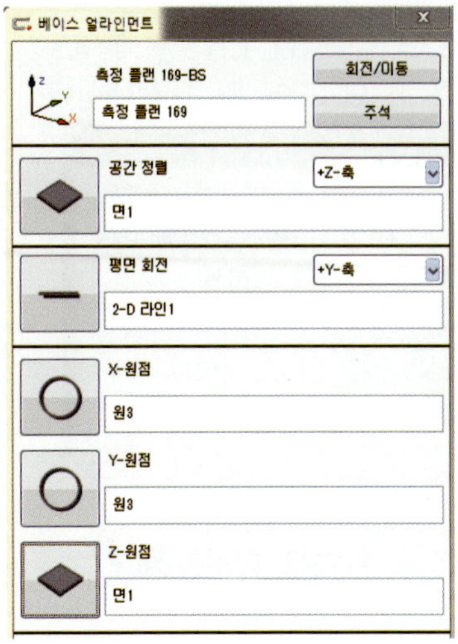	공간정렬(평면 1 선택) → 평면회전(2-D 라인 1 선택) → X-원점(원 3 선택) → Y-원점(원 3 선택) → Z-원점(면 1 선택) → 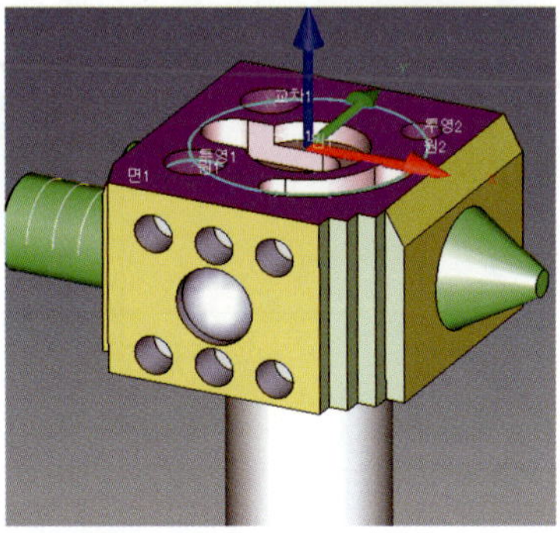	
14	요소창에서 투영 (1,2), 교차1을 선택한다.	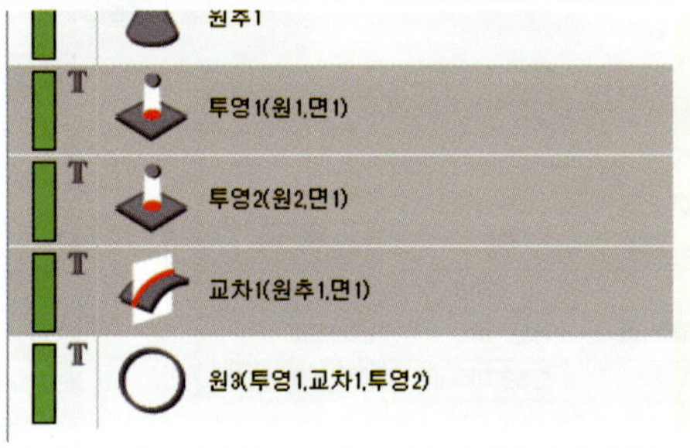	
15	메뉴바에서 자원 → 요소 표현을 선택한다. 자원 → 	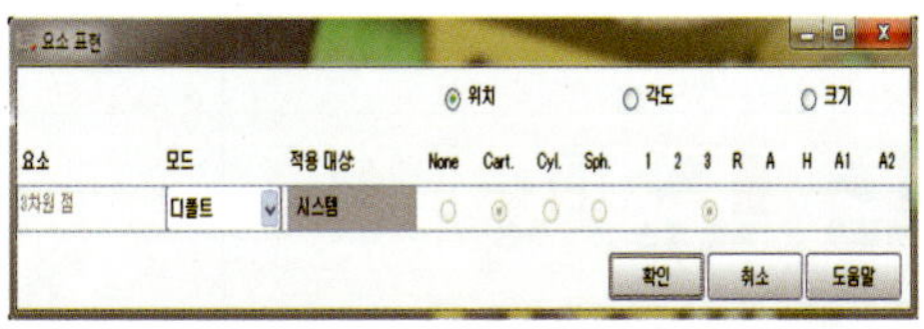	
16	모드 란에 변경으로 선택 cyl. 선택한다. 확인을 클릭한다.	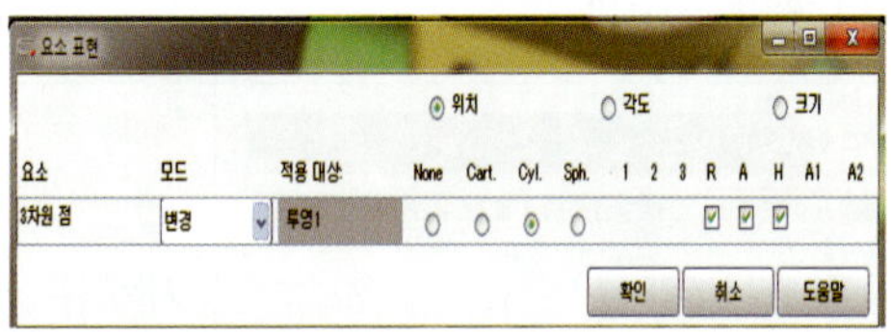	

순서	선택 메뉴	설 명	측정 결과
17	요소에서 투영 1을 더블 클릭한다.	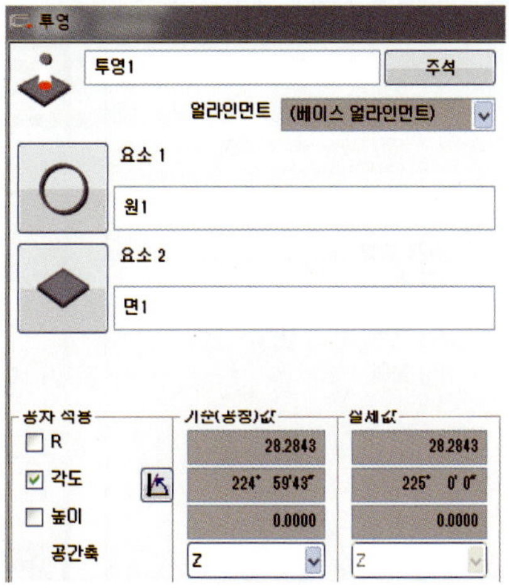	
18	특성에서 각도 기준 값을 입력할 수 있다.	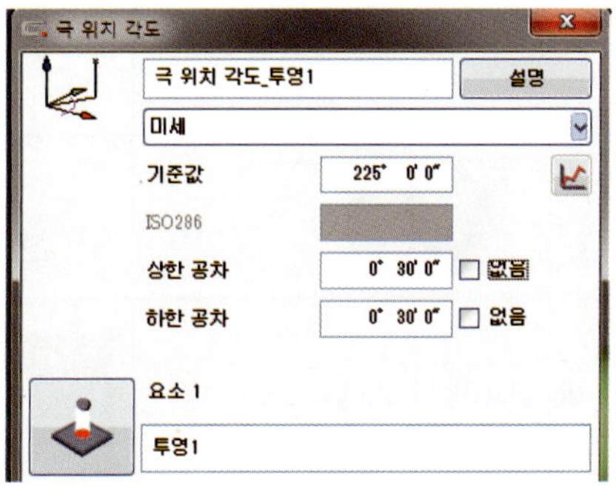	Axy = 225
19	같은 방법으로 투영 2, 교차 1을 더블 클릭하여 각도를 구한다.		Axy = 45 Axy = 135
20	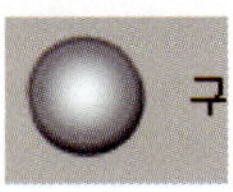	메뉴바에서 측정요소 → 구 선택 후 구 1을 측정한다.	
21	메뉴바에서 자원 → 요소표현을 선택한다.  → 	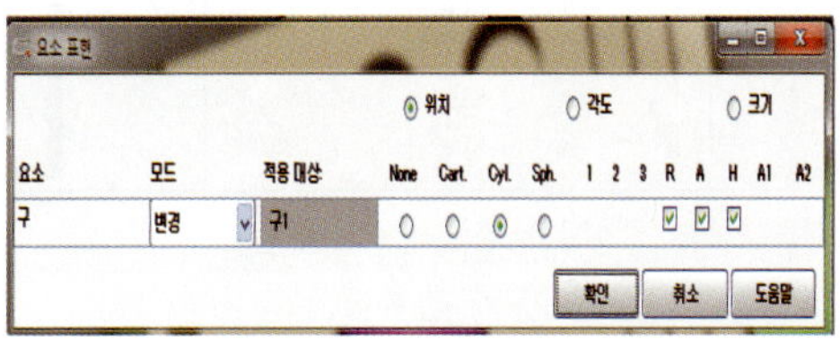	

순서	선택 메뉴	설 명	측정 결과
22	요소창에서 각도 포맷 선택 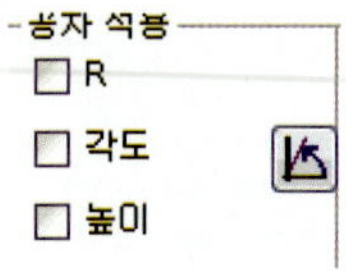	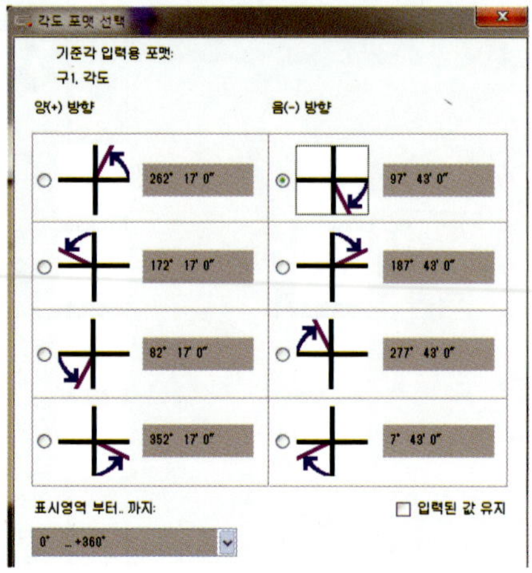	
23		기준축을 +X, 각도 방향을 시계방향(음 방향)을 선택한다.	Axy = 98.5
24	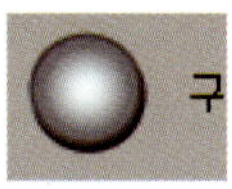	메뉴바에서 측정요소 → 구 선택 후 구 2 요소점 되부르기 한다.	
25	메뉴바에서 자원 → 요소 표현을 선택한다. 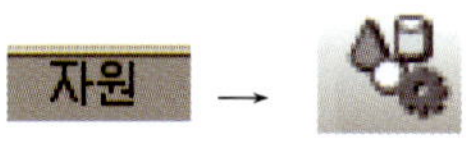	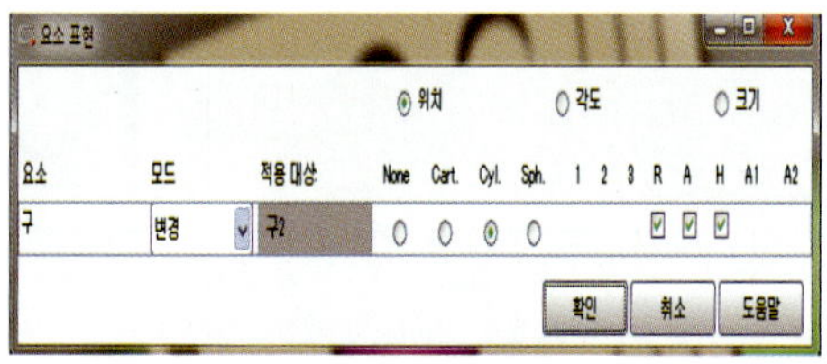	
26	원통 좌표계에 대한 기준 선택 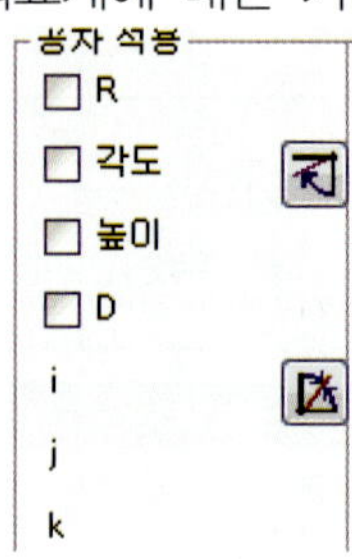	'X' 선택 후 확인(기준 축으로 X축 선택) 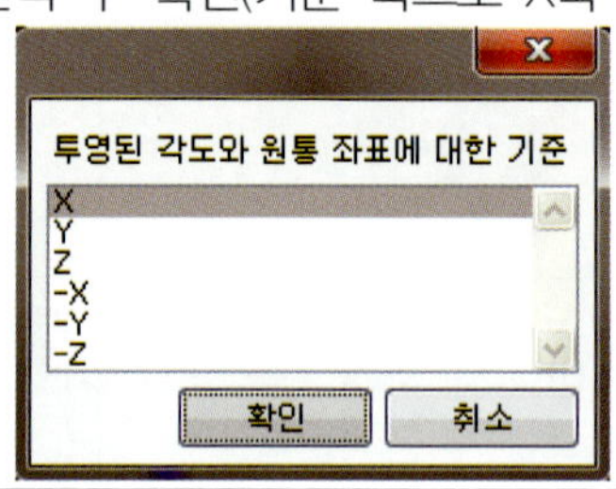	

순서	선택 메뉴	설　　　　명	측정 결과
27	요소창에서 각도 포맷 선택 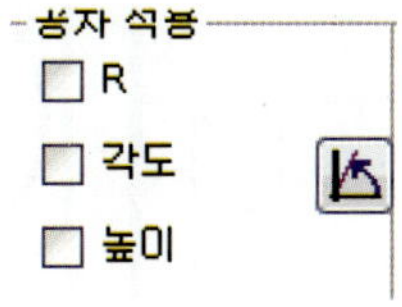	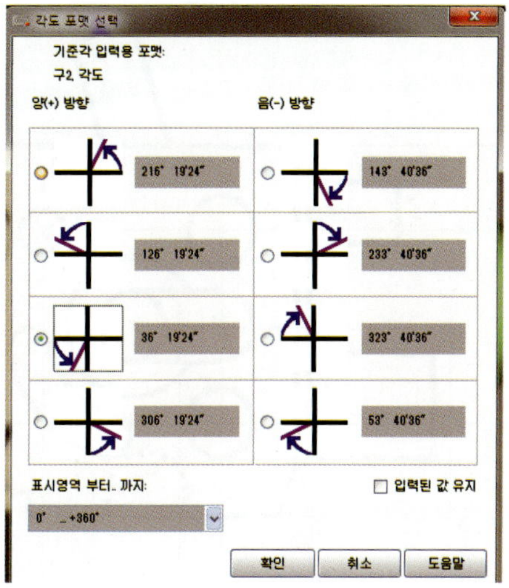	
28		기준축을 −Y, 각도 방향을 반시계 방향(양 방향)을 선택한다.	Ayz = 40

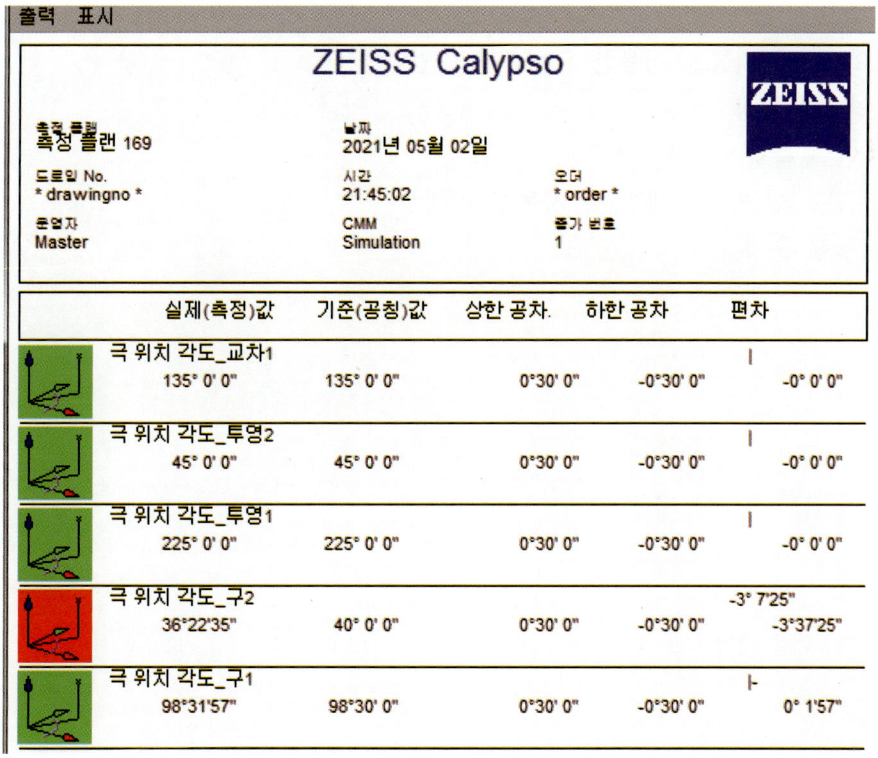

출력 표시

ZEISS Calypso

ZEISS

측정 플랜
측정 플랜 169

날짜
2021년 05월 02일

드로잉 No.
* drawingno *

시간
21:45:02

오더
* order *

운영자
Master

CMM
Simulation

증가 번호
1

	실제(측정)값	기준(공칭)값	상한 공차	하한 공차	편차
극 위치 각도_교차1	135° 0' 0"	135° 0' 0"	0°30' 0"	-0°30' 0"	-0° 0' 0"
극 위치 각도_투영2	45° 0' 0"	45° 0' 0"	0°30' 0"	-0°30' 0"	-0° 0' 0"
극 위치 각도_투영1	225° 0' 0"	225° 0' 0"	0°30' 0"	-0°30' 0"	-0° 0' 0"
극 위치 각도_구2	36°22'35"	40° 0' 0"	0°30' 0"	-0°30' 0"	-3° 7'25" -3°37'25"
극 위치 각도_구1	98°31'57"	98°30' 0"	0°30' 0"	-0°30' 0"	0° 1'57"

3.13 안전영역 설정 / 자동 경로 생성 / CNC 실행

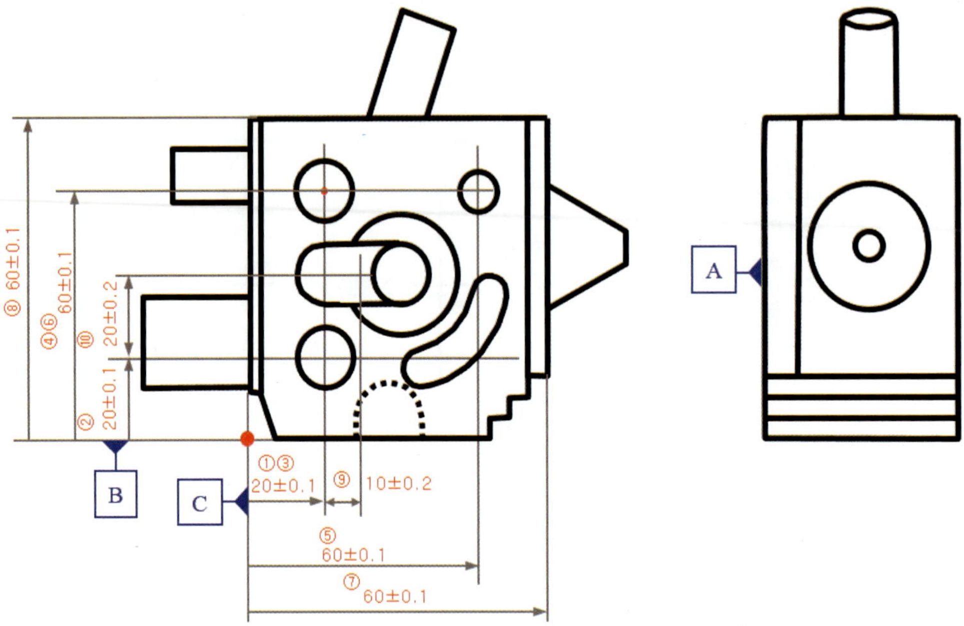

[요 점]

(1) 자동요소인식 기능을 이용한 요소측정 방법

(2) 안전영역의 설정

(3) 원형 단면 측정에 대한 자동경로 생성

(4) 직선, 원추 단면 측정에 대한 자동경로 생성

(5) CNC 실행 순서

<table>
<tr><th>순서</th><th>선택 메뉴</th><th>설 명</th><th>측정
결과</th></tr>
<tr><td>1</td><td>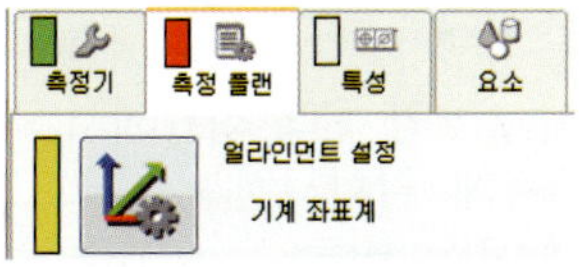
</td><td>측정플랜 → 얼라인먼트 설정</td><td></td></tr>
<tr><td>2</td><td>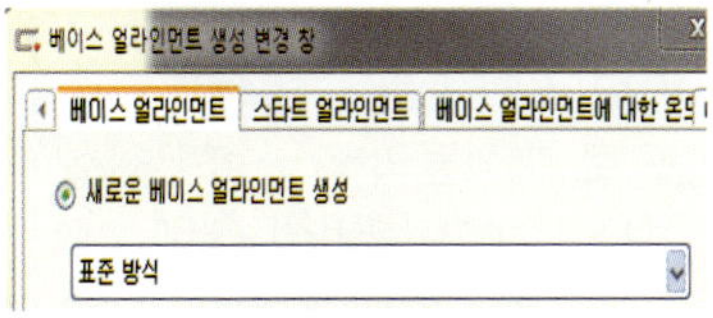
</td><td>베이스 얼라인먼트 →
새로운 베이스 얼라인먼트 생성 → 확인</td><td></td></tr>
<tr><td>3</td><td>
</td><td>(자동요소인식) 면 1을 측정한다.
('A' 데이텀)</td><td></td></tr>
<tr><td>4</td><td>2-D 라인</td><td>(자동요소인식) 직선 1을 측정한다.
('B' 데이텀)</td><td></td></tr>
<tr><td>5</td><td>2-D 라인</td><td>(자동요소인식) 직선 2를 측정한다.
('C' 데이텀)</td><td></td></tr>
<tr><td>6</td><td>
</td><td>자동으로 공간 정렬, 평면회전, 원점이
입력된다.
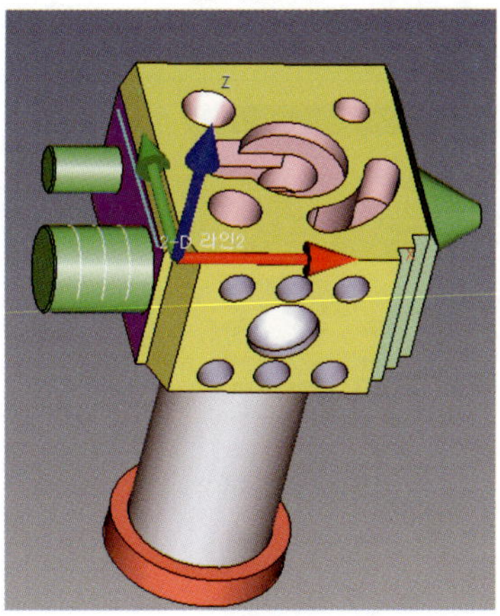</td><td></td></tr>
<tr><td>7</td><td>
</td><td>측정플랜 → 안전영역 선택</td><td></td></tr>
</table>

순서	선택 메뉴	설　　　　명	측정 결과
8	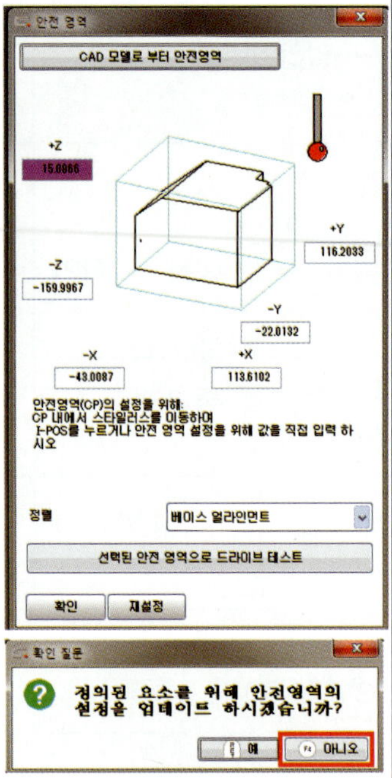	스타일러스의 팁을 측정물 기본좌표계를 기준으로 측정물의 x, y, z의 최대 좌표에서 약 10~15mm 떨어진 곳에 위치시킨다. 그리고 오른쪽 조이스틱 위에 있는 버튼(I-pos 버튼)을 3번 누른다. 반대로 스타일러스의 팁을 측정물 기본좌표계를 기준으로 측정물의 x, y, z의 최소 좌표에서 약 10~15mm 떨어진 곳에 위치시킨다. 그리고 오른쪽 조이스틱 위에 있는 버튼(I-pos 버튼)을 3번 누른다. 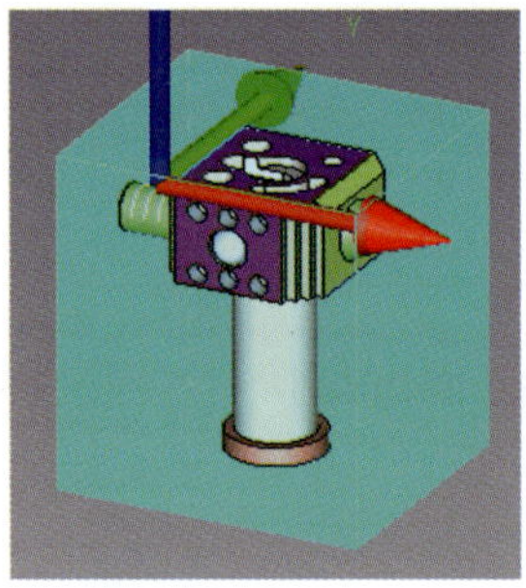	
9	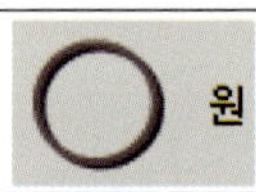	(자동요소인식) 원 1(ø15)을 측정한다.	
10	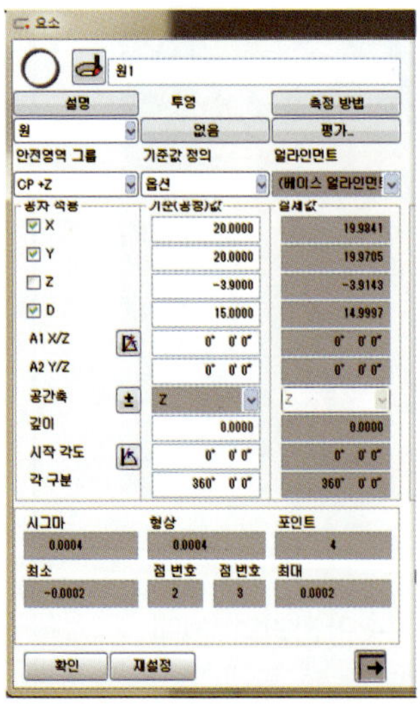	공차적용 X, Y, D값 앞에 체크박스를 선택하여 특성 X값, Y값, D값을 만든다. ⇒ 요소로부터 특성 생성	X = ①, Y = ②
11	 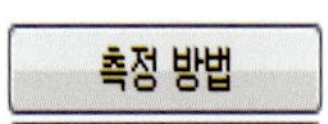	⇒ 요소창에서 원 1을 더블 클릭한다. ⇒ 측정방법을 클릭한다.	

순서	선택 메뉴	설　　　명	측정 결과
12		⇒ 1. 원형 자동 경로(Circle Auto Path) 아이콘을 선택 → 원형 자동 경로 생성 ⇒ 2. 더 이상 필요 없게 된 프로빙 포인트를 삭제 ⇒ 3. 원형 자동경로(1섹션)에 더블 클릭 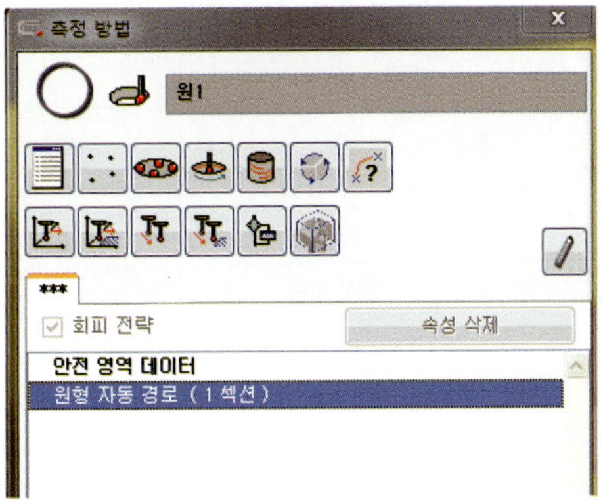	
13	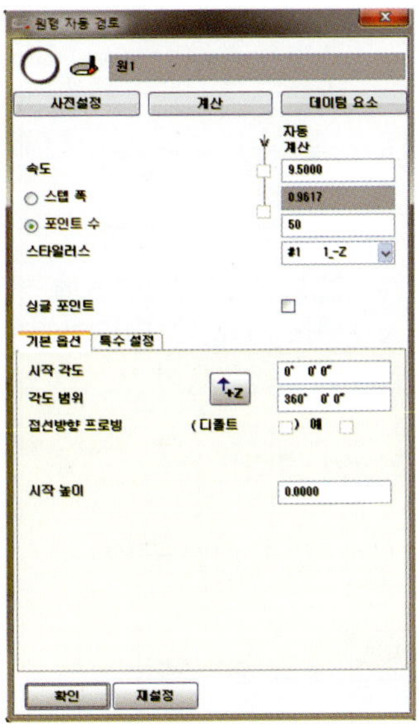	스텝 폭을 0.1로 선택하거나 포인트 수를 500으로 입력한다. 확인을 누른다.	
14	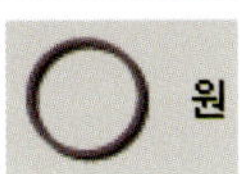	(자동요소인식) 원 1(ø 10)을 측정한다.	

<table>
<tr><th>순서</th><th>선택 메뉴</th><th>설 명</th><th>측정 결과</th></tr>
<tr><td>15</td><td>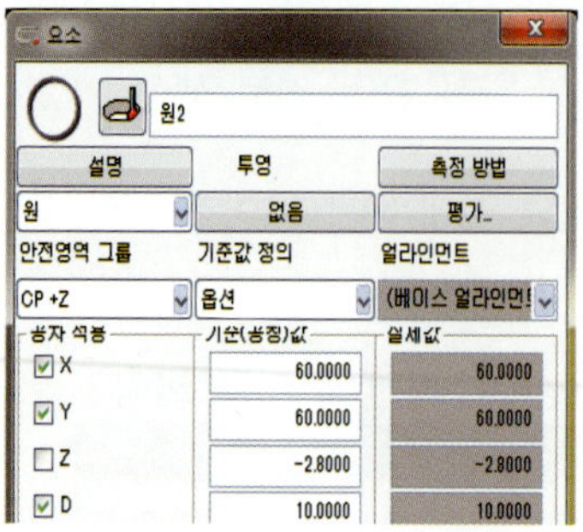
</td><td>공차적용 X, Y, D값 앞에 체크박스를
선택하여 특성 X값, Y값, D값을 만든다.
⇒ 요소로부터 특성 생성</td><td>X=⑤,
Y=⑥</td></tr>
<tr><td>16</td><td>

측정 방법</td><td>⇒ 요소창에서 원 2를 더블 클릭한다.
⇒ 측정 방법을 클릭한다.</td><td></td></tr>
<tr><td>17</td><td>원 1과 같은 방법으로
자동원형경로를 설정한다.</td><td></td><td></td></tr>
<tr><td>18</td><td>
</td><td>(자동요소인식) 원추 1을 측정한다.</td><td></td></tr>
<tr><td>19</td><td>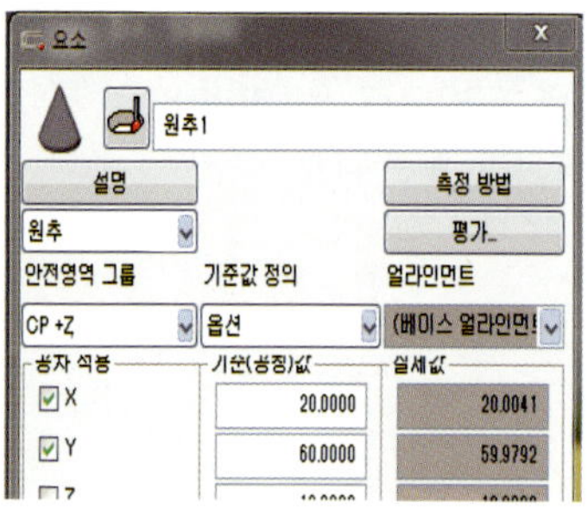
</td><td>1. 공차적용 X, Y, D값 앞에 체크박스를
선택하여 특성 X값, Y값, D값을 만든다.
⇒ 요소로부터 특성 생성

2. 확인 클릭

3. 요소창에서 원뿔 1 더블 클릭

4. 측정 방법 을 클릭한다.</td><td>X=③,
Y=④</td></tr>
</table>

순서	선택 메뉴	설 명	측정 결과
21	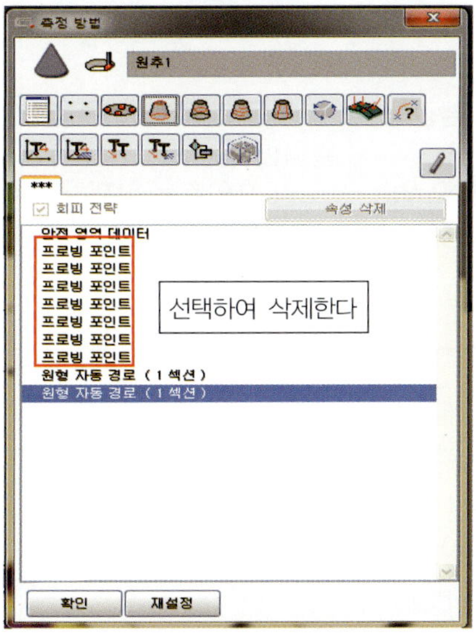	⇒ 빨간색 원형경로 단면 두 개 있는 아이콘을 클릭한다. ⇒ 필요 없는 프로빙 포인트는 삭제 ⇒ 첫 번째 자동 경로를 선택한다.	
22	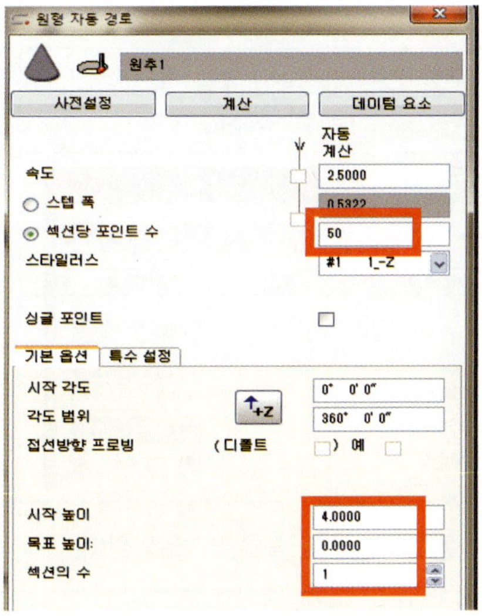	⇒ 1. 첫 번째 원형경로를 선택하여 안으로 들어가 측정점수를 50으로 바꾸고 시작높이를 4mm로 입력 ⇒ 2. 두 번째 원형경로를 선택하여 측정점수 50으로 바꾸고 시작높이를 10mm로 바꾼다. 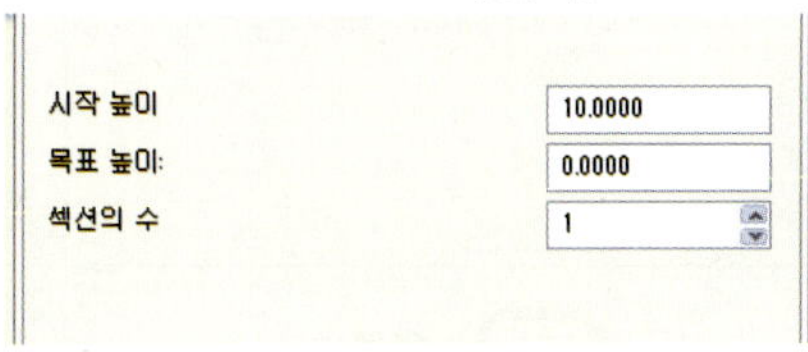	
23	2-D 라인	(자동요소인식) 직선 3을 측정한다. (우측직선)	
24	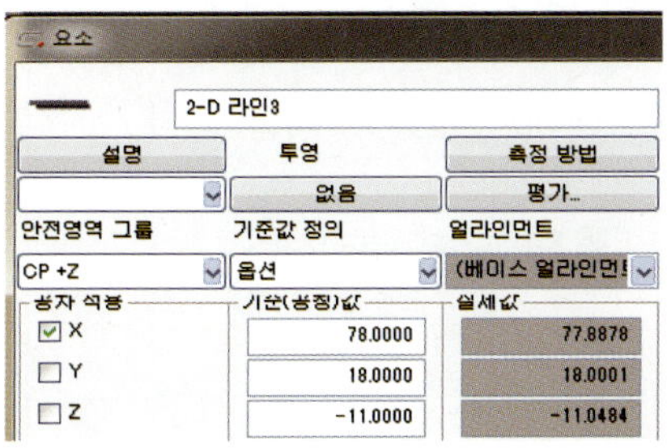	1. 공차적용 X값 앞에 체크박스를 선택하여 특성 X값을 만든다. 2. 확인 클릭 3. 요소창에서 직선 3 더블 클릭 4. [측정 방법] 을 클릭한다.	X=⑦

순서	선택 메뉴	설 명	측정 결과
25	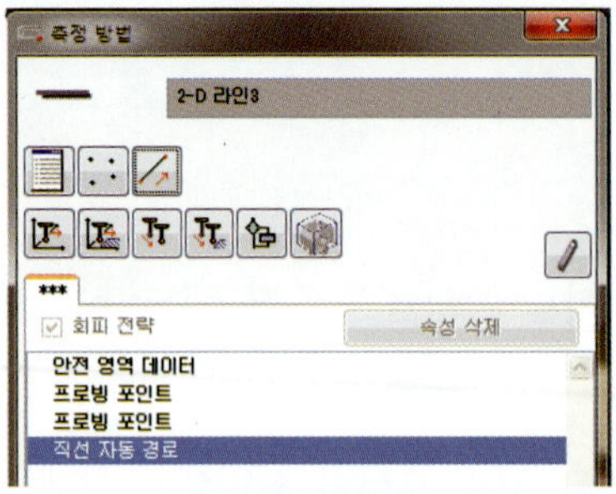	⇒ 빨간색 직선 자동 경로 아이콘을 클릭한다. ⇒ 필요 없는 프로빙 포인트는 삭제하고 직선 자동 경로를 선택한다.	
26	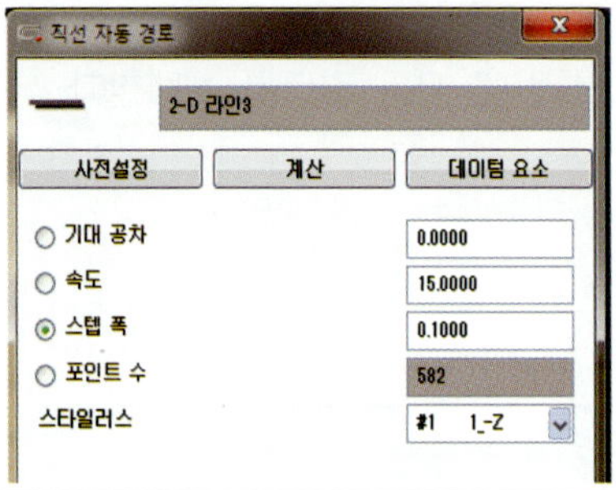	직선 자동 경로를 선택하여 안으로 들어가 스텝 폭 0.1로 입력한다.	
27	2-D 라인	(자동요소인식) 직선 4를 측정한다. (뒤측 직선)	Y = ⑧
28	직선 3과 같은 방법으로 직선 자동 경로를 설정한다.	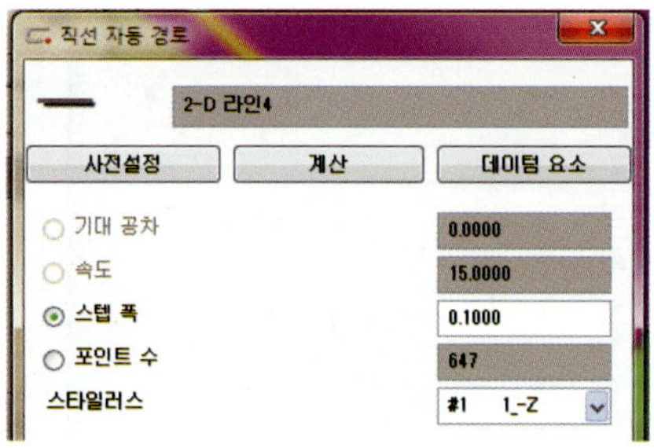	
29	 슬롯	(자동요소인식) 슬롯 1 측정한다.	
30	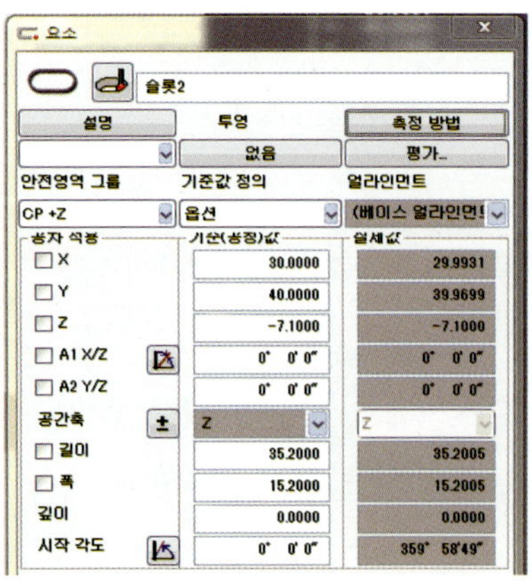	1. 확인 클릭 2. 요소창에서 슬롯 1 더블 클릭 3. 측정 방법 을 클릭한다.	

순서	선택 메뉴	설 명	측정 결과
31	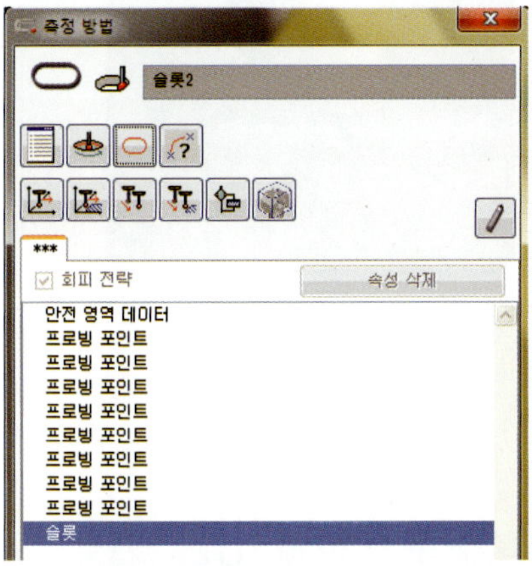	⇒ 빨간색 슬롯 아이콘을 클릭한다. ⇒ 필요 없는 프로빙 포인트는 삭제하고 슬롯을 선택한다.	
32	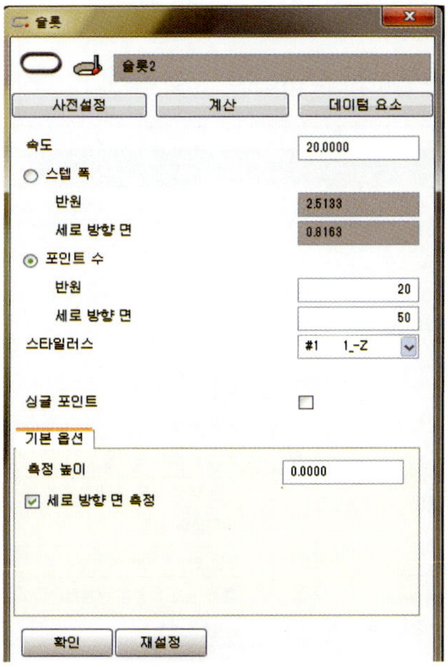	1. 슬롯 자동 경로를 선택하여 안으로 들어가 포인트 수 반원 20, 세로방향 면 50으로 입력한다. 2. 확인을 클릭한다.	
33	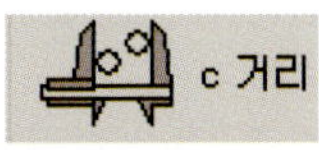	메뉴바에서 크기 → 거리 → 캘리퍼거리 선택	
34	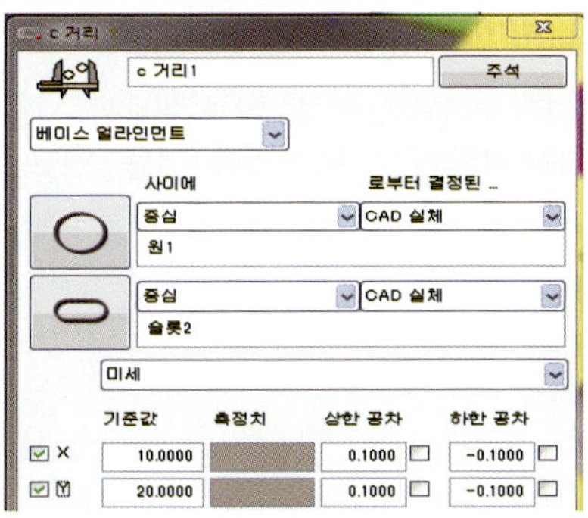	⇒ 원 1과 슬롯 1 선택 ⇒ 원1 중심에서 슬롯 1 중심으로 선택 ⇒ X, Y에 체크한다. ⇒ 거리 측정치는 특성창에서 확인할 수 있다.	X = ⑨, Y = ⑩

<table>
<tr><th>순서</th><th>선택 메뉴</th><th>설 명</th><th>측정 결과</th></tr>
<tr><td>35</td><td>프로브를 안전한 위치로 이동한다.</td><td>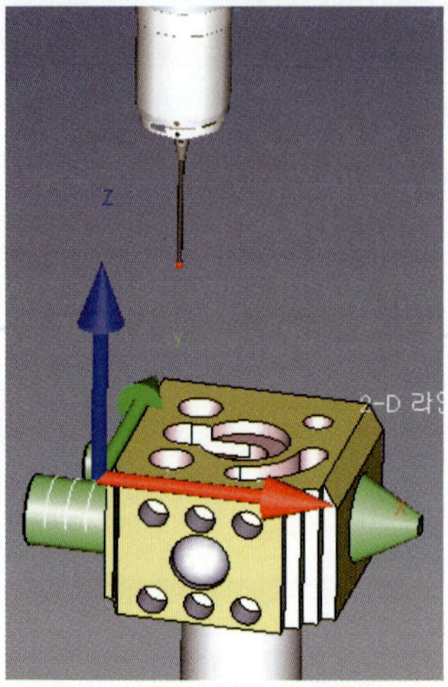</td><td></td></tr>
<tr><td>36</td><td></td><td>운영(CNC) 아이콘을 클릭한다.</td><td></td></tr>
<tr><td>37</td><td colspan="3">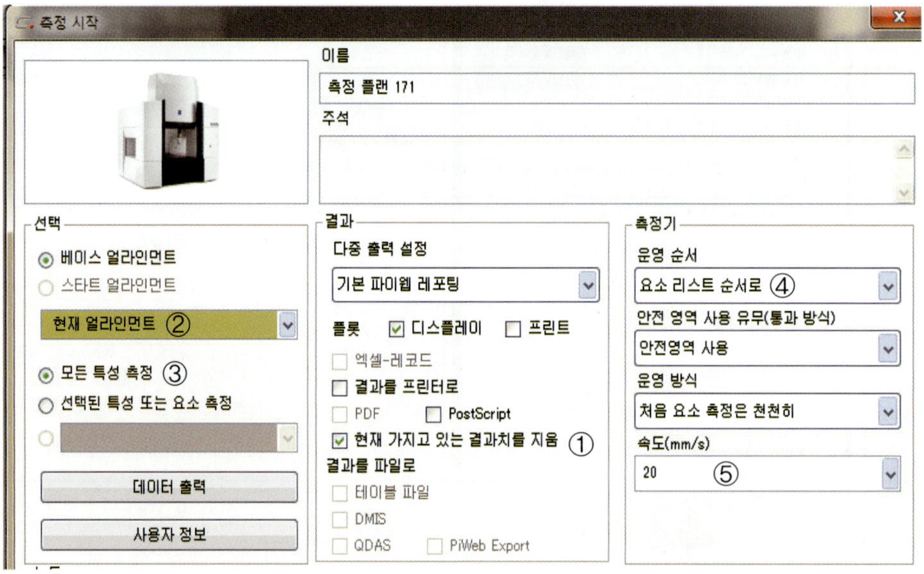
현재 가지고 있는 결과치 지움

▶현재 얼라인먼트 - 측정좌표계를 다시 설정하지 않고 현재 좌표계에서 사용된다. (측정물을 움직이지 않아서 이전에 측정한 좌표계를 기준으로 데이터를 뽑고자 할 때 사용된다.)</td></tr>
</table>

	▶ 메뉴얼 얼라인먼트 – 수동으로 측정 좌표계를 다시 잡아준다. 측정물의 위치가 많이 틀어진 상태에서 CNC를 실행하고자 하는 경우 사용된다. ▶ 측정 플랜 171 – 측정플랜과 동일한 이름(CNC 작동 중에 자동으로 측정 좌표계를 먼저 측정하게 된다.) 3. 측정할 범위 ▶선택된 특성 및 요소 측정 : 선택되어 있는 요소 또는 선택되어 있는 특성만 측정된다. ▶모든 특성 측정 : 모든 특성을 측정한다. 만약 특성창에 아무것도 있지 않다면 측정 좌표계 정도만 측정하게 될 것이다. 4. 운영순서 요소창에 요소를 원하는 순서로 정렬시키고 '요소 리스트 순서'로 선택하여 작동하게 되면 시간 효율성을 높일 수 있다. 5. 속도 – 장비이송 속도
38	시작 을 클릭한다. 조이스틱의 속도조절 레버를 이용하여 속도를 조절한다.

3.14 캐드파일을 이용한 자동 측정

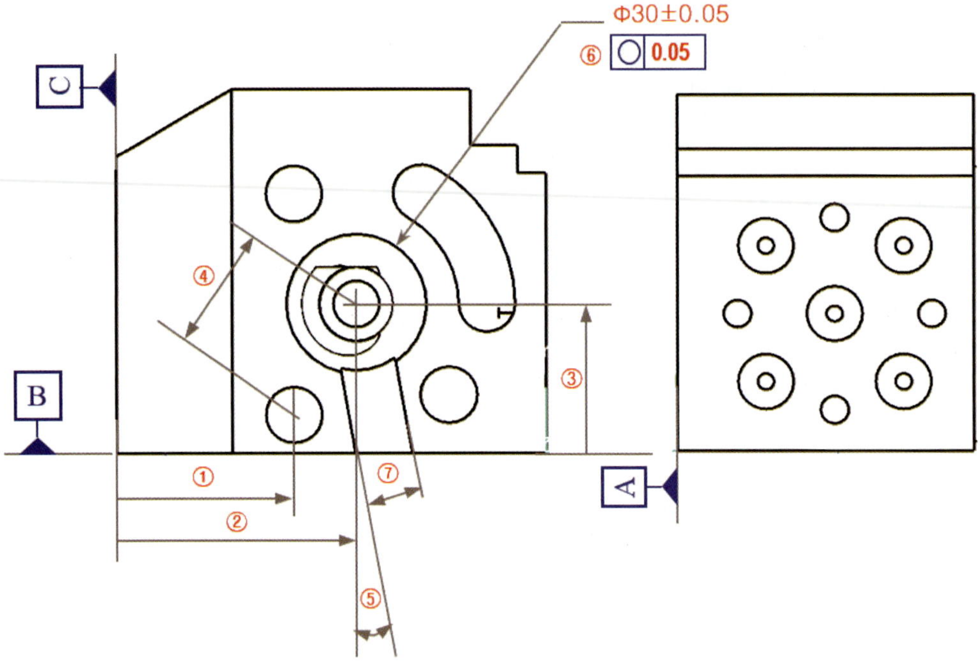

[요 점]

(1) CAD 모델에서 프로그램을 작성

(2) 지정된 각도 범위에서 자동경로 생성

(3) 진원도 측정 방법

(4) 수선을 이용한 직선의 최단거리 계산

순서	선택 메뉴	설　　　명	측정 결과
1	메뉴바 ⇒ CAD 파일 ⇒ 불러오기		
2	cadcube.sat	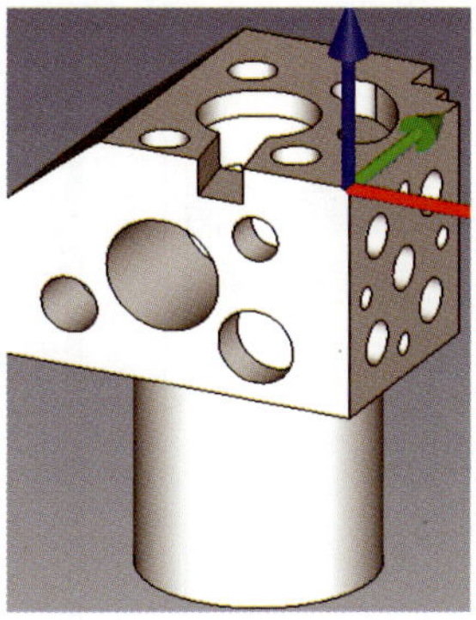	
3	캐드바  클릭	캐드 모델로부터 형상을 선택하거나 생성	
4	요소추출 선택	요소추출을 선택한 후 평면 1을 클릭 ('A' 데이텀)	
5	평면상의 직선 정의 선택	평면상의 직선 정의 선택한 후 직선 1을 왼쪽 마우스 버튼을 누른 상태에서 직선을 그린다.	
6	평면상의 직선 정의 선택	평면상의 직선 정의 선택한 후 직선 2를 왼쪽 마우스 버튼을 누른 상태에서 직선을 그린다.	
7	 더블 클릭	면 1의 측정방법을 정의한다. (프로빙 포인트로 선택하여 면에서 네 점을 클릭하여 측정점을 만든다.)	
8	 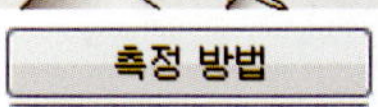 클릭 마우스로 4점 클릭	4개의 프로빙 포인트 생성 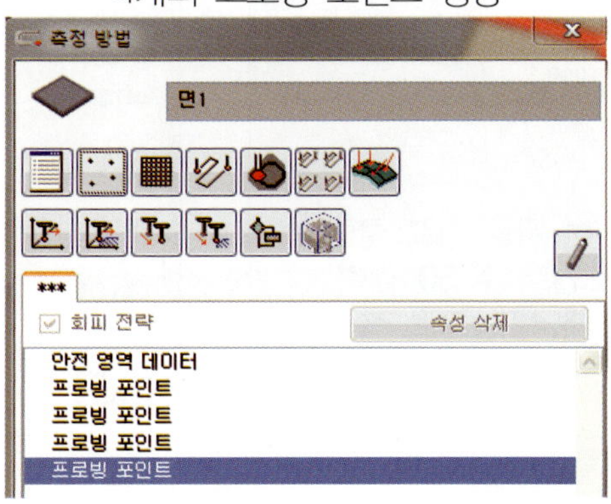	

순서	선택 메뉴	설　　명	측정 결과
9	2-D 라인 더블 클릭	직선 1의 측정방법을 정의한다. (직선의 자동 경로를 선택한 후 싱글포인트에 클릭하여 포인트로 정의한다.)	
10	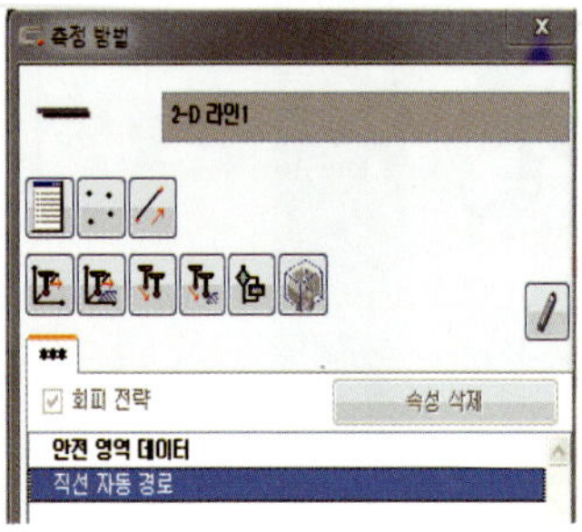 포인트수 4점 선택 싱글포인트에 클릭	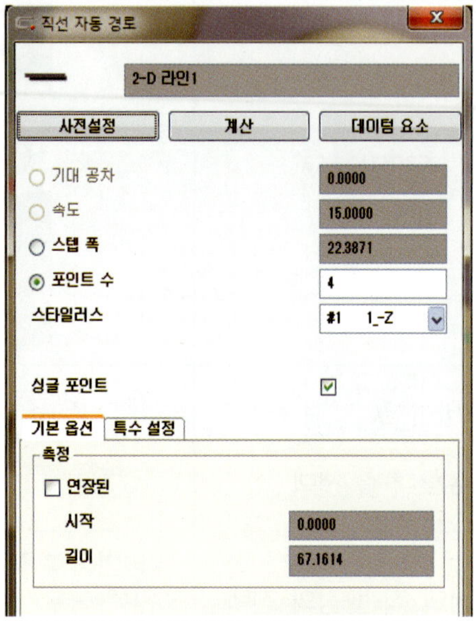	
11	2-D 라인 더블 클릭	직선 2의 측정방법을 정의한다. (직선의 자동 경로를 선택한 후 스캐닝으로 측정한다.)	
12	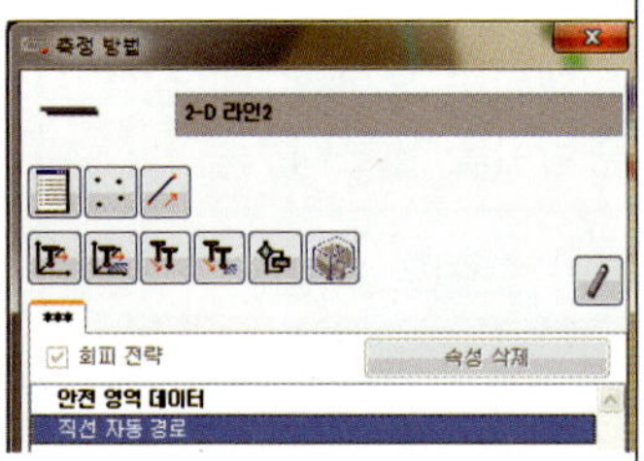 직선 자동 경로 클릭 포인트 수 50 입력 스캐닝기능으로 측정	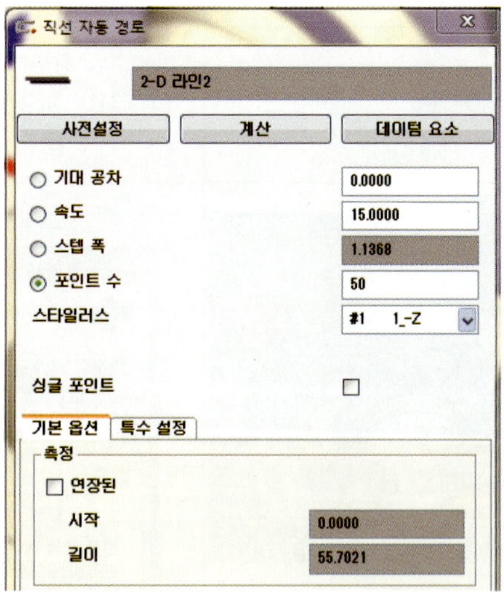	

순서	선택 메뉴	설 명	측정결과
13	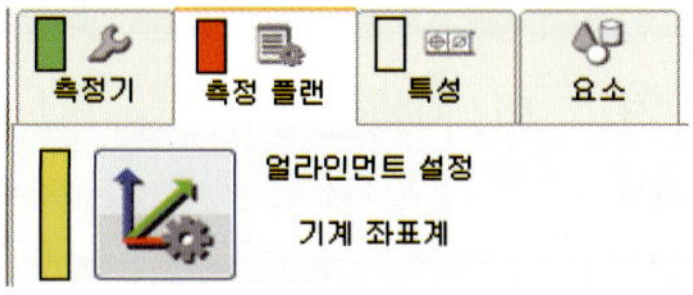	측정플랜 → 얼라인먼트 설정	
14	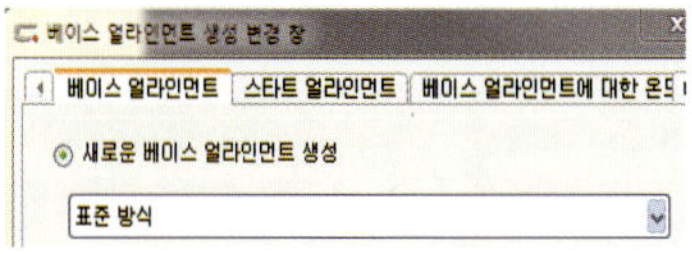	베이스 얼라인먼트 → 새로운 베이스 얼라인먼트 생성 → 확인	
15	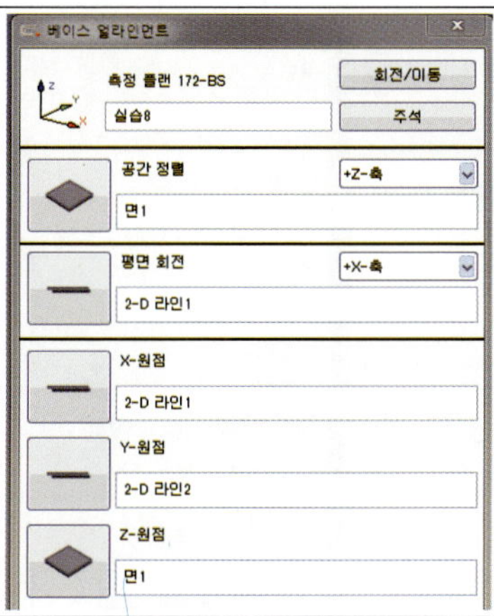	공간정렬(면 1 선택) → 평면회전(2-D 라인 1 선택) → X-원점(2-D 라인 2 선택) → Y-원점(2-D 라인 1 선택) → Z-원점(면 1 선택)	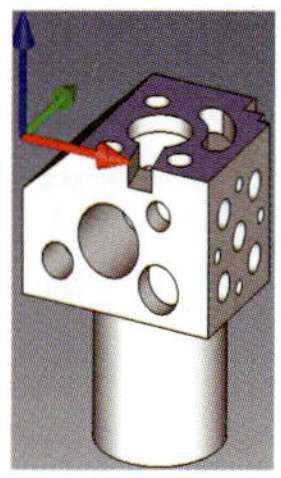
16		측정플랜 → 안전 영역 선택	
17	⇒ CAD 모델로부터 안전 영역에 클릭 ⇒ 모서리 거리에 15 입력 ⇒ 확인 질문에 아니오 클릭	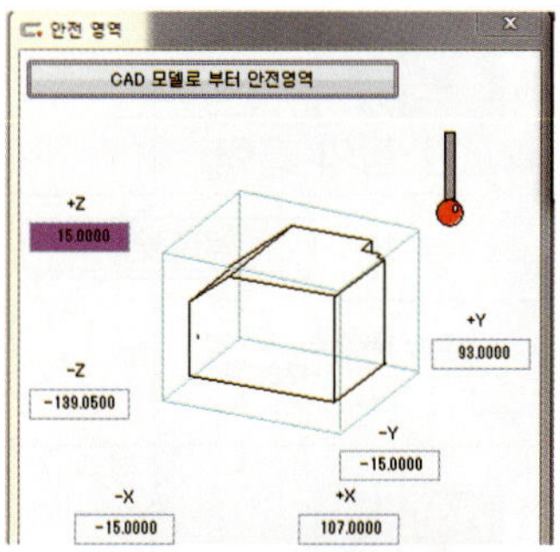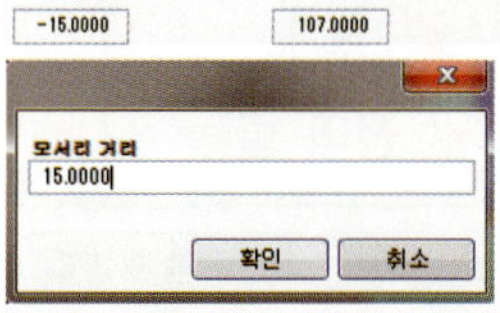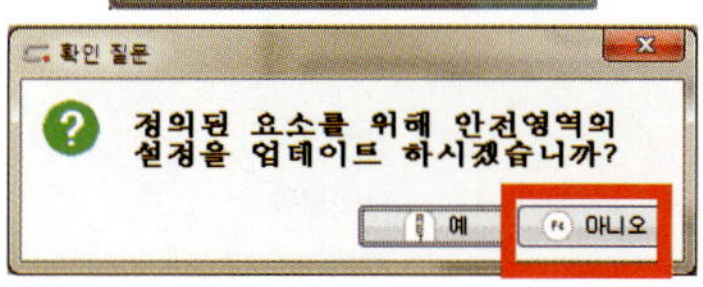	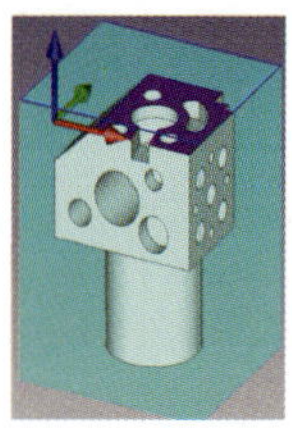

순서	선택 메뉴	설　　　명	측정 결과
18	캐드바  원통 내에서의 원 정의 클릭	마우스로 원 1 형상에 클릭하면 자동으로 원형경로 생성	
19	요소창에서 원 1 클릭 [측정 방법] 클릭 원형자동경로 선택 스텝 폭 0.1 입력		
20	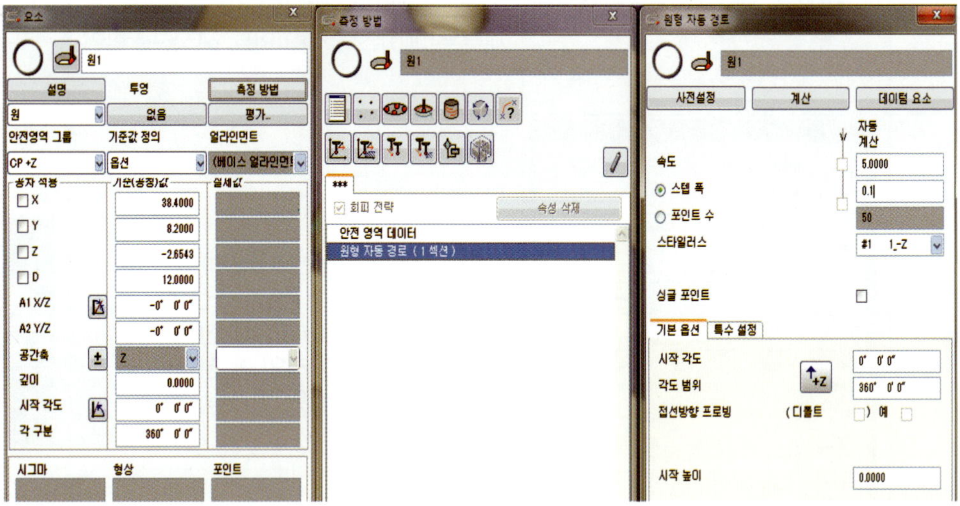		
21	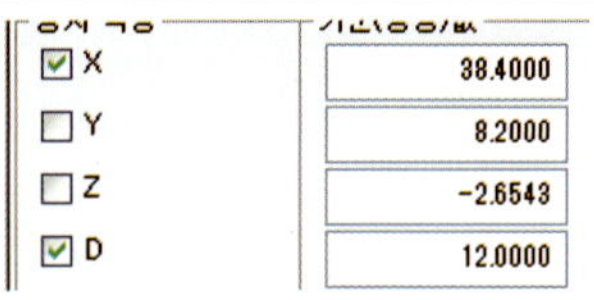	요소 창에서 X, D 체크	원 1 'D' X=①
22	캐드바  원통 내에서의 원 정의 클릭	마우스로 원 2 형상에 클릭하면 자동으로 원형경로 생성	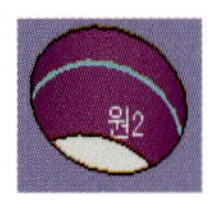
23	요소창에서 원 2 클릭 [측정 방법] 클릭 원형자동경로 선택 스텝 폭 0.1 입력		
24		요소 창에서 D 체크	원 2 'D'
25	캐드바  원통내에서의 원 정의 클릭	마우스로 원 3 형상에 클릭하면 자동으로 원형경로 생성	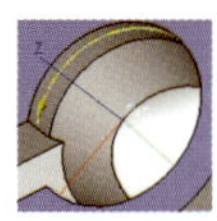
26	요소창에서 원 3 클릭 [측정 방법] 클릭 원형자동경로 선택 스텝 폭 0.1 입력 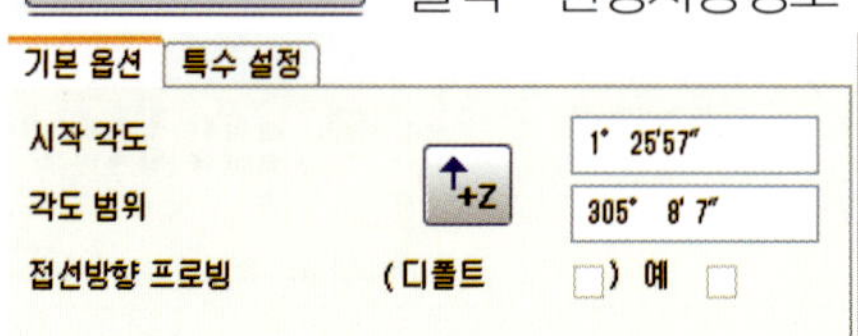		

<table>
<tr><th>순서</th><th>선택 메뉴</th><th>설　　　명</th><th>측정결과</th></tr>
<tr><td>27</td><td colspan="3">

구멍이 뚫린 곳의 각도를 측정할 경우
(지정된 각도 범위에서 자동경로 생성)

⇒ CAD 모델에서는 프로그램 시에 요소가 갖는 각도를 추출하게 된다. CAD값의 정보에 의해 요소형상에 따라 자동경로가 만들어진다.

⇒ CAD 모델이 없는 경우는 원하는 시작각도와 각도 범위를 지정해 주어야 한다. 장비가 움직이는 원형 자동 경로는 요소의 시작 각도에서부터 시작하여 시계반대 방향으로 회전한다(ZX축인 경우 시계방향으로 회전).

XY면 X축 기준
YZ면 Y축 기준
ZX면 Z축 기준

예) 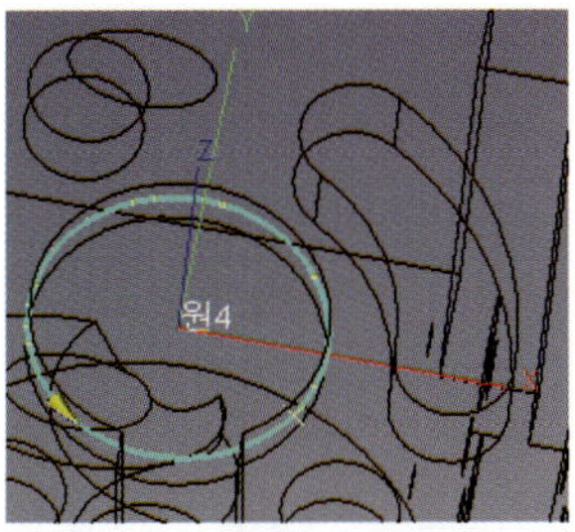

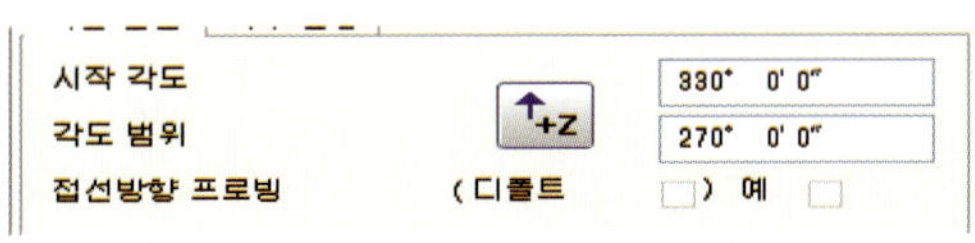

</td></tr>
<tr><td>28</td><td>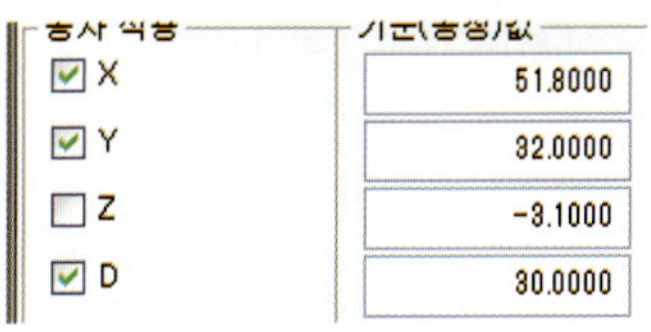
</td><td>요소 창에서 X, Y, D 체크</td><td>원 3 'D'
X = ②,
Y = ③</td></tr>
<tr><td>29</td><td>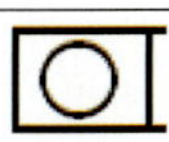 진원도</td><td>메뉴바 기하공차 진원도 선택</td><td></td></tr>
<tr><td>30</td><td>⇒ 요소에 원 3 선택
⇒ 원  클릭하여 평가설정 선택
⇒ 공차 0.05 입력
⇒ 파이웹 레포팅 선택</td><td>
</td><td>원 3 =
진원도</td></tr>
</table>

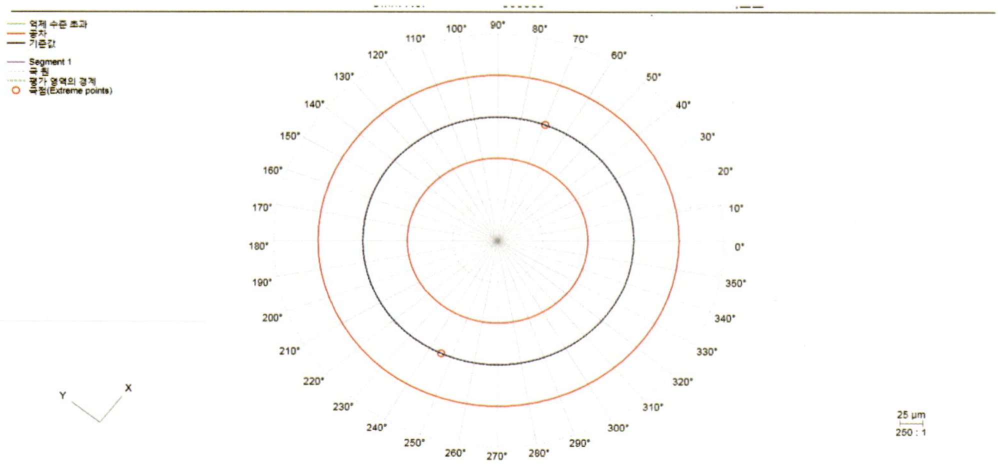

	이름	측정값	상한공차	포인트	필터 타입	Lc	upr	프로브 반경	스캐닝 속도[mm/sec]	평가 방식
○	진원도2	0.0000	0.1000	762	Low-pass (Form)	-	50 -	1.5000	15.000	LSQ 요소

<table>
<tr><th>순서</th><th>선택 메뉴</th><th>설 명</th><th>측정 결과</th></tr>
<tr><td>31</td><td>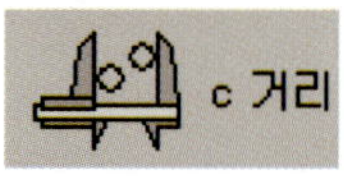
</td><td>메뉴 → 크기 → 거리
캘리퍼거리 선택</td><td>원 3 'D'
X=②,
Y=③</td></tr>
<tr><td>32</td><td>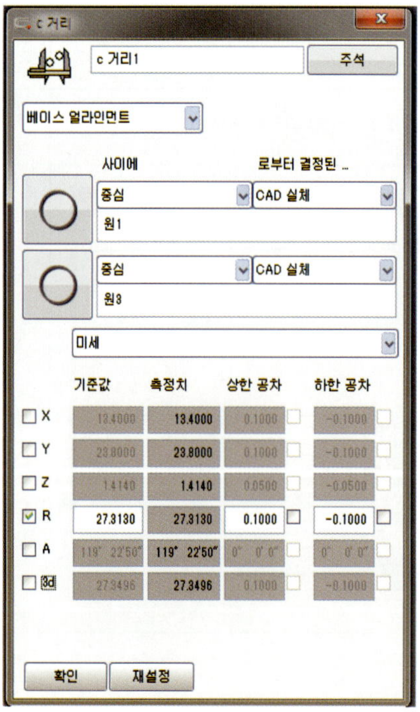
</td><td>원 1과 원 3 선택
원 1 중심과 원 3 중심 선택
R값 선택
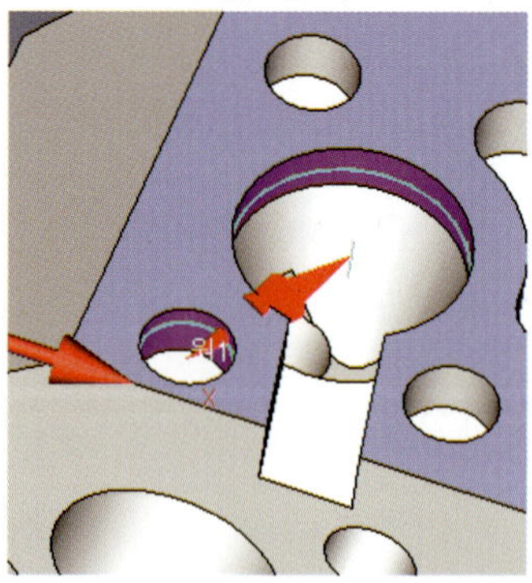</td><td>R=④</td></tr>
</table>

순서	선택 메뉴	설　　　　명	측정결과
33	평면상의 직선 정의 선택	평면상의 직선 정의 선택한 후 기울어진 좌측 직선 3을 왼쪽 마우스 버튼을 누른 상태에서 직선을 그린다.	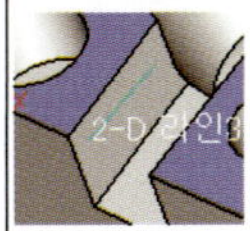
34	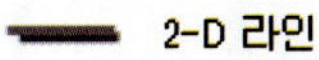 더블 클릭	순서 12번의 측정방법으로 정의한다. (직선의 자동 경로를 선택한 후 스캐닝으로 측정한다)	
35	직선 자동 경로 클릭 포인트 수 10 입력 스캐닝 기능으로 측정		
36	A2 X/Y에 체크	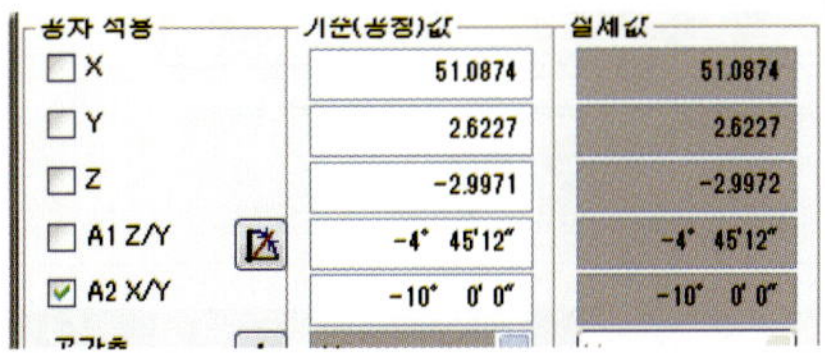	A2 = ⑤
37	평면상의 직선 정의 선택	평면상의 직선 정의 선택한 후 기울어진 우측 직선 4를 왼쪽 마우스 버튼을 누른 상태에서 직선을 그린다.	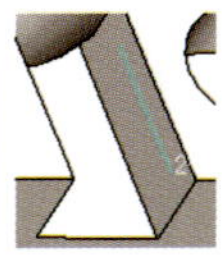
38	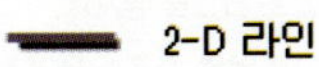 더블 클릭	순서 12번의 측정방법으로 정의한다. (직선의 자동 경로를 선택한 후 스캐닝으로 측정한다)	
39	직선 자동 경로 클릭 포인트 수 10 입력 스캐닝 기능으로 측정		
40	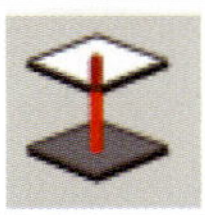	메뉴바에서 조합요소 → 수선 선택	

순서	선택 메뉴	설 명	측정결과
41	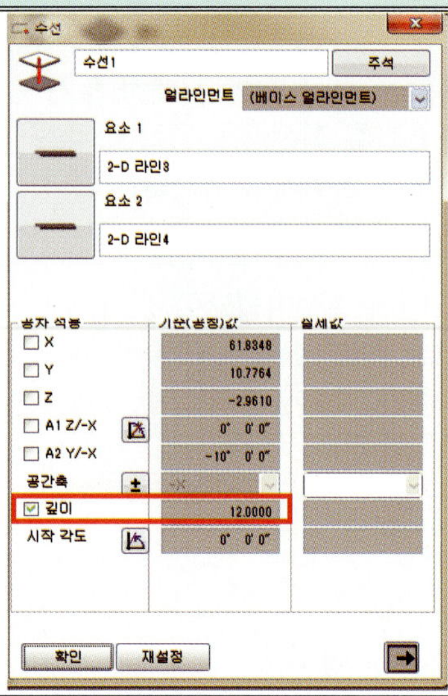	2-D 라인 3과 2-D 라인 4를 선택 깊이에 체크하면 직선의 최단거리가 계산된다. 	깊이 = ⑦
42	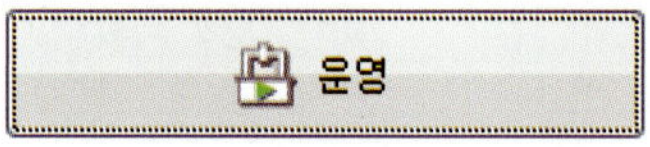		
43	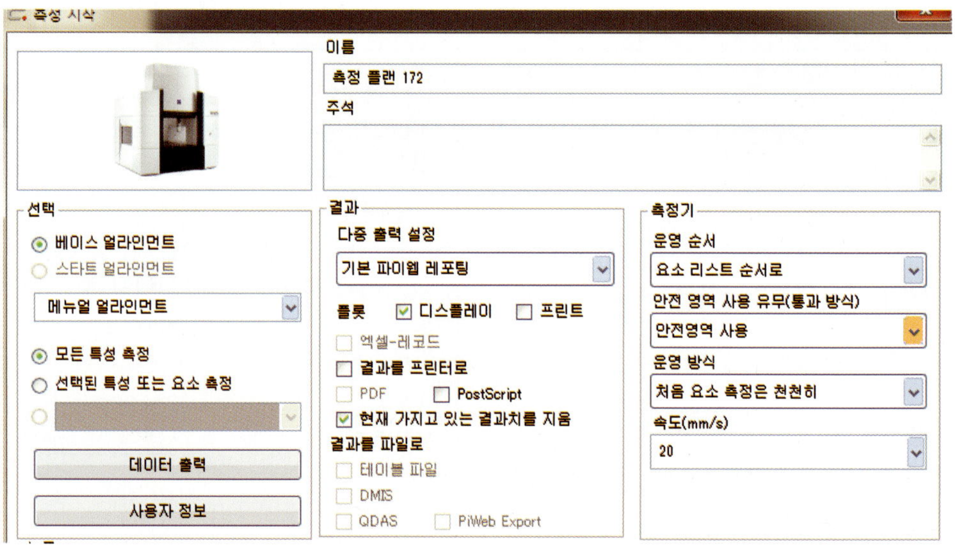 실제 측정물의 위치를 메뉴얼 얼라인먼트로 정의하고 측정 좌표계를 수동으로 측정한 후 확인 → 자동으로 CNC가 동작한다.		

CHAPTER 04

3차원 측정 실습 3

벤젤 접촉식 3차원 측정 실무과정 (QUARTIS)
덕인 비접촉식 3차원 측정 실무과정 (NEURO VIEW)

1 장비 소개

<table>
<tr><td>모델명</td><td colspan="2">XO plus 55</td></tr>
<tr><td>사양</td><td colspan="2">측정범위 : 500 x 700 x 400
스케일의 분해능 : 0.1 μm
공간 길이 허용오차(MPE_E) : (1.7+3L / 1,000) μm 이하
스캐닝 허용오차(MPE_THP) : 2.3 μm / 50s 이하</td></tr>
<tr><td>정도</td><td colspan="2">0.1 μm (지정 가능)</td></tr>
<tr><td>제조사</td><td colspan="2">WENZEL</td></tr>
<tr><td>규격</td><td colspan="2">500 x 700 x 400</td></tr>
<tr><td rowspan="5">부속장치</td><td>압축공기</td><td>(0.6 ~ 0.8) MPa</td></tr>
<tr><td>에어드라이어</td><td>Jemaco</td></tr>
<tr><td>컨트롤러</td><td>WPC 2040</td></tr>
<tr><td>조이스틱</td><td>HT400</td></tr>
<tr><td>S/W</td><td>Quartis (쿼티스)</td></tr>
</table>

2 조이스틱

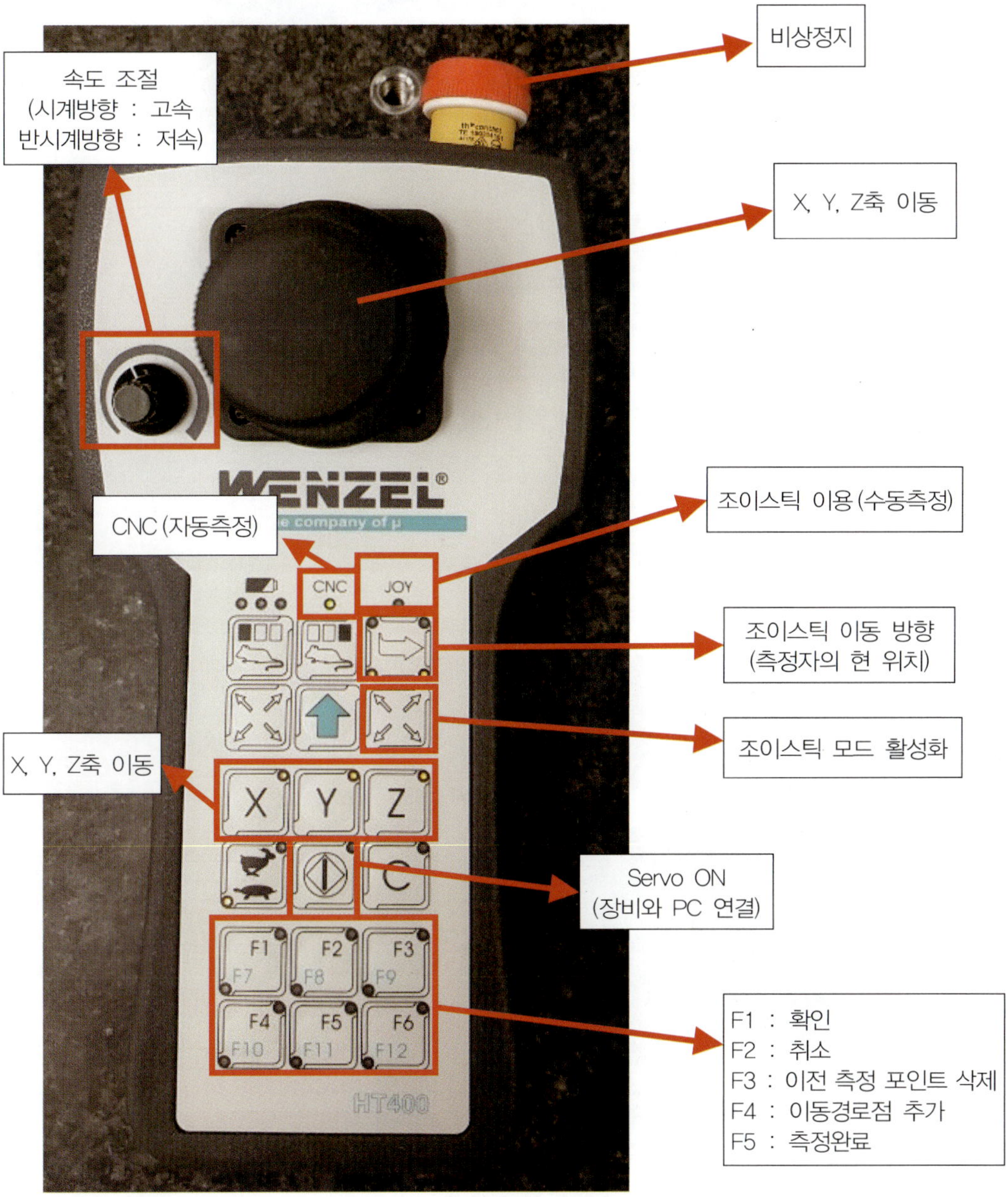

[그림 4-1] 조이스틱 구성 및 기능

(X축, Y축 이동)

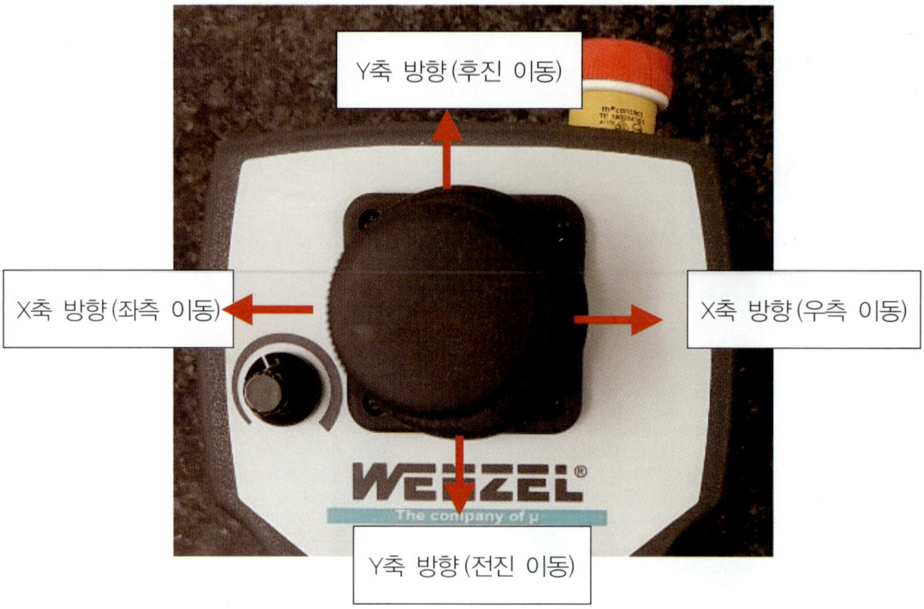

(Z축 이동)

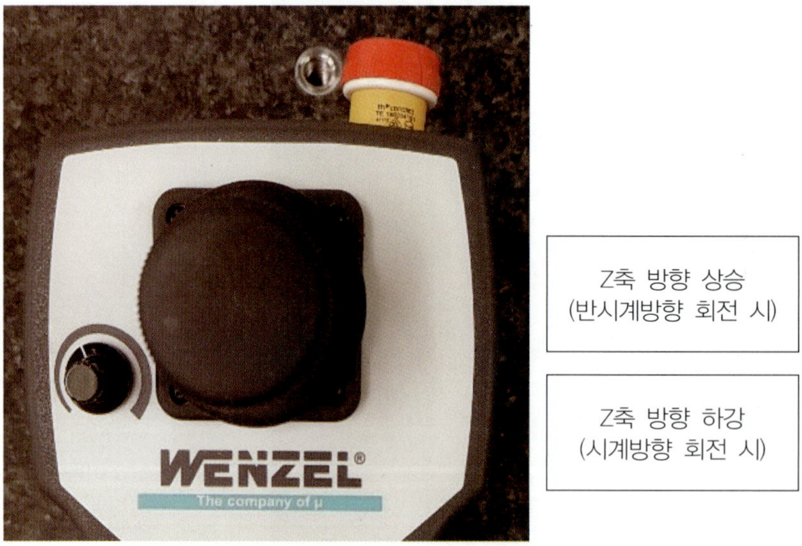

[그림 4-2] 조이스틱 방향

3 장비 ON, OFF

장비 ON		
①	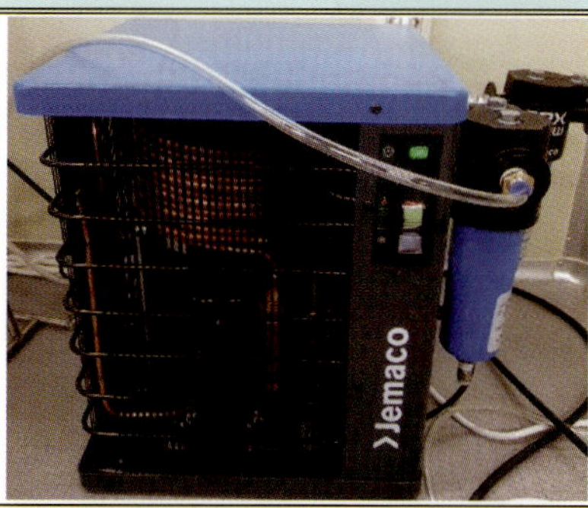	초록색 버튼을 눌러 에어 드라이어를 켠다.
②	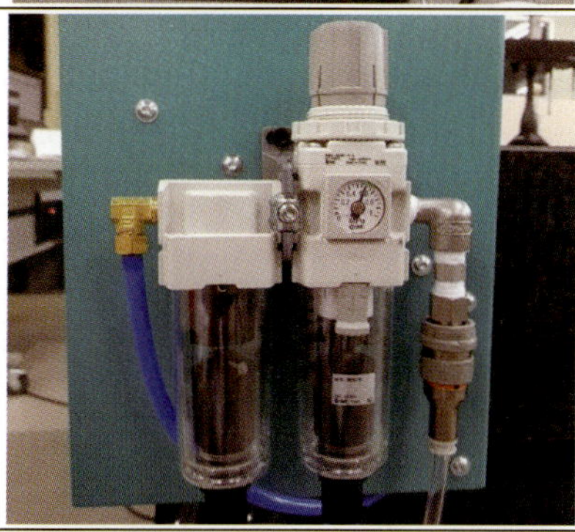	공기압을 확인한다. 게이지 바늘이 초록색 범위 내에 있으면 정상이다. (0.6 ~ 0.8) MPa
③		컨트롤러의 초록색 버튼을 눌러 3차원 측정기를 구동한다.
④		컴퓨터 본체의 전원 버튼을 눌러 컴퓨터를 켠다.
⑤		컴퓨터가 켜지면 조이스틱 중앙의 좌측 모양의 아이콘을 누른다. (장비와 컴퓨터의 연결)

<table>
<tr><td>⑥</td><td></td><td>컴퓨터를 켜면 창이 나오는데, 여기서 '이 설치 건너뛰기'를 누른다.</td></tr>
<tr><td>⑦</td><td>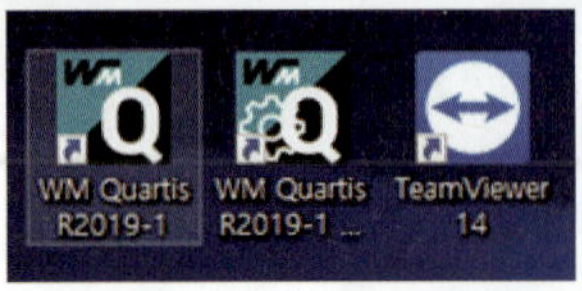
</td><td>좌측 아이콘 중 왼쪽에 위치한 Quartis(쿼티스) 아이콘을 클릭한다.</td></tr>
<tr><td>⑧</td><td>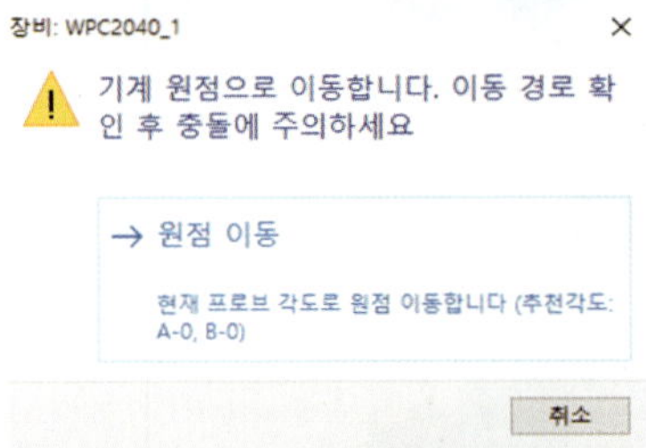
</td><td>쿼티스 소프트웨어가 켜지면 다음과 같은 창이 먼저 나옴. '원점 이동'을 클릭한다.
*소프트웨어 클릭 후 원점이 나오지 않을 경우 소프트웨어의 우측 상단부의 장비온라인 연결 확인</td></tr>
<tr><td>⑨</td><td>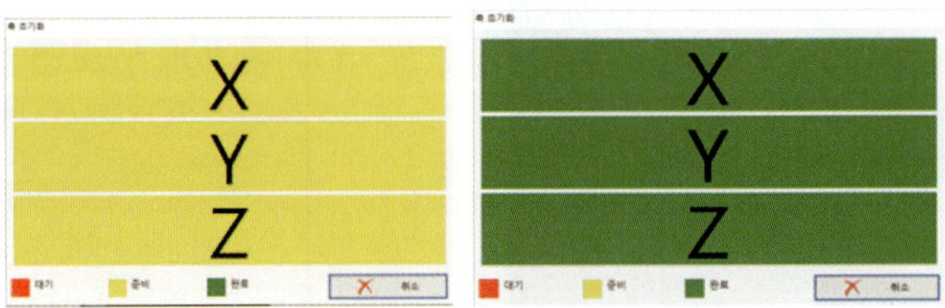
</td><td>원점 이동을 클릭하면 좌측의 사진이 나타나면서 프로브가 원점으로 이동한다.
(이동한 후 창이 노란색에서 초록색으로 바뀌며 자동으로 창이 닫힌다.)</td></tr>
<tr><td>⑩</td><td>
</td><td>조이스틱에서 X, Y, Z축 버튼을 눌러 램프가 켜지게 되면 이동이 가능한 상태이다.</td></tr>
<tr><td>⑪</td><td>
</td><td>측정을 시작하려면 조이스틱에서 사방으로 방향키가 있는 버튼을 누르고 JOY에 램프가 들어오게 한다. 조이스틱을 움직이면 프로브가 이동한다.</td></tr>
</table>

장비 OFF 순서(ON 순서의 역순)
① 조이스틱을 조작하여 프로브를 적정위치(안전한 위치)로 이동시킨다. ② 쿼티스 소프트웨어를 닫는다. ③ 컴퓨터를 종료한다. ④ 컴퓨터가 다 꺼지면 컨트롤러를 OFF 한다. ⑤ 에어 드라이어도 OFF 한다.

4 프로브

4.1 교환

측정할 제품의 크기에 따라 프로브의 길이나 지름을 변경하여 사용할 경우 활용한다.

<table>
<tr><td rowspan="2">①</td><td>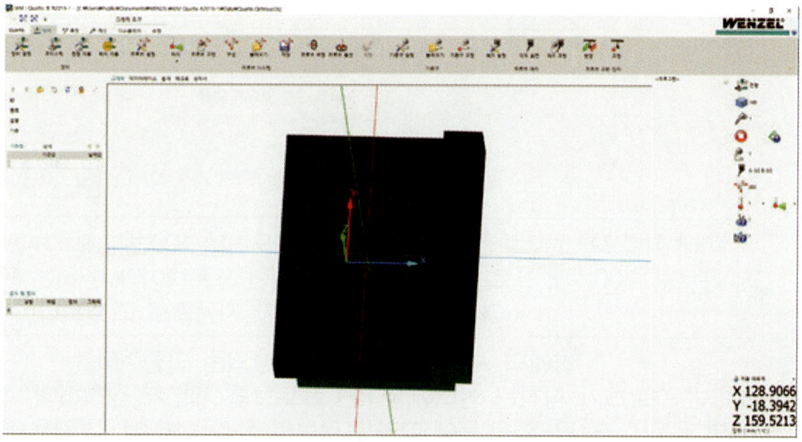
</td></tr>
<tr><td>처음 화면에서 우측 메뉴의 300 프로브 아이콘을 클릭한다. 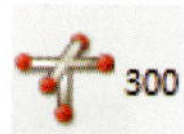
</td></tr>
<tr><td rowspan="2">②</td><td>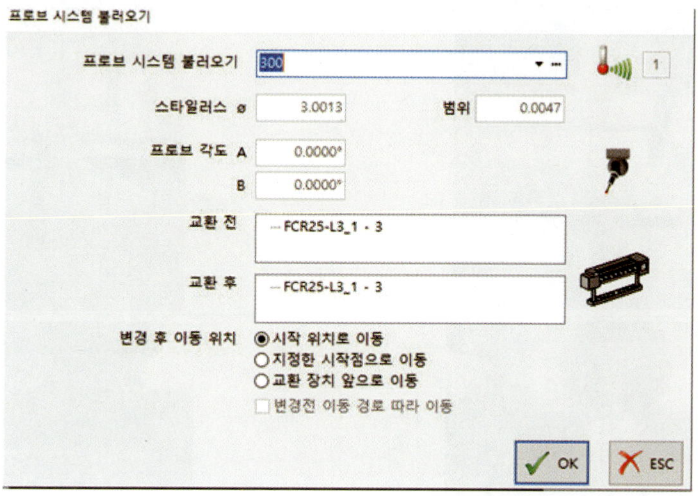
</td></tr>
<tr><td>프로브 시스템 불러오기에서 역삼각형 화살표를 클릭한다.
(참고로 현재 300이라는 것은 3번 프로브를 뜻한다)</td></tr>
</table>

<table>
<tr><td>③</td><td>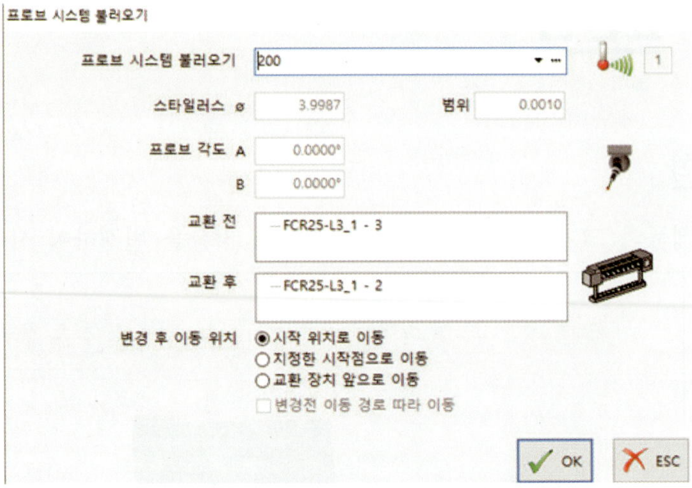
</td></tr>
<tr><td></td><td>아래 화살표를 눌러보면 번호가 여러 개 나오는데 100번대 프로브는 첫 번째에 위치한 프로브, 200번대 프로브는 두 번째에 위치한 프로브이다. 원하는 프로브를 선택한 후 OK를 누르면 프로브가 자동으로 교환된다.</td></tr>
<tr><td colspan="2">아래의 사진은 프로브가 교환되는 과정이다.
(예: 3번 프로브가 장착된 상태에서 2번 프로브를 새롭게 장착하여 측정할 경우)
(용도: 측정할 제품의 크기와 형상 등에 따라 프로브의 직경을 변경시킬 경우 교환하여 사용한다.)
*프로브 교체가 완료되기 전까지 잠시 대기한다.</td></tr>
</table>

<table>
<tr><td>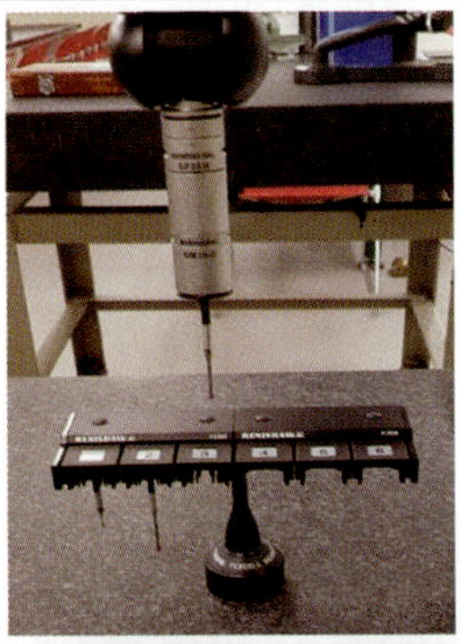</td><td>1</td><td>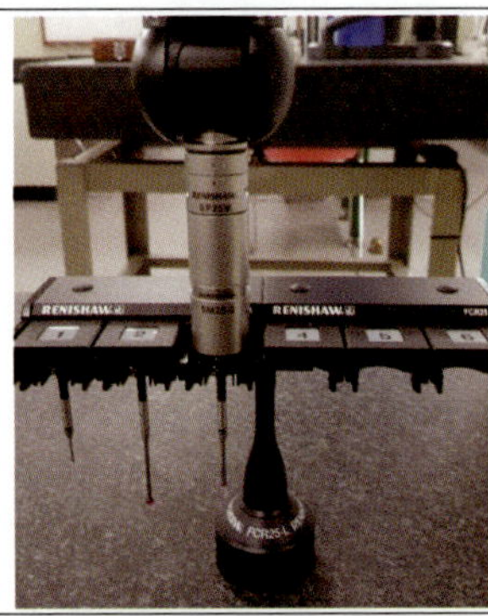</td><td>2</td></tr>
<tr><td>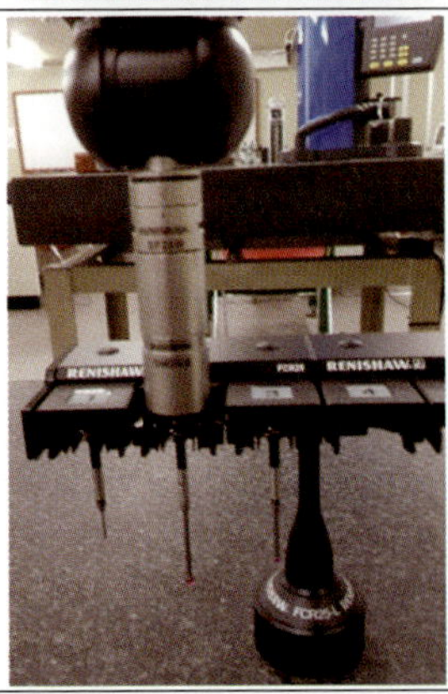</td><td>3</td><td>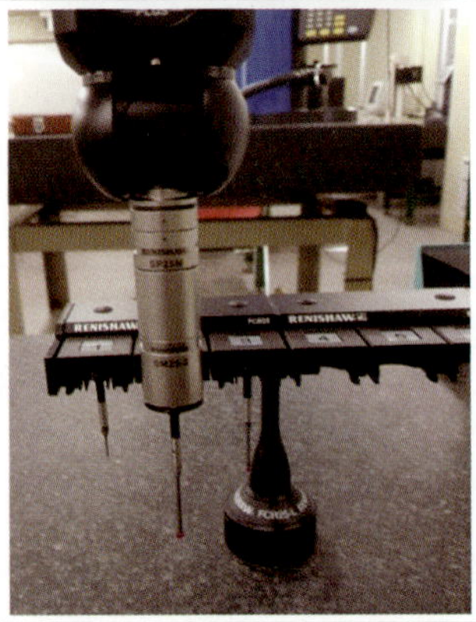</td><td>4</td></tr>
</table>

<table>
<tr><td rowspan="2">①</td><td>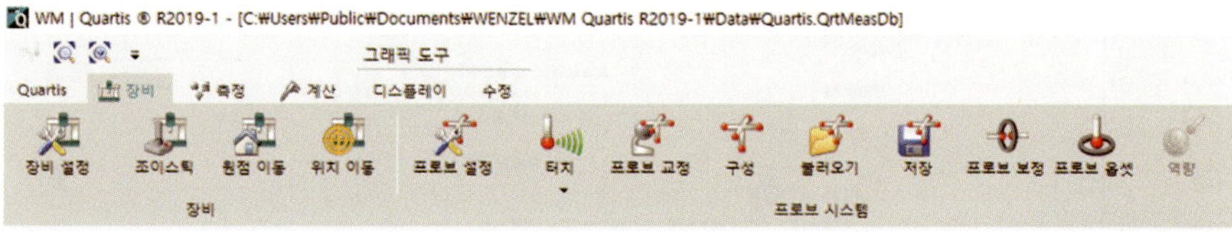</td></tr>
<tr><td>화면의 상단메뉴에서 장비를 클릭한다.</td></tr>
<tr><td rowspan="2">②</td><td>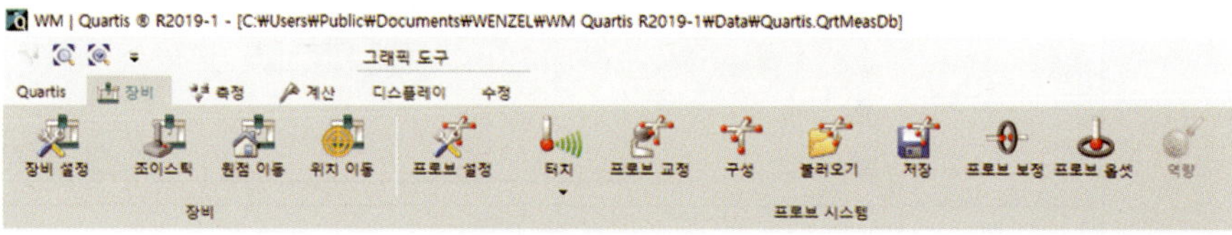</td></tr>
<tr><td>장비에서 프로브 교정을 클릭한다.</td></tr>
<tr><td rowspan="2">③</td><td>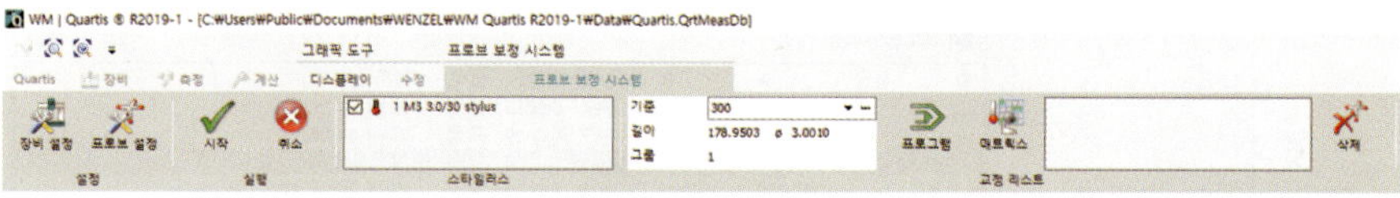</td></tr>
<tr><td>프로브 교정을 선택하면 위와 같으며, 여기서 매트릭스를 클릭한다.</td></tr>
<tr><td rowspan="2">④</td><td>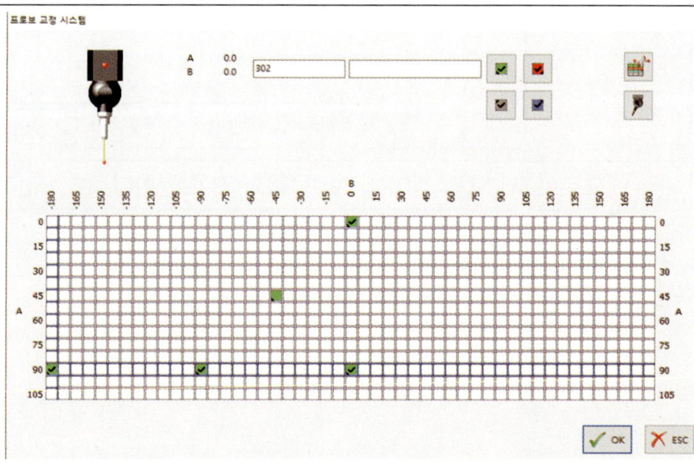</td></tr>
<tr><td>매트릭스를 누르면 위와 같은 창에서 측정에 필요한 각도를 클릭하여 선택하고,
OK를 클릭하면 자동으로 교정이 이루어진다.</td></tr>
<tr><td rowspan="2">⑤</td><td>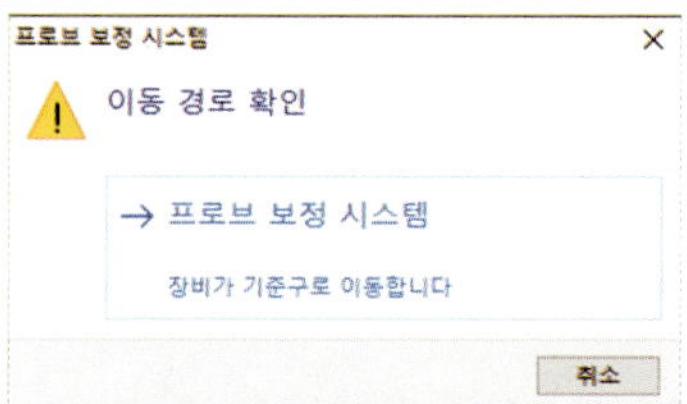
</td></tr>
<tr><td>OK를 누르면 다음과 같은 창이 나오며 '→ 프로브 보정 시스템'을 클릭한다.</td></tr>
<tr><td>⑥</td><td>클릭하면 자동으로 교정을 실행하는데,
교정이 끝날 때까지 프로브를 주시하며 대기한다.</td></tr>
</table>

⑦

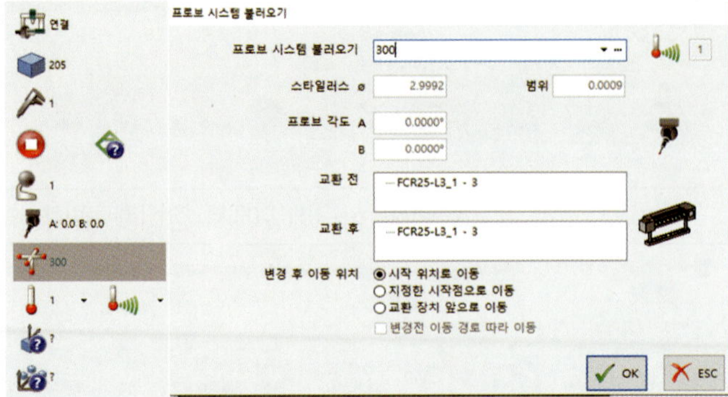

교정결과확인은 프로브 아이콘을 선택 →
'프로브 시스템 불러오기' 창에서 ●●● 버튼을 클릭한다.

⑧

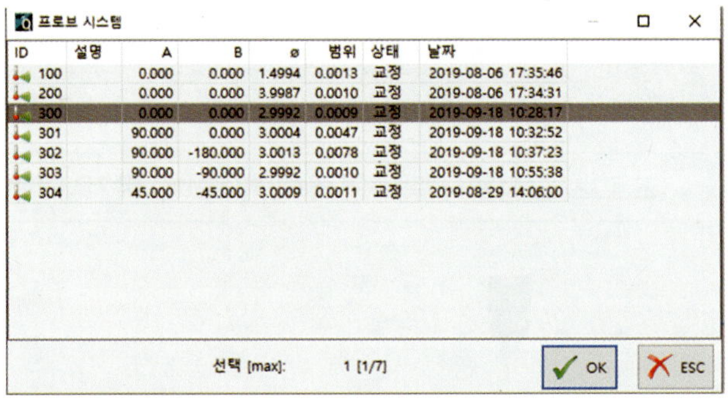
프로브 시스템

ID	설명	A	B	ø	범위	상태	날짜
100		0.000	0.000	1.4994	0.0013	교정	2019-08-06 17:35:46
200		0.000	0.000	3.9987	0.0010	교정	2019-08-06 17:34:31
300		0.000	0.000	2.9992	0.0009	교정	2019-09-18 10:28:17
301		90.000	0.000	3.0004	0.0047	교정	2019-09-18 10:32:52
302		90.000	-180.000	3.0013	0.0078	교정	2019-09-18 10:37:23
303		90.000	-90.000	2.9992	0.0010	교정	2019-09-18 10:55:38
304		45.000	-45.000	3.0009	0.0011	교정	2019-08-29 14:06:00

선택 [max]: 1 [1/7]

'프로브 시스템' 창이 나오면 결과를 확인한다. (5 μm 이내이면 양호)

4.2 각도회전

<table>
<tr><td rowspan="2">①</td><td>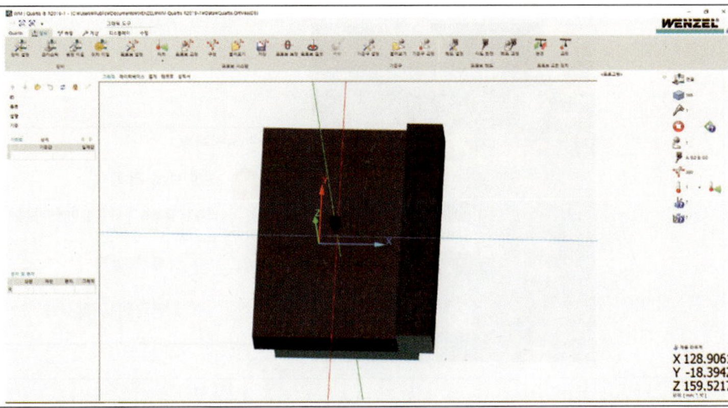
</td></tr>
<tr><td>처음 화면에서 우측 메뉴의 3000이라고 쓰인 프로브 아이콘을 클릭한다.
*프로브를 안전한(회전해도 충돌이 발생하지 않는) 위치로 이동한다.</td></tr>
<tr><td rowspan="2">②</td><td>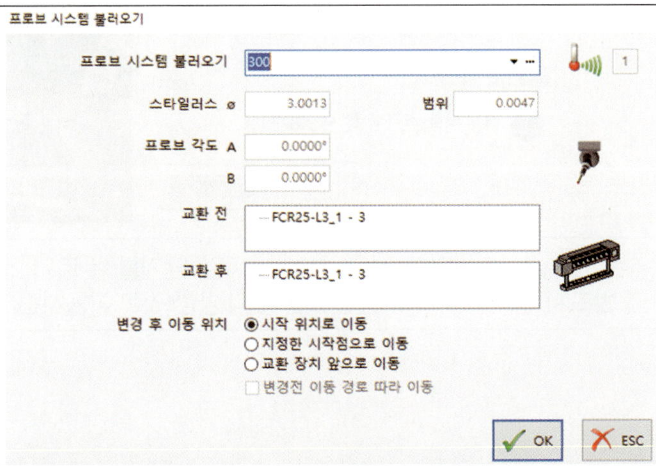
</td></tr>
<tr><td>'프로브 시스템 불러오기'에서 역삼각형 화살표를 클릭한다.</td></tr>
<tr><td rowspan="2">③</td><td>  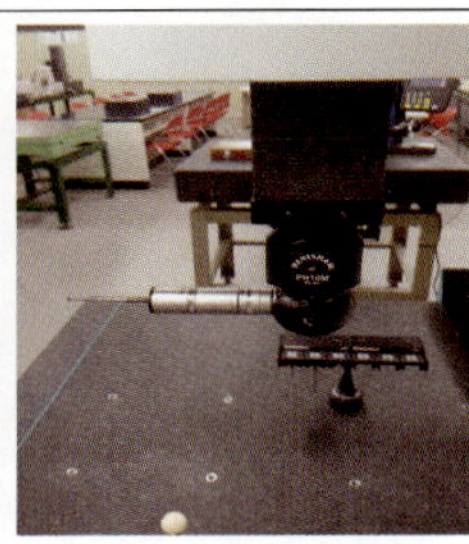
No. 301 No. 302 No. 303</td></tr>
<tr><td>클릭하면 301, 302, 303 각도가 생성되며, 원하는 각도를 선택하고 OK를 누른다.
* OK를 누르기 전에 프로브가 안전한 위치인지 다시 한번 확인한다.</td></tr>
</table>

4.3 충돌 시 대처방법

①	 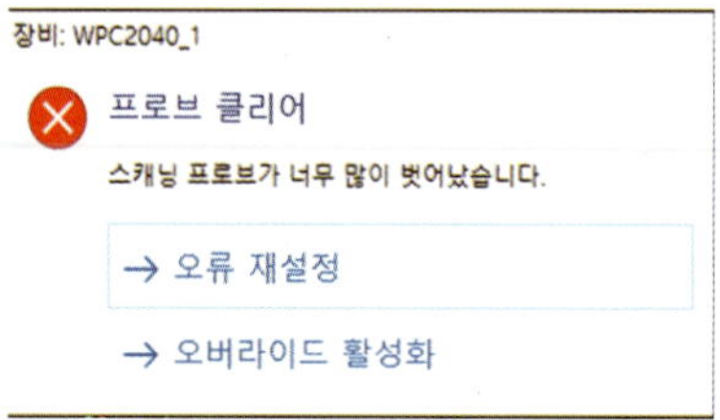
	위 사진은 측정 중 충돌하는 상황이 발생해 프로브가 멈춘 상태이고, 이때 컴퓨터 화면을 보면 다음과 같은 창이 나타난다. 여기서 '→오버라이드 활성화'를 클릭한다.
②	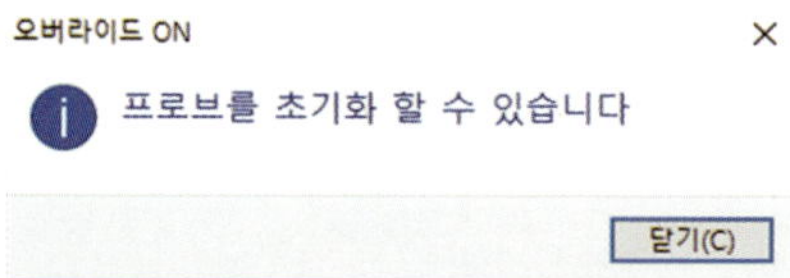 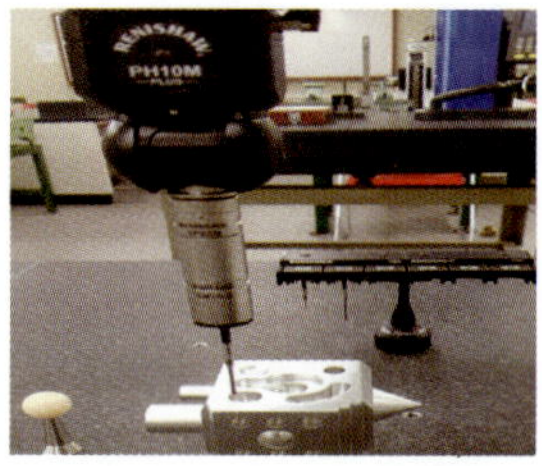
	위와 같은 창이 보이면 닫기를 누르기 전에 반드시 조이스틱으로 충돌했던 반대방향으로 이동시킨 후 닫기를 누른다.

5 측정 시작하기

①

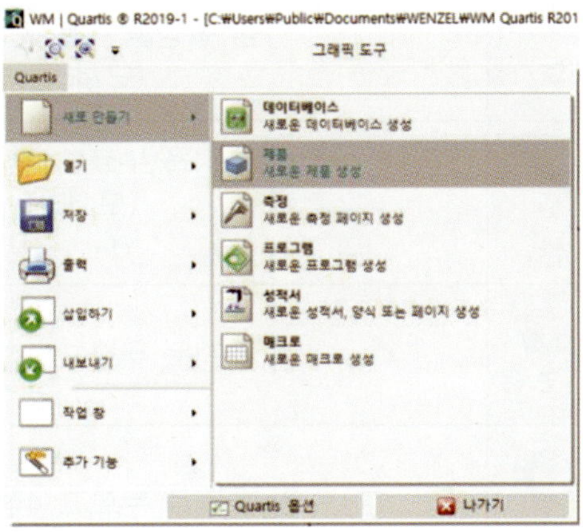

상단 메뉴에서 쿼티스 → 새로 만들기 → 제품을 클릭한다.

②

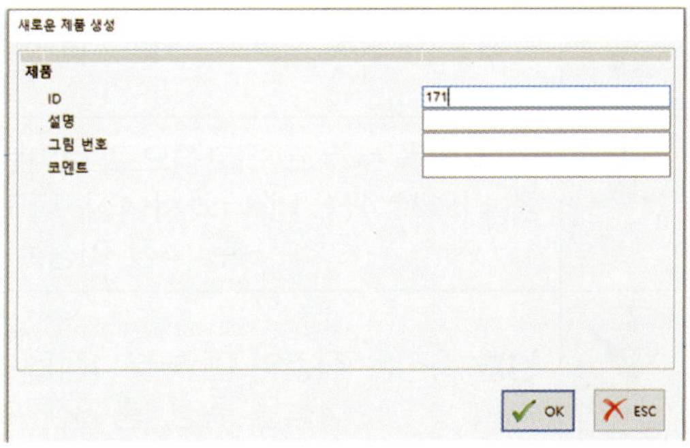

새로운 제품 생성이라는 창이 나오면 ID를 입력하고 OK(ex: 1 과제)
(필요한 코멘트를 입력함(생략 가능))
* 입력할 때는 숫자 + 띄어쓰기 + 한글로 입력한다.

③

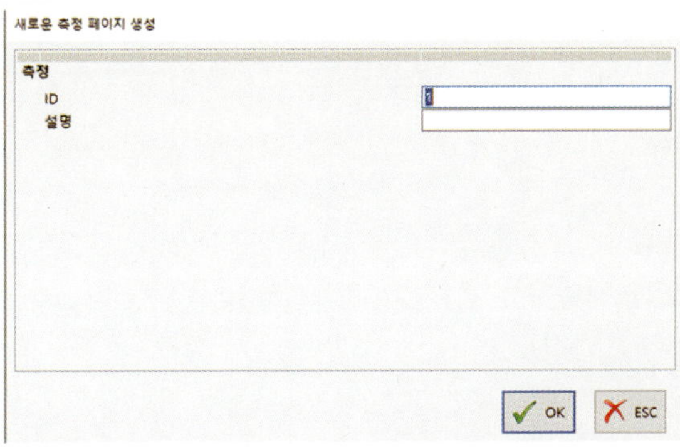

새로운 측정 페이지 생성이라는 창이 나오면 ID를 입력하고 OK
(필요에 따라 입력 또는 생략 가능)

6 측정 기능 소개

점 측정		점 측정을 누르고 1점을 측정한다. (모서리는 피한다)
선 측정		선 측정을 누르고 2점 이상을 측정한다. (모서리는 피한다) * (+, − 방향 주의)
면 측정		면 측정을 누르고 4점 이상을 측정한다.
원 측정		원 측정을 누르고 4점 이상을 측정한다.
원통 측정		원통 측정을 누르고 상단 4점 하단 4점 총 8점을 측정한다.
구 측정	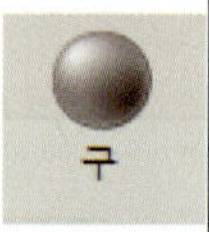	구 측정을 누르고 최고점으로 보이는 부분 1점 측정, 그 위치에서 좀 나와서 4점, 더 나와서 4점, 나머지 5점은 안쪽으로 측정하여 총 14점 이상을 측정한다.
원뿔 측정		원뿔 측정은 직경이 큰 부분 4점을 측정하고, 직경이 좁아진 부분 4점을 측정, 총 8점 이상을 측정한다.
둥근슬롯 측정		둥근슬롯을 누르고 5점 이상을 측정한다.

7 실습 과제

7.1 좌표계 (1)

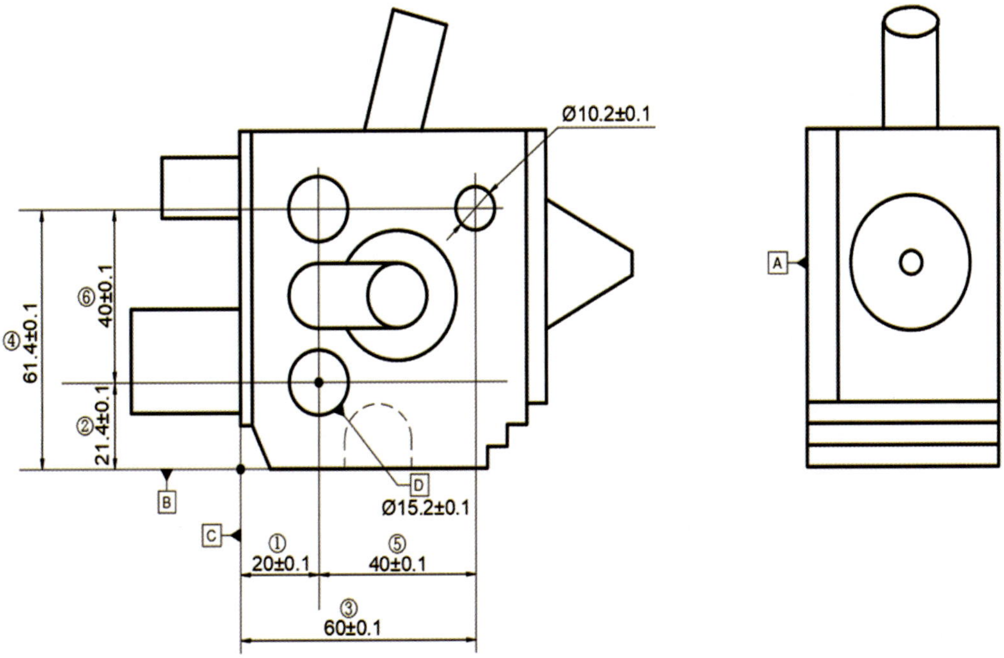

순서	선택메뉴	설 명	측정 결과
1	면 / 공간 보정	상단메뉴 → 측정 → 면(A 데이텀) → 4점 측정하고 F5 → 공간보정 → 1차방향 Z, 원점 Z 선택 → OK(PLN1)	
2	선 / 평면 회전	측정 → 라인(B 데이텀) → 2점 측정하고 F5 (측정하는 방향은 왼쪽에서 오른쪽으로) → 평면회전 → 2차방향을 +X, 원점은 Y 선택 → OK(LIN1)	
3	점 / 원점이동 / 저장	측정 → 점(C 데이텀) → 측정하고 원점 이동 → 원점 X 선택 → OK → 저장버튼으로 저장 (1번 좌표계로 저장됨)	
4	원	측정 → 원 → 4점 측정(CIR1, Ø15)	
5	원	측정 → 원 → 4점 측정(CIR2, Ø10)	
6	크기	CIR1을 마우스로 클릭 → 상단메뉴 → 계산 → 크기 → 기준값과 공차입력 → 평가(Ø15±0.1)	
7	위치값	CIR1을 마우스로 클릭 → 상단메뉴의 계산 → 위치 값 → 직각 좌표계 → 기준값과 공차입력 → 평가(① (X)=20±0.1, ② (Y)=20±0.1)	X=①, Y=②
8	크기	CIR2를 마우스로 클릭 → 상단메뉴 → 계산 → 크기 → 기준값과 공차입력 → 평가 (Ø10±0.1)	
9	위치값	CIR2를 마우스로 클릭 → 상단메뉴의 계산 → 위치값 → 직각 좌표계 → 기준값과 공차입력 → 평가(③ (X)=60±0.1, ④ (Y)=60±0.1)	X=③, Y=④
10	원점이동 / 저장	CIR1을 마우스로 클릭 → 원점이동 → 원점에 X, Y, Z를 모두 선택 → OK → 저장 누름 (2번 좌표계로 저장됨)	
11	위치값	CIR2를 마우스로 클릭 → 상단메뉴의 계산 → 위치값 → 직각 좌표계 → 기준값과 공차입력 → 평가(⑤ (X)=40±0.1, ⑥ (Y)=40±0.1)	X=⑤, Y=⑥

7.2 좌표계 (2)

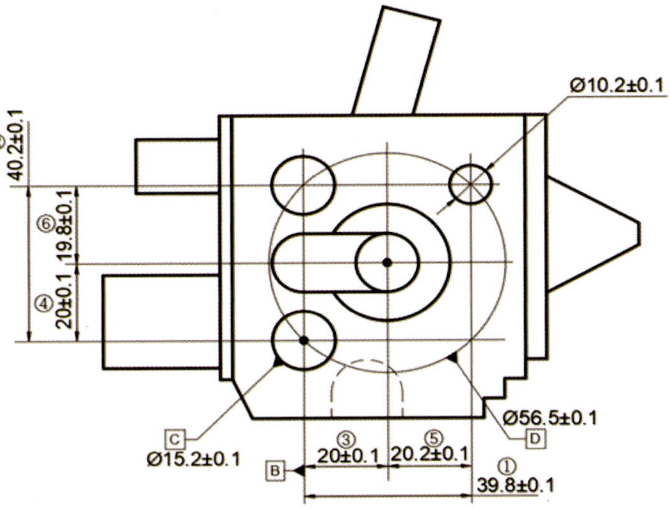
Ø10.2±0.1
② 40.2±0.1
⑥ 19.8±0.1
④ 20±0.1
C
Ø15.2±0.1
B
③ 20±0.1
⑤ 20.2±0.1
① 39.8±0.1
Ø56.5±0.1
D

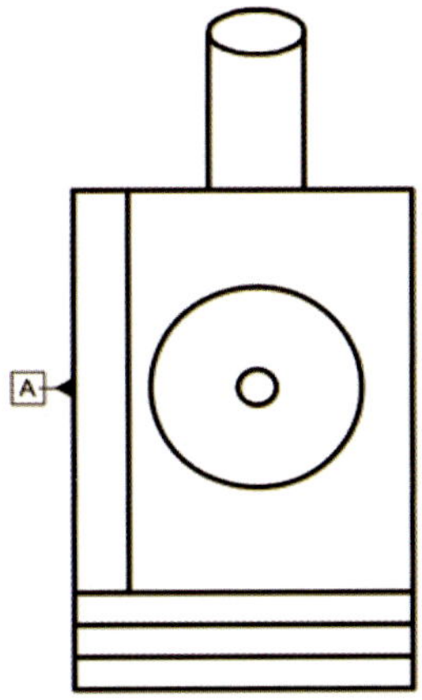
A

순서	선택메뉴	설 명	측정 결과
1	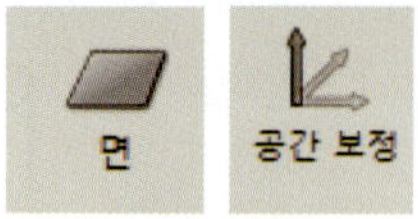	상단메뉴 → 측정 → 면(A 데이텀) → 4점 측정하고 F5 → 공간보정 → 1차방향 Z, 원점 Z 선택 → OK (PLN1)	
2		측정 → 원 → 4점 측정(CIR1, Ø15)	
3		측정 → 원뿔 → 위 4점, 아래 4점 측정 (CON1)	
4		CON1을 마우스로 클릭 → 측정 → 교차점 → 위 칸(요소에 CON1), 아래(기준에 PLN1), 원 선택 → 구성 (CIR2)	
5	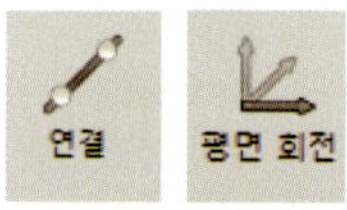	상단메뉴 → 측정 → CIR1을 마우스로 클릭 → 연결 → 위 칸에 CIR1, 아래 칸에 CIR2 선택하고 라인 선택 → 구성 (LIN1, B 데이텀) → 평면회전 → 2차방향 +Y, 원점 X 선택 → OK	
6	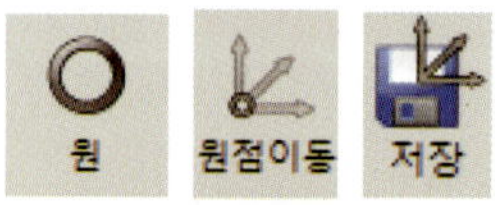	CIR1을 마우스로 클릭(C 데이텀) → 측정 → 원점이동 → 원점 X 선택 → OK → 저장 버튼으로 저장(1번 좌표계로 저장됨)	
7		측정 → 원 → 4점 측정(CIR3, Ø10)	
8		측정 → 조합 → 비어 있는 넓은 칸에 CIR1, CIR2, CIR3 선택하고, 기준요소는 PLN1으로 선택 → 생성 (CIR4) (D 데이텀)	
9		CIR1을 마우스로 클릭 → 상단메뉴 → 계산 → 크기 → 기준값과 공차입력 → 평가(Ø15±0.1)	
10		CIR3를 마우스로 클릭 → 상단메뉴 → 계산 → 크기 → 기준값과 공차입력 → 평가(Ø10±0.1)	
11		CIR3를 마우스로 클릭 → 상단메뉴의 계산 → 위치값 → 직각 좌표계 → 기준값과 공차입력 → 평가 (① (X) = 40±0.1, ② (Y) = 40±0.1)	X = ①, Y = ②
12	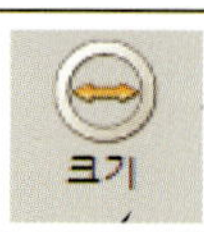	CIR4를 마우스로 클릭 → 상단메뉴 → 계산 → 크기 → 기준값과 공차입력 → 평가(Ø56.5±0.1)	

순서	선택메뉴	설 명	측정 결과
13		CIR4를 마우스로 클릭 → 상단메뉴의 계산 → 위치값 → 직각 좌표계 → 기준값과 공차입력 → 평가 (③ (X) = 20±0.1, ④ (Y) = 20±0.1)	X = ③, Y = ④
14	 	CIR4를 마우스로 클릭 → 원점이동 → 원점에 X, Y, Z를 모두 선택 → OK → 저장 누름 (2번 좌표계로 저장됨)	
15		CIR3를 마우스로 클릭 → 상단메뉴의 계산 → 위치값 → 직각 좌표계 → 기준값과 공차입력 → 평가 (⑤ (X) = 20±0.1, ⑥ (Y) = 20±0.1)	X = ⑤, Y = ⑥

7.3 좌표계 (3)

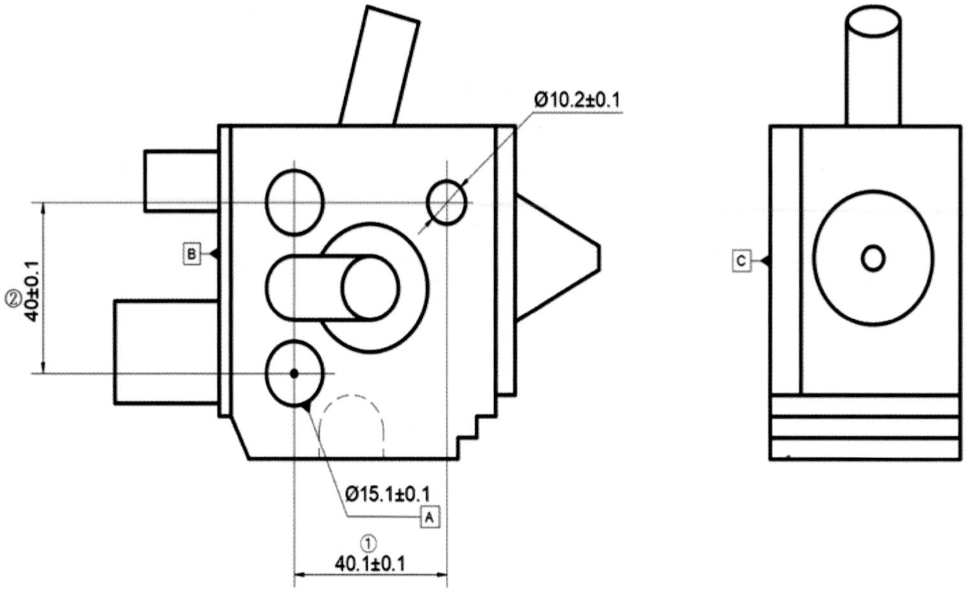

순서	선택메뉴	설 명	측정결과
1	면	상단메뉴 → 측정 → 면(C 데이텀) → 4점 측정하고 F5(PLN1)	
2	원통, 공간 보정	측정 → 원통 → 위 4점, 아래 4점 측정(Ø 15, CYL1)를 측정한다. (A 데이텀) → 공간보정 → 1차방향 Z, 원점 X, Y 선택 → OK	
3	선, 평면 회전	측정 → 선(B 데이텀) → 2점 측정하고 F5(측정하는 방향은 앞에서 뒤쪽 방향으로) → 평면회전 → 2차방향을 +Y로, 원점은 선택 없음 → OK(LIN1)	
4	원점이동, 저장	마우스로 PLN1 클릭 → 측정 → 원점 이동 → 원점 Z 선택 → OK → 저장 누름(1번 좌표계)	
5	원	측정 → 원 → 4점 측정(Ø 10, CIR1)	
6	크기	CYL1을 마우스로 클릭 → 상단메뉴 → 계산 → 크기 → 기준값과 공차입력 → 평가 (Ø15±0.1)	
7	크기	CIR1을 마우스로 클릭 → 상단메뉴 → 계산 → 크기 → 기준값과 공차입력 → 평가 (Ø10±0.1)	
8	위치값	CIR1을 마우스로 클릭 → 상단메뉴의 계산 → 위치값 → 직각 좌표계 → 기준값과 공차입력 → 평가 (① (X) = 40±0.1, ② (Y) = 40±0.1)	X = ①, Y = ②

7.4 좌표계 (4)

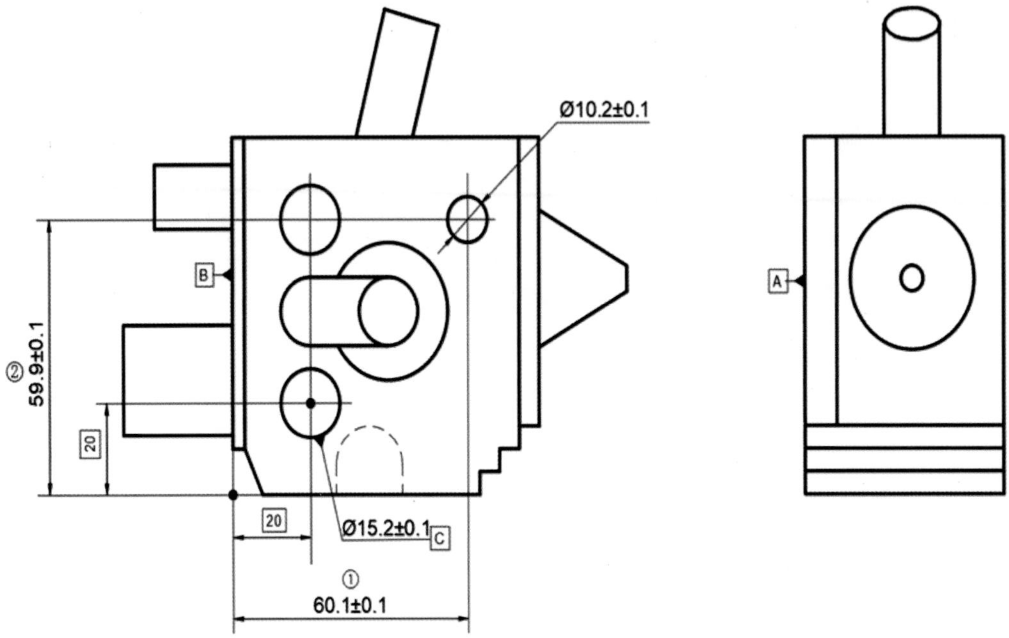

순서	선택메뉴	설 명	측정결과
1	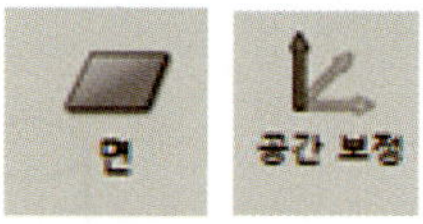	상단메뉴 → 측정 → 면(A 데이텀) → 4점 측정하고 F5 → 공간보정 → 1차방향 Z, 원점 Z 선택 → OK (PLN1)	
2	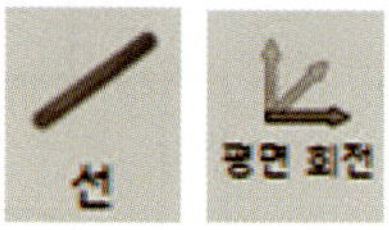	측정 → 선(B 데이텀) → 2점 측정하고 F5 (측정하는 방향은 앞에서 뒤쪽으로) → 평면회전 → 2차방향을 +Y로, 원점은 선택 없음 → OK (LIN1)	
3	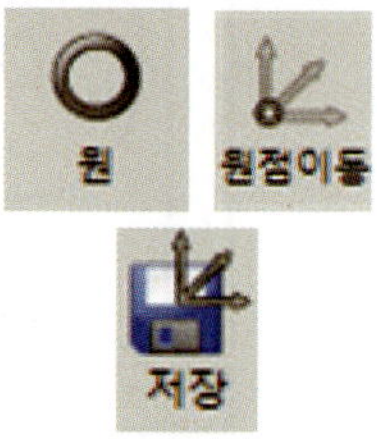	측정 → 원(C 데이텀) → 4점 측정(Ø 15, CIR1) → 원점이동 → 원점 X, Y → OK → 저장 누름 (1번 좌표계로 저장됨)	
4	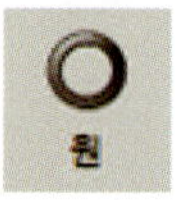	측정 → 원(C 데이텀) → 4점 측정(Ø 10, CIR2)	
5		측정 → 좌표계 이동 → X=−20, Y=−20, 상대클릭 → OK → 저장	
6		CIR1을 마우스로 클릭 → 상단메뉴 → 계산 → 크기 → 기준값과 공차입력 → 평가(Ø15±0.1)	
7		CIR2를 마우스로 클릭 → 상단메뉴 → 계산 → 크기 → 기준값과 공차입력 → 평가(Ø10±0.1)	
8		CIR2를 마우스로 클릭 → 상단메뉴의 계산 → 위치값 → 직각 좌표계 → 기준 값과 공차입력 → 평가(① (X): 60±0.1, ② (Y): 60±0.1)	X=①, Y=②

7.5 좌표계 (5)

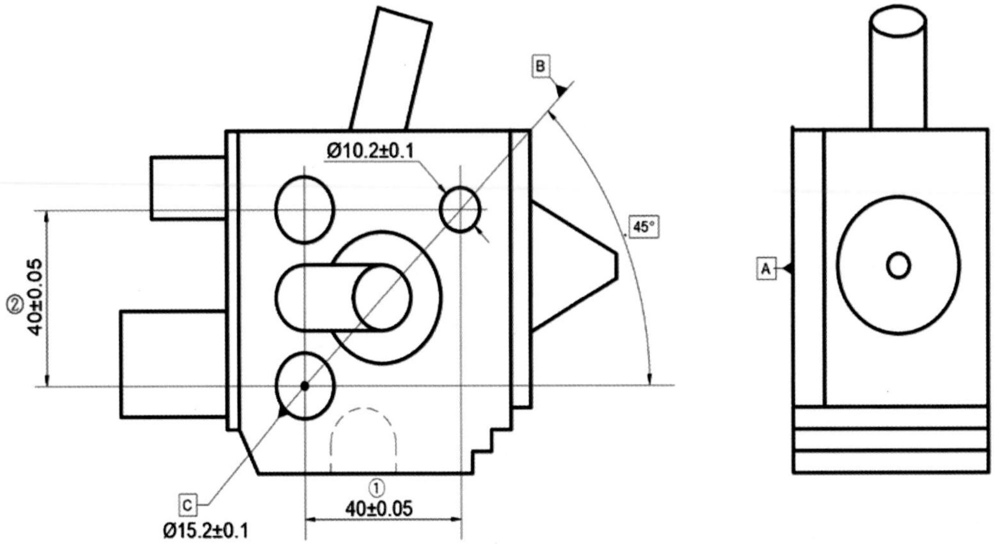

순서	선택메뉴	설 명	측정결과
1	면 / 공간 보정	상단메뉴 → 측정 → 면(A 데이텀) → 4점 측정하고 F5 → 공간보정 → 1차방향 Z, 원점 Z 선택 → OK(PLN1)	
2	원	측정 → 원(C 데이텀) → 4점 측정(Ø 15, CIR1)	
3	원	측정 → 원 → 4점 측정(Ø 10, CIR2)	
4	연결 / 평면 회전	상단메뉴 → 측정 → CIR1을 마우스로 클릭 → 연결 → 위 칸에 CIR1, 아래 칸에 CIR2 입력 후 선 선택 → 구성(LIN1, B 데이텀) → 평면회전 → 2차방향 +Y, 원점 선택 없음 → OK	
5	원점이동	CIR1을 마우스로 클릭 → 측정 → 원점이동 → 원점에 X, Y선택 → OK	
6	좌표계 회전 / 저장	측정 → 좌표계 회전 → 회전각도 45 입력 → 저장(1번 좌표계로 저장됨)	
7	크기	CIR1을 마우스로 클릭 → 상단메뉴 → 계산 → 크기 → 기준값과 공차입력 → 평가 (Ø15±0.1)	
8	크기	CIR2를 마우스로 클릭 → 상단메뉴 → 계산 → 크기 → 기준값과 공차입력 → 평가 (Ø10±0.1)	
9	위치값	CIR2를 마우스로 클릭 → 상단메뉴의 계산 → 위치값 → 직각 좌표계 → 기준값과 공차입력 → 평가 (① (X): 40±0.1, ② (Y): 40±0.1)	X=①, Y=②

7.6 좌표계 (6)

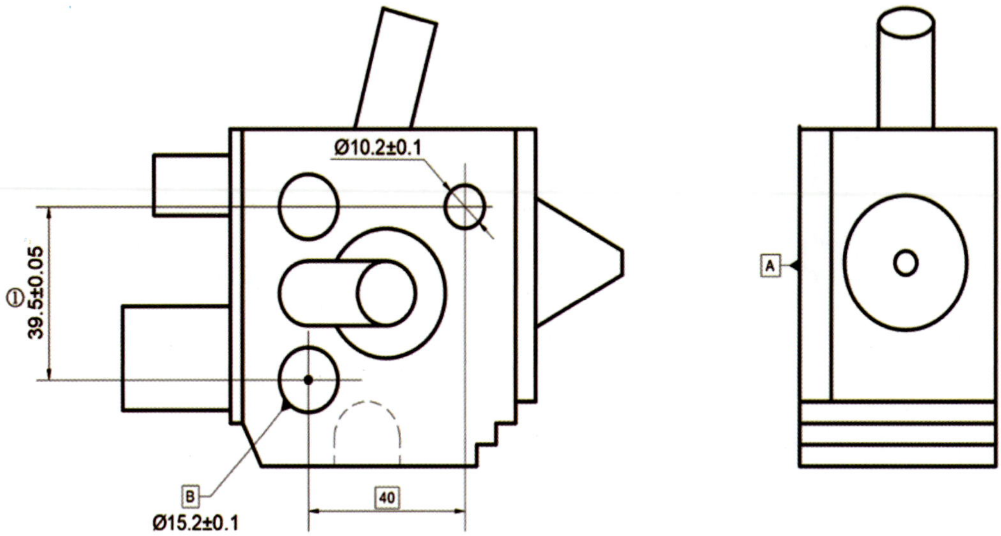

순서	선택메뉴	설 명	측정결과
1	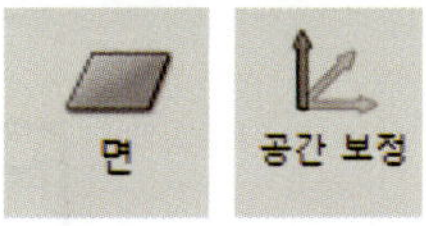	상단메뉴 → 측정 → 면(A 데이텀) → 4점 측정하고 F5 → 공간보정 → 1차방향 Z, 원점 Z 선택 → OK(PLN1)	
2	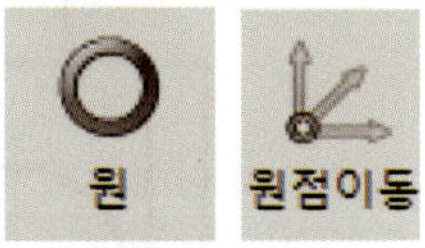	측정 → 원(B 데이텀) → 4점 측정(Ø 15, CIR1) → 원점이동 → 원점만 X, Y 선택 → OK	
3	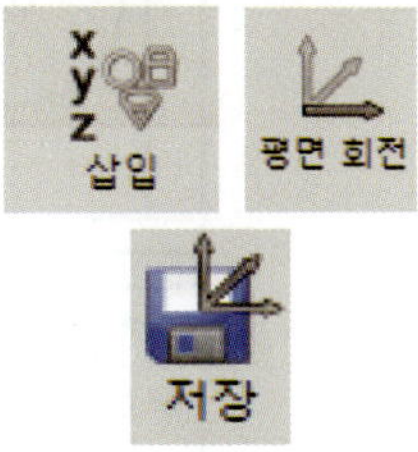	측정 → 삽입 → 점 → X=40, I=1 입력 → 생성(PT1) → 평면회전 → 2차방향 +X, 원점은 선택 없음 → OK → 저장 누름(1번 좌표계)	
4	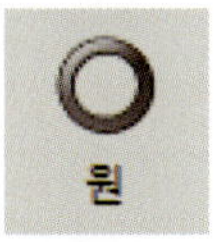	측정 → 원 → 4점 측정(Ø 10, CIR2)	
5		CIR1을 마우스로 클릭 → 상단메뉴 → 계산 → 크기 → 기준값과 공차입력 → 평가(Ø15±0.1)	
6		CIR2를 마우스로 클릭 → 상단메뉴 → 계산 → 크기 → 기준값과 공차입력 → 평가(Ø10±0.1)	
7		CIR2를 마우스로 클릭 → 상단메뉴의 계산 → 위치값 → 직각 좌표계 → 기준값과 공차입력 → 평가 (① (Y): 40±0.1)	Y=①

7.7 요소측정

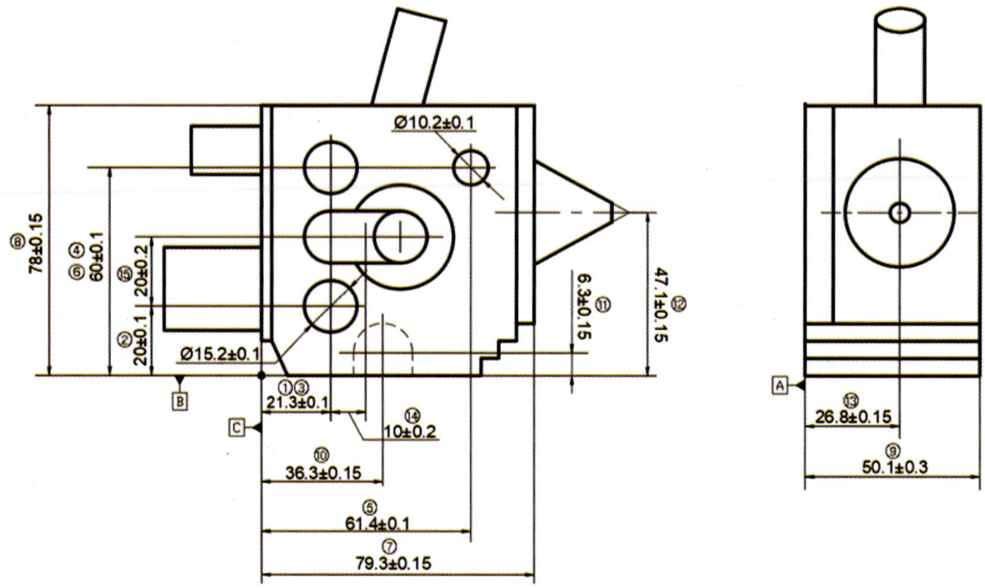
Ø10.2±0.1
Ø15.2±0.1
⑧ 78±0.15
④ ⑥ 60±0.1
⑮ 20±0.2
② 20±0.1
B
①③ 21.3±0.1
C
⑭ 10±0.2
⑩ 36.3±0.15
⑤ 61.4±0.1
⑦ 79.3±0.15
⑪ 6.3±0.15
⑫ 47.1±0.15
A
⑬ 26.8±0.15
⑨ 50.1±0.3

순서	선택메뉴	설 명	측정결과
1	면, 공간 보정	상단메뉴 → 측정 → 면(A 데이텀) → 4점 측정하고 F5 → 공간보정 → 1차방향 Z, 원점 Z 선택 → OK(PLN1)	
2	선, 평면 회전	측정 → 선(B 데이텀) → 2점 측정하고 F5 (측정하는 방향은 왼쪽에서 오른쪽) → 평면회전 → 2차방향을 +X로, 원점은 Y 선택 → OK(LIN1)	
3	점, 원점이동, 저장	측정 → 점(C 데이텀) → 측정하고(PT1) 원점이동 → 원점 X 선택 → OK → 저장버튼으로 저장(1번 좌표계)	
4	원	측정 → 원 → 4점 측정(Ø 15, CIR1)	
5	원뿔	측정 → 원뿔 → 위 4점, 아래 4점 측정 (CON1)	
6	원	측정 → 원 → 4점 측정(Ø 10, CIR2)	
7	크기	CIR1을 마우스로 클릭 → 상단 메뉴 → 계산 → 크기 → 기준값과 공차입력 → 평가 (Ø15±0.1)	
8	위치값	CIR1을 마우스로 클릭 → 상단메뉴의 계산 → 위치 값 → 직각 좌표계 → 기준값과 공차입력 → 평가 (① (X): 20±0.1, ② (Y): 20±0.1)	X=①, Y=②
9	위치값	CON1을 마우스로 클릭 → 상단메뉴의 계산 → 위치값 → 직각 좌표계 → 기준값과 공차입력 → 평가 (③ (X): 20±0.1, ④ (Y): 60±0.1)	X=③, Y=④
10	크기	CIR2를 마우스로 클릭 → 상단메뉴 → 계산 → 크기 → 기준값과 공차입력 → 평가 (Ø15±0.1)	
11	위치값	CIR2를 마우스로 클릭 → 상단메뉴의 계산 → 위치 값 → 직각 좌표계 → 기준값과 공차입력 → 평가(⑤ (X): 60±0.1, ⑥ (Y): 60±0.1)	X=⑤, Y=⑥
12	선	측정 → 선 → 우측면 2점 측정하고 F5(LIN2)	

순서	선택메뉴	설 명	측정결과
13	선	측정 → 선 → 뒷면 2점 측정하고 F5 (LIN3)	
14	위치값	LIN2를 마우스로 클릭 → 상단메뉴의 계산 → 위치값 → 직각 좌표계 → 기준값과 공차입력 → 평가(⑦ (X): 78±0.15)	X=⑦
15	위치값	LIN3를 마우스로 클릭 → 상단메뉴의 계산 → 위치값 → 직각 좌표계 → 기준값과 공차입력 → 평가(⑧ (Y): 78±0.15)	Y=⑧
16	300	프로브를 안전한 위치로 옮기고, 화면 우측의 메뉴에서 프로브 시스템 불러오기 → 300번을 303번으로 전환	
17	면	상단메뉴 → 측정 → 면 → 바닥 면 4점 측정하고 F5 (PLN2)	
18	위치값	PLN2를 마우스로 클릭 → 상단메뉴의 계산 → 위치 값 → 직각 좌표계 → 기준값과 공차입력 → 평가(⑨ (Z): 50±0.3)	Z=⑨
19	300	프로브를 안전한 위치로 옮기고, 화면 우측의 메뉴에서 프로브 시스템 불러오기 → 300번을 302번으로 전환	
20	구	측정 → 구 → 14점 측정 (SPH1) (측정법은 최고점 1점, 프로브 살짝 후퇴시켜서 4점, 조금 더 후퇴시킨 후 4점, 나머지 5점은 안쪽으로 이동시켜 프로빙)	
21	위치값	SPH1을 마우스로 클릭 → 상단메뉴의 계산 → 위치값 → 직각 좌표계 → 기준값과 공차입력 → 평가(⑩ (X): 35±0.15, ⑪ (Y): 6.5±0.15)	X=⑩, Y=⑪
22	원뿔	측정 → 원뿔 → (좌측면에 있는 것) 8점 측정 (CON2)	
23	위치값	CON2를 마우스로 클릭 → 상단메뉴의 계산 → 위치값 → 직각 좌표계 → 기준값과 공차입력→ 평가(⑫ (Y): 47±0.15, ⑬ (Z): −27±0.15)	Y=⑫, Z=⑬
24	둥근슬롯	측정 → 둥근슬롯 → (윗면에 있는 슬롯) 5점 측정.	
25	거리	CIR1 마우스로 클릭 → 계산 → 거리 → 위 칸에는 CIR1, 아래에는 SLT1 선택하고 기준 값과 공차입력 → 평가 (거리는 ⑭ (X): 10±0.2, ⑮ (Y): 20±0.2)	X=⑭, Y=⑮

7.8 옵션 / 관계 (1)

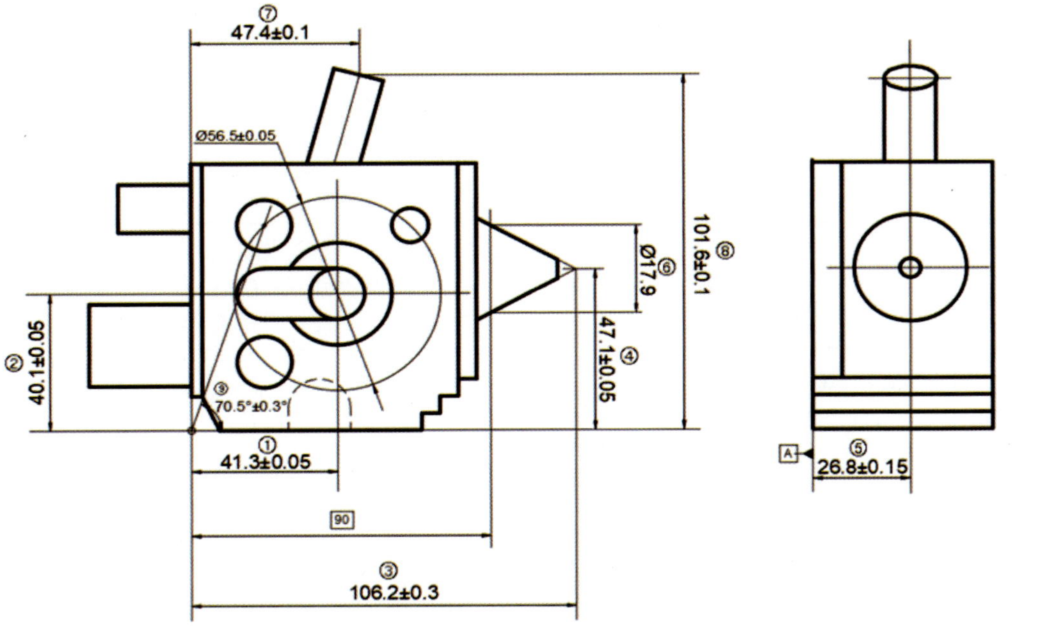

⑦
47.4±0.1
Ø56.5±0.05
⑧
101.6±0.1
⑥
Ø17.9
④
47.1±0.05
②
40.1±0.05
⑨
70.5°±0.3°
①
41.3±0.05
90
③
106.2±0.3
A
⑤
26.8±0.15

순서	선택메뉴	설 명	측정결과
1	면, 공간 보정	상단메뉴 → 측정 → 면(A 데이텀) → 4점 측정하고 F5 → 공간보정 → 1차방향 Z, 원점 Z 선택 → OK (PLN1)	
2	선, 평면 회전	측정 → 선(B 데이텀) → 2점 측정하고 F5(측정하는 방향은 왼쪽에서 오른쪽으로) → 평면회전 → 2차방향을 +X로, 원점은 Y 선택 → OK(LIN1)	
3	점, 원점이동, 저장	측정 → 점(C 데이텀) → 측정하고(PT1) 원점이동 → 원점 X 선택 → OK → 저장 버튼으로 저장(1번 좌표계)	
4	원	측정 → 원 → 4점 측정(Ø 15, CIR1)	
5	원	측정 → 원 → 4점 측정(Ø 10, CIR2)	
6	원뿔	측정 → 원뿔 → (윗면에 있는 원뿔) 위 4점, 아래 4점 측정 (CON1)	
7	교차점	CON1을 마우스로 클릭 → 측정 → 교차점 → 위 칸(요소에 CON1), 아래(기준에 PLN1), 점 선택 → 구성(PT2)	
8	조합	측정 → 조합 → 비어 있는 넓은 칸에 CIR1, CIR2, PT2 선택, 기준요소는 PLN1으로 선택 → 생성 (CIR3)	
9	위치값	CIR3을 마우스로 클릭 → 상단메뉴의 계산 → 위치값 → 직각 좌표계 → 기준값과 공차입력 → 평가(① (X): 40±0.05, ② (Y): 40±0.05)	X=①, Y=②
10	원뿔	측정 → 원뿔 → (우측면에 있는 원뿔) 8점 측정(CON2)	
11	원뿔 꼭지점	측정 → 원뿔 꼭지점 → 생성(PT3)	
12	위치값	CON2를 마우스로 클릭 → 상단메뉴의 계산 → 위치값 → 직각 좌표계 → 기준값과 공차입력 → 평가(① (X): 105±0.3, ② (Y): 47.1±0.05, ⑤ (Z): −27±0.15)	X=③, Y=④, Z=⑤
13	삽입	상단메뉴 → 측정 → 삽입 → 평면, X=90, I=1 입력 → 생성(PLN2)	

순서	선택메뉴	설 명	측정결과
14	교차점	CON2을 마우스로 클릭 → 측정 → 교차점 → 위 칸(요소에 CON2), 아래(기준에 PLN2), 원 선택 → 구성 (CIR4)	
15	크기	CIR4를 마우스로 클릭 → 상단메뉴 → 계산 → 크기 → 기준값과 공차입력 → 평가(⑥ (D): Ø16.5±0.1)	D=⑥
16	원통	측정 → 원통 → (뒷면 경사진 원통) 8점 측정(CYL1)	
17	면	상단메뉴 → 측정 → 면 → (원통의 면) 4점 측정하고 F5 (PLN3)	
18	교차점	PLN3을 마우스로 클릭 → 측정 → 교차점 → 위 칸 (요소에 PLN3), 아래 (기준에 CYL1), 점 선택 → 구성 (PT4)	
19	위치값	PT4를 마우스로 클릭 → 상단메뉴의 계산 → 위치값 → 직각 좌표계 → 기준값과 공차입력 → 평가(⑦ (X): 46±0.1, ⑧ (Y): 101±0.1)	X=⑦, Y=⑧
20	삽입	상단메뉴 → 측정 → 삽입 → 점, X=0, Y=0, Z=0, I=1 입력 → 생성 (PT5)	
21	연결	상단메뉴 → 측정 → PT5을 마우스로 클릭 → 연결 → 위 칸에 PT5, 아래 칸에 PT2 입력하고 라인 선택 → 구성 (LIN2)	
22	2D 각도	상단메뉴 → 계산 → 2D각도→ 위 칸에 LIN1, 아래 칸에 LIN2를 확인 → (71.5° 가 나오지 않을 경우 기준값과 공차입력 → 평가 (71.5° ±0.3°)	각도=⑨

7.9 옵션 / 관계 (2)

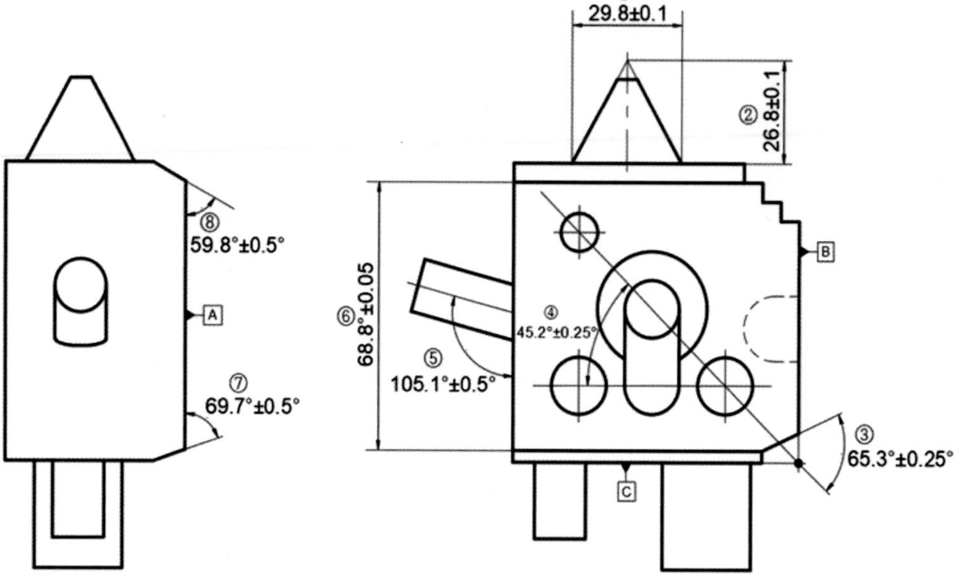

①
29.8±0.1
②
26.8±0.1
③
65.3°±0.25°
④
45.2°±0.25°
⑤
105.1°±0.5°
⑥
68.8°±0.05
⑦
69.7°±0.5°
⑧
59.8°±0.5°
A
B
C

순서	선택메뉴	설 명	측정결과
1	면, 공간 보정	상단메뉴 → 측정 → 면(A 데이텀) → 4점 측정하고 F5 → 공간보정 → 1차방향 Z, 원점 Z 선택 → OK(PLN1)	
2	선, 평면 회전	측정 → 선(B 데이텀) → 2점 측정하고 F5 (측정하는 방향은 왼쪽에서 오른쪽으로) → 평면회전 → 2차방향을 +X로, 원점은 Y 선택 → OK(LIN1)	
3	점, 원점이동, 저장	측정 → 점(C 데이텀) → 측정하고(PT1) 원점이동 → 원점 X 선택 → OK → 저장 버튼으로 저장(1번 좌표계)	
4	면	상단메뉴 → 측정 → 면 → (우측면) 4점 측정하고 F5(PLN2)	
5	원뿔	측정 → 원뿔 → (우측면에 있는 원뿔) 8점 측정(CON1)	
6	교차점	CON1을 마우스로 클릭 → 측정 → 교차점 → 위 칸(요소에 CON1), 아래(기준에 PLN2), 원 선택 → 구성(CIR1)	
7	크기	CIR1을 마우스로 클릭 → 상단메뉴 → 계산 → 크기 → 기준값과 공차입력 → 평가(① (D): Ø30±0.1)	D=①
8	원뿔 꼭지점	CON1을 마우스로 클릭 → 상단메뉴 → 측정 → 원뿔 꼭지점 → 생성(PT2)	
9	거리	CIR1 마우스로 클릭 → 계산 → 거리 → 위 칸에는 CIR1, 아래에는 PT2 선택, 기준값과 공차입력 → 평가(② (Y): 27.2±0.1)	Y=②
10	원	측정 → 원 → 4점 측정(Ø 15, CIR2)	
11	원	측정 → 원 → 4점 측정(Ø 10, CIR3)	
12	연결	상단 메뉴 → 측정 → CIR2을 마우스로 클릭 → 연결 → 위 칸에 CIR2, 아래 칸에 CIR3 선택, 선 선택 → 구성(LIN2)	
13	선	측정 → 선 → (앞면에서 경사진 면에) 2점을 측정(LIN3)	

순서	선택메뉴	설 명	측정결과
14	2D 각도	LIN2를 마우스로 클릭 → 상단메뉴 → 계산 → 2D 각도 → 직각 좌표계 → 위 칸에 LIN2, 아래 칸에 LIN3 선택, 평가 → 기준값과 공차입력 → 평가(③: 65° ±0.25°) (65° 가 아닌 다른 각도가 나오면 이웃 각)	각도 = ③
15	원뿔	측정 → 원뿔 → (윗면의 원뿔) 위 4점, 아래 4점 측정(CON2)	
16	교차점	CON2을 마우스로 클릭 → 측정 → 교차점 → 위 칸(요소에 CON2), 아래(기준에 PLN1), 원 선택 → 구성(CIR4)	
17	연결	CIR2을 마우스로 클릭 → 측정 → 연결 → 위 칸에 CIR2, 아래 칸에 CIR4 넣고 선 선택 → 구성(LIN4)	
18	2D 각도	LIN2를 마우스로 클릭 → 상단메뉴 → 계산 → 2D 각도 → 직각 좌표계 → 위 칸에 LIN2, 아래 칸에 LIN4, 평가 → 기준값과 공차입력 → 평가(③: 45° ±0.25°) (45° 가 아닌 다른 각도가 나오면 이웃 각)	각도 = ④
19	면	상단메뉴 → 측정 → 면 → (뒷면) 4점 측정하고 F5(PLN3)	
21	원통	측정 → 원통 → (뒷면에 위치한 경사진 원통) 8점 측정(CYL1)	
22	2D 각도	CYL1을 마우스로 클릭 → 상단메뉴 → 계산 → 2D 각도 → 직각 좌표계 → 위 칸에 CYL1, 아래 칸에 PLN3, 평가 → 기준값과 공차입력 → 평가(③: 105º ±0.5º) (105º가 아닌 다른 각도가 나오면 이웃 각)	각도 = ⑤
23	면	상단메뉴 → 측정 → 면 → (윗면 왼쪽 경사면) 4점 측정하고 F5(PLN4)	
24	면	상단메뉴 → 측정 → 면 → (윗면 오른쪽 경사면) 4점 측정하고 F5(PLN5)	
25	교차점	PLN4을 마우스로 클릭 → 측정 → 교차점 → 위 칸(요소에 PLN4), 아래(기준에 PLN1), 선 선택 → 구성(LIN5)	

순서	선택메뉴	설 명	측정결과
26		PLN5을 마우스로 클릭 → 측정 → 교차점 → 위 칸(요소에 PLN4), 아래(기준에 PLN1), 선 선택 → 구성(LIN6)	
27	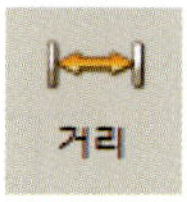	상단메뉴 → 계산 → 거리 → 위 칸에는 LIN5, 아래에는 PLIN6 넣고 기준값과 공차입력 → 평가(⑥ (X): 70±0.05)	X=⑥
28		PLN1을 마우스로 클릭 → 상단메뉴 → 계산 → 2D 각도 → 직각 좌표계 → 위 칸에 PLN1, 아래 칸에 PLN4, 평가 → 기준값과 공차입력 → 평가(③: 71.5° ±0.5°) (105° 가 아닌 다른 각도가 나오면 이웃 각)	각도=⑦
29		PLN1을 마우스로 클릭 → 상단메뉴 → 계산 → 2D 각도 → 직각 좌표계 → 위 칸에 PLN1, 아래 칸에 PLN5 넣고 평가 → 기준 값과 공차입력 → 평가 (③: 61° ±0.5°) (105° 가 아닌 경우에는 이웃각 확인)	각도=⑧

7.10 기하공차 (1)

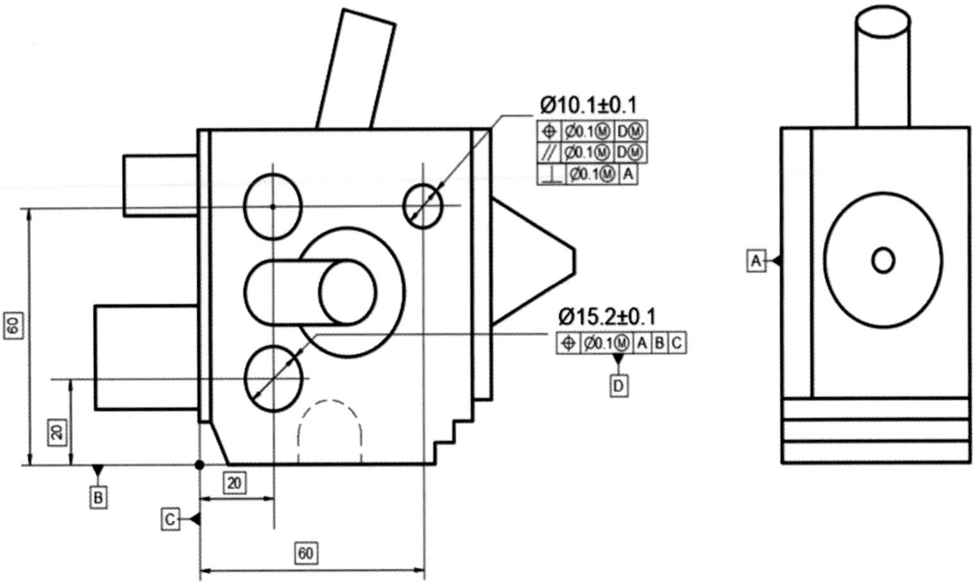

순서	선택메뉴	설 명	측정결과
1	면 / 공간 보정	상단메뉴 → 측정 → 면(A 데이텀) → 4점 측정하고 F5 → 공간보정 → 1차방향 Z, 원점 Z 선택 → OK(PLN1)	
2	선 / 평면 회전	측정 → 선(B 데이텀) → 2점 측정하고 F5 (측정하는 방향은 왼쪽에서 오른쪽) → 평면회전 → 2차방향을 +X로, 원점은 Y 선택 → OK(LIN1)	
3	점 / 원점이동	측정 → 점(C 데이텀) → 측정하고 → 원점이동 → 원점 X 선택 → OK(PT1)	
4	저장	측정 → 저장 → 현재 만든 좌표를 확인 후 OK (1번 좌표계)	
5	원통	측정 → 원통 → 윗면에 있는 원통(Ø15)을 8점 측정(CYL1)	
6	원통	측정 → 원통 → 윗면에 있는 원통(Ø10)을 8점 측정(CYL1)	
7	크기	CYL1을 마우스로 클릭 → 상단메뉴 → 계산 → 크기 → 기준값과 공차입력 → 평가(Ø15±0.1)	
8	위치값	CYL1을 마우스로 클릭 → 상단메뉴의 계산 → 위치값 → 직각 좌표계 → 기준값 입력 평가 (X: 20, Y=20)	
9	위치도	CYL1을 클릭 → 계산 → 위치도 → 파라미터에서 기준 공차 0.1 입력 → 크기보정기능에 1 선택 → MMC 선택	
10		참조로 넘어가서 아래의 사진과 같이 입력 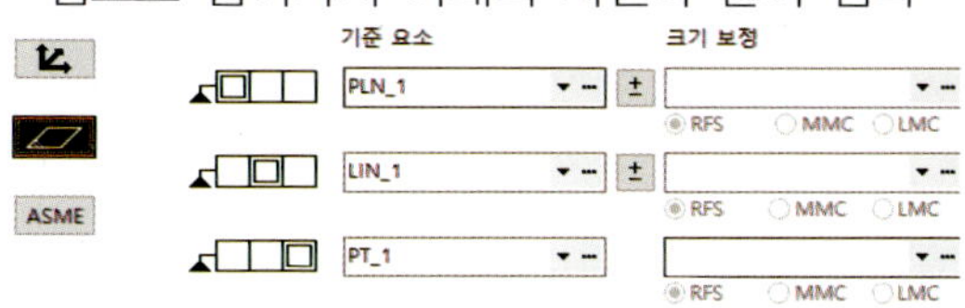	
11	크기	CYL2를 마우스로 클릭 → 상단메뉴 → 계산 → 크기 → 기준 값과 공차입력 → 평가(Ø10±0.1)	

순서	선택메뉴	설 명	측정결과
12		CYL2를 마우스로 클릭 → 상단메뉴의 계산 → 위치값 → 직각 좌표계 → 기준값 입력 평가 (X: 60, Y=60)	
13		CYL2를 클릭 → 계산 → 위치도 → 파라미터에서 기준 공차 0.1 입력 → 크기보정기능에 4 선택 → MMC 선택	
14		참조로 넘어가서 아래의 사진과 같이 입력 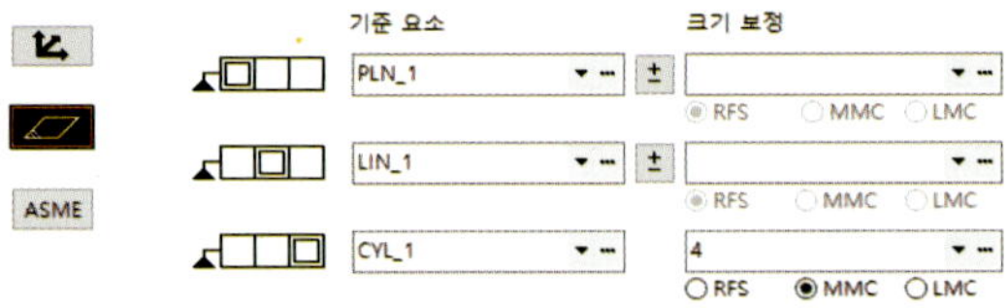	
15		마우스로 CYL2 클릭 → 계산 → 평행도 → 아래 사진과 같이 입력(CYL1은 데이텀) → 평가 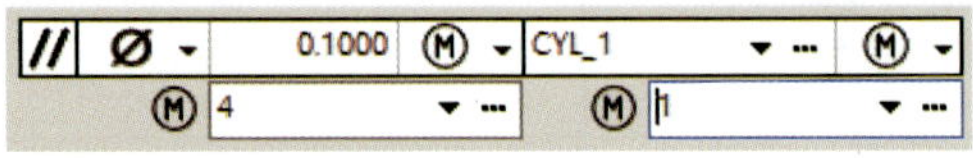	
16		마우스로 CYL2 클릭 → 계산 → 직각도 → 아래 사진과 같이 입력(CYL1은 데이텀) → 평가 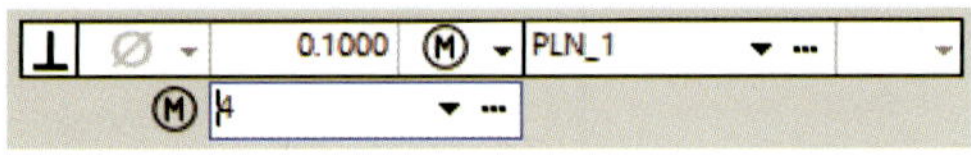	

7.11 기하공차 (2)

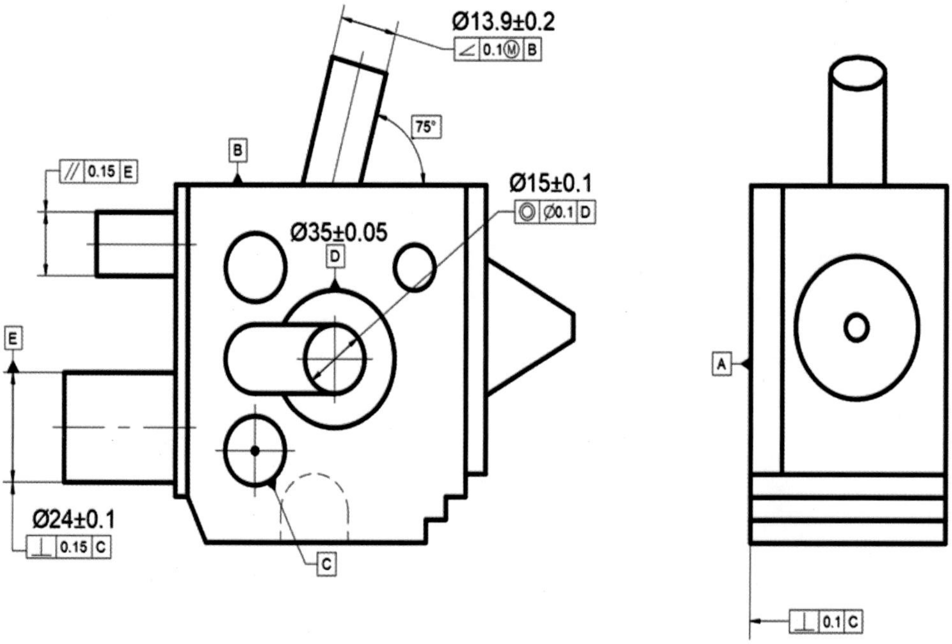

순서	선택메뉴	설 명	측정결과
1	 	상단메뉴 → 측정 → 면(A 데이텀) → 4점 측정하고 F5 → 공간보정 → 1차방향 Z, 원점 Z 선택 → OK(PLN1)	
2	 	측정 → 선(B 데이텀) → 2점 측정하고 F5 (측정하는 방향은 왼쪽에서 오른쪽) → 평면회전 → 2차방향을 +X로, 원점은 선택 없음 → OK(LIN1)	
3	 	측정 → 원통 → 위 4점, 아래 4점을 측정 → 원점이동 → 원점에 X, Y를 선택하고 OK(CYL1)	
4		측정 → 저장 → 현재 만든 좌표를 확인 후 OK (1번 좌표계)	
5		측정 → 원통 → 좌측면에 있는 원통(큰 원통)을 8점 측정(CYL2)	
6		측정 → 원통 → 좌측면에 있는 원통(작은 원통)을 8점 측정(CYL3)	
7		CYL2를 마우스로 클릭 → 상단메뉴 → 계산 → 크기 → 기준값과 공차입력→ 평가(Ø24±0.1)	
8		마우스로 CYL2 클릭 → 계산→ 직각도→ 아래 사진과 같이 입력(CYL1은 데이텀) → 평가 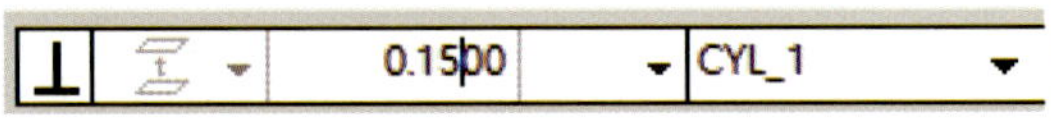	
9		마우스로 CYL3 클릭 → 계산→ 평행도→ 아래 사진과 같이 입력(CYL2은 데이텀) → 평가 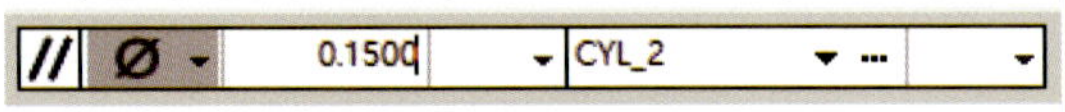	
10		측정 → 원통 → 뒷면에 있는 경사진 원통을 8점 측정(CYL4)	
11		CYL4를 마우스로 클릭 → 상단메뉴→ 계산→ 크기→ 기준값과 공차입력→ 평가(Ø14±0.2)	
12		CYL4를 마우스로 클릭 → 계산 → 2D 각도→ 위 칸에 CYL4, 아래 칸에 LIN1을 넣고 XY를 확인→ 기준값 입력 → 평가(75 º)	

순서	선택메뉴	설 명	측정결과
13		마우스로 CYL4 클릭 → 계산→ 경사도→ 아래 사진과 같이 입력(LIN1은 데이텀)→평가 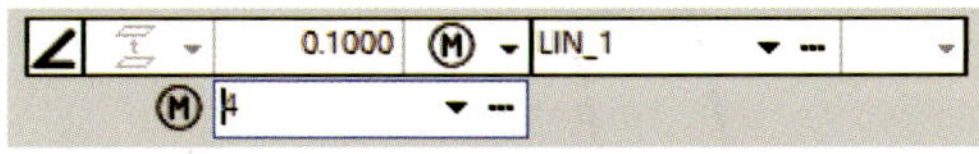	
14		측정 → 원 → 4점 측정(중간에 있는 원에 큰 원) (CIR1)	
15		측정 → 원 → 4점 측정(중간에 있는 원에 작은 원) (CIR2)	
16		CIR1을 마우스로 클릭 → 상단메뉴 → 계산 → 크기 → 기준값과 공차입력→ 평가(Ø30±0.05)	
17		CIR2를 마우스로 클릭 → 상단메뉴 → 계산 → 크기 → 기준값과 공차입력→ 평가(Ø15±0.1)	
18		마우스로 CIR2 클릭 → 계산 → 동심도 → 아래 사진과 같이 입력(CIR1은 데이텀) → 평가 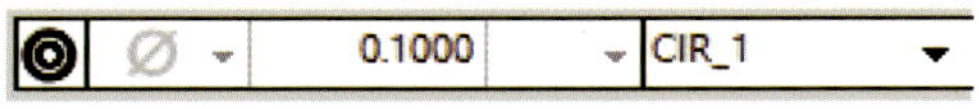	
19		마우스로 PLN1 클릭 → 계산 → 직각도 → 아래 사진과 같이 입력(CYL1은 데이텀) → 평가 	

7.12 극 좌표계

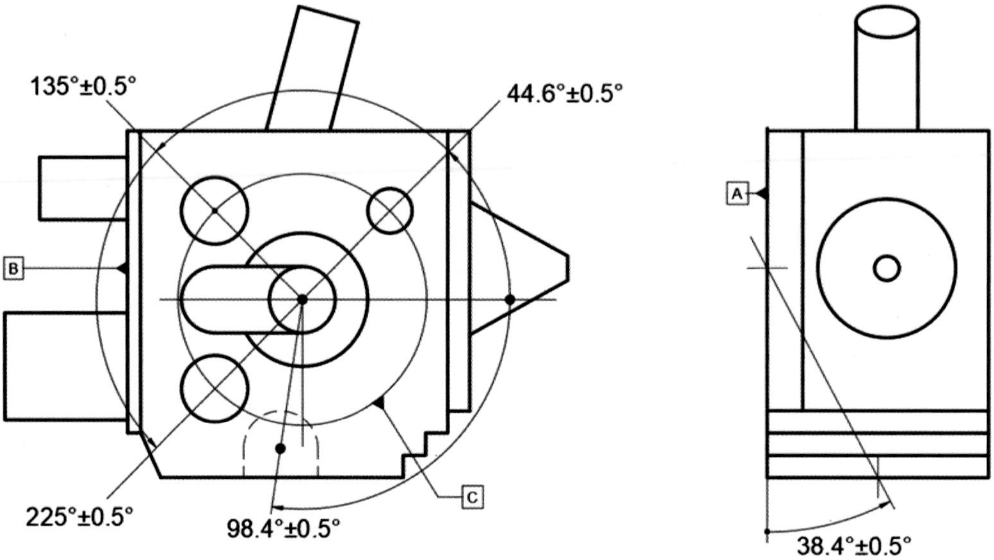

순서	선택메뉴	설 명	측정결과
1	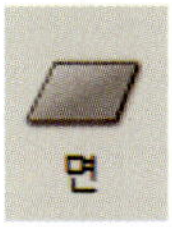 	상단메뉴 → 측정 → 면(A 데이텀) → 4점 측정하고 F5 → 공간보정 → 1차방향 Z, 원점 Z 선택 → OK(PLN1)	
2	 	측정 → 선(B 데이텀) → 2점 측정하고 F5 (측정하는 방향은 앞에서 뒤쪽) → 평면회전→ 2차방향을 +Y로, 원점은 선택 없음 → OK(LIN1)	
3		측정 → 원 → 4점 측정(CIR1 Ø15)	
4		측정 → 원 → 4점 측정(CIR2 Ø10)	
5		측정 → 원뿔 → 위 4점, 아래 4점 측정(CON1)	
6		CON1을 마우스로 클릭 → 측정 → 교차점 → 위 칸(요소에 CON1), 아래(기준에 PLN1), 원 선택 → 구성(CLR3)	
7		CON1을 마우스로 클릭 → 측정 → 조합 → 비어 있는 넓은 칸에 CIR1, CIR2, CIR3, 기준요소는 PLN1 선택→ 생성(CIR4) (C 데이텀) (요소파라미터, 기준요소 – PLN1)	
8		CIR4를 마우스로 클릭 → 측정 → 원점이동 → 원점을 X, Y로 선택하고 OK	
9		측정 → 저장→ 현재 만든 좌표를 확인 후 OK (1번 좌표계)	
10	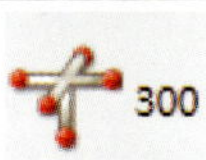	화면 우측의 메뉴에서 프로브 시스템 불러오기 → 300번을 302번으로 전환	
11	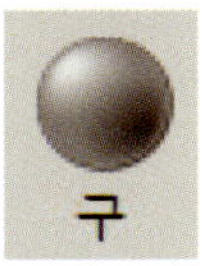	측정 → 구 → (최고점 1점, 약간 나와서 4점, 조금 더 나와서 4점, 안쪽으로 4점) 측정(SPH1)	

순서	선택메뉴	설 명	측정결과
12		CIR2를 마우스로 클릭 → 상단메뉴의 계산 → 위치값 → 직각 좌표계를 극좌표계로 바꾸고, ax값을 확인 → 기준값과 공차입력하고 평가 (45° ±0.5°)	
13		CIR3를 마우스로 클릭 → 상단메뉴의 계산 → 위치값 → 직각 좌표계를 극좌표계로 바꾸고, ax값을 확인 → 기준 값과 공차입력하고 평가 (135° ±0.5°)	
14		CIR1을 마우스로 클릭 → 상단메뉴의 계산 → 위치값 → 직각 좌표계를 극좌표계로 바꾸고, ax값을 확인 → 기준값과 공차입력하고 평가 (225° ±0.5°)	
15		PLN1을 클릭 → 공간보정 → 1차방향 –Z, 원점 Z 선택→ OK	
16	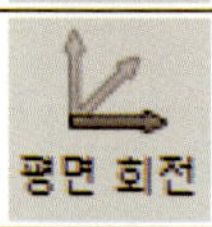	LIN1을 클릭 → 공간보정 → 2차방향 –Y, 원점 선택 없음→ OK	
17		CIR4을 클릭 → 원점이동 → X, Y → OK	
18		측정 → 저장 → 현재 만든 좌표를 확인 후 OK (2번 좌표계)	
19		SPH1을 마우스로 클릭 → 상단메뉴의 계산 → 위치값 → 직각 좌표계를 극좌표계로 바꾸고, ax값을 확인 → 기준값과 공차입력하고 평가 (98.4° ±0.5°)	

8 CNC 기능

8.1 CNC 기능(기본 측정)

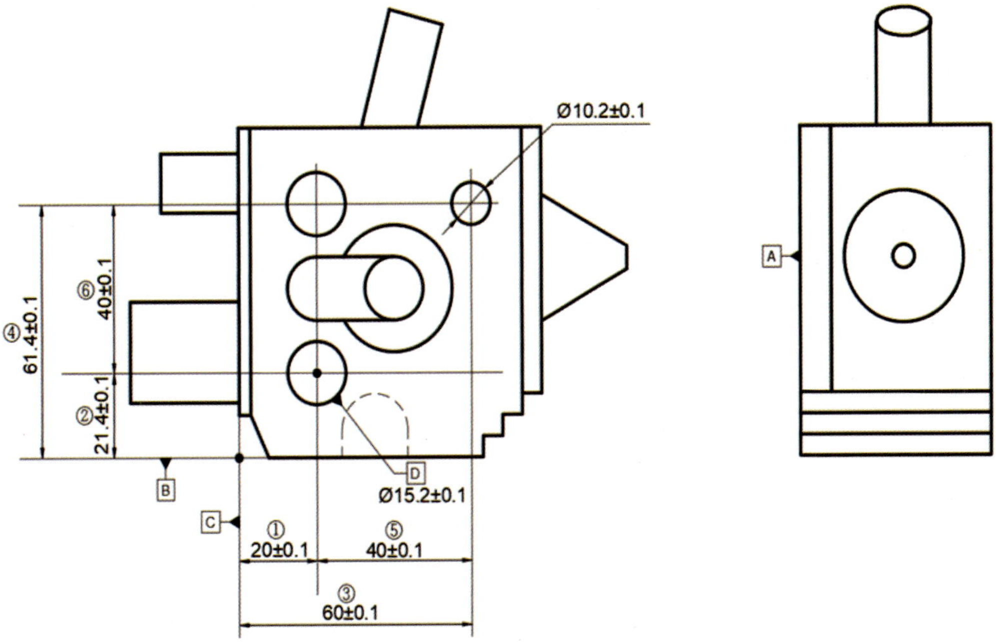

순서	선택메뉴	설 명	측정결과
1	Quartis	상단메뉴 → 쿼티스 → 새로 만들기 → 제품 클릭	
2	Quartis	다시 쿼티스 클릭 → 새로 만들기 → 프로그램 → 프로그램명 입력(ex: 1 문자) 완료	
3	장비 설정	상단메뉴 → 장비 → 장비설정 → 확인하고 → OK	
4	불러오기	상단메뉴 → 장비 → 불러오기 → 프로브 시스템 불러오기를 300으로 하고 OK	
5	면 / 공간 보정	상단메뉴 → 측정 → 면(A 데이텀) → 4점 측정하고 F5 → 공간보정 → 1차방향 Z, 원점 Z 선택 → OK (PLN1)	
6	선 / 평면 회전	측정 → 선(B 데이텀) → 2점 측정하고 F5 (측정하는 방향은 왼쪽에서 오른쪽) → 평면회전 → 2차방향을 +X로, 원점을 Y로 선택 → OK(LIN1)	
7	점 / 원점이동	측정 → 점(C 데이텀) → 좌측면에 1점 측정 → 원점이동 → 원점을 X로 선택 → OK(PT1)	
8	저장	측정 → 저장 → 현재 만든 좌표를 확인 후 OK (1번 좌표계) → 조이스틱으로 조작하여 현 위치에서 면보다 위로 올려 줌.	
9	대화상자	화면의 우측에서 프로그램: 1 더블 클릭 → 상단메뉴 → 프로그램 → 대화상자 → 'CNC 주의!' 입력→ OK	
10	CNC ON / 이동경로 점	프로그램 → CNC ON → 8번의 프로브 올려놓은 위치에서 이동경로 점 (조이스틱의 F4를 눌러도 됨)	
11	원	조이스틱을 조작하여 프로브를 원 1 중앙의 위쪽으로 옮김 → F4(조이스틱에서) → 프로브를 내려서 원의 중앙으로 들어가게 하고 F4 → 상단메뉴 → 측정 → 원 → 4점 측정 → 프로브 위로 올려서 F4 누름(CIR1 Ø15)	

순서	선택메뉴	설 명	측정결과
12	원	조이스틱을 조작하여 원 2 중앙의 위로 프로브를 옮김 → F4 → 프로브를 내려서 원의 안쪽으로 위치하게 한 후 F4 → 측정 → 원 → 4점 측정 → 프로브 위로 올려서 F4 누름 (CIR2 Ø10)	
13	원점이동 저장	CIR2를 마우스로 클릭 → 원점이동 → 원점에 X, Y, Z를 모두 선택 → OK → 저장 누름 (2번 좌표계)	
14	2	화면의 우측메뉴에서 제품 좌표계 클릭 → 1번 좌표계로 변경 → OK	
15	크기	CIR1을 마우스로 클릭 → 상단메뉴 → 계산 → 크기 → 기준값과 공차입력 (D = Ø15±0.1)→ 평가	
16	위치값	계산 → 위치값 → X, Y 기준값과 공차입력 (① (X): 20±0.1, ② (Y): 20±0.1) → 평가	X = ①, Y = ②
17	크기	CIR2을 마우스로 클릭 → 상단메뉴 → 계산 → 크기 → 기준값과 공차입력 (D = Ø10±0.1) → 평가	
18	위치값	계산 → 위치 값 → X, Y 기준값과 공차입력 (③ (X): 60±0.1, ④ (Y): 60±0.1) → 평가	X = ③, Y = ④
19	1	화면의 우측메뉴에서 제품 좌표계 클릭 → 2번 좌표계로 바꿈 → OK	
20	위치값	계산 → 위치값 → X, Y 기준값과 공차입력 (⑤ (X): 40±0.1, ⑥ (Y): 40±0.1) → 평가	X = ⑤, Y = ⑥
21	Quartis	상단메뉴 → 쿼티스 → 새로 만들기 → 성적서 → 성적서 양식 불러오기 → 아래에서 3번째 양식 클릭 → 열기	
22	보기 적용	양식에 있는 그림 더블 클릭 → 측정한 모든 요소 선택 → 오른쪽 화살표를 눌러 넘기기 → OK → 그림이 나오면 적당하게 크기조절 → 보기 적용 선택	
23	보기 적용	아래의 표 모양 더블 클릭 → 모두 선택 → 넘기기 → OK → 보기 적용	
24	Quartis	상단메뉴 → 쿼티스 → 출력 → 성적서 → 확인	
25	실행	우측메뉴에서 프로그램 기록 버튼을 클릭하고 → 화면의 우측에 있는 프로그램 1 더블 클릭 → 상단메뉴 → 프로그램 → 활성 / 비활성화 버튼 클릭 → 실행버튼 클릭 → 창이 나오면 문자 입력 후 OK	

8.2 CNC 기능(수정하기)

1

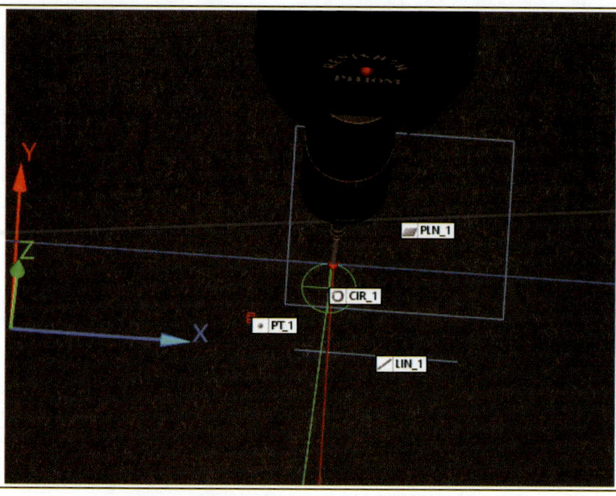

상황설정 : CNC프로그램을 만들었으나, 원점이동, 좌표계 저장, CIR2 측정을 누락한 상태이므로 누락된 위의 내용(원점이동, 좌표계 저장, CIR2 측정)을 삽입해야 한다.

2

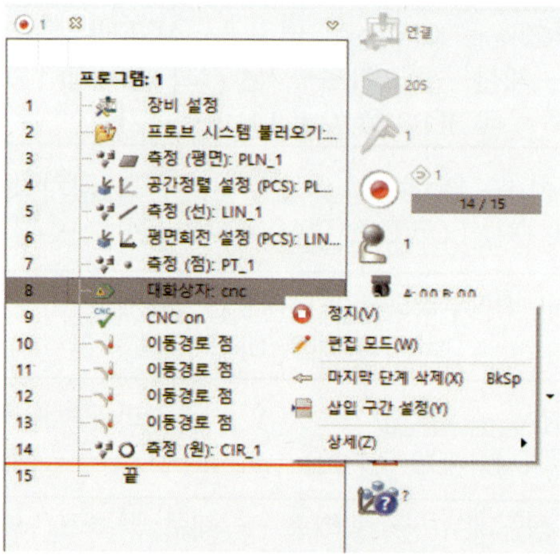

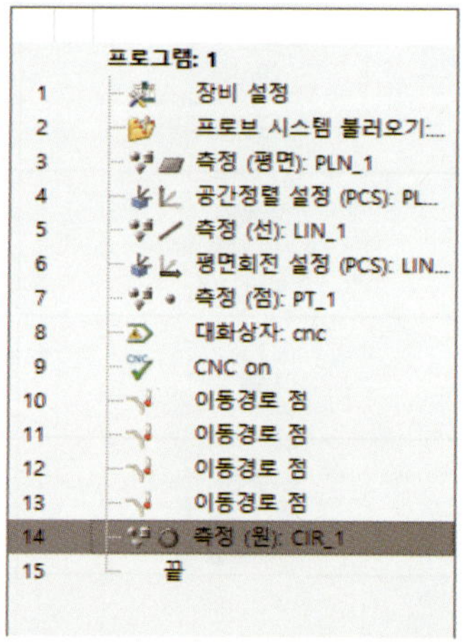

우측의 프로그램 창에서 마우스 우 클릭을 하면 메뉴가 나오며 여기서 편집 모드를 누르면 프로그램 창의 빨간 라인이 사라진다(원점이동 삽입 순서1).

3

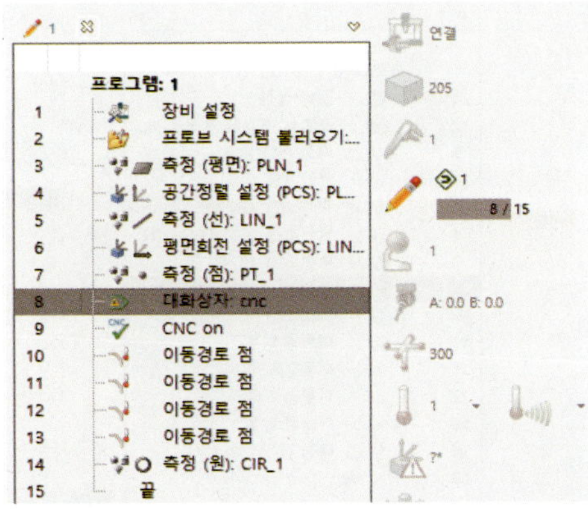

편집 모드에서는 빨간 줄이 사라지고 다음과 같이 우측에 연필 모양의 아이콘이 생성된다. (편집 모드로 들어간 상태) (원점이동 삽입 순서2)

4

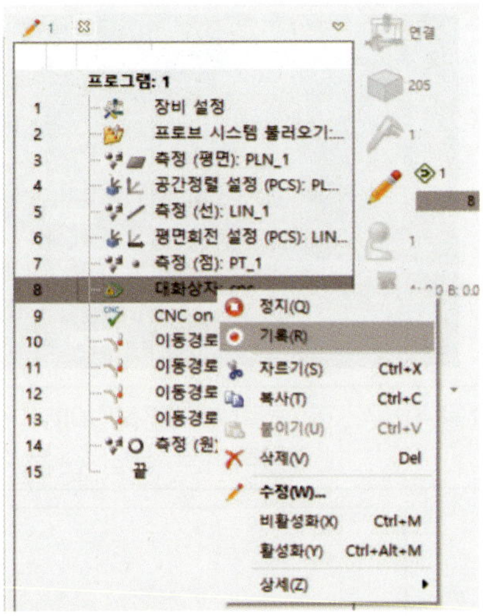

원점이동을 삽입하기 위해서 '측정(점)'의 아래에 있는 대화상자를 1번 클릭한 후 마우스로 우 클릭하면 메뉴가 나오는데 여기서 기록 버튼을 누른다(원점이동 삽입 순서3).

<table>
<tr><td rowspan="2">5</td><td>
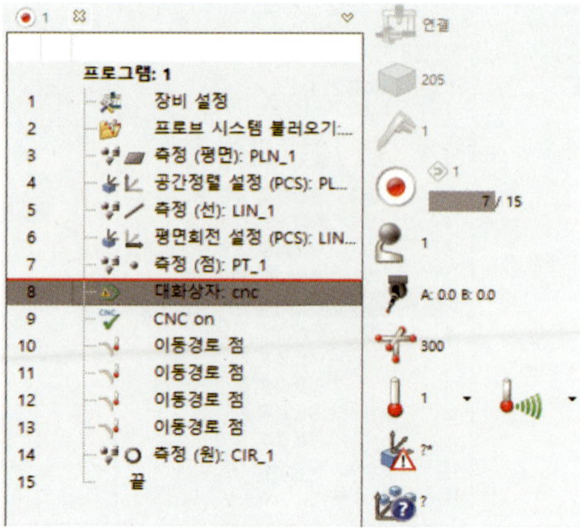

</td></tr>
<tr><td>기록 버튼을 누르면 '측정(점)' 아래에 빨간 라인이 생긴다.
(삽입되는 내용은 빨간 라인 위에 삽입된다) (원점이동 삽입 순서 4)</td></tr>
<tr><td rowspan="2">6</td><td>
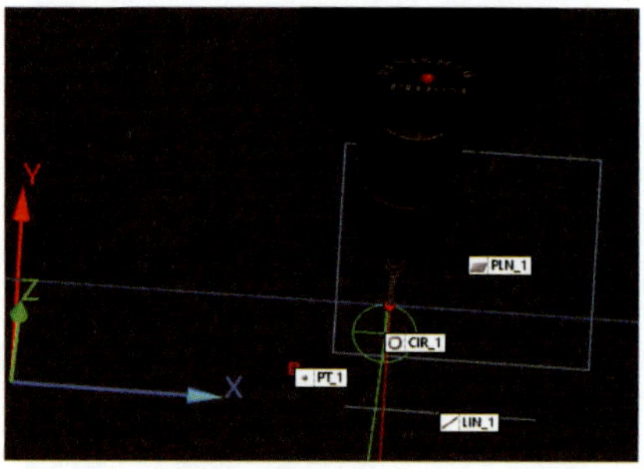

</td></tr>
<tr><td>측정 화면에서 PT1을 마우스로 클릭한 후 상단메뉴 → 측정 → 원점이동을 클릭한다.
(원점이동 삽입 순서 5)</td></tr>
<tr><td rowspan="2">7</td><td>
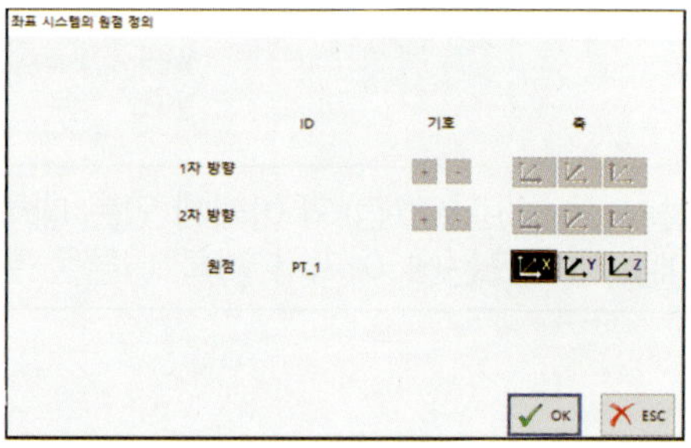

</td></tr>
<tr><td>원점이동 X를 선택하고 OK를 누른다(원점이동 삽입 순서 6).</td></tr>
</table>

8

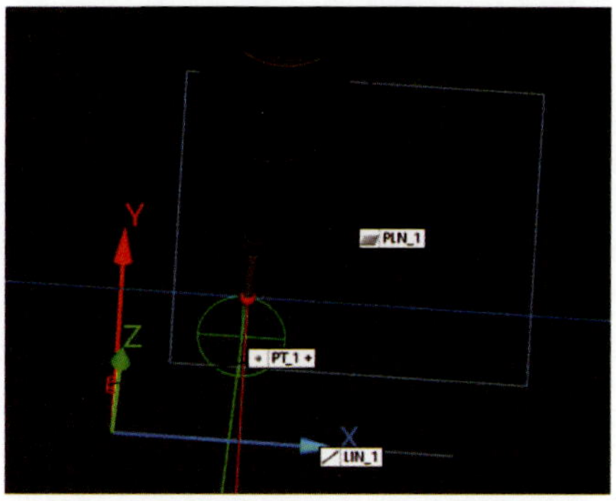

OK를 누르면 원점이 생성된다(원점이동 삽입 순서 7).

9

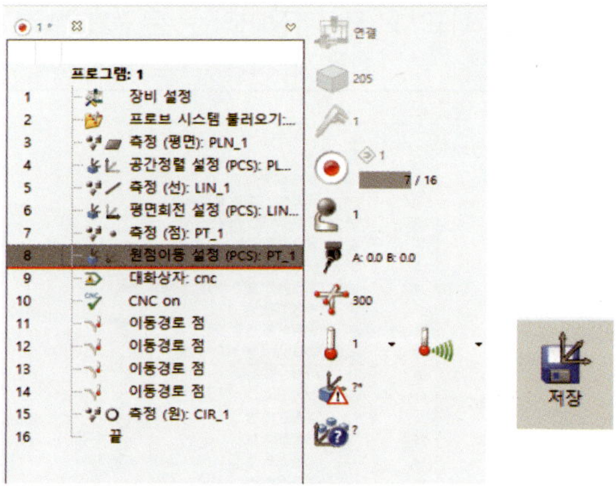

프로그램 창을 보면 빨간 라인 위로 원점이동이 삽입된 상태이고, 저장도 안 된 상태이므로 상단메뉴 → 측정 → 저장을 누른다(좌표계 저장 삽입 순서 1).

10

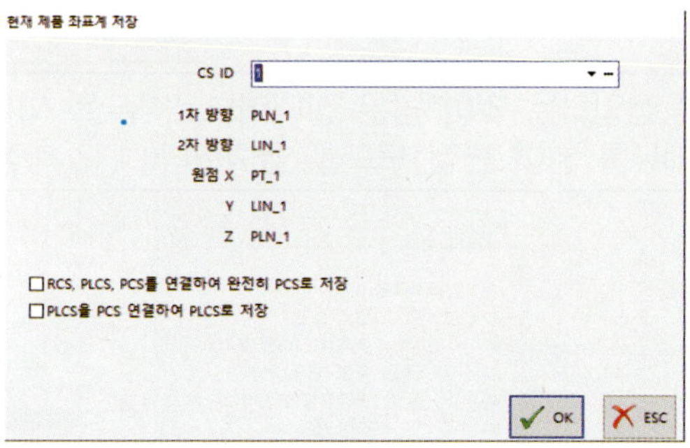

현재 좌표계를 설정한 것이 모두 맞는지 확인한 후 OK를 누른다.
(좌표계 저장 삽입 순서 2)

11

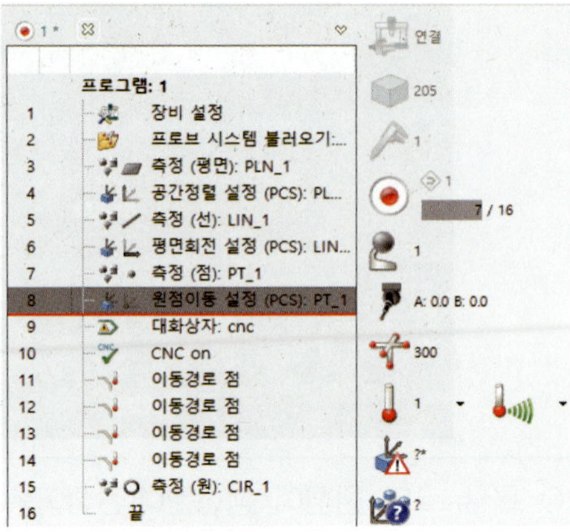

OK를 누르면 좌표시스템 저장이라는 문구가 빨간 라인 위로 생긴다.
(좌표계 저장 삽입 순서 3)

12

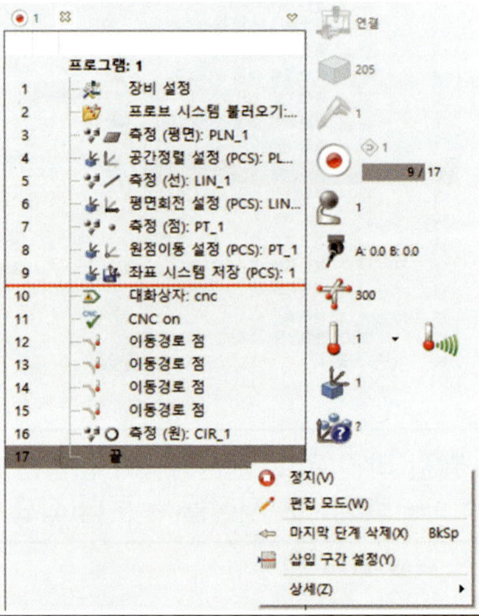

CIR2의 측정을 삽입하는 것이 남은 상태이므로, '끝'을 마우스로 클릭하고 우 클릭하여 메뉴를 열어 편집 모드를 클릭한다(CIR2 측정 삽입 순서 1).

13

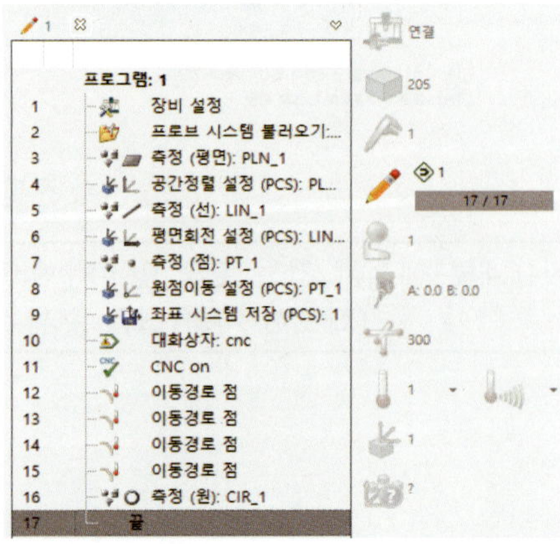

편집 모드로 들어온 상태이다(CIR2 측정 삽입 순서 2).

14

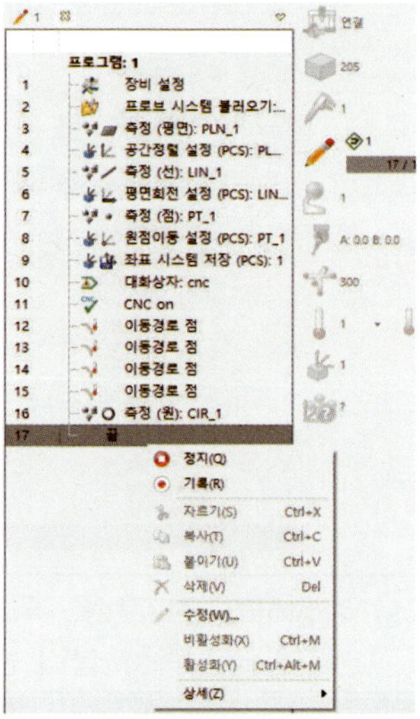

삽입할 위치(CIR1) 아래에 있는 '끝'을 클릭하고 우 클릭하여 메뉴를 열고 기록을 누른다. (CIR2 측정 삽입 순서 3)

15

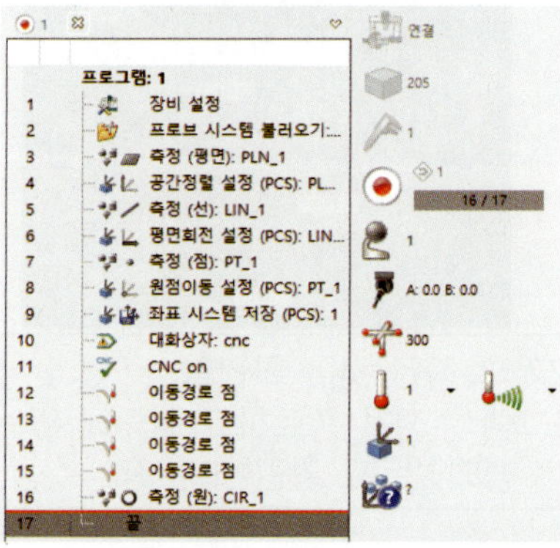

기록을 누르면 '측정(원)CIR1' 아래에 빨간 라인이 나오는데, 추가되는(삽입되는) 내용은 '측정(원)CIR1' 아래로 이어서 삽입이 된다는 의미이다 (CIR2 측정 삽입 순서 4).

16

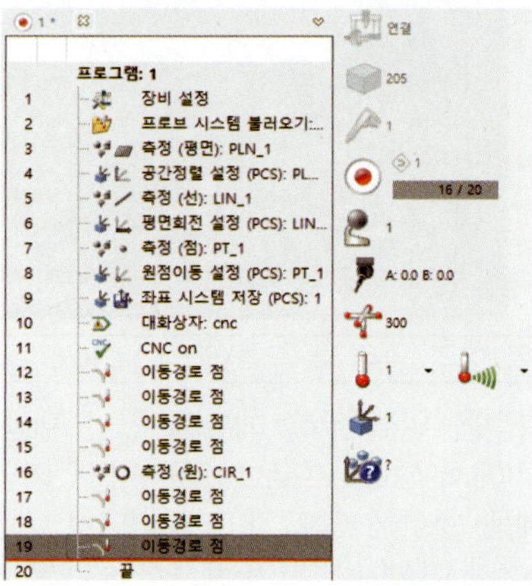

프로브를 안전한 위치로 이동하면서 적절히 F4 (이동경로 점)를 이용하여 CIR2의 중앙까지 이동한다(CIR2 측정 삽입 순서 5).

17

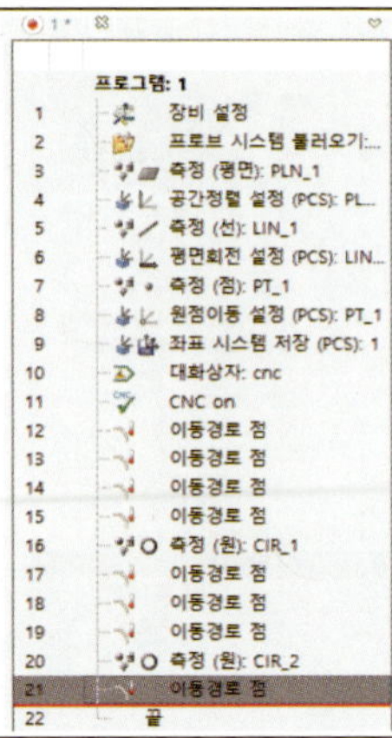

원 측정을 누르고 CIR2를 측정하고, 프로브를 위로 올려서 F4(이동경로 점)를 누른다. (CIR2 측정 삽입 순서 6)

18

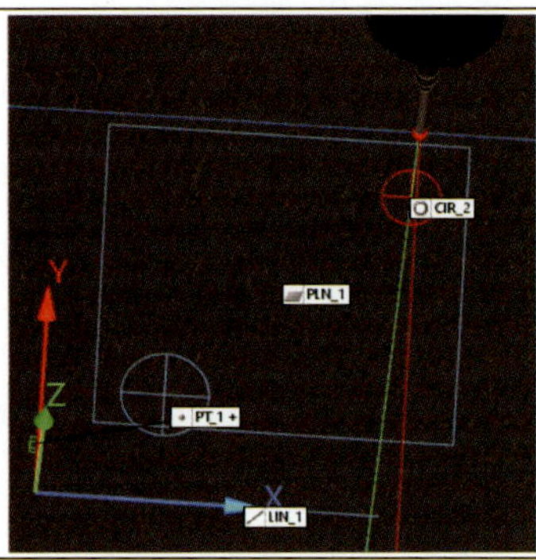

측정 화면에도 CIR2가 측정된 것을 확인할 수 있다. 수정이 끝나면 우측 메뉴에서 위의 아이콘을 눌러 프로그램 수정을 종료하고 상단에 있는 실행을 눌러 CNC프로그램이 잘 수정되었는지 확인한다(CIR2 측정 삽입 순서 7).

19

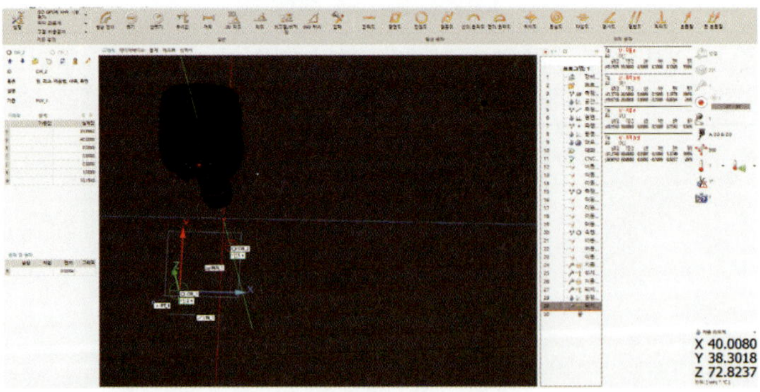

CNC 프로그램 작업을 모두 완료 후 우측메뉴의 아이콘을 눌러 프로그램 만들기를 종료한다.

20

새로운 제품 측정을 위해 우측 메뉴에 있는 제품번호를 기록한다(예: ).
(예시: 제품 201번에서 CNC 프로그램을 만들었다면 201번 기억) (CNC프로그램을 만들었던 제품 번호에 CNC가 저장되므로, 제품 번호를 기억해야 한다)
다른 제품을 측정하다가 이전에 만들어 놓은 프로그램을 활용하여 측정할 경우, 메모 또는 기억해 두었던 제품번호(예시: 201번)를 불러와서 우측메뉴에 있는 아래 사진의 아이콘을 눌러 프로그램을 선택하고 OK누른다. 

9 CAD 모델 기능

9.1 CAD 기능 활용하여 측정하기(WENZEL CMM 활용 예)

1) CAD 모델 불러오기

Quartis → 새로만들기 → 제품 → 그림번호(도면번호 입력 예: 1234) → 측정 ID (1) → OK → Quartis → CAD 모델 → 추가 → 해당 도면 선택(예: 1.sag) → 열기 → OK

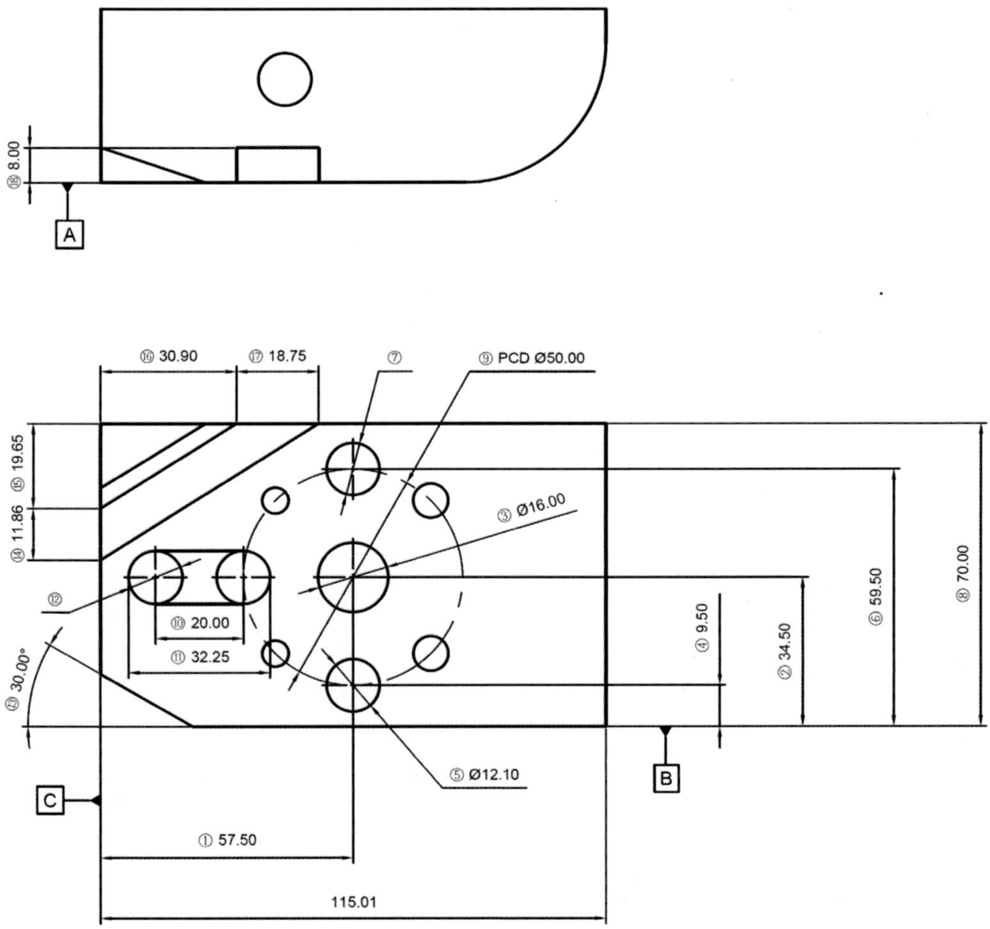

2) 제품좌표축 생성, 측정, 계산하기

순서	선택메뉴	설 명	측정결과
1	면, 공간 보정	상단메뉴 → 측정 → 면(A 데이텀) → 4점 측정하고 F5 → 공간보정 → 1차방향 Z, 원점 Z 선택→ OK(PLN1)	실제 제품을 측정
2	선, 평면 회전	측정 → 선(B 데이텀) → 2점 측정 → 평면회전 → 2차방향을 +X로, 원점은 Y → OK (LIN1)	실제 제품을 측정
3	선, 원점이동	측정 → 선(C 데이텀) → 2점 측정 → 측정을 마친 후 프로브는 제품의 Z축 원점보다 위쪽에 위치하도록 안전하게 이동 → 원점이동(원점X) → OK(LIN2)	실제 제품을 측정
4	저장	좌표계저장 → OK	
5	원	측정 → 원 → CAD 모델의 중심에 위치한 CIR1 클릭 → 마우스 우 클릭 → 시작(시작을 누름과 동시에 자동으로 CIR1이 측정된다.) (CIR1)	여기부터는 실제 제품이 아닌 PC 화면에 보이는 CAD 모델을 측정
6	원	위와 같은 방법으로 나머지 CIR2 ~ CIR7까지 모두 측정한다. (CIR2, CIR3, CIR4, CIR5, CIR6, CIR7)	
7	조합	측정 → 조합 → 기준요소 PLN1 선택 → 요소파라미터 → CIR2 ~ CIR7 선택 → OK → 생성	
8	둥근슬롯	측정 → 둥근슬롯의 바닥면 1점 프로빙 → 마우스 우 클릭 → 시작(SLT1 생성)	
9	면	측정 → 면 → 바닥 1점 프로빙 후 마우스 우 클릭하고 4점 이상 면 프로빙 후 마우스 우 클릭 → 시작(PLN2 생성)	
10	선	측정 → 선 → 마우스로 첫 점 프로빙 후 끝 점 프로빙 후 마우스 우 클릭 → 시작(LIN3 생성)	
11	선	측정 → 선 → 마우스로 첫 점 프로빙 후 끝 점 프로빙 후 마우스 우 클릭 → 시작(LIN4 생성)	

순서	선택메뉴	설 명	측정결과
12		측정 → 선 → CAD 모델의 선 측정 위해 첫 점 프로빙 후 끝 점 프로빙 후 마우스 우 클릭(이때 포인트 수를 증가 또는 감소시키기 위해서 상단 메뉴에서 상세에서 포인트 수 증가, 수정에서 불필요한 포인트 삭제 가능) → 시작(LIN5 생성)	
13		측정 → 선 → 첫 포인트 프로빙 후 끝 포인트 프로빙 후 마우스 우 클릭→시작(LIN6 생성)	
14	 	계산 → 위치값 → CIR1 클릭 → X, Y체크 → X:57.50, Y:34.50, 상한:0.05, 하한:-0.05 입력 → 평가 → 크기 → CIR1 → 기준값:16.10, 상한:0.05, 하한:-0.05 입력 → 평가	(1)(2)(3)
15	 	계산 → 위치값 → CIR3 클릭 → Y기준값:9.50, 상한:0.05, 하한:-0.05 입력 → 평가 → 크기 → CIR3 클릭 → 기준값:12.10, 상한:0.05, 하한:-0.05 입력 → 평가	(4)(5)
16	 	계산 → 위치값 → CIR2 클릭 → Y기준값:57.50, 상한:0.05, 하한:-0.05 입력 → 평가 → 크기 → CIR2 클릭 → 기준값:12.10, 상한:0.05, 하한:-0.05 입력 → 평가	(6)(7)
17	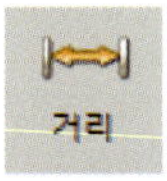	계산 → 거리 → LIN1, LIN5 선택 → Y기준값:70.00, 상한:0.05, 하한:-0.05 입력 → 평가	(8)
18		계산 → 크기 → CIR8 → 지름기준값:50.00, 상한:0.05, 하한:-0.05 입력 → 평가	(9)
19		계산 → 크기 → SLT1 → 최대거리(l) 기준값:32.25, 폭(b) 기준값:12.25, 양쪽중심원간거리(ll)기준값:20.00, 공차:0.05, -0.05 입력 → 평가	(10)(11)(12)
20		계산 → 2D 각도 → LIN1, LIN6 → XY 기준값:30.00도, 상한:0.05도, 하한:-0.05도 → 평가	(13)
21		측정 → 교차점 → LIN2, LIN3, 점 → 구성	
22		측정 → 교차점 → LIN2, LIN4, 점 → 구성	

순서	선택메뉴	설 명	측정결과
23	점	측정 → 교차점 → LIN3, LIN5, 점 → 구성	
24	점	측정 → 교차점 → LIN4, LIN5, 점 → 구성	
25	점	측정 → 교차점 → LIN2, LIN5, 점 → 구성	
26	거리	계산 → 거리 → PT2, PT1 → Y기준값:12.00, 상한:0.05, 하한:-0.05 → 평가	(14)
27	거리	계산 → 거리 → PT1, PT5 → Y기준값:19.65, 상한:0.05, 하한:-0.05 → 평가	(15)
28	거리	계산 → 거리 → PT5, PT3 → X기준값:30.90, 상한:0.05, 하한:-0.05 → 평가	(16)
29	거리	계산 → 거리 → PT2, PT1 → Y기준값:12.00, 상한:0.05, 하한:-0.05 → 평가	(17)
30	거리	깊이 → 거리 → PLN1, PLN2 → Z기준값:8.00, 상한:0.05, 하한:-0.05 → 평가	(18)
31	저장하기	Quartis → 새로만들기 → 성적서 → 성적서양식 불러오기 → ReportTemplate_Graphic_Table_WM 클릭 → 성적서양식의 중심부(도면삽입용) 더블 클릭 → 좌측 데이터 영역지정 → 우측으로 보내기 → OK → 상단부 보기적용 → 성적서양식의 하단부(표 삽입용) 더블 클릭 → 좌측데이터 영역지정 → 우측으로 보내기 → OK → Quartis → 저장 → 성적서 → 실습과제명 입력 → 저장	
32	Quartis 프로그램 종료	장비 → 원점이동 → 프로그램 종료 → PC OFF → 컨트롤러 OFF → 에어드라이어 OFF	

10 비접촉식 3차원 측정

10.1 좌표계 설정, 원점 이동, 자동 측정

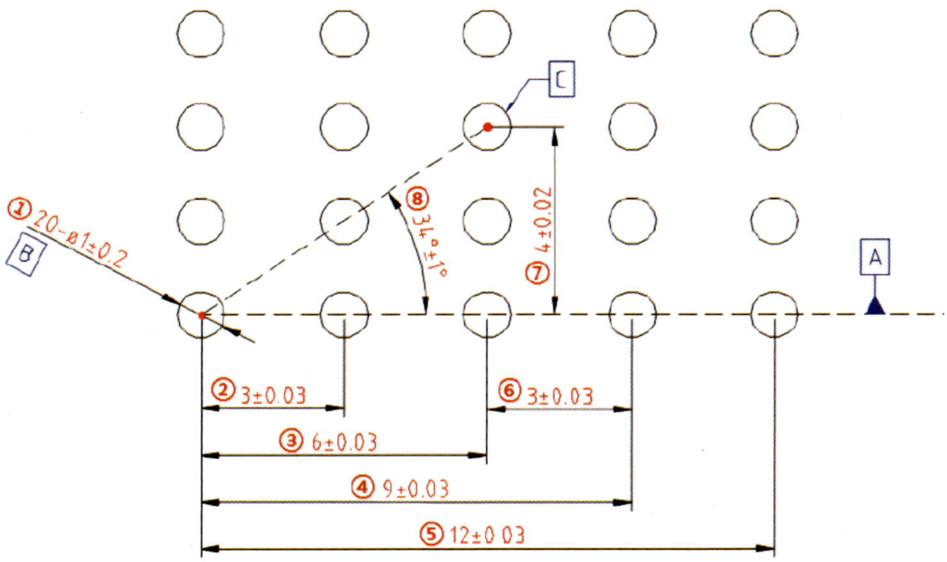

순 서	선택메뉴	설 명	측정 결과
1	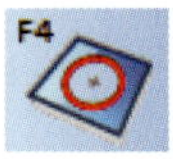 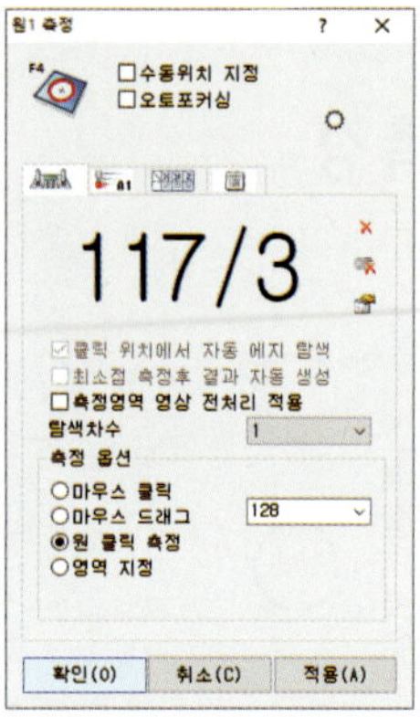	X축 설정을 위해 도면에서 데이텀 A 상의 좌측 원과 우측 원의 중심을 잇는 직선을 생성 상단메뉴 → 측정뷰 → 데이텀 A 상의 좌측 원을 FOV 중앙의 중심선에 위치시킴 → F4 원 선택 → 화면에 보이는 원 내부를 클릭 → 측정 옵션에서 원 클릭 측정 → 확인 (측정 옵션에서 '원 클릭'은 원형 모양의 도형을 의미하는 것이 아니라 '한 번 클릭'을 의미한다. 즉, 한 번 클릭함으로써 원을 측정한다는 의미이다.) FOV(Field of View; 측정가능영역)	
2	 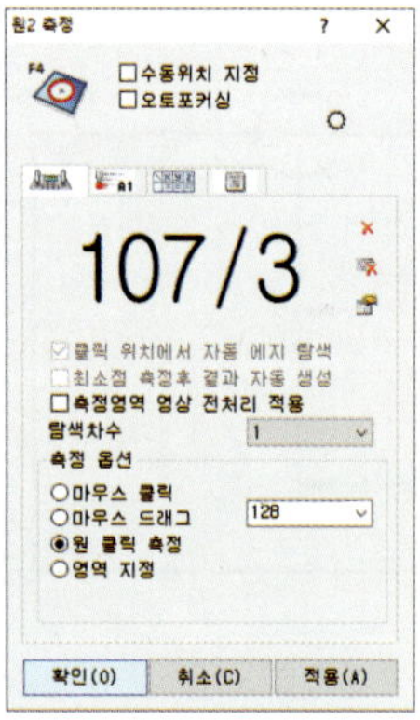	상단메뉴 → 측정뷰 → 데이텀 A 상의 우측원을 중심선 중앙에 위치시킴 → F4 선택 → 화면에 보이는 원 내부를 클릭 → 측정 옵션에서 원 클릭 측정 → 확인	
3	 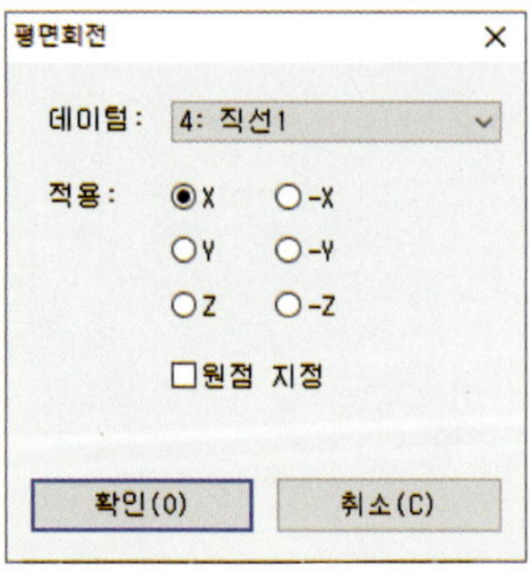	데이텀 A 생성 측정결과뷰 → 원 1 클릭 → Ctrl 누른 상태에서 원 2 클릭 → 측정뷰 → F11 → 8 직선 → F10 → 평면회전 X축에 적용되었는지 확인 후 → 확인 클릭 주의! 원 1 클릭 후 원 2를 클릭 (좌표축은 방향성이 있으므로 X축은 좌측에서 우측방향으로 진행됨을 기억할 것)	

순서	선택메뉴	설 명	측정 결과
4	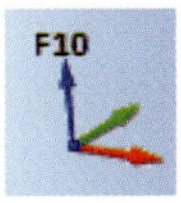 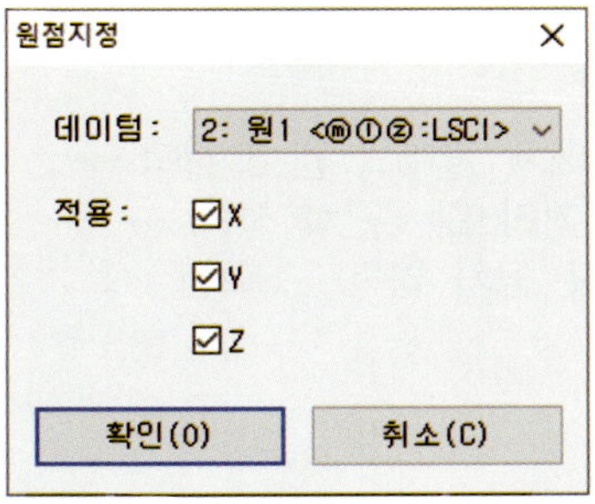	원1(데이텀 B)을 X, Y, Z축의 원점으로 생성 측정결과뷰 → 원 1 클릭 → F10 → X, Y, Z축 선택되었는지 확인 후 → 확인	
5	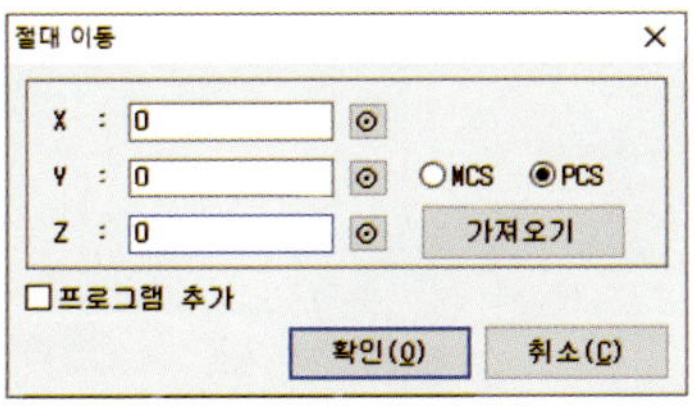	본인이 생성한 제품 좌표축(PCS)이 제대로 되었는지 확인(생략 가능) Ctrl과 q를 동시에 누름 → X, Y, Z축의 값을 모두 0으로 입력 → 확인 (도면에서 원점 위치에 장비가 위치되는 것을 확인할 수 있음)	
6	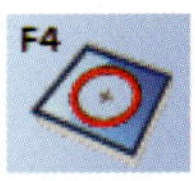 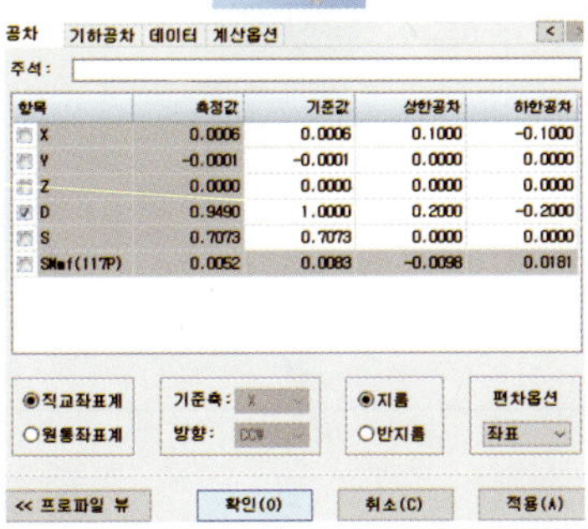 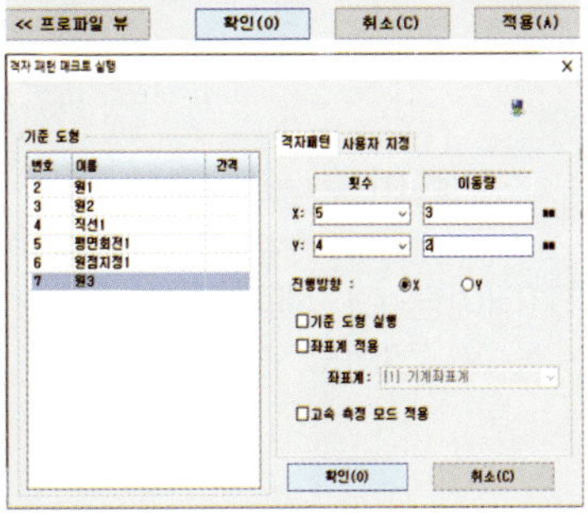	20개의 모든 원을 격자패턴 매크로를 이용하여 자동으로 측정(모든 원의 지름, 공차, 합부판정까지 일괄적으로 확보) 측정뷰 → 도면에서 A 상의 좌측 원을 중심에 위치시킴 → F4 → 원3 측정 → 측정결과뷰(또는 프로그램창)에서 방금 측정된 원 3 더블 클릭 → D의 기준값, 공차 입력 → 격자패턴 매크로 클릭 → 기준도형 원 3 → X : 5, Y : 4, X 이동량 : 3, Y 이동량 : 2 입력 후 → 확인	①

순서	선택메뉴	설 명	측정 결과
7	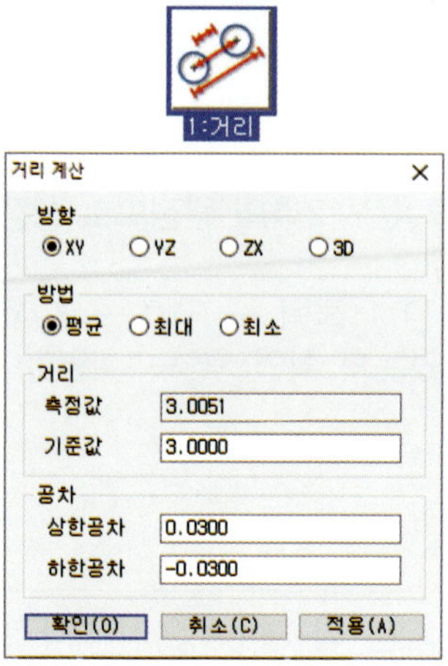	측정결과뷰에서 원 5와 원 6 선택 → F11 → 거리(또는 단차 선택) → 기준값, 공차 입력 → 확인	⑥
8	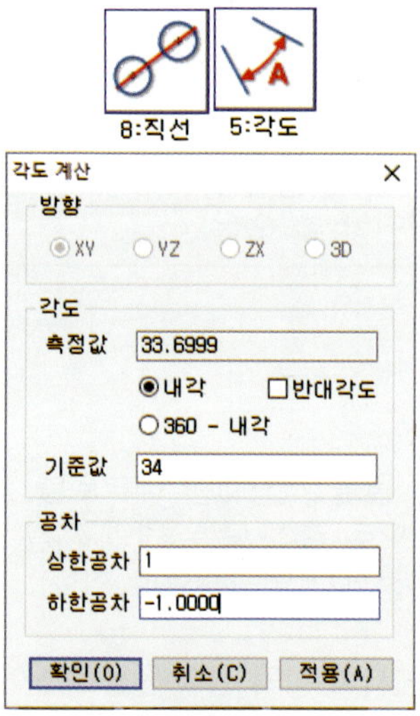	측정결과뷰에서 원 1(또는 3)과 원 15 선택 → F11 → 8번 직선 → 직선 2와 직선 1 선택 → 5번 각도 → 기준값, 공차 입력 → 확인	⑧
9	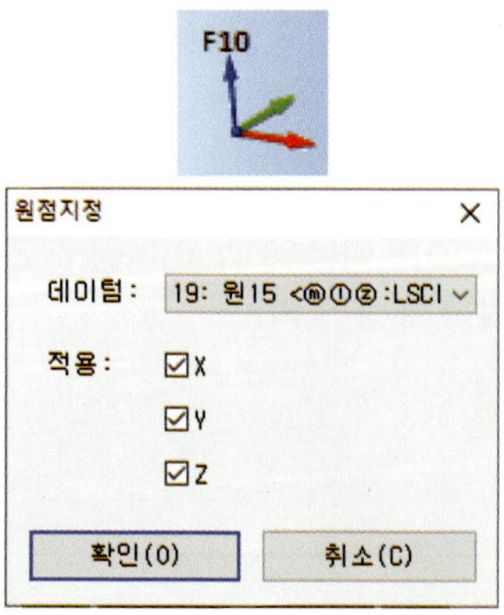	원점 이동 원 15 (데이텀 C) 선택 → F10 → X, Y, Z 체크 → 확인	

순서	선택메뉴	설 명	측정 결과
10	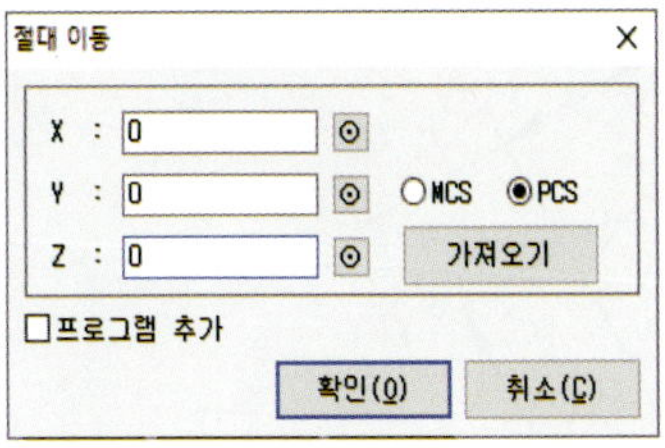	본인이 생성한 좌표축이 제대로 되었는지 확인(생략 가능) Ctrl과 q를 동시에 누름 → X, Y, Z축의 값을 모두 0으로 입력 → 확인 (도면에서 원점 위치에 장비가 위치되는 것을 확인할 수 있음)	
11	 2:단차	원 15와 원 5 선택 → F11 → 2번 단차 → 확인	⑦
12		동일 모양의 다량의 제품을 측정할 경우 프로그램을 저장하여 반복적, 자동으로 측정 가능 프로그램 창에서 다른 이름으로 저장 예) test1 → 저장	
13		측정을 마친 제품을 제거하고, 새로운 제품을 재물대 중앙에 위치	
14		프로그램창에서 새파일 → 측정결과 저장 '아니오' → 파일 열기 → test1 → 열기	
15	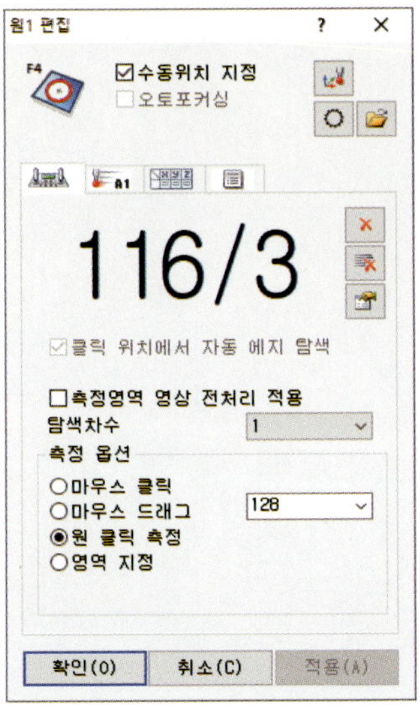	PCS 좌표축 생성 (새로운 제품을 측정하기 위해 매번 좌표축은 새롭게 생성해야 함.) (예: 제품이 100개라면 100번의 좌표축 생성 작업을 수동으로 해야 하며, 나머지 요소측정은 자동으로 실행) 도면의 하단 좌측 첫 번째 원(데이텀 B)을 FOV 중앙의 중심선에 위치시킴 → 프로그램창에서 원1 더블 클릭 → 수동위치 지정에 체크 → FOV 상에서 보이는 원의 중심 클릭 → 확인	

10.2 요소 관계 설정, 각도 측정

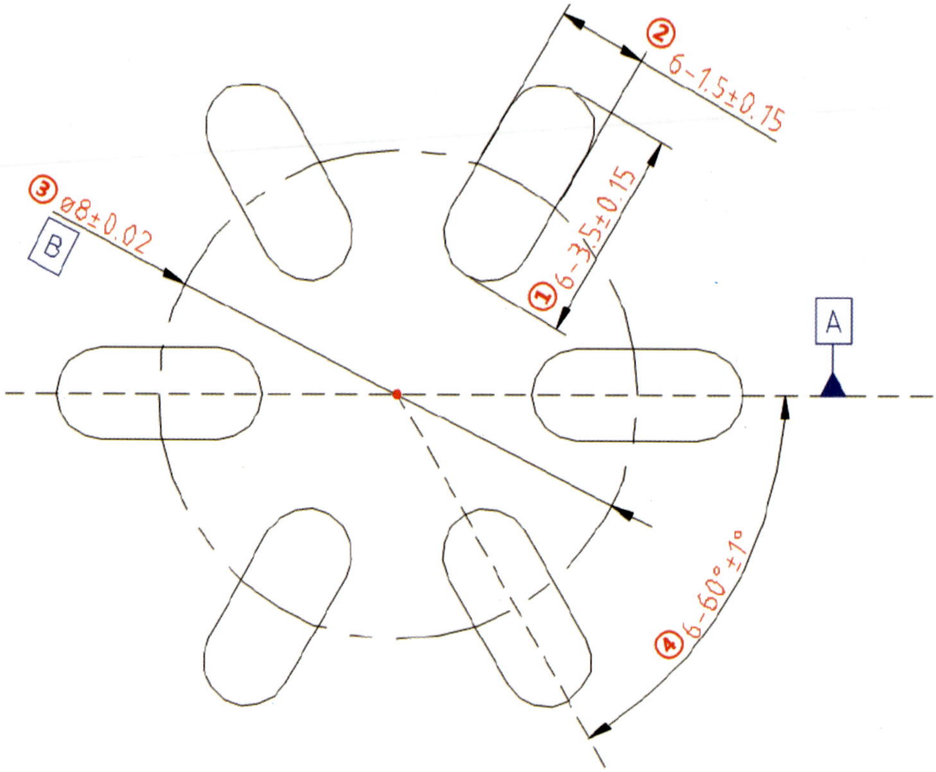

순서	선택메뉴	설 명	측정 결과
1	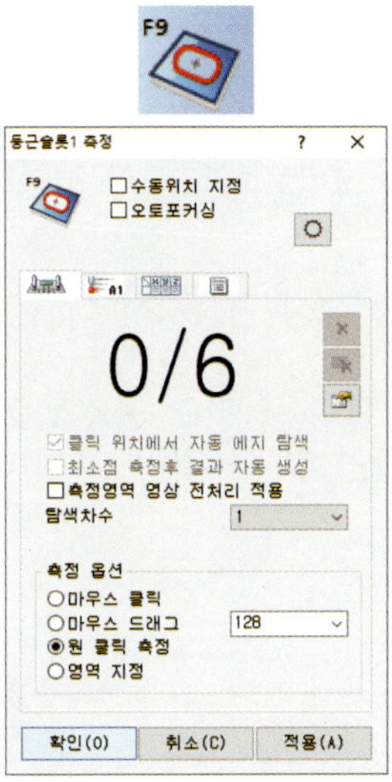	둥근슬롯 6개를 모두 측정 상단메뉴 → 측정뷰 → 좌측 둥근슬롯을 FOV 중앙의 중심선에 위치시킴 → F9 둥근슬롯 선택 → 화면에 보이는 둥근슬롯 내부를 클릭 → 원 클릭에 체크 → 확인 위와 같은 방법으로 6개의 둥근슬롯을 모두 측정한다.	
2	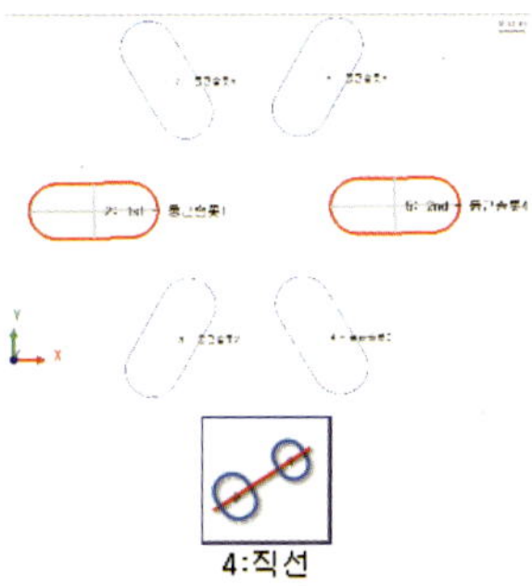	측정결과뷰에서 둥근슬롯 1과 둥근슬롯 4를 차례로 선택 → F11 → 4직선	
3	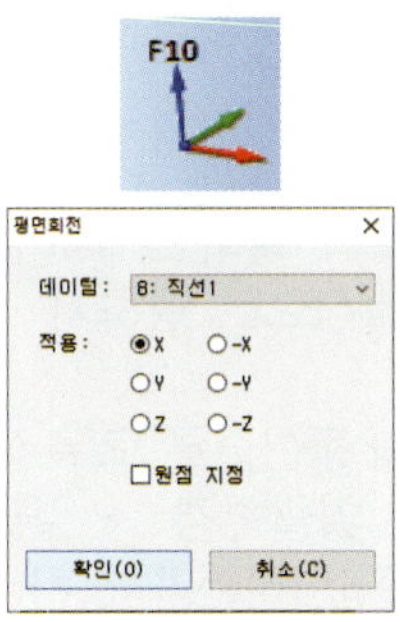	데이텀 A 생성 측정결과뷰 → 직선1 클릭 → F10 → 평면회전 X축에 적용되었는지 확인 후 → 확인 클릭	
4	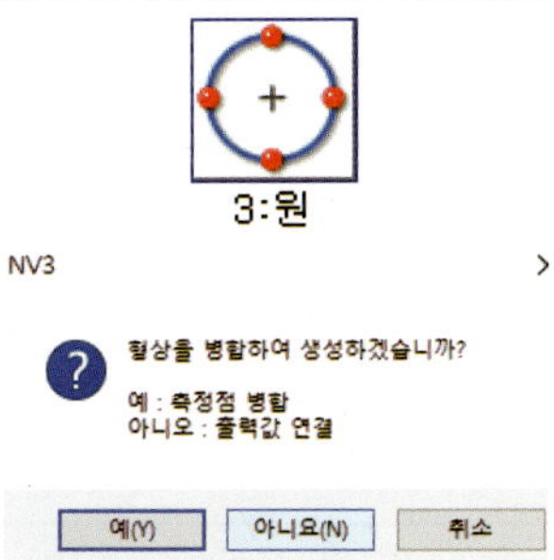	6개의 둥근슬롯의 중심을 지나는 가상의 원 생성 측정결과창(또는 측정결과뷰)에서 둥근슬롯 6개 모두 선택 → F11 → 3원 클릭 → 형상병합 '아니오' 클릭	

<table>
<tr><th>순서</th><th>선택메뉴</th><th>설 명</th><th>측정 결과</th></tr>
<tr><td>5</td><td>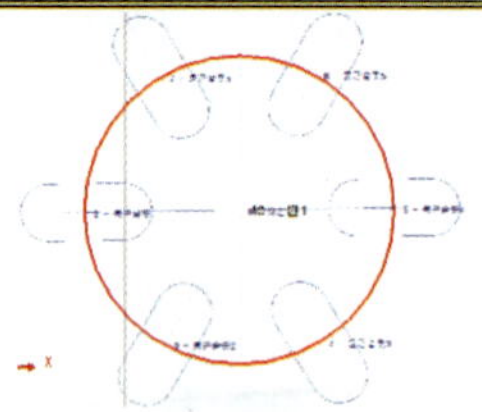
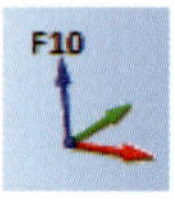

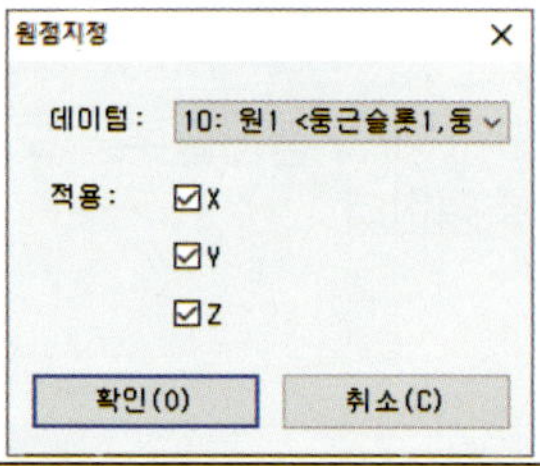
</td><td>데이텀 B 생성(원점지정)

새롭게 생성된 원 클릭 → F10 → X, Y, Z축 선택 확인 후 → 확인</td><td></td></tr>
<tr><td>6</td><td>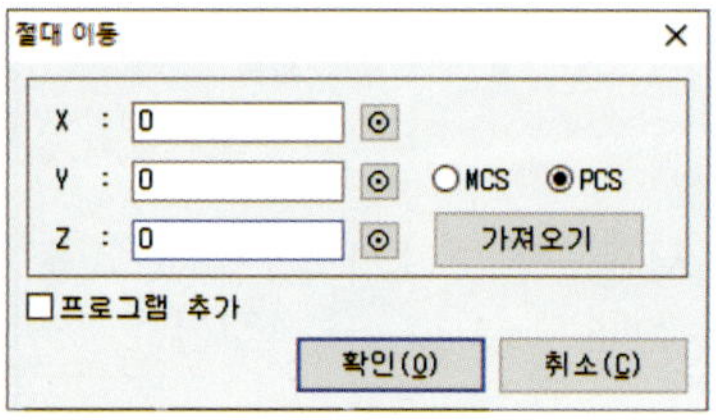
</td><td>본인이 생성한 좌표축(PCS)이 제대로 되었는지 확인(생략 가능)

Ctrl과 q를 동시에 누름 → X, Y, Z축의 값을 모두 0으로 입력 → 확인
(도면에서 원점 위치에 장비가 위치되는 것을 확인할 수 있음)</td><td></td></tr>
<tr><td>7</td><td>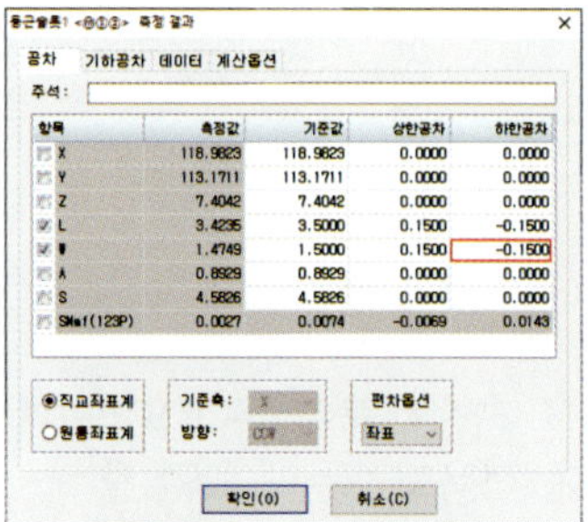

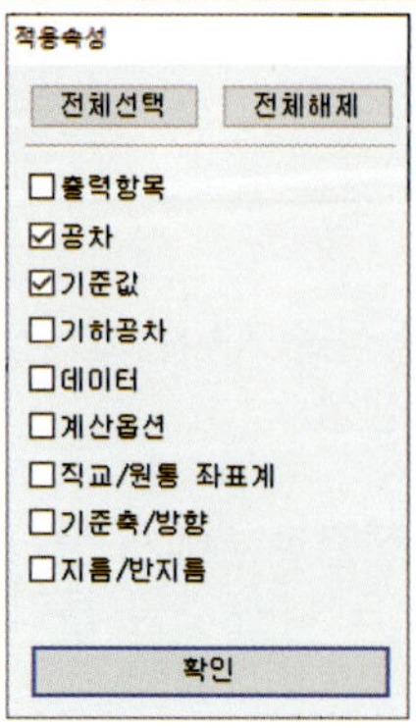
</td><td>6개의 모든 둥근슬롯의 길이(L), 너비(W)를 한꺼번에 일괄적으로 구하기

측정결과창에서 6개의 둥근슬롯 모두 선택→우 클릭 → 선택항목 일괄변경 → 일괄변경 → L, W 클릭 → 기준값, 상한공차, 하한공차 입력 → 확인 → 적용속성에서 공차, 기준값 체크 → 확인 → 상단메뉴에서 출력뷰 클릭하여 6개의 L, W 결과 및 합부판정 확인</td><td>①
②</td></tr>
</table>

순서	선택메뉴	설 명	측정 결과
8	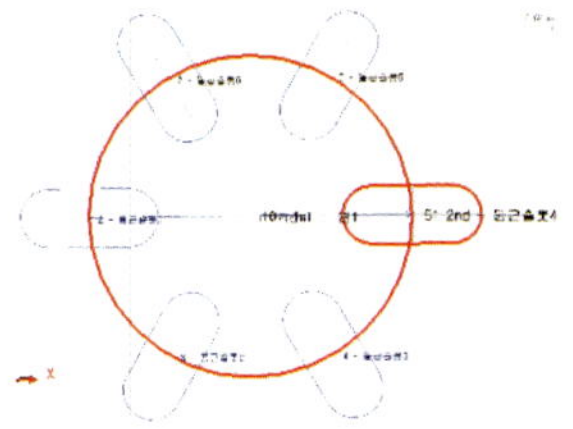 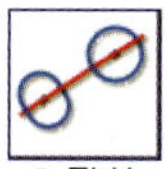 9:직선	측정결과뷰에서 중앙의 가상으로 생성한 원과 둥근슬롯 1개 선택 → F11 → 직선 선택 (위와 같은 방식으로 각도측정에 필요한 나머지 직선들도 생성한다.)	
9	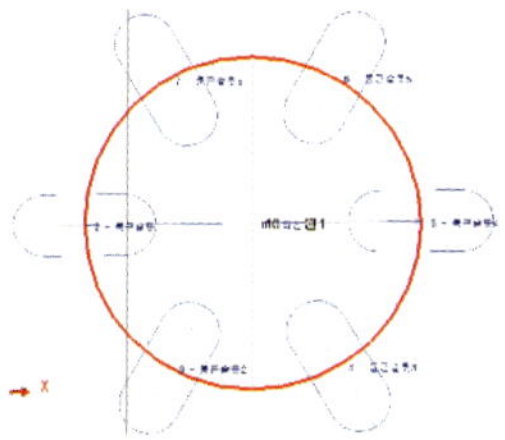 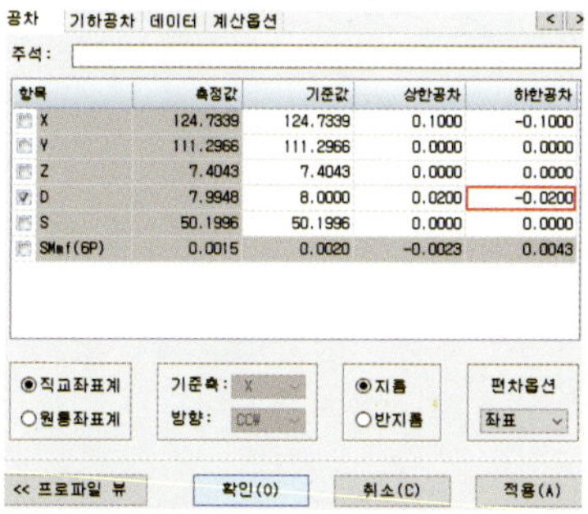	중심 원 지름 측정 측정결과뷰에서 원 1 선택 → 원 1 더블 클릭 → 기준값, 공차 입력 → 확인	
10	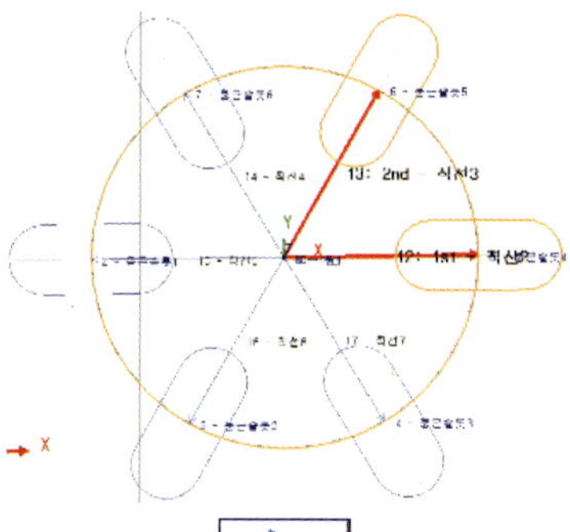 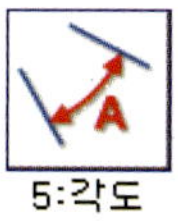 5:각도	각도측정 측정결과뷰에서 직선 2와 직선 3 선택 → F11 → 5번 각도 → 기준값, 공차 입력 → 확인	

10.3 격자패턴 매크로, 단차 측정

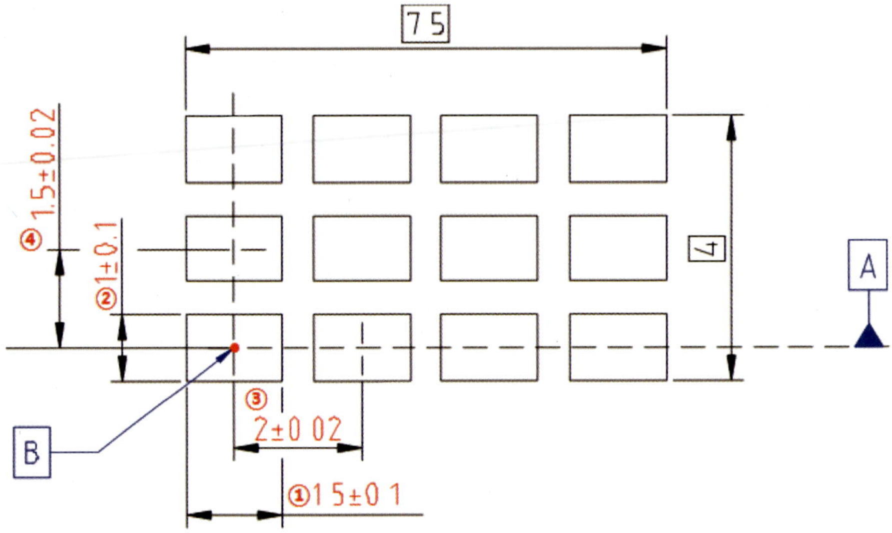

<table>
<tr><th>순서</th><th>선택메뉴</th><th>설 명</th><th>측정 결과</th></tr>
<tr><td>1</td><td>
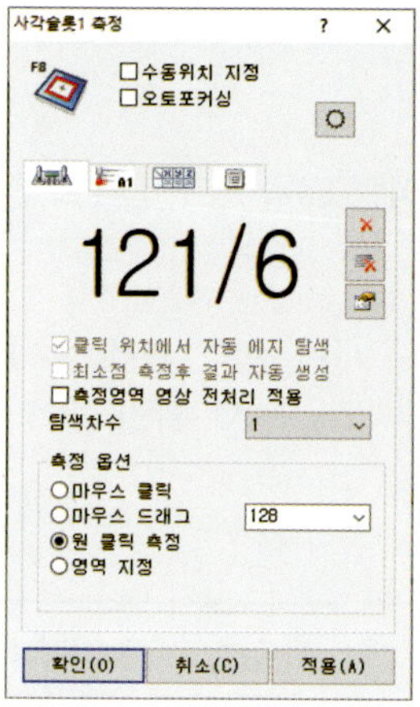
</td><td>X축 설정을 위해 도면에서 데이텀 A 상에 있는 좌측 사각슬롯과 우측 사각슬롯의 중심을 잇는 직선을 생성(데이텀 A 생성)

상단메뉴 → 측정뷰 → 사각슬롯(도면에서 하단 좌측 첫 번째 사각슬롯)을 FOV 중앙의 중심선에 위치시킴 → F8 사각슬롯 선택 → 화면에 보이는 사각슬롯 내부를 클릭 → 측정 옵션에서 원 클릭 측정 → 확인</td><td></td></tr>
<tr><td>2</td><td>
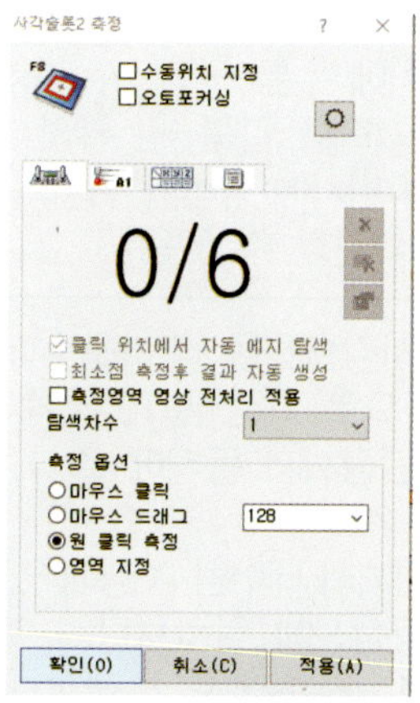
</td><td>측정뷰 → 사각슬롯(도면에서 하단 우측 마지막 사각슬롯)을 FOV 중앙의 중심선에 위치시킴 → F8 사각슬롯 선택 → 화면에 보이는 사각슬롯 내부를 클릭 → 측정 옵션에서 원 클릭 측정 → 확인 → 측정결과뷰 → Ctrl과 a 동시에 눌러서 측정된 사각슬롯1과 사각슬롯2 확인</td><td></td></tr>
<tr><td>3</td><td>
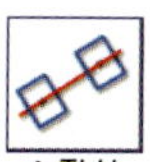
4:직선
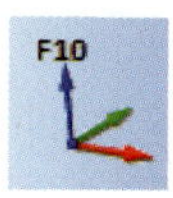
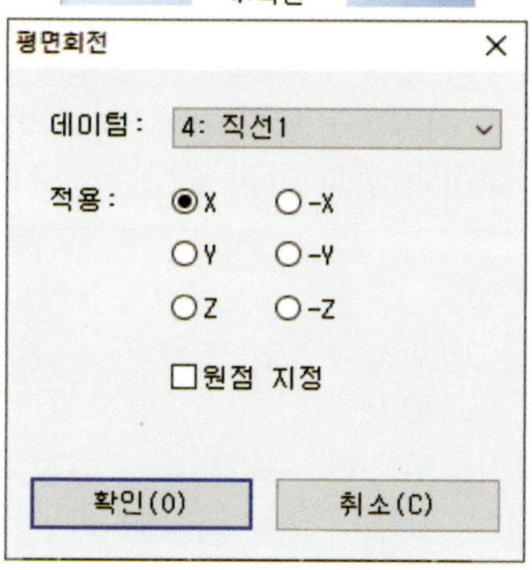
</td><td>데이텀 A 생성

측정결과뷰 → 사각슬롯1 클릭 → Ctrl 누른 상태에서 사각슬롯2 클릭 → 측정뷰 → F11 → 4 직선 → F10 → 평면회전 X축에 적용되었는지 확인 후 → 확인 클릭</td><td></td></tr>
</table>

순서	선택메뉴	설 명	측정 결과
4	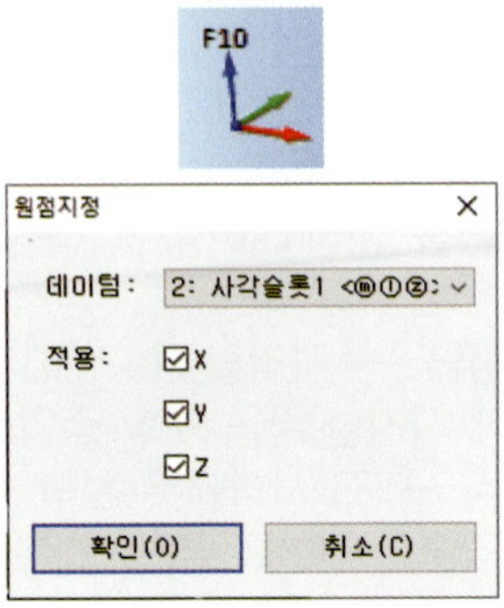	사각슬롯1(데이텀 B)을 X, Y, Z축의 원점으로 생성 측정결과뷰 → 사각슬롯1 클릭 → F10 → X, Y, Z축 선택되었는지 확인 후 → 확인	
5	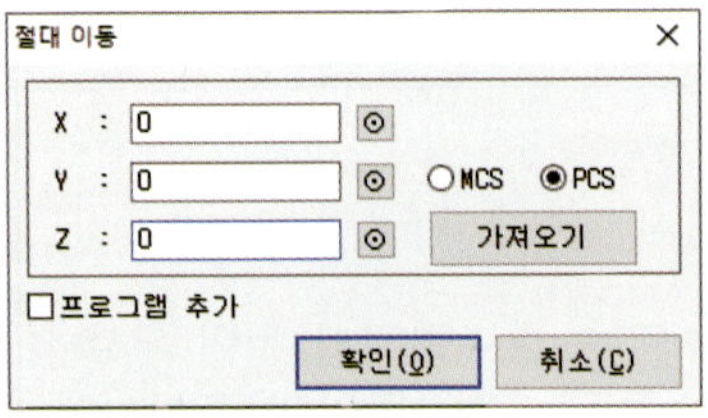	본인이 생성한 좌표축(PCS)이 제대로 되었는지 확인(생략 가능) Ctrl과 q를 동시에 누름 → X, Y, Z축의 값을 모두 0으로 입력 → 확인 (도면에서 원점 위치에 장비가 위치되는 것을 확인할 수 있음)	
6	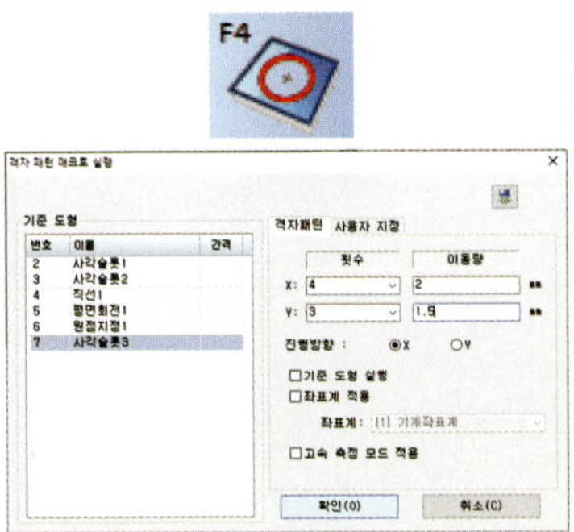	12개의 모든 사각슬롯을 격자패턴 매크로를 이용하여 자동으로 측정 및 L, W의 기준값, 공차, 합부판정까지 동시에 결과 얻기 측정뷰 → 도면에서 데이텀 A 상에 있는 좌측 원을 FOV 중심선에 위치시킴 → F8 → 사각슬롯 측정 → 측정 후 측정결과뷰(또는 프로그램창)에서 방금 측정된 사각슬롯3 더블 클릭 → L과 W의 기준값, 공차 입력 → 화면 우측의 프로그램 창에서 격자패턴 매크로 클릭 → 기준도형 사각슬롯3 → X : 4, Y : 3, X 이동량 2, Y 이동량 : 1.5 입력 후 → 확인 → 출력뷰 → 모든 사각슬롯의 L, W의 결과와 합부판정 확인	①②
7	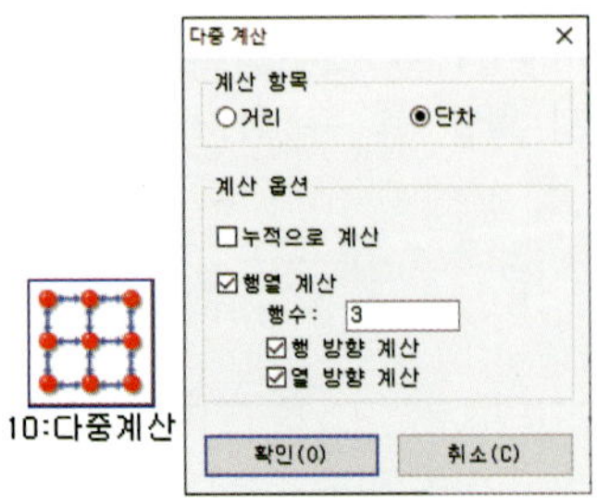	모든 사각슬롯들 간의 X, Y축의 중심 간 거리 측정 12개의 모든 사각슬롯 선택 → F11 → 10번 다중계산 → 단차, 행렬 계산, 행방향 계산, 열방향 계산 체크 → 확인	

순서	선택메뉴	설 명	측정 결과
8	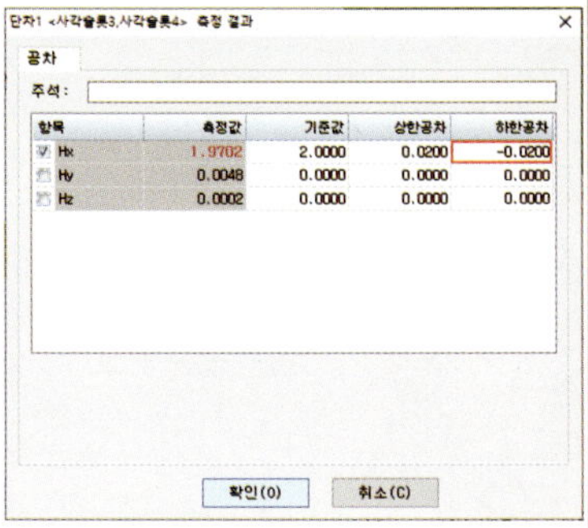	모든 단차의 X축 중심 간의 거리 일괄적으로 계산 측정결과뷰(또는 측정결과창에서 단차~단차9까지 선택 → 우 클릭 → 선택항목 일괄변경 → 일괄변경 → Hx 체크, 기준값, 공차 입력 → 확인 → 적용속성에서 공차, 기준값 체크 후 → 확인 → 출력뷰 → 측정결과 합부판정 확인	
9	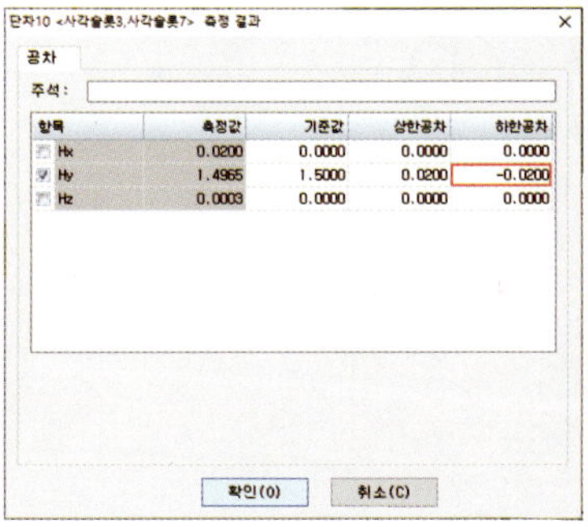	모든 단차의 Y축 중심 간의 거리 일괄적으로 계산 측정결과뷰(또는 측정결과창에서 단차 10~단차 17까지 선택 → 우 클릭 → 선택항목 일괄변경 → 일괄변경 → Hy 체크, 기준값, 공차 입력 → 확인 → 적용속성에서 공차, 기준값 체크 후 → 확인 → 출력뷰 → 측정결과 합부판정 확인	③, ④

10.4 회전패턴 매크로, 기하공차 적용, 원통 좌표계 설정

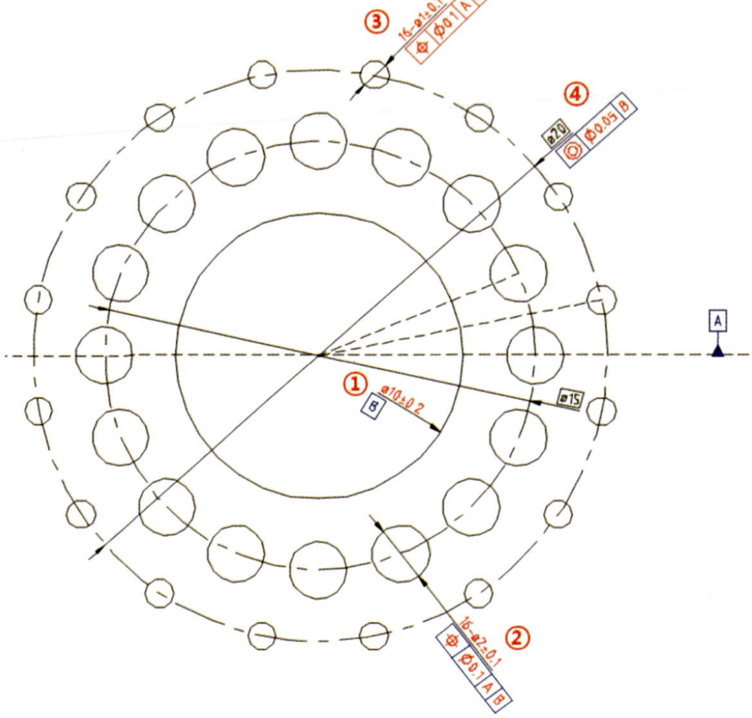

순서	선택메뉴	설 명	측정 결과
1	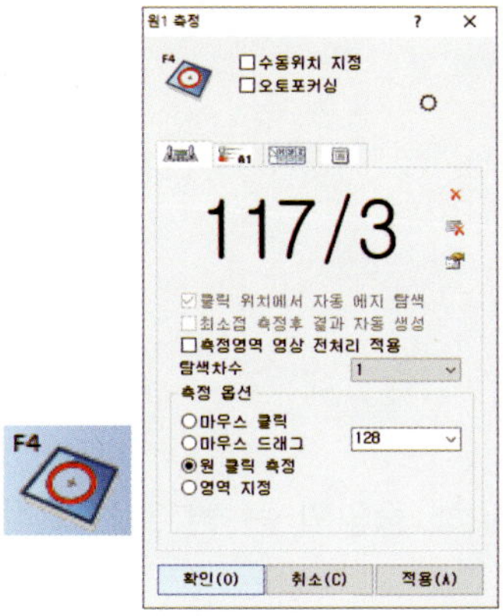	X축 설정을 위해 도면에서 데이텀 A 상에 있는 좌측 원과 우측 원의 중심을 잇는 직선을 생성 상단메뉴 → 측정뷰 → 원 1(도면 중심에서 좌측에 있는 원)을 FOV 중앙의 중심선에 위치시킴) → F4 원 선택 → 화면에 보이는 원 내부를 클릭 → 측정 옵션에서 원 클릭 측정 → 확인	
2	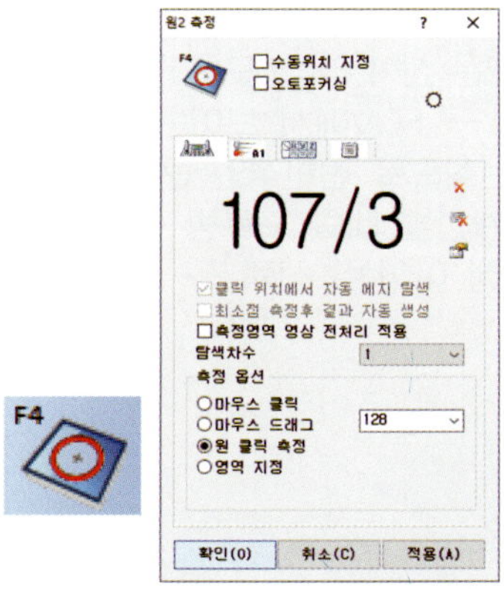	상단메뉴 → 측정뷰 → 원 2(도면 중심에 서우측에 있는 원)를 중심선 중앙에 위치 시킴) → F4 원 선택 → 화면에 보이는 원 내부를 클릭 → 측정 옵션에서 원 클릭 측정 → 확인	
3	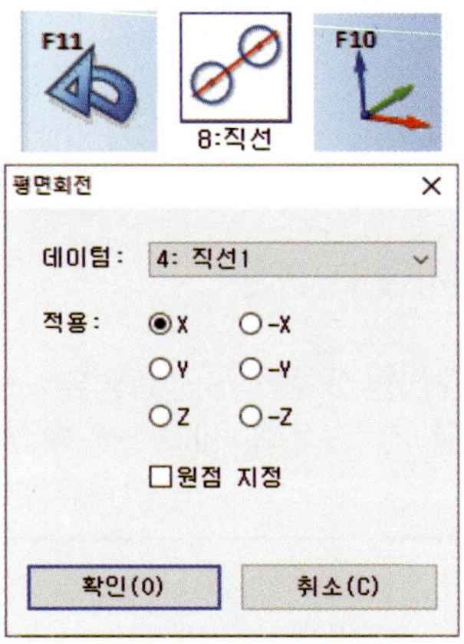	데이텀 A 생성 측정결과뷰 → Ctrl과 a를 동시에 눌러서 측정된 원 1과 원 2를 화면에 보이게 하기 → 원 1과 원 2 선택 → 측정뷰 → F11 → 8 직선 → F10 → 평면회전 X축에 적용되었는지 확인 후 → 확인 클릭	

<table>
<tr><th>순서</th><th>선택메뉴</th><th>설 명</th><th>측정
결과</th></tr>
<tr><td>4</td><td>
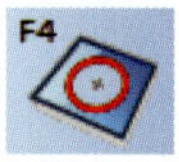

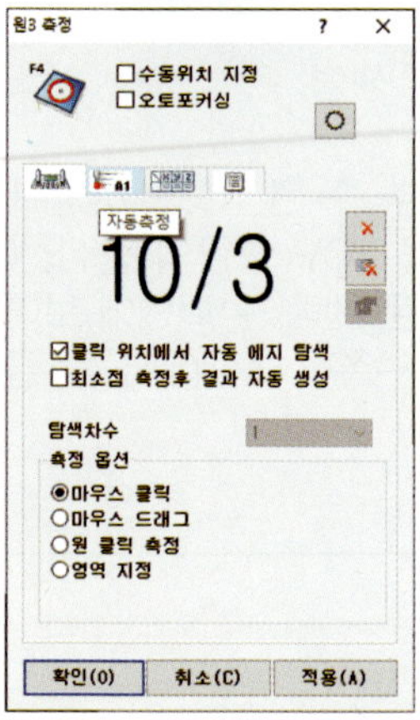

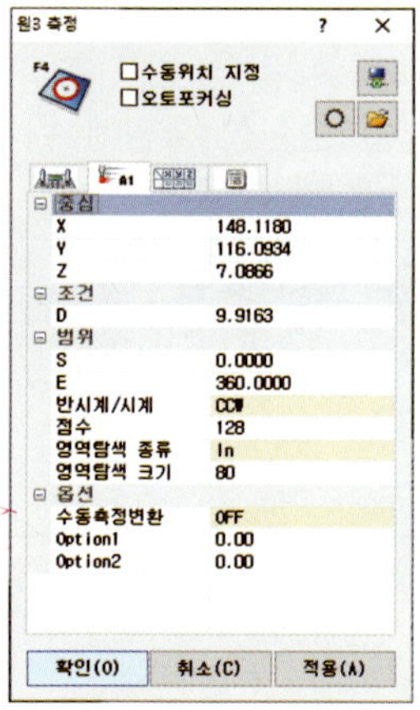

</td><td>데이텀 B를 위해 중앙의 큰 원 3을 측정

측정뷰 → F4 → 마우스 클릭 선택 → FOV에서 보이는 큰 원 3의 경계선을 프로빙 → 큰 원 3의 모든 선이 인식되도록 FOV 내에 보이도록 위치 → FOV에서 보이는 경계선 프로빙 → 이런식으로 전반적인 큰 원 3의 전체 경계선을 대략 프로빙 → A1(자동측정 아이콘) 선택 → 확인</td><td></td></tr>
<tr><td>5</td><td>
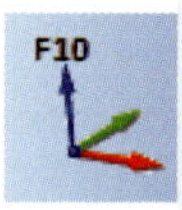

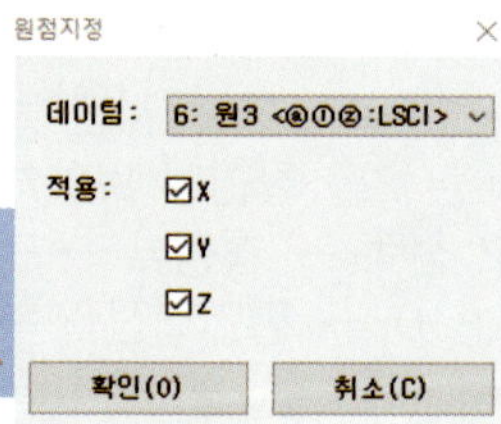

</td><td>데이텀 B 생성

측정결과뷰 → 중심원 3 선택 → 측정뷰 → F10 → 원점지정 X, Y, Z축 체크 → 확인</td><td></td></tr>
<tr><td>6</td><td>
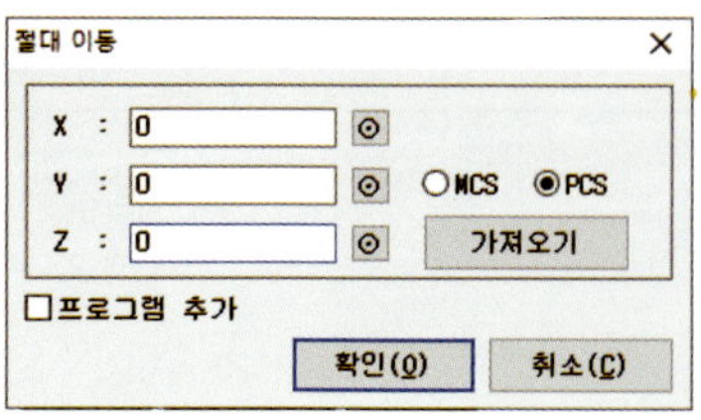

</td><td>본인이 생성한 좌표축(PCS)이 제대로 되었는지 확인(생략 가능)

Ctrl과 q를 동시에 누름 → X, Y, Z축의 값을 모두 0으로 입력 → 확인
(도면에서 원점 위치에 장비가 위치되는 것을 확인할 수 있음)</td><td></td></tr>
</table>

순서	선택메뉴	설 명	측정 결과
7	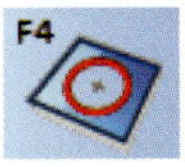 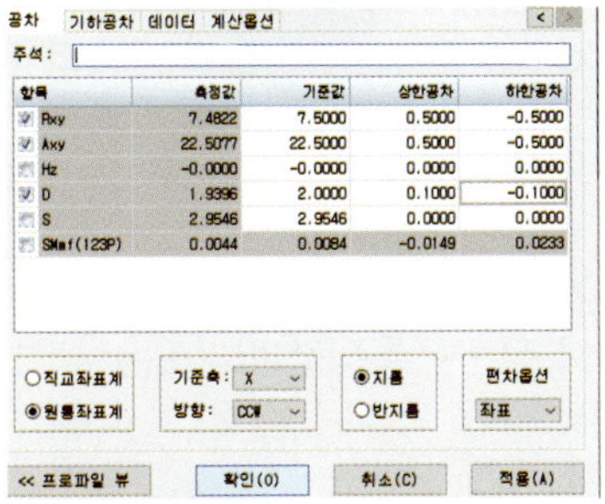 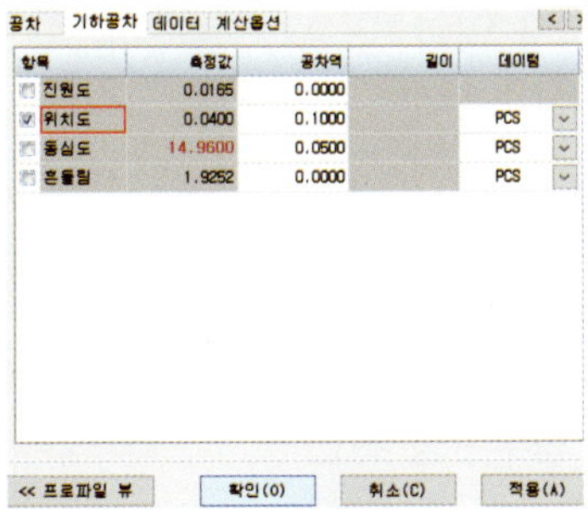	회전패턴 매크로 기능 이용하여 중간에 위치한 16개의 원 일괄 자동측정, 원통 좌표계 변경 후 데이터 출력 (Rxy, Axy, D, 기하공차) 측정뷰 → 원 2를 FOV 중심에 위치 → F4 → 원 4 측정 → 측정결과뷰(또는 측정결과창)에서 방금 측정된 원 4 더블 클릭 → 원통 좌표계 선택 → Rxy 선택 후 기준(7.5), 공차 입력 → Axy 선택 후 기준(360), 공차 입력 → D(2) 선택 후 기준, 공차 입력 → 기하공차 → 위치도 선택 후 공차역 입력 → 확인 → 회전패턴 매크로 → 기준도형 원 4 → 회전중심도형 원 3 → 측정수 16 입력 → 확인 → 출력뷰에 가서 관련 데이터 및 합부판정 확인	
8	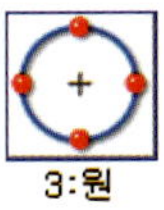 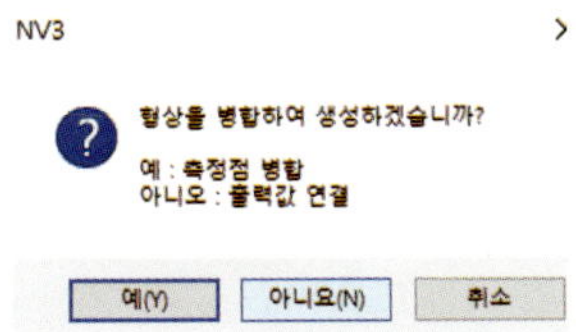 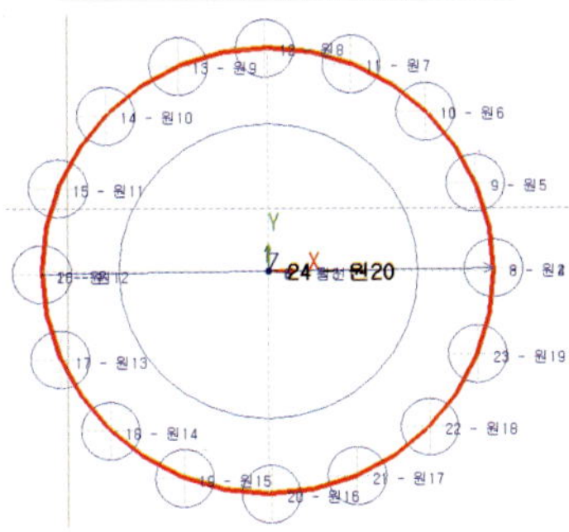	중간에 위치한 16개의 원의 중심을 지나는 가상의 원 생성(PCD) 측정결과뷰(또는 측정결과창)에서 원 4 ~ 원 19 선택 → F11 → 3:원 선택 → 아니오 → 생성된 가상의 원 20 더블 클릭 → 원통 좌표계, D(15), 기준, 공차 입력 → 확인	

순서	선택메뉴	설 명	측정 결과
9	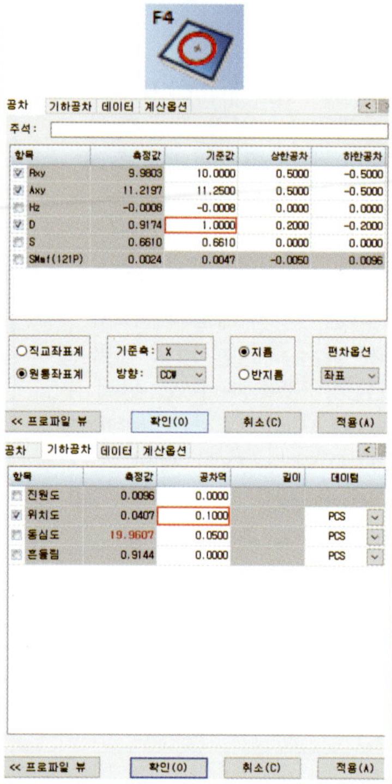	회전패턴 매크로 기능을 이용하여 가장자리에 위치한 16개의 원 일괄 자동측정, 원통 좌표계 변경 후 데이터 출력(Rxy, Axy, D, 기하공차) 측정뷰 → 원 21을 FOV 중심에 위치 → F4 → 원 21 측정 → 측정결과뷰(또는 측정결과창)에서 방금 측정된 원 21을 더블 클릭 → 원통 좌표계 선택 → Rxy 선택 후 기준(10), 공차 입력 → Axy 선택 후 기준(11.25), 공차 입력 → D(1) 선택 후 기준, 공차 입력 → 기하공차 → 위치도 선택 후 공차역 입력 → 확인 → 회전패턴 매크로 → 기준도형 원 21 → 회전중심도형 원 3 → 측정수 16 입력 → 확인 → 출력뷰에 가서 관련 데이터(Rxy, Axy, D, 위치도) 및 합부판정 확인	
10	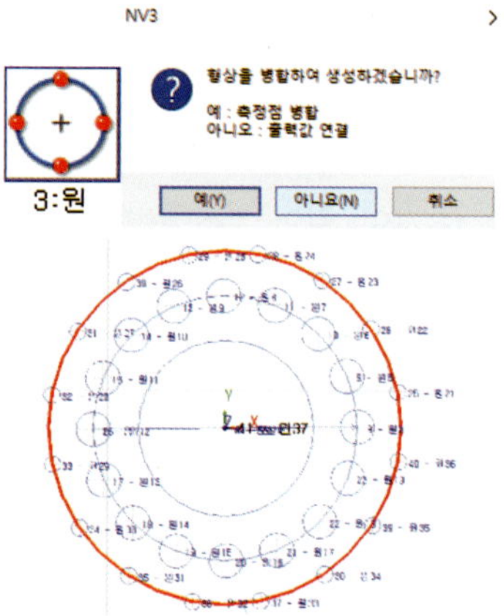	가장자리에 위치한 16개의 원의 중심을 지나는 가상의 원 생성(PCD) 및 기하공차(동심도) 측정결과뷰(또는 측정결과창)에서 원 21 ~ 원 36 선택 → F11 → 3:원 선택 → 아니오 → 생성된 가상의 원 37 더블 클릭 → 원통 좌표계, D(20), 기준, 공차 입력 → 기하공차 → 동심도 선택 → 공차역 입력 → 확인	

참고자료

[참고문헌]

1. ㈜덕인, 뉴로메저 5 입문교안, 2013
2. ㈜덕인, 뉴로메저 5 사용자 매뉴얼, 2015
3. ㈜덕인, 3차원측정기 기술자료, 2015
4. 칼자이스㈜, 3차원측정기 기술자료, 2016
5. ㈜아이메저, 3차원측정기 기술자료, 2016
6. ㈜아이메저, 3차원측정기 매뉴얼, 2018
7. 이종대, 3차원측정(LM1502010507_14v2), 한국산업인력공단, 2015
8. 김형주, 3차원 측정실무, 오성미디어, 2017
9. 안인선, 3차원 측정과 실습, 기전연구사, 2014
10. 최부희, 정밀측정이론과 실습, 복두출판사, 2017
11. 한국미쓰도요(주), 정밀측정입문 핸드북, 2019

[데모 소프트웨어]

1. ㈜덕인, Neuro Measure v 5.22, 2017
2. 칼자이스㈜, Calypso 6.4.0800, 2017
3. ㈜아이메저, Quartis, 2018
4. ㈜덕인, Neuro View 3, 2017

[3차원 측정기]

(교재에 사용된 실제 모델)

방식	장비명 / 제작사 / 국가	사진
접촉식	CHAMP / DUKIN / 대한민국	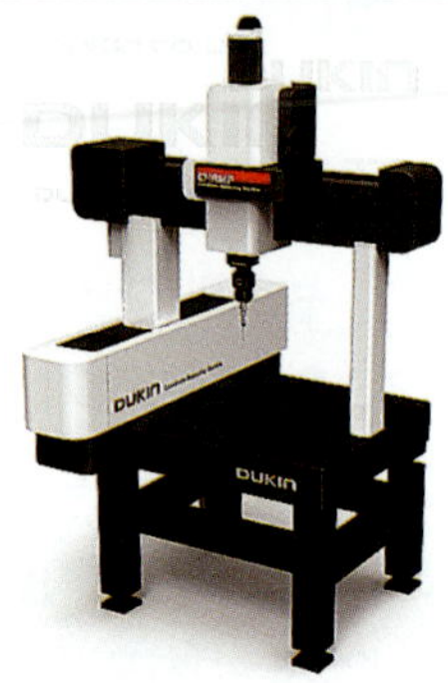
	CONTURA G2 / ZEISS / 독일	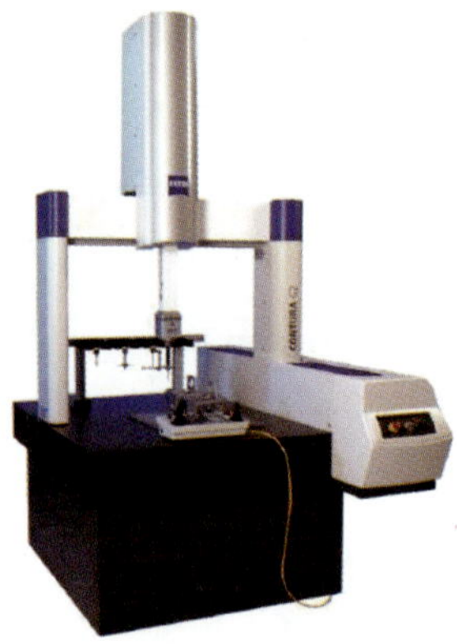
	XORBIT / WENZEL / 독일	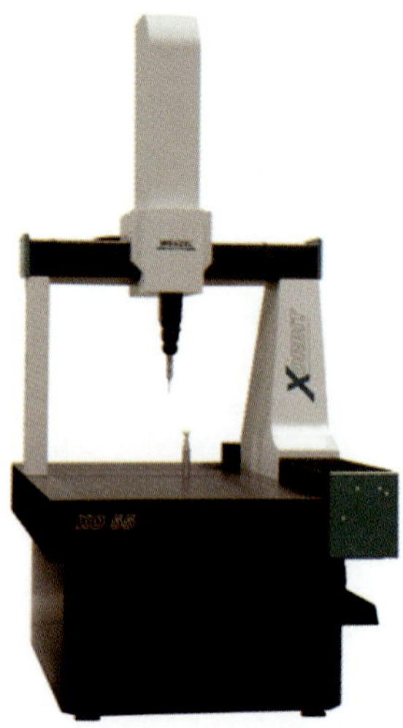

방식	장비명 / 제작사 / 국가	사진
비접촉식	VIKI / DUKIN / 대한민국	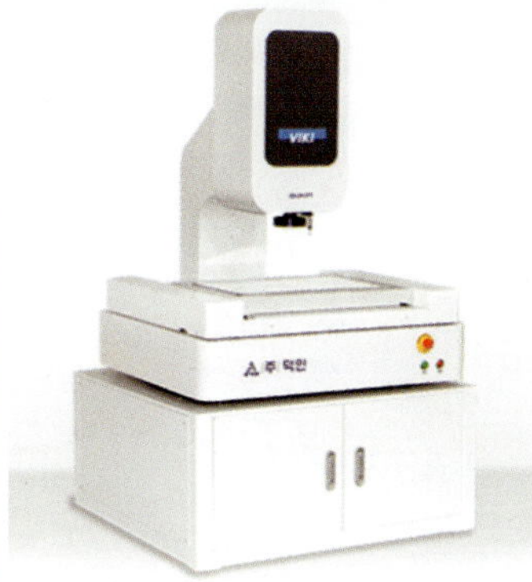
주요 부속품	기준구	 
	프로브	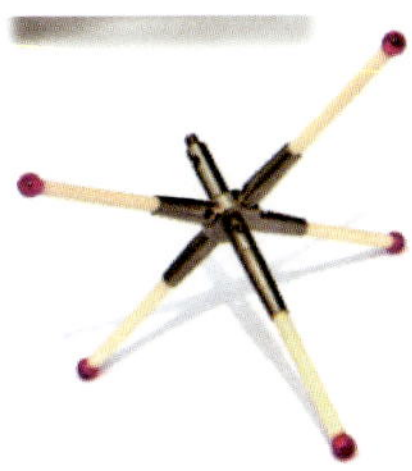 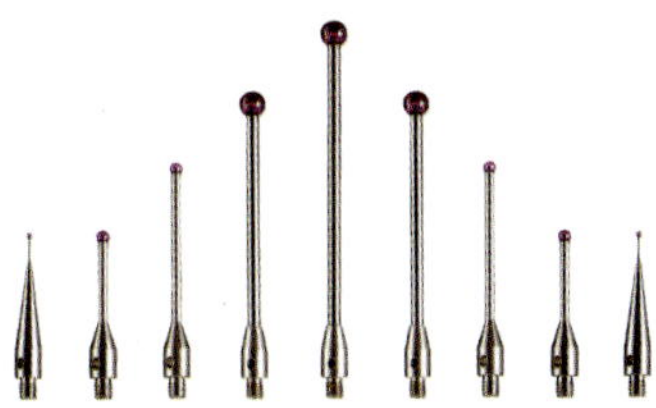

저|자|소|개

최인수 / 現 한국폴리텍대학 반도체융합캠퍼스 반도체품질측정과 교수
이영신 / 現 한국폴리텍대학 반도체융합캠퍼스 반도체품질측정과 외래교수

3차원 측정 실무

1판 1쇄 2021년 8월 25일

저 자 최인수 / 이영신
발행인 송광헌
발행처 복두출판사
주 소 서울특별시 영등포구 경인로82길 3-4
센터플러스 807호 (우) 07371
전 화 02-2164-2580
FAX 02-2164-2584
등 록 1993. 11. 22. 제 10-902 호

정가 : 22,000원
ISBN : 979-11-6675-062-5 93560

한국과학기술출판협회 회원사

* 본 도서의 자료 업데이트가 있을 경우 본사 홈페이지 자료실에 업로드 됩니다. 정기적으로 들러서 유익한 자료를 받아가시기 바랍니다.